문제중심 고급영재수학

❶ 해석학 · 대수학

곽성은 · 우경수 지음

KM 경문사

머리말

20년을 넘게 대학에서 수학을 강의하면서 고등학생이나 대학교 1·2학년을 대상으로 한 수학 문제 창작에 깊은 관심을 가지게 되었다. 우연히 수학 문제 풀이 방법에 숙련된 일반 학생과 영재 학생의 풀이 방식이 전혀 다르다는 것을 보고서 일반 학생들이 영재 학생으로 성장할 수 있게 도움을 주는 수학 문제를 만들어 보았다. 이 책은 고등학교에서 수학II 및 미분·적분의 개념을 정확히 이해한 고등학생이나 대학생이라면 누구나 문제를 해결할 수 있게 구성하였다. 모든 문제들을 숙련된 풀이 방식의 접근이 아니라 창의적인 생각으로 각각 다르게 접근하여 풀어보면 수학의 참 맛을 느낄 수 있을 것으로 생각된다.

일반 학생들은 첫 문제를 보고, "풀 수 있겠다. 또는 풀 수 없겠다." 고민하는 시간들을 측정해 본 결과 30초를 넘지 않았다. 대부분 1분 정도 지나면 포기해 버린 모습에서 영재 학생들과 분명히 다른 면모를 알 수 있었다. 보통 영재 학생들은 어떤 문제를 해결하기 위해 10시간 넘게 고민하는 것을 종종 본다. 10시간 넘게 고민하면서 해결한 문제들은 말로 표현할 수 없는 쾌감을 줄 것이며 학생의 뇌리에 영원히 각인될 것이다. 이런 훈련이 쌓인다면 여러분도 종종 10시간 넘게 고민하는 모습들을 볼 수 있게 될 것이라 생각되며 신비스러운 수학 세계를 경험하게 될 것이다.

역사적으로 지혜를 겸비한 지도자들의 공통점은 생각하는 힘이 일반인보다 월등하며 쉽게 독창적인 생각을 이끌어 낸다는 점이다. 이러한 능력은 훈련을 통해서 습득할 수 있는데 논리적인 사고에 기초를 둔 수학이론들을 배우게 하여 지도자를 양성했던 기록들이 있다.

지혜를 겸비한 인재로 성장하여 여러분 모두 각각의 분야에서 지도자로 발전하길 기원하는 마음으로 저자는 이 책을 만들게 되었다.

『생각하는 지혜는 마음으로 풍요로운 삶을 느낄 수 있다.』

2014년 5월

곽성은, 우경수

차례

문제중심

고급영재수학

— 해석학 & 대수학

1

❑ 수학자 이론

정리 | 001 [Jensen inequality]

(1) $\forall t_i \geq 0, \sum_{i=1}^{n} t_i = 1, f''(x) < 0 \Rightarrow \sum_{k=1}^{n} t_k f(x_k) \leq f\left(\sum_{k=1}^{n} t_k x_k\right)$

(2) $\forall t_i \geq 0, \sum_{i=1}^{n} t_i = 1, f''(x) > 0 \Rightarrow \sum_{k=1}^{n} t_k f(x_k) \geq f\left(\sum_{k=1}^{n} t_k x_k\right)$

정리 | 002 [Lagrange's mean-vaule theorem]

$$f(x) : [a,b]\ \text{연속},\ (a,b)\ \text{미분가능} \Rightarrow \exists\, c \in (a,b),\quad \frac{f(b)-f(a)}{b-a} = f'(c)$$

정리 | 003 [Cauchy-Schwarz inequality]

$$\left(\sum_{k=1}^{n} a_k b_k\right)^2 \leq \left(\sum_{k=1}^{n} a_k^2\right)\left(\sum_{k=1}^{n} b_k^2\right)$$

정리 | 004 [Nesbitt's inequality]

$$a,b,c > 0 \Rightarrow \frac{3}{2} \leq \frac{a}{b+c} + \frac{b}{c+a} + \frac{c}{a+b}$$

정리 | 005 [Vasc's inequality]

$$a,b,c > 0 \Rightarrow 3\left(\sqrt{a^3 b} + \sqrt{b^3 c} + \sqrt{c^3 a}\right) \leq (a+b+c)^2$$

정리 | 006 [Kwak seong-eun inequality]

$$s,t \in N,\ s < t \Rightarrow \sqrt[s]{\frac{\sum_{k=1}^{n} a_k^s}{n}} \leq \sqrt[t]{\frac{\sum_{k=1}^{n} a_k^t}{n}}$$

정리 | 007 [Schur's inequality]

$$x,y,z,t > 0 \Rightarrow 0 \leq x^t(x-y)(x-z) + y^t(y-z)(y-x) + z^t(z-x)(z-y)$$

정리 | 008 [Huygen's nequality]

$$\forall a_i, b_i > 0, \sum_{i=1}^{n} t_i = 1 \Rightarrow \prod_{k=1}^{n} a_k^{t_k} + \prod_{k=1}^{n} b_k^{t_k} \leq \prod_{k=1}^{n} (a_k + b_k)^{t_k}$$

정리 | 009 [Minkowski inequality]

$$x_i, y_i, m_i > 0, p > 1 \Rightarrow \sqrt[p]{\sum_{i=1}^{n}(x_i+y_i)^p m_i} \le \sqrt[p]{\sum_{i=1}^{n}x_i^p m_i} + \sqrt[p]{\sum_{i=1}^{n}y_i^p m_i}$$

정리 | 010 [Holder inequality]

$$x_i, y_i, m_i > 0, p,q > 1, \frac{1}{p}+\frac{1}{q}=1 \Rightarrow \sum_{i=1}^{n}x_i y_i m_i \le \sqrt[p]{\sum_{i=1}^{n}x_i^p m_i} \cdot \sqrt[q]{\sum_{i=1}^{n}y_i^q m_i}$$

정리 | 011 [Ptolemy's theorem]

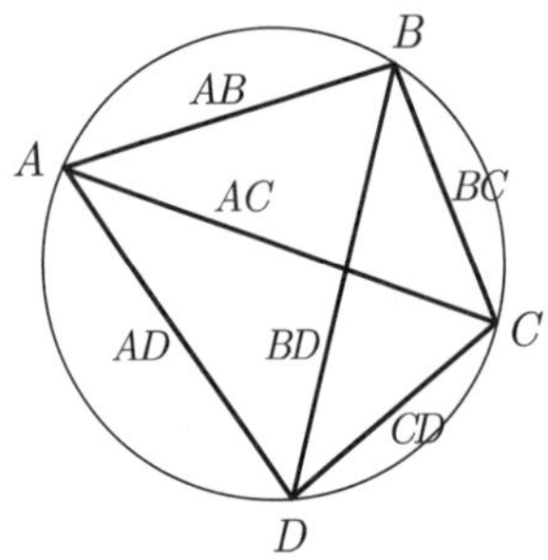

$$\Rightarrow \overline{AC} \cdot \overline{BD} = \overline{AB} \cdot \overline{CD} + \overline{BC} \cdot \overline{AD}$$

정리 | 012 [Pell equation]

$$(x_0, y_0): x^2 - dy^2 = 1 \text{ 작은 해} \Rightarrow (x, y) = \left(\frac{z_0^n + (\overline{z_0})^n}{2}, \frac{z_0^n - (\overline{z_0})^n}{2\sqrt{d}}\right),$$

$$(z_0 = x_0 + y_0\sqrt{d},\ \overline{z_0} = x_0 - y_0\sqrt{d})$$

정리 | 013 [Fermat's theorem]

$$p : \text{소수},\ p \nmid a \Rightarrow a^{p-1} \equiv 1 \pmod{p}$$

정리 | 014 [Wilson's theorem]

$$p : \text{소수} \Leftrightarrow (p-1)! \equiv (-1) \pmod{p}$$

정리 | 015 [Chebyshev's inequality]

(i) $a_1 \ge a_2 \ge \dots \ge a_n,\ b_1 \ge b_2 \ge \dots \ge b_n$

$$\Rightarrow \left(\sum_{i=1}^{n}a_i\right)\left(\sum_{i=1}^{n}b_i\right) \le n\left(\sum_{i=1}^{n}a_i b_i\right)$$

(ii) $a_1 \geq a_2 \geq \ldots \geq a_n,\ b_n \geq b_{n-1} \geq \ldots \geq b_1$

$$\Rightarrow \left(\sum_{i=1}^{n} a_i\right)\left(\sum_{i=1}^{n} b_i\right) \geq n\left(\sum_{i=1}^{n} a_i b_i\right)$$

정리 | 016 [Menelaus theorem]

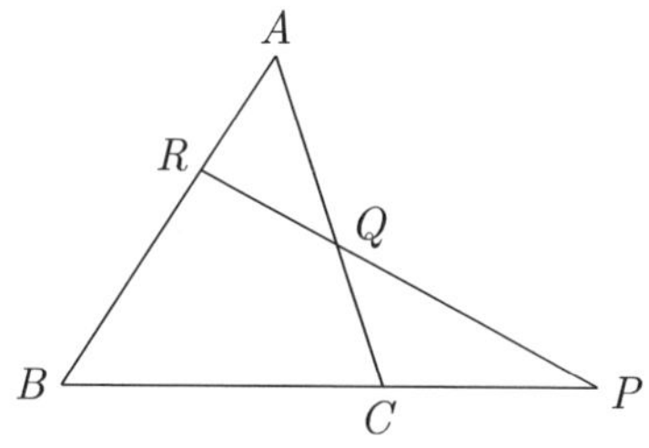

$$\Rightarrow \frac{AR}{RB} \cdot \frac{BP}{PC} \cdot \frac{CQ}{QA} = 1$$

정리 | 017 [Ceva theorem ①]

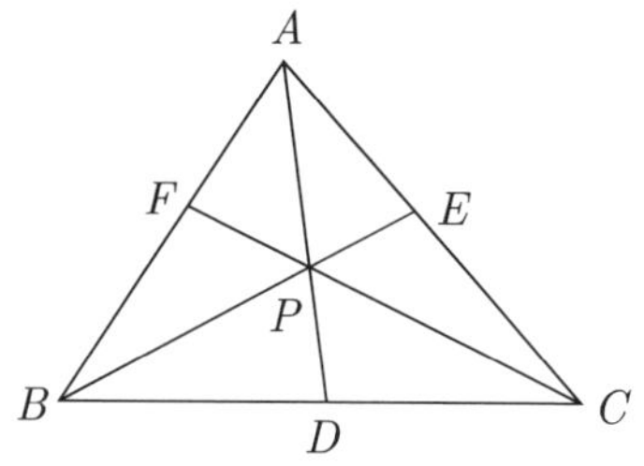

$$\Rightarrow \frac{AF}{FB} \cdot \frac{BD}{DC} \cdot \frac{CE}{EA} = 1$$

정리 | 018 [Simson theorem]

$$\Rightarrow U \in \overline{VW}$$

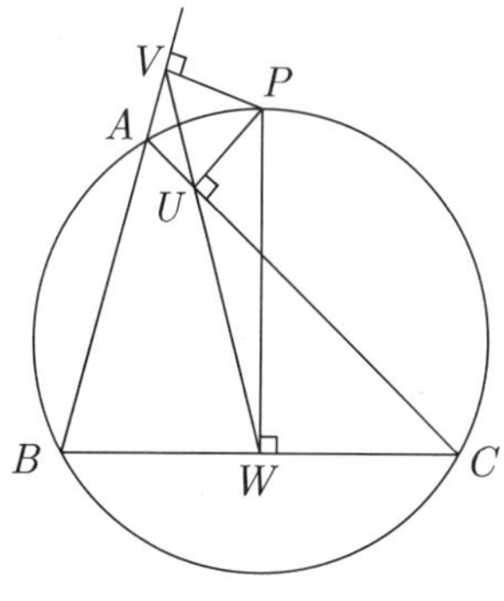

정리 | 019 [Stewart's theorem]

$$\Rightarrow b^2 m + c^2 n = amn + d^2 a$$

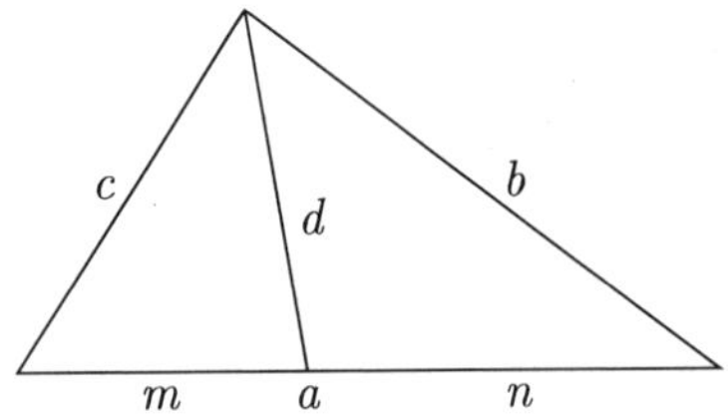

정리 | 020 [Cardano's formula]

$$x^3+bx^2+cx+d=0,\ \omega=\frac{-1+\sqrt{3}i}{2},\ \omega^2=\frac{-1-\sqrt{3}i}{2}$$

$$\Rightarrow\begin{cases} x_1=\sqrt[3]{A}+\sqrt[3]{B}-\frac{b}{3} \\ x_2=\sqrt[3]{A}\,\omega+\sqrt[3]{B}\,\omega^2-\frac{b}{3} \\ x_3=\sqrt[3]{A}\,\omega^2+\sqrt[3]{B}\,\omega-\frac{b}{3}\end{cases},\quad \begin{matrix} p=c-\frac{b^2}{3} \\ q=d-\frac{bc}{3}+\frac{2}{27}b^3\end{matrix}$$

$$A=-\frac{q}{2}+\sqrt{\left(\frac{q}{2}\right)^2+\left(\frac{p}{3}\right)^3},\ B=-\frac{q}{2}-\sqrt{\left(\frac{q}{2}\right)^2+\left(\frac{p}{3}\right)^3}$$

정리 | 021 [Kwak Seong-Eun trigonometry]

① $\frac{2\sin\theta}{\cos3\theta}=\tan3\theta-\tan\theta$ ② $\tan\left(\frac{\pi}{2n+2}\right)\tan\left(\frac{n\pi}{2n+2}\right)=1$

③ $\sec\theta+\tan\theta=\frac{1}{\sec\theta-\tan\theta}$ ④ $\tan\theta=\cot\theta-2\cot2\theta$

⑤ $\sin2\theta=\frac{2\tan\theta}{1+\tan^2\theta}$ ⑥ $\tan\frac{\theta}{2}=\sqrt{\frac{1-\cos\theta}{1+\cos\theta}}$,$(0\le\theta\le\pi)$

⑦ $\sec\left(\theta-\frac{\pi}{4}\right)=\frac{\sqrt{2}}{\sin\theta+\cos\theta}$ ⑧ $\tan\left(\frac{\theta}{2}+\frac{\pi}{4}\right)=\tan\theta+\sec\theta$

⑨ $\tan\theta\tan(\theta+1)=\frac{\tan(\theta+1)-\tan\theta}{\tan1}-1$ ⑩ $\tan\theta=\frac{\sin2\theta}{1+\cos2\theta}$

⑪ $\tan\theta\tan2\theta\tan3\theta=\tan3\theta-\tan2\theta-\tan\theta$

⑫ $\cos2\theta=\frac{1-\tan^2\theta}{1+\tan^2\theta}$ ⑬ $(1+\tan n)\left(1+\tan\left(\frac{\pi}{4}-n\right)\right)=2$

⑭ $\sin3\theta=4\sin\theta\sin(60^\circ+\theta)\sin(60^\circ-\theta)$

⑮ $(\cot\theta-\cot2\theta)^2=1+\cot^2 2\theta$,

⑯ $\tan3\theta=\tan(60^\circ-\theta)\tan\theta\tan(60^\circ+\theta)$

⑰ $\cos3\theta=4\cos\theta\cos(60^\circ+\theta)\cos(60^\circ-\theta)$

⑱ $\sum_{k=1}^{n}\mathrm{cosec}\left(\frac{\pi}{2^k}\right)=\cot\left(\frac{\pi}{2^{n+1}}\right)$ ⑲ $\sum_{k=1}^{n}\mathrm{cosec}(2^k x)=\cot x-\cot(2^n x)$

정리 | 022 [Newton's sum]

$x_1, x_2, \ldots, x_n : a_n x^n + a_{n-1}x^{n-1} + \ldots + a_1 x + a_0 = 0$의 근, $s_k = \sum_{i=1}^{n} x_i^k$

$$\Rightarrow \begin{cases} a_n s_1 + a_{n-1} = 0 \\ a_n s_2 + a_{n-1}s_1 + 2a_{n-2} = 0 \\ a_n s_3 + a_{n-1}s_2 + a_{n-2}s_1 + 3a_{n-3} = 0 \\ \bullet\ \bullet\ \bullet\ \bullet \end{cases}$$

정리 | 023 [Bernoulli's inequality]

$$x > -1\,, \begin{cases} 0 \le r \le 1 & \Rightarrow 1 + rx \ge (1+x)^r \\ r \le 0, r \ge 1 & \Rightarrow 1 + rx \le (1+x)^r \end{cases}$$

정리 | 024 [Kwak Seong-Eun Integration]

① $\int_a^b f(x)\,dx = \int_a^b f(a+b-x)\,dx$

② $\int_a^b f(x)\,dx = \int_{-\frac{b-a}{2}}^{\frac{b-a}{2}} f\left(\frac{a+b}{2} - x\right)dx$

③ $\int_a^b f(x)\,dx = \int_0^{\frac{b-a}{2}} f\left(\frac{a+b}{2} - x\right) + f\left(\frac{a+b}{2} + x\right)dx$

④ $\int_{a^{-1}}^{a} f(x)dx = \int_{a^{-1}}^{a} \frac{1}{x^2} f\left(\frac{1}{x}\right)dx$

⑤ $f(x+T) = f(x) \Rightarrow \int_a^{a+nT} f(x)dx = n\int_0^T f(x+a)dx$

⑥ $F'(x) = f(x) \Rightarrow \lim_{x\to\infty} \frac{F(x)}{x} = \frac{1}{T}\int_0^T f(x)\,dx$

⑦ $\int_{-a}^{a} f(x)dx = \int_0^a f(x) + f(-x)\,dx$

⑧ $\int_0^a f(x)dx = \frac{1}{2}\int_0^a f(x) + f(a-x)\,dx$

⑨ $\int_0^a x f(x)dx = \frac{a}{2}\int_0^a f(x)\,dx$

⑩ $\int f\left(x, \sqrt{ax^2+bx+c}\right)dx$ 경우. $\alpha < \beta : ax^2 + bx + c = 0$의 근

(a) $a > 0 \Rightarrow \sqrt{ax^2+bx+c} = t - x\sqrt{a}$ 치환

(b) $c > 0 \Rightarrow \sqrt{ax^2+bx+c} = tx + \sqrt{c}$ 치환

(c) $a < 0, b^2 - 4ac > 0 \Rightarrow \sqrt{\frac{x-\alpha}{\beta - x}} = t$ 치환

(d) α : 중근 $\Rightarrow \sqrt{ax^2+bx+c}=(x-\alpha)t$ 치환

⑪ $\int f(c, \sin x, \cos x)\,dx \Rightarrow \tan\frac{x}{2}=t$로 치환

⑫ $\int x^m(a+bx^n)^p\,dx$ 경우, $(m,n\in Z)$

(a) $p\in N \Rightarrow (a+bx^n)^p$: 이항전개

(b) $p\in Q^-$, $k=LCM(m,n) \Rightarrow x=t^k$ 치환

(c) $\frac{m+1}{n}\in Z$, $s:p$의 분모 $\Rightarrow (a+bx^n)=t^s$ 치환

(d) $\frac{m+1}{n}+p\in Z$, $s:p$의 분모 $\Rightarrow (a+bx^n)=t^s x^n$ 치환

⑬ $\int f'(ax+b)[f(ax+b)]^n\,dx=\frac{[f(ax+b)]^{n+1}}{a(n+1)}$

⑭ $\int_0^\pi xf(\sin x)\,dx=\frac{\pi}{2}\int_0^\pi f(\sin x)\,dx$

⑮ $f(x+T)=f(x),\ a\in R \Rightarrow \int_a^{a+T}f(x)dx=\int_0^T f(x)dx$

⑯ $f(x)+f\left(\frac{1}{x}\right)=a \Rightarrow \int_0^\infty \frac{f(x)}{1+x^2}dx=\frac{a\pi}{4}$

⑰ $f(a-x)=f(x),\ f\left(\frac{a}{2}+x\right)+f\left(\frac{a}{2}-x\right)=1 \Rightarrow \int_0^a xf(x)dx=\frac{a^2}{4}$

정리 | 025 [Rolle's theorem]

$$f(x):[a,b]\text{ 연속, } f(x):(a,b)\text{미분가능, } f(a)=f(b)=0$$
$$\Rightarrow \exists\, c\in(a,b),\ f'(c)=0$$

정리 | 026 [Cauchy's mean theorem]

$$f(x), g(x):[a,b]\text{ 연속, } (a,b)\text{미분가능}$$
$$\Rightarrow \exists\, c\in(a,b),\ \frac{f(b)-f(a)}{g(b)-g(a)}=\frac{f'(c)}{g'(c)},\ g'(x)\neq 0$$

정리 | 027 [L'Hospital's theorem]

$$f(x), g(x):\text{미분가능, } g'(x)\neq 0,\ f(a)=g(a)=0$$
$$\Rightarrow \lim_{x\to a}\frac{f(x)}{g(x)}=\lim_{x\to a}\frac{f'(x)}{g'(x)}$$

정리 | 028 [Maclaurin series]

$$f(x): \text{미분가능} \Rightarrow f(x) = \sum_{n=0}^{\infty} \frac{f^{(n)}(0)}{n!} x^n$$

정리 | 029 [Taylor series]

$$f(x): \text{미분가능} \Rightarrow f(x) = \sum_{n=0}^{\infty} \frac{f^{(n)}(a)}{n!} (x-a)^n$$

정리 | 030 [Taylor's theorem (1)]

$$f^{(n)}(x): [a,b] \text{ 연속, } (a,b) \text{미분가능 , } \exists c \in (a,x)$$

$$\Rightarrow f(x) = f(a) + \sum_{k=1}^{n} \frac{f^{(k)}(a)}{k!}(x-a)^k + \frac{f^{(n+1)}(c)}{(n+1)!}(x-a)^{n+1}$$

정리 | 031 [Taylor's theorem (2)]

$$f^{(n)}(x): [a,b] \text{ 연속, } (a,b) \text{미분가능}$$

$$\Rightarrow f(x) = f(a) + \sum_{k=1}^{n} \frac{f^{(k)}(a)}{k!}(x-a)^k + \frac{1}{n!}\int_a^x (x-t)^n f^{(n+1)}(t)\,dt$$

정리 | 032 [Stolz-Cesaro's theorem]

$$\{a_n\}: \text{증가수열, } \lim_{n\to\infty} a_n = \infty, \ \exists\, l = \lim_{n\to\infty} \frac{b_{n+1}-b_n}{a_{n+1}-a_n} \Rightarrow \lim_{n\to\infty} \frac{b_n}{a_n} = l$$

정리 | 033 [Euler's formula]

$$i = \sqrt{-1} \Rightarrow e^{i\theta} = \cos\theta + i\sin\theta$$

정리 | 034 [Wallis' formula]

$$\frac{\pi}{2} = \frac{2 \cdot 2 \cdot 4 \cdot 4 \cdot 6 \cdot 6 \cdot \cdot \cdot}{1 \cdot 3 \cdot 3 \cdot 5 \cdot 5 \cdot 7 \cdot 7 \cdot \cdot}$$

정리 | 035 [Recurrence theorem]

① $a_1,\ a_2,\ a_{n+2} = pa_{n+1} + qa_n$, $(p,q \in R)$

(1) $\alpha, \beta : x^2 - px - q = 0$의 근 $\Rightarrow a_n = u\alpha^n + v\beta^n$

(2) $\alpha : x^2 - px - q = 0$의 중근 $\Rightarrow a_n = u\alpha^n + nv\alpha^n$

② $a_1, a_2, a_3, a_{n+3} = pa_{n+2} + qa_{n+1} + ra_n$, $(p,q,r \in R)$

(1) α, β, γ: $x^3 - px^2 - qx - r = 0$의 근 $\Rightarrow a_n = u\alpha^n + v\beta^n + w\gamma^n$

(2) α, β(중근): $x^3 - px^2 - qx - r = 0$근$\Rightarrow a_n = u\alpha^n + v\beta^n + wn\beta^n$

정리 | 036 [Kwak Seong-Eun recurrence]

$$a_1,\ a_2,\ a_{n+2} = pa_{n+1} + qa_n + r,\ (p, q, r \in R)$$

(1) $(p,q) = (2,-1) \Rightarrow a_n - a_{n-1} = (n-2)r + (a_2 - a_1)$

(2) $p + q = 1, (p,q) \neq (2,-1) \Rightarrow a_n - a_{n-1} = (p-1)^n b_2 - \dfrac{r}{p-2}$

여기서$\left(b_2 = a_2 - a_1 + \dfrac{r}{p-2} \right)$.

(3) $a_n = b_n + \dfrac{r}{1-p-q}$ 치환 $\Rightarrow b_n$:특성다항식 사용.

정리 | 037 [Cavalieri's principle]

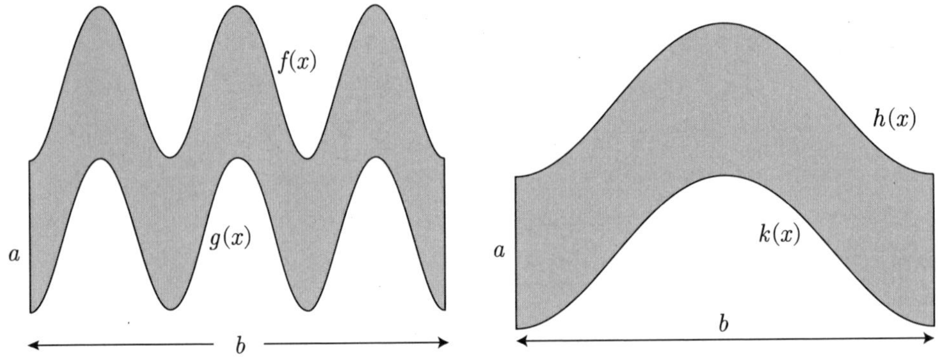

$$\Rightarrow \int_0^b f(x) - g(x)\,dx = \int_0^b h(x) - k(x)\,dx$$

정리 | 038 [Simpson formula]

$$a = x_0 < x_1 < x_2 < \ldots < x_{2n} = b$$

$$\int_a^b f(x)dx \approx \frac{b-a}{6n}\left[f(x_0) + f(x_{2n}) + \sum_{k=1}^{n-1} 2f(x_{2k}) + \sum_{k=1}^{n} 4f(x_{2k-1}) \right]$$

정리 | 039 [Lagrange's identity]

$$\| \vec{a} \times \vec{b} \|^2 = \| \vec{a} \|^2 \| \vec{b} \|^2 - (\vec{a} \cdot \vec{b})^2$$

정리 | 040 [Lagrange's trigonometric identity]

$$1+\sum_{k=1}^{n}\cos(k\theta)=\frac{1}{2}+\frac{\sin\left[\left(n+\frac{1}{2}\right)\theta\right]}{2\sin\left(\frac{\theta}{2}\right)}$$

정리 | 041 [De Moiver's formula]

$$(\cos\theta+i\sin\theta)^n=\cos(n\theta)+i\sin(n\theta)$$

정리 | 042 [Fourier series]

$$f(x)=\frac{a_0}{2}+\sum_{k=1}^{\infty}(a_k\cos kx+b_k\sin kx)$$

$$a_k=\frac{1}{\pi}\int_0^{2\pi}f(x)\cos kx\,dx,\ b_k=\frac{1}{\pi}\int_0^{2\pi}f(x)\sin kx\,dx$$

정리 | 043 [van Heuraet length]

$$\text{그래프의 길이 : } L=\int_a^b\sqrt{1+[f'(x)]^2}\,dx$$

정리 | 044 [Pappus and Guldin theorem]

영역 R을 직선l에 대하여 회전시킨 입체의 체적: $V=(2\pi b)A$

(A : R의 면적, b : R의 무게중심에서 직선 l까지 거리)

정리 | 045 [Green theorem]

$$\int_C M(x,y)dx+N(x,y)dy=\iint_R\left(\frac{\partial N}{\partial x}-\frac{\partial M}{\partial y}\right)dxdy$$

(C: 영역 R의 경계)

정리 | 046 [Jacobian multiple integrals]

$$\iint_R F(x,y)\,dxdy=\iint_{R'}G(u,v)\left|\frac{\partial(x,y)}{\partial(u,v)}\right|dudv$$

정리 | 047 [Holder's integral inequality]

$$\left[\int_a^b f(x)g(x)dx\right]^2\le\left(\int_a^b f^2(x)dx\right)\left(\int_a^b g^2(x)dx\right)$$

정리 | 048 [Kwak Seong-Eun integral inequality]

$$\sqrt{\int_a^b[f(x)+g(x)]^2dx}\le\sqrt{\int_a^b f^2(x)dx}+\sqrt{\int_a^b g^2(x)dx}$$

정리 | 049 [Vieta's theorem]

$x_1, x_2, \ldots, x_n : a_n x^n + a_{n-1}x^{n-1} + .. + a_1 x + a_0 = 0$의 근

$$\Rightarrow \begin{cases} x_1 + x_2 + \ldots + x_n = -\dfrac{a_{n-1}}{a_n} \\ x_1x_2 + x_1x_3 + \ldots + x_{n-1}x_n = \dfrac{a_{n-2}}{a_n} \\ x_1x_2x_3 + x_1x_2x_4 + .. + x_{n-2}x_{n-1}x_n = -\dfrac{a_{n-3}}{a_n} \\ \bullet\ \bullet\ \bullet \\ x_1x_2x_3 \bullet\bullet\bullet\ x_n = (-1)^n \dfrac{a_0}{a_n} \end{cases}$$

정리 | 050 [Heviside's law]

$$\vec{a} \bullet (\vec{b} \times \vec{c}) = \vec{b} \bullet (\vec{c} \times \vec{a}) = \vec{c} \bullet (\vec{a} \times \vec{b})$$

정리 | 051 [Leibnitz's theorem]

$$\{f(x)g(x)\}^{(n)} = {}_nC_0 f^{(n)}(x)g(x) + {}_nC_1 f^{(n-1)}(x)g'(x) + \ldots + {}_nC_{n-1} f'(x)g^{(n-1)}(x) + {}_nC_n f(x)g^{(n)}(x)$$

정리 | 052 [Euler's inverse trigonometry]

$$\tan^{-1}\frac{1}{2} + \tan^{-1}\frac{1}{3} = \frac{\pi}{4}$$

정리 | 053 [Machin's inverse trigonometry]

$$4\tan^{-1}\frac{1}{5} - \tan^{-1}\frac{1}{239} = \frac{\pi}{4}$$

정리 | 054 [Clausen's inverse trigonometry]

$$2\tan^{-1}\frac{1}{3} + \tan^{-1}\frac{1}{7} = \frac{\pi}{4}$$

정리 | 055 [Rutherford's inverse trigonometry]

$$4\tan^{-1}\frac{1}{5} - \tan^{-1}\frac{1}{70} + \tan^{-1}\frac{1}{99} = \frac{\pi}{4}$$

정리 | 056 [Kwak seong-eun's inverse trigonometry]

① $\tan^{-1}\dfrac{1}{1+n+n^2} = \tan^{-1}\dfrac{1}{n} - \tan^{-1}\dfrac{1}{n+1}$

② $\cot^{-1}(1+n+n^2)=\cot^{-1}n-\cot^{-1}(n+1)$

③ $\tan^{-1}\left(1+\dfrac{2}{n^2+n}\right)-\tan^{-1}\left(\dfrac{1}{n^2+n+1}\right)=\dfrac{\pi}{4}$

④ $\tan^{-1}\left(\dfrac{2n-1}{1+n-n^2}\right)=\tan^{-1}n+\tan^{-1}(n-1)$

⑤ $\sin^{-1}n+\cos^{-1}n=\dfrac{\pi}{2}$, ⑥ $\tan^{-1}n+\tan^{-1}\dfrac{1}{n}=\dfrac{\pi}{2}$

⑦ $\tan^{-1}\dfrac{1}{2n^2}=\tan^{-1}(2n+1)-\tan^{-1}(2n-1)$

⑧ $\tan^{-1}\left(\dfrac{8n}{n^4-2n^2+5}\right)=\tan^{-1}\dfrac{2}{(n-1)^2}-\tan^{-1}\dfrac{2}{(n+1)^2}$, $(n\geq 2)$

⑨ $\tan^{-1}n+\cot^{-1}n=\dfrac{\pi}{2}$, ⑩ $\tan^{-1}\dfrac{2}{n^2}=\tan^{-1}(n+1)-\tan^{-1}(n-1)$

정리 | 057 [Weizenbock's inequality]

$$\triangle ABC=S \Rightarrow 4\sqrt{3}\,S\leq a^2+b^2+c^2$$

정리 | 058 [Hadwiger-Finsler inequality]

$$\triangle ABC=S \Rightarrow (a-b)^2+(b-c)^2+(c-a)^2+4\sqrt{3}\,S\leq a^2+b^2+c^2$$

정리 | 059 [L.K.Schulz von Strassnitzkey inverse trigonometry]

$$\tan^{-1}\frac{1}{2}+\tan^{-1}\frac{1}{5}+\tan^{-1}\frac{1}{8}=\frac{\pi}{4}$$

정리 | 060 [F.C.M.Stermer inverse trigonometry]

$$\tan^{-1}\frac{1}{2}+\tan^{-1}\frac{1}{4}+\tan^{-1}\frac{1}{13}=\frac{\pi}{4}$$

정리 | 061 [C.Hutton inverse trigonometry]

$$\tan^{-1}\frac{1}{3}+\tan^{-1}\frac{1}{3}+\tan^{-1}\frac{1}{7}=\frac{\pi}{4}$$

정리 | 062 [Fubini's theorem]

$$R:\begin{cases}a\leq x\leq b\\ f_1(x)\leq y\leq f_2(x)\end{cases},\ \begin{cases}c\leq y\leq d\\ g_1(y)\leq x\leq g_2(x)\end{cases}$$

$$\Rightarrow \iint_R f(x,y)\,dA=\int_a^b\int_{f_1(x)}^{f_2(x)}f(x,y)dydx=\int_c^d\int_{g_1(x)}^{g_2(x)}f(x,y)dxdy$$

정리 | 063 [Vieta formula]

$$\frac{2}{\pi}=\sqrt{\frac{1}{2}}\sqrt{\frac{1}{2}+\frac{1}{2}\sqrt{\frac{1}{2}}}\sqrt{\frac{1}{2}+\frac{1}{2}\sqrt{\frac{1}{2}+\frac{1}{2}\sqrt{\frac{1}{2}}}}\cdots$$

정리 | 064 [Leibniz's formula]

$$\frac{\pi}{4}=1-\frac{1}{3}+\frac{1}{5}-\frac{1}{7}+\frac{1}{9}-\cdots$$

정리 | 065 [Lord Brouncker formula]

$$\frac{\pi}{4}=\cfrac{1}{1+\cfrac{1^2}{2+\cfrac{3^2}{2+\cfrac{5^2}{2+\cdots}}}}$$

정리 | 066 [Euler series]

$$\sum_{n=1}^{\infty}\frac{1}{n^2}=\sum_{n=1}^{\infty}\frac{3[(n-1)!]^2}{(2n)!}=\frac{\pi^2}{6}$$

정리 | 067 [Lagrange multiplier method]

조건 $\phi(x,y,z)=0$에서 $F(x,y,z)$: 최대, 최소 구하는 방법.

$G(x,y,z)=F(x,y,z)+\lambda\phi(x,y,z),\ \lambda\in R$ 두고, $G_x=G_y=G_z=0$을 만족하는 λ을 찾고, 최대, 최소인 점(x,y,z)을 구한다.

정리 | 068 [Jacobian determinant]

$$\frac{\partial(x,y,z)}{\partial(u,v,w)}=\begin{vmatrix}x_u & x_v & x_w\\ y_u & y_v & y_w\\ z_u & z_v & z_w\end{vmatrix}\quad,\quad\frac{\partial(x,y)}{\partial(u,v)}=\begin{vmatrix}x_u & x_v\\ y_u & y_v\end{vmatrix}$$

정리 | 069 [Lodovico Ferrari formula]

$$x^4+bx^3+cx^2+dx+e=0$$

$$\Rightarrow\left(x^2+\frac{b}{2}x+\frac{y}{2}\right)^2=\left(\frac{b^2}{4}-c+y\right)x^2+\left(\frac{by}{2}-d\right)x+\frac{y^2}{4}-e,$$

$$D=0,(i.e)\left(\frac{by}{2}-d\right)^2-4\left(\frac{b^2}{2}-c+y\right)\left(\frac{y^2}{4}-e\right)=0\Rightarrow y=y_1$$

$$\Rightarrow x^2+\frac{b}{2}x+\frac{y_1}{2}=\pm(sx+t)$$

정리 | 070 [Lagrange method of variation of parameters]

$$\frac{dy}{dx}+p(x)y=q(x) \Rightarrow y=e^{-\int p(x)dx}\left[\int q(x)e^{\int p(x)dx}dx+c\right]$$

정리 | 071 [Bernoulli differential equation]

$$\frac{dy}{dx}+p(x)y=q(x)y^n$$

$$\Rightarrow \frac{1}{y^n}\frac{dy}{dx}+p(x)\frac{1}{y^{n-1}}=q(x),\ \frac{1}{y^{n-1}}=z:\text{치환}$$

정리 | 072 [Jacobi differential equation]

$$p(x,y):m\text{차 동차식},\ q(x,y),r(x,y):n\text{차 동차식}$$

$$p(x,y)(xdy-ydx)+q(x,y)dx+r(x,y)dy=0 \Rightarrow y=vx:\text{치환}$$

정리 | 073 [Riccati differential equation]

$$y_1:\text{특수해},\ \frac{dy}{dx}+p(x)+q(x)y+r(x)y^2=0$$

$$\Rightarrow y=y_1+\frac{1}{v}:\text{치환},\ \frac{dv}{dx}-[q(x)+2r(x)y_1]v=r(x)$$

정리 | 074 [Clairaut differential equation]

$$y=xp+f(p),\ \left(p=\frac{dy}{dx}\right) \Rightarrow \text{양변에 } x\text{로 미분.}$$

정리 | 075 [Euler-Cauchy differential equation]

$$x^2y''+axy'+by=0 \Rightarrow y=x^m:\text{대입법.}$$

정리 | 076 [Wronskian differential equation]

$$y''+p(x)y'+q(x)y=r(x) \Rightarrow y=y_h+y_p$$

$$y''+p(x)y'+q(x)y=0 \Rightarrow y_h=c_1y_1+c_2y_2$$

$$W=y_1{y_2}'-y_2{y_1}',\ y_p=-y_1\int\frac{y_2r(x)}{W}dx+y_2\int\frac{y_1r(x)}{W}dx$$

정리 | 077 [Gauss elimination]

$$\begin{cases} a_{11}x_1 + a_{12}x_2 + \cdots + a_{1n}x_n = b_1 \\ a_{21}x_1 + a_{22}x_2 + \cdots + a_{2n}x_n = b_2 \\ \vdots \\ a_{n1}x_1 + a_{n2}x_2 + \cdots + a_{nn}x_n = b_n \end{cases} \Rightarrow \begin{matrix} \begin{bmatrix} a_{11} & a_{12} & \cdots & a_{1n} & b_1 \\ a_{21} & a_{22} & \cdots & a_{2n} & b_2 \\ \vdots & \vdots & \vdots & \vdots & \vdots \\ a_{n1} & a_{n2} & \cdots & a_{nn} & b_n \end{bmatrix} \\ \Downarrow \\ \begin{bmatrix} 1 & 0 & \cdots & 0 & c_1 \\ 0 & 1 & \cdots & 0 & c_2 \\ \vdots & \vdots & \ddots & \vdots & \vdots \\ 0 & 0 & \cdots & 1 & c_n \end{bmatrix} \end{matrix}$$

정리 | 078 [Markov Inequality]

$$\text{확률변수}X,\ \text{임의의}\ \epsilon > 0 \ \Rightarrow \frac{E(X)}{\epsilon} \le P(X \ge \epsilon)$$

정리 | 079 [Chebychev Inequality]

$$\text{확률변수}X,\ \text{임의의}\ \epsilon > 0 \Rightarrow \frac{V(X)}{\epsilon^2} \le P(|X-\mu| > \epsilon),\ \mu = E(X)$$

정리 | 080 [Apollonios' circle]

$$|z-\alpha| : |z-\beta| = t:1 \Rightarrow \left| z - \frac{\alpha - t^2\beta}{1-t^2} \right| = \left| \frac{t(\alpha-\beta)}{1-t^2} \right|$$

정리 | 081 [Gamma function]

$$\Gamma(x) = \int_0^\infty t^{x-1} e^{-t}\, dt,\ (x > 0)$$

정리 | 082 [Beta function]

$$B(m,n) = \int_0^1 x^{m-1}(1-x)^{n-1}\, dx$$

정리 | 083 [Wallis' formula]

① $$\int_0^{\frac{\pi}{2}} \cos^r\theta\, d\theta = \frac{\Gamma\left(\frac{r+1}{2}\right)}{\Gamma\left(\frac{r}{2}+1\right)} \frac{\sqrt{\pi}}{2},\ (r > -1)$$

② $$\int_0^{\frac{\pi}{2}} \sin^r\theta\, d\theta = \frac{\Gamma\left(\frac{r+1}{2}\right)}{\Gamma\left(\frac{r}{2}+1\right)} \frac{\sqrt{\pi}}{2},\ (r > -1)$$

정리 | 084 [Parseval's equality]

$$f(x):\text{주기 } 2L\text{인 주기함수이고 연속함수}$$

$$\Rightarrow \frac{1}{L}\int_{-L}^{L}[f(x)]^2\,dx = \frac{a_0^2}{2} + \sum_{n=1}^{\infty}\left(a_n^2 + b_n^2\right)$$

정리 | 085 [Diophantine equation]

$$a,b,c \in Z,\ x_0, y_0 : \text{초기 해},\ d = \gcd(a,b),\ ax + by = c$$

$$\Rightarrow x = x_0 + \frac{b}{d}t,\ y = y_0 - \frac{a}{d}t,\ (t \in Z)$$

정리 | 086 [Mersenne number]

$$n \in N \Rightarrow 2^n - 1 = M_n : \text{Mersenne number}$$

정리 | 087 [Fermat number]

$$n \in N \Rightarrow 2^{2^n} + 1 = F_n : \text{Fermat number}$$

정리 | 088 [Euler's theorem on homogeneous function]

$$F(x_1, x_2, \ldots, x_n) : p-\text{동차식} \Rightarrow x_1\frac{\partial F}{\partial x_1} + x_2\frac{\partial F}{\partial x_2} + \cdots + x_n\frac{\partial F}{\partial x_n} = pF$$

정리 | 089 [Stirling's formula]

$$n : \text{큰 수} \Rightarrow n! = \sqrt{2\pi n}\, n^n e^{-n} = \Gamma(n+1)$$

정리 | 090 [Landen's transformation]

$$\tan\phi = \frac{\sin 2\phi_1}{k + \cos 2\phi_1},\ k_1 = \frac{2\sqrt{k}}{1+k}$$

$$\Rightarrow \int_0^{\phi}\frac{d\phi}{\sqrt{1 - k^2\sin^2\phi}} = \frac{2}{1+k}\int_0^{\phi_1}\frac{d\phi_1}{\sqrt{1 - k_1^2\sin^2\phi_1}}$$

정리 | 091 [Euler inequality]

$$\triangle ABC,\ R : \text{외접원의 반지름},\ r : \text{내접원의 반지름} \Rightarrow 2r \le R$$

정리 | 092 [Euler theorem]

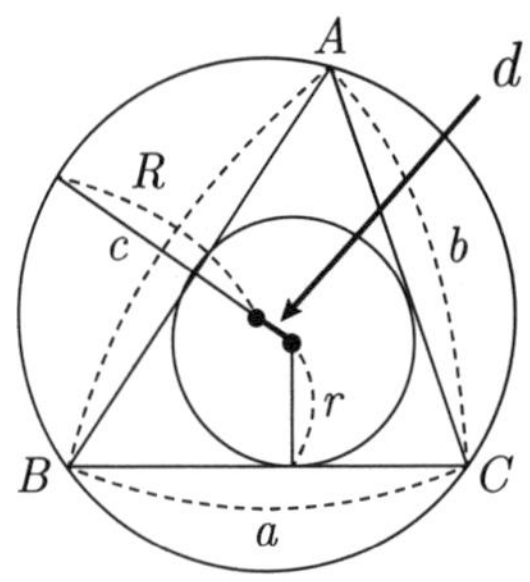

$$\Rightarrow d^2 = R(R-2r)$$

정리 | 093 [Hockey-Stick Identity]

$$\sum_{i=k}^{n} {}_iC_k = {}_{n+1}C_{k+1}$$

정리 | 094 [Cayley-Hamilton theorem]

$$A = \begin{bmatrix} a_1 & a_2 & a_3 \\ b_1 & b_2 & b_3 \\ c_1 & c_2 & c_3 \end{bmatrix} \Rightarrow A^3 - tr(A)A^2 + \frac{1}{2}(tr(A)^2 - tr(A^2))A - |A|I = 0$$

(여기서, $tr(A) = a_1 + b_2 + c_3$)

정리 | 095 [Hermite's identity]

$$\sum_{k=0}^{n-1}\left[x + \frac{k}{n}\right] = [nx]\ ,\ [x]: \text{Gauss' notation}$$

정리 | 096 [Karamata's inequality]

$$\{a_n\} > \{b_n\},\ f(x): \text{Convex 함수} \Rightarrow \sum_{i=1}^{n} f(b_i) \le \sum_{i=1}^{n} g(a_i)$$

정리 | 097 [Nicomachus' theorem]

$$\sum_{i=1}^{n} i^3 = \left(\sum_{i=1}^{n} i\right)^2$$

정리 | 098 [Euler's reflection formula]

$$\Gamma(z)\Gamma(1-z) = \frac{\pi}{\sin(\pi z)}\ ,\ \Gamma(z): \text{Gamma function}$$

정리 | 099 [Binet-Cauchy identity]

$$\left(\sum_{i=1}^{n} a_i c_i\right)\left(\sum_{j=1}^{n} b_j d_j\right) = \left(\sum_{i=1}^{n} a_i d_i\right)\left(\sum_{j=1}^{n} b_j c_j\right) + \sum_{1 \le i \le j \le n} (a_i b_j - a_j b_i)(c_i d_j - c_j d_i)$$

정리 | 100 [Lagrange's identity]

$$\left(\sum_{k=1}^{n} a_k^2\right)\left(\sum_{k=1}^{n} b_k^2\right)-\left(\sum_{k=1}^{n} a_k b_k\right)^2 = \frac{1}{2}\sum_{i=1}^{n}\sum_{j=1}^{n}(a_i b_j - a_j b_i)^2$$

정리 | 101 [Lami's theorem]

균형을 이루는 힘: $A, B, C \Rightarrow \dfrac{A}{\sin\alpha}=\dfrac{B}{\sin\beta}=\dfrac{C}{\sin\gamma}$

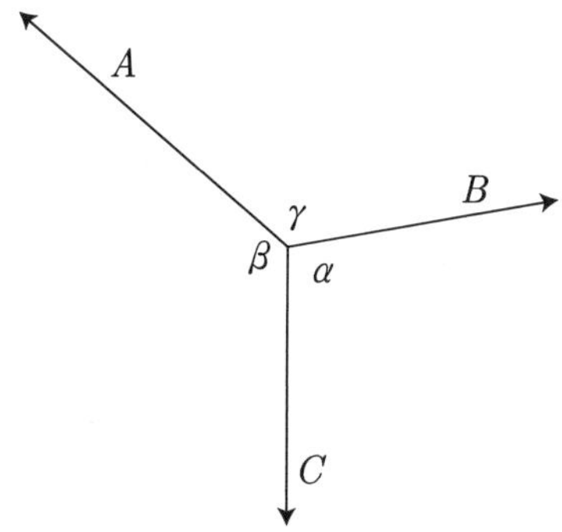

정리 | 102 [Pick's theorem]

i : 다각형 내부 점 개수, b : 경계선 부분의 점 개수, A : 다각형 넓이

$$\Rightarrow A = i + \frac{b}{2} - 1$$

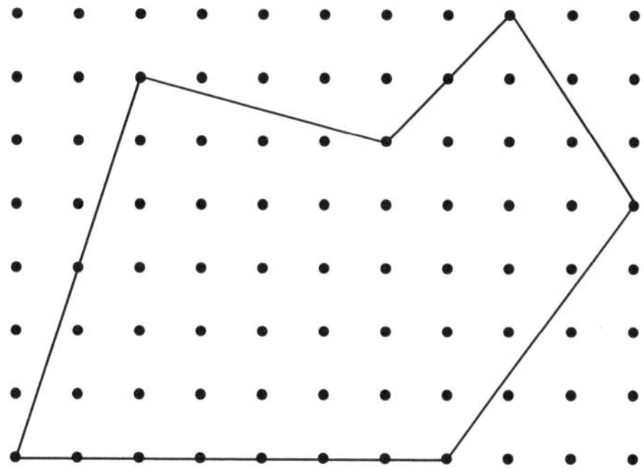

정리 | 103 [Brahmagupta's Theorem]

$\overline{AC} \perp \overline{BD} \Rightarrow M_{AB}, M_{BC}, M_{CD}, M_{AD}$: 각 선분의 중점.

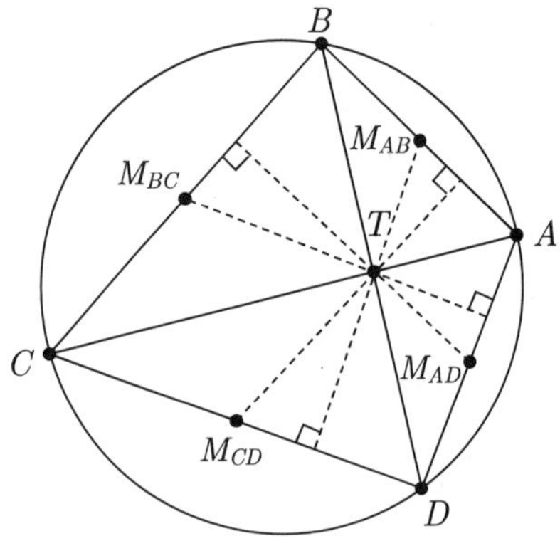

정리 | 104 [Brahmagupta's formula]

$$T=\frac{p+q+r+s}{2}\Rightarrow S=\sqrt{(T-p)(T-q)(T-r)(T-s)}$$

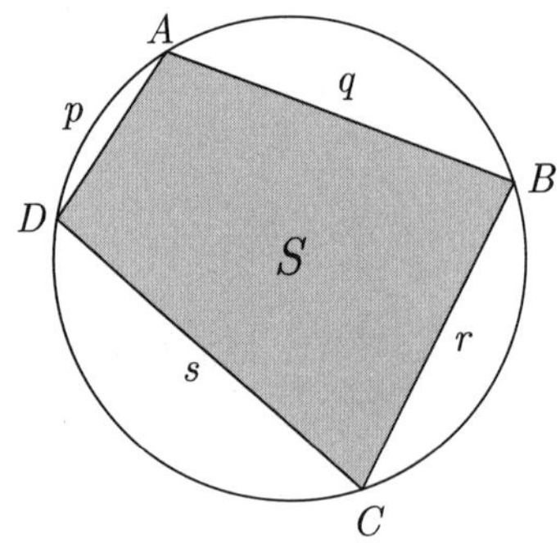

정리 | 105 [Bretschneider's formula]

$$T=\frac{p+q+r+s}{2}\Rightarrow S=\sqrt{(T-p)(T-q)(T-r)(T-s)-pqrs\cos^2\left(\frac{A+C}{2}\right)}$$

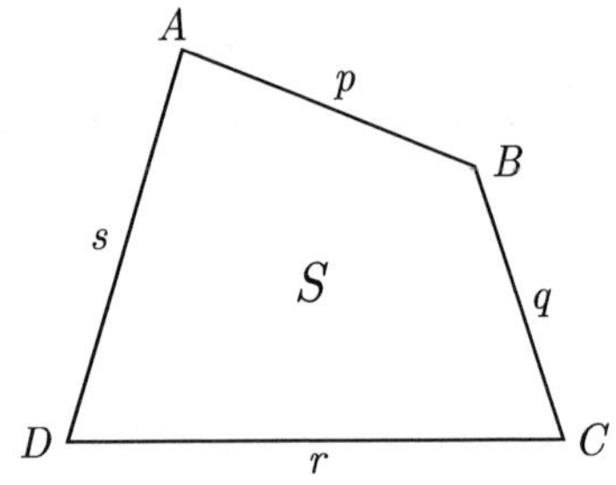

정리 | 106 [Qin Jiushao's triangle area]

$$a,b,c:\triangle ABC\text{의 세 변}\Rightarrow \text{삼각형 넓이}=\frac{1}{2}\sqrt{a^2c^2-\left(\frac{a^2+c^2-b^2}{2}\right)^2}$$

정리 | 107 [Tartaglia's formula]

$$d_{ij} : i\text{에서}\, j\text{까지 거리} \Rightarrow \text{사면체 부피}^2 = \frac{1}{288}\begin{vmatrix} 0 & d_{12}^2 & d_{13}^2 & d_{14}^2 & 1 \\ d_{21}^2 & 0 & d_{23}^2 & d_{24}^2 & 1 \\ d_{31}^2 & d_{32}^2 & 0 & d_{34}^2 & 1 \\ d_{41}^2 & d_{42}^2 & d_{43}^2 & 0 & 1 \\ 1 & 1 & 1 & 1 & 0 \end{vmatrix}$$

정리 | 108 [Mollweide's formula]

$$a,b,c : \triangle ABC\text{의 세 변} \Rightarrow \frac{a+b}{c} = \frac{\cos\left(\frac{A-B}{2}\right)}{\sin\frac{C}{2}},\ \frac{a-b}{c} = \frac{\sin\left(\frac{A-B}{2}\right)}{\cos\frac{C}{2}}$$

정리 | 109 [Fibonacci's identity]

$$\left(a^2+b^2\right)\left(c^2+d^2\right) = (ac-bd)^2+(ad+bc)^2 = (ac+bd)^2+(ad-bc)^2$$

정리 | 110 [Brahmagupta's identity]

$$\left(a^2+nb^2\right)\left(c^2+nd^2\right) = (ac-nbd)^2+n(ad+bc)^2 = (ac+nbd)^2+n(ad-bc)^2$$

정리 | 111 [Euler's four-square identity]

$$\begin{aligned} &\left(a_1^2+a_2^2+a_3^2+a_4^2\right)\left(b_1^2+b_2^2+b_3^2+b_4^2\right) \\ &= \left(a_1b_1-a_2b_2-a_3b_3-a_4b_4\right)^2+\left(a_1b_2+a_2b_1+a_3b_4-a_4b_3\right)^2 \\ &+ \left(a_1b_3-a_2b_4+a_3b_1+a_4b_2\right)^2+\left(a_1b_4+a_2b_3-a_3b_2+a_4b_1\right)^2 \end{aligned}$$

정리 | 112 [Apollonius' theorem]

$$a^2+c^2 = 2\left(m^2+b^2\right)$$

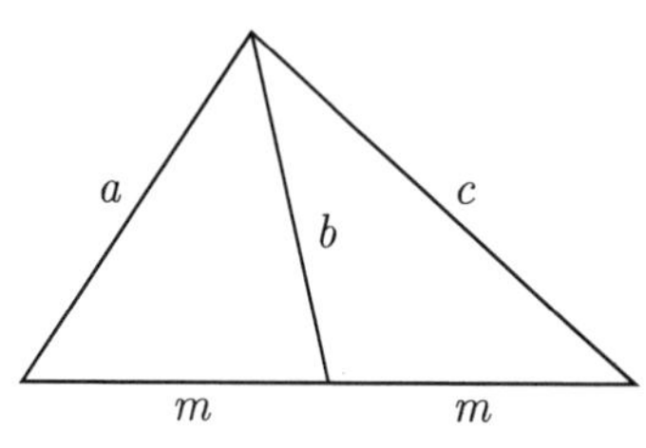

정리 | 113 [Routh's theorem]

$$\frac{\overline{CG}}{\overline{BG}} = x,\ \frac{\overline{AH}}{\overline{CH}} = y,\ \frac{\overline{BJ}}{\overline{AJ}} = z$$

$$\Rightarrow \frac{\triangle DEF}{\triangle ABC} = \frac{(xyz-1)^2}{(xy+x+1)(yz+y+1)(zx+z+1)}$$

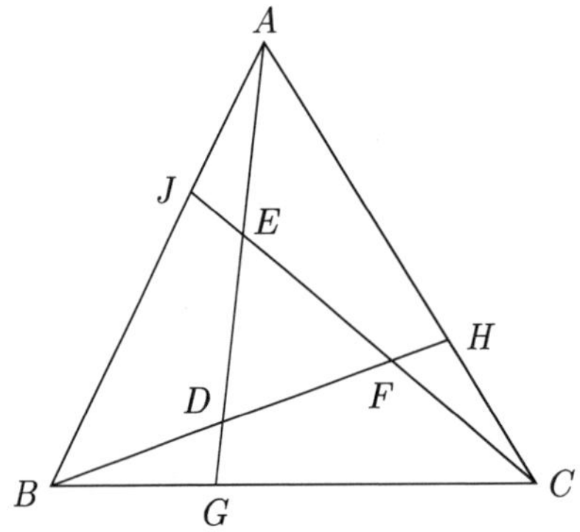

정리 | 114 [Stefan-Boltzmann law]

$$\int_0^{\infty} \frac{x^{s-1}}{e^x - 1}\, dx = \Gamma(s)\zeta(s)$$

정리 | 115 [Riemann zeta function]

$$\zeta(s) = \sum_{n=1}^{\infty} \frac{1}{n^s}$$

정리 | 116 [Euler product formula]

$$\sum_{n=1}^{\infty} \frac{1}{n^s} = \prod_{p:\text{소수}} \frac{1}{1-p^{-s}}$$

정리 | 117 [Kwak Seong-Eun's triangle length]

$$x = \sqrt{\frac{a^2+b^2+c^2}{2} + \frac{\sqrt{3}}{2}\sqrt{(a+b+c)(b-a+c)(a-c+b)(a-b+c)}}$$

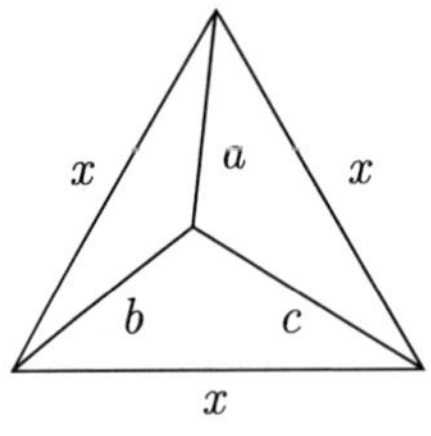

정리 | 118 [Pascal's theorem]

$$x, y, z \in T$$

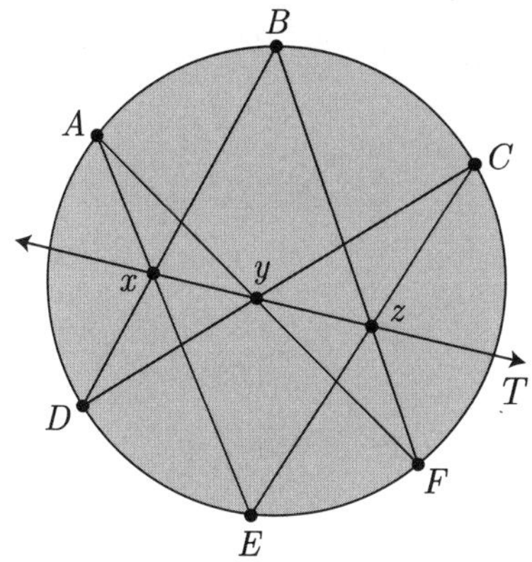

정리 | 119 [Young's inequality]

$$a, b > 0, p, q > 1\ ,\ \frac{1}{p} + \frac{1}{q} = 1 \Rightarrow ab \le \frac{a^p}{p} + \frac{b^q}{q}$$

정리 | 120 [Pappos' theorem]

$$x, y, z \in T$$

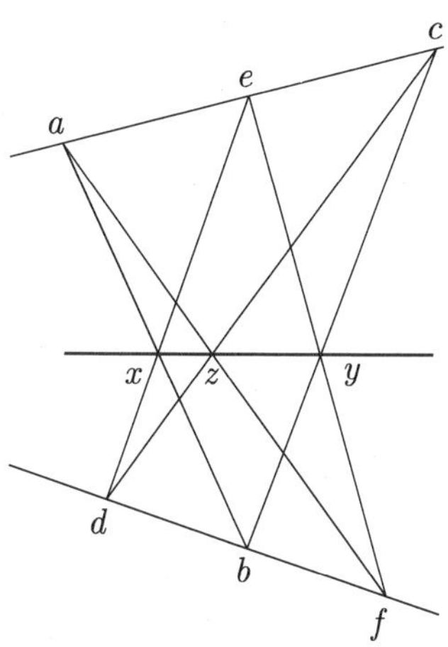

정리 | 121 [Morley's trisector theorem]

$\triangle abc \Rightarrow$ 정삼각형

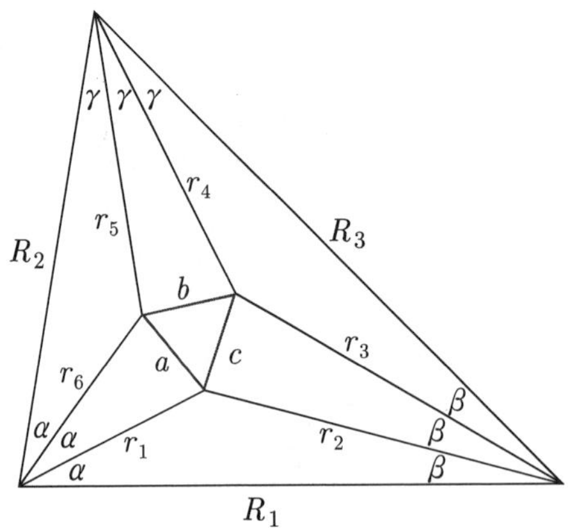

정리 | 122 [Newton-Raphson method]

$$0=f(x)\Rightarrow \text{근}:\ x_n=x_{n-1}-\frac{f(x_{n-1})}{f'(x_{n-1})},\ x_0:\text{초기 가정.}$$

정리 | 123 [Casey's theorem]

$$t_{12}t_{34}+t_{14}t_{23}=t_{13}t_{24}$$

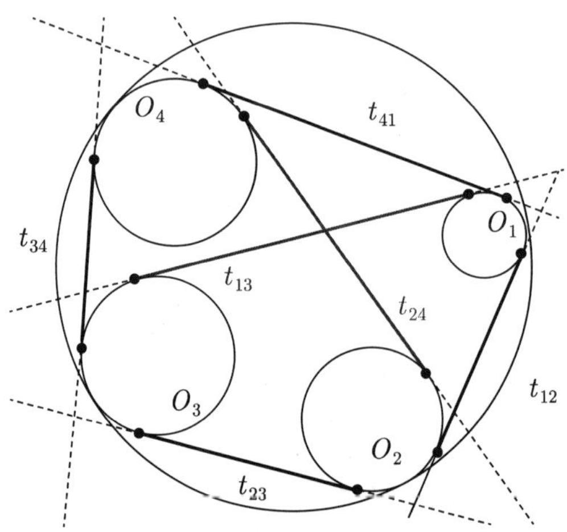

정리 | 124 [Halley's method]

$$0=f(x)\Rightarrow\text{근}:\ x_{n+1}=x_n-\frac{2f(x_n)f'(x_n)}{2[f'(x_n)]^2-f(x_n)f''(x_n)},\ x_0:\text{초기.}$$

정리 | 125 [Householder's method]

$$0=f(x)\Rightarrow \text{근}:\ x_{n+1}=x_n+d\frac{\left(\frac{1}{f}\right)^{(d-1)}(x_n)}{\left(\frac{1}{f}\right)^{(d)}(x_n)},\ x_0:\text{초기 가정.}$$

정리 | 126 [Cauchy-Binet formula]

$$\det(AB) = \sum_{s \in {}_{[n]}C_m} \det(A_{[m],s})\det(B_{s,[m]})$$

정리 | 127 [Varignon's theorem]

$$S = 2S_5$$

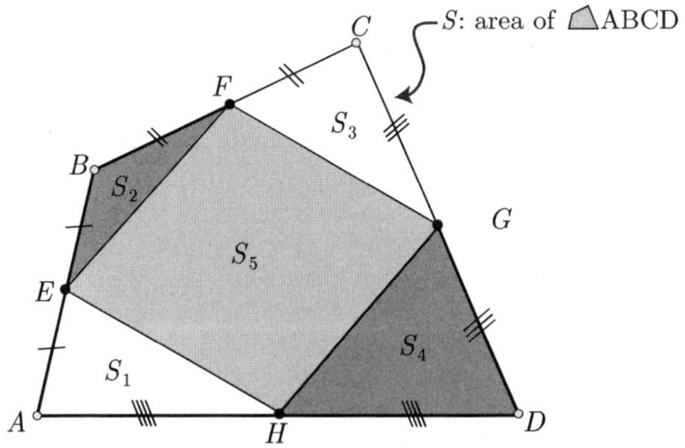

정리 | 128 [Van Aubel Theorem]

$$\frac{BP}{PE} = \frac{BF}{FA} + \frac{BD}{DC}$$

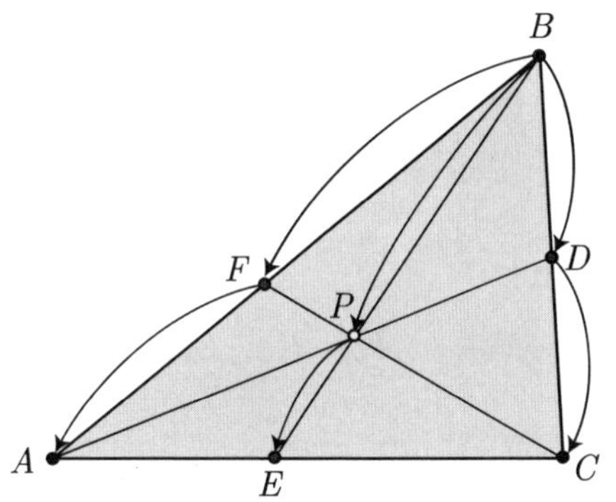

정리 | 129 [Viviani's Theorem]

$$e + g + f = h$$

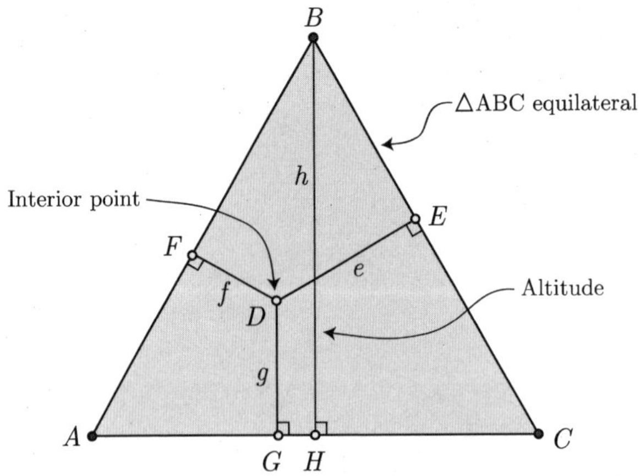

정리 | 130 [Toeplitz matrix]

$$A=\begin{bmatrix} a_0 & a_{-1} & a_{-2} & \cdots & a_{-n+1} \\ a_1 & a_0 & a_{-1} & \cdots & a_{-n+2} \\ a_2 & a_1 & a_0 & \cdots & a_{-n+3} \\ \vdots & \vdots & \vdots & \ddots & \vdots \\ a_{n-1} & a_{n-2} & a_{n-3} & \cdots & a_0 \end{bmatrix}$$

정리 | 131 [Euler angles rotation]

$x:\alpha$회전, $y:\beta$회전, $z:\gamma$회전 되는 변환 행렬

$$\Rightarrow \begin{bmatrix} \cos\gamma & -\sin\gamma & 0 \\ \sin\gamma & \cos\gamma & 0 \\ 0 & 0 & 1 \end{bmatrix} \begin{bmatrix} \cos\beta & 0 & \sin\beta \\ 0 & 1 & 0 \\ -\sin\beta & 0 & \cos\beta \end{bmatrix} \begin{bmatrix} 1 & 0 & 0 \\ 0 & \cos\alpha & -\sin\alpha \\ 0 & \sin\alpha & \cos\alpha \end{bmatrix}$$

정리 | 132 [Cassini's identity]

$$F_n : \text{Fibonacci 수} \Rightarrow F_n^2 - F_{n-r}F_{n+r} = (-1)^{n-r}F_r^2$$

정리 | 133 [Millin series]

$$F_n : \text{Fibonacci 수} \Rightarrow \sum_{n=0}^{\infty} \frac{1}{F_{2^n}} = \frac{7-\sqrt{5}}{2}$$

정리 | 134 [Binet's Fibonacci number formula]

$$F_n : \text{Fibonacci 수} \Rightarrow F_n = \frac{1}{\sqrt{5}}\left(\left(\frac{1+\sqrt{5}}{2}\right)^n - \left(\frac{1-\sqrt{5}}{2}\right)^n\right)$$

정리 | 135 [Lucas number formula]

$$L_n : \text{Lucas 수} \Rightarrow L_n = \left(\frac{1+\sqrt{5}}{2}\right)^n + \left(\frac{1-\sqrt{5}}{2}\right)^n$$

정리 | 136 [Euler's totient function]

$$n = p_1^{k_1} \cdots p_r^{k_r},\, p_i : \text{소수} \Rightarrow \phi(n) = (p_1 - 1)p_1^{k_1 - 1} \cdots (p_r - 1)p_r^{k_r - 1}$$

정리 | 137 [Euler's theorem]

$$\gcd(a,n) = 1 \Rightarrow a^{\phi(n)} \equiv 1 (\bmod n)$$

정리 | 138 [Dirichlet series]

$$\zeta(s) : \text{Riemann zeta function} \Rightarrow \sum_{n=1}^{\infty} \frac{\phi(n)}{n^s} = \frac{\zeta(s-1)}{\zeta(s)}$$

정리 | 139 [Gram-Schmidt orthonomalization process]

$$\{v_1, v_2, \dots, v_n\} : \text{basis} \Rightarrow \{u_1, u_2, \dots, u_n\} : \text{orthonomal basis}$$

$$u_n = \frac{v_n - (v_n \cdot u_1)u_1 - (v_n \cdot u_2)u_2 - \cdots - (v_n \cdot u_{n-1})u_{n-1}}{\| v_n - (v_n \cdot u_1)u_1 - (v_n \cdot u_2)u_2 - \cdots - (v_n \cdot u_{n-1})u_{n-1} \|}$$

정리 | 140 [Euler–Mascheroni constant]

$$\gamma = \lim_{n \to \infty} \left(\sum_{k=1}^{n} \frac{1}{k} - \ln n \right) = \int_1^{\infty} \frac{1}{[x]} - \frac{1}{x}\, dx = 0.57721\ldots$$

정리 | 141 [Bertrand's postulate]

$$n > 3 \Rightarrow \forall n \in Z,\ \exists p : \text{prime} \quad \text{such that } n \le p \le 2n - 2$$

정리 | 142 [Shoelace formula]

$$(x_i, y_i) : n\text{각형 점},\ x_{n+1} = x_1,\, y_{n+1} = y_1$$

$$\Rightarrow \text{넓이} = \frac{1}{2} \left| \sum_{i=1}^{n} x_i (y_{i+1} - y_{i-1}) \right|$$

정리 | 143 [Gaussian integral]

$$\int_{-\infty}^{\infty} e^{-x^2} dx = \sqrt{\pi}$$

정리 | 144 [Carleman's inequality]

$$a_i > 0 \Rightarrow \sum_{n=1}^{\infty} \sqrt[n]{a_1 a_2 \cdots a_n} \le e \sum_{n=1}^{\infty} a_n$$

정리 | 145 [Hardy's inequality]

$$a_i > 0, p > 1 \Rightarrow \sum_{n=1}^{\infty}\left(\frac{a_1 + a_2 + \cdots + a_n}{n}\right)^n \le \left(\frac{p}{p-1}\right)^p \sum_{n=1}^{\infty} a_n^p$$

정리 | 146 [Henri Lebesgue's surface area]

$$S = \iint_R \sqrt{1 + z_x^2 + z_y^2}\, dxdy$$

정리 | 147 [Arfken's Double Factorial]

$$n!! = \begin{cases} n(n-2)\cdots 5 \cdot 3 \cdot 1, & (n: odd) \\ n(n-2)\cdots 6 \cdot 4 \cdot 2, & (n: even) \\ 1 & , (n = -1, 0) \end{cases}$$

정리 | 148 [Cramer's inverse matrix]

$$A = (a_{ij})_{n\times n},\ A^{-1} = (x_{ij})_{n\times n} \Rightarrow x_{ij} = \frac{(-1)^{i+j}|A_{ji}|}{|A|}$$

정리 | 149 [Vandermonde's determinant]

$$\begin{vmatrix} 1 & x_1 & x_1^2 & \cdots & x_1^{n-1} \\ 1 & x_2 & x_2^2 & \cdots & x_2^{n-1} \\ \vdots & \vdots & \vdots & \ddots & \vdots \\ 1 & x_n & x_n^2 & \cdots & x_n^{n-1} \end{vmatrix} = \prod_{1 \le i < j \le n} (x_j - x_i)$$

정리 | 150 [Abel summation]

$$\lim_{x\to 1^-} \sum_{n=1}^{\infty} n(-x)^{n-1} = \lim_{x\to 1^-} \frac{1}{(1+x)^2} = \frac{1}{4}$$

정리 | 151 [Limit of Riemann Sum]

$$\lim_{n\to\infty} \frac{b-a}{n} \sum_{k=1}^{n} f\left(a + \frac{k(b-a)}{n}\right) = \int_a^b f(x)\,dx$$

정리 | 152 [Bayes' formula]

$$\text{서로 배반인 사건:} A_i \Rightarrow P(A_n|\, B) = \frac{P(B\,|\,A_n)\,P(A_n)}{\sum_{i=1}^{\infty} P(B|A_i)P(A_i)}$$

정리 | 153 [probability function of binomial distribution]

$$\text{매 시행에서 성공의 확률}:p \Rightarrow P(X=x) = {}_nC_k p^k (1-p)^{n-k}$$

정리 | 154 [probability function of Poisson distribution]

$$\text{구간에서 성공 횟수}:x \Rightarrow P(x:\lambda) = \frac{e^{-\lambda}\lambda^x}{x!}, \lambda:\text{성공 횟수의 평균값}$$

정리 | 155 [Ceva theorem ②]

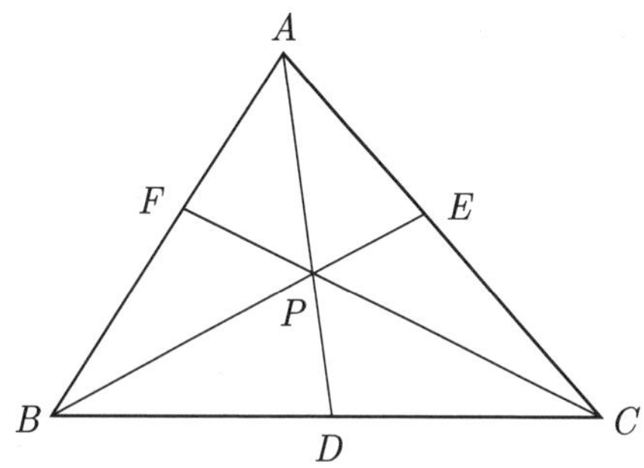

$$\Rightarrow \frac{PD}{AD} + \frac{PE}{BE} + \frac{PF}{CF} = 1$$

정리 | 156 [Sophie Germain's Identity]

$$x^4 + 4y^4 = (x^2 + 2y^2 + 2xy)(x^2 + 2y^2 - 2xy)$$

정리 | 157 [Lalescu sequence]

$$\lim_{n\to\infty} \sqrt[n+1]{(n+1)!} - \sqrt[n]{n!} = \frac{1}{e}$$

정리 | 158 [Apéry's constant]

$$\zeta(3) = \sum_{k=1}^{\infty} \frac{1}{k^3} = 1.202056903...$$

정리 | 159 [Cesaro's theorem]

$$\lim_{n\to\infty} a_n = l \Rightarrow \lim_{n\to\infty} \frac{1}{n} \sum_{k=0}^{n} a_k = l$$

정리 | 160 [Flett's mean theorem]

$$f(x):[a,b]\text{상에서 미분가능}, f'(a) = f'(b)$$

$$\Rightarrow \exists c \in (a,b), f'(c) = \frac{f(c) - f(a)}{c-a}$$

정리 | 161 [Frullani's Integral]

$$\int_0^{\infty} \frac{f(ax)-f(bx)}{x}\,dx = [f(0)-f(\infty)]\ln\left(\frac{b}{a}\right)$$

정리 | 162 [Leibniz integral rule]

$$\frac{d}{d\alpha}\int_{a(\alpha)}^{b(\alpha)} f(x,\alpha)dx = b'(\alpha)f(b(\alpha),\alpha)-a'(\alpha)f(a(\alpha),\alpha)+\int_{a(\alpha)}^{b(\alpha)} f_{\alpha}(x,\alpha)dx$$

정리 | 163 [Catalan's constant]

$$1-\frac{1}{3^2}+\frac{1}{5^2}-\frac{1}{7^2}+\cdots = 0.915965...$$

정리 | 164 [Kwak Seong-Eun's sum]

$$\sum_{n=1}^{\infty} a_n \sum_{m=1}^{n} b_m = \sum_{m=1}^{\infty} b_m \sum_{n=m}^{\infty} a_n$$

정리 | 165 [Sylvester's determinant theorem]

$$A, B : (p\times n), (n\times p)\text{matrices} \Rightarrow |I_p + AB| = |I_n + BA|$$

정리 | 166 [Vandermonde's Identity]

$$\sum_{k=0}^{r} {}_mC_k \bullet {}_nC_{r-k} = {}_{m+n}C_r$$

정리 | 167 [Shoelace Theorem]

$$P_1(a_1, b_1), P_2(a_2, b_2), ..., P_n(a_n, b_n)$$

$$넓이 = \frac{1}{2}|(a_1b_2 + a_2b_3 + \cdots + a_nb_1) - (b_1a_2 + b_2a_3 + \cdots + b_na_1)|$$

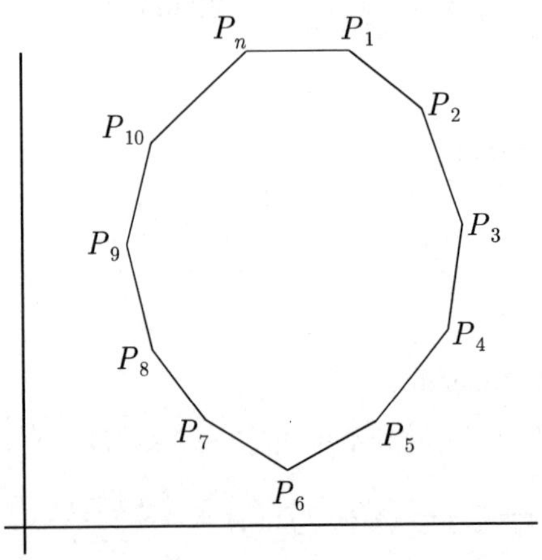

정리 | 168 [Pascal's Identity]

$${}_{n}C_{k} = {}_{n-1}C_{k-1} + {}_{n-1}C_{k}$$

정리 | 169 [Steiner's theorem]

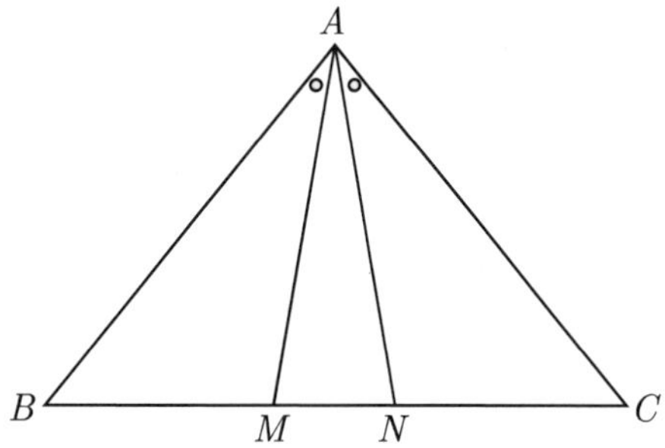

$$\frac{BM}{MC} \cdot \frac{BN}{NC} = \frac{AB^2}{AC^2}$$

정리 | 170 [Kwak seong-eun infinite integral]

① $\int x^a(x-1)^b[(a+b+2)x-(a+1)]\,dx = x^{a+1}(x-1)^{b+1}+c$

② $\int x^a(x+1)^b[(a+b+2)x+(a+1)]\,dx = x^{a+1}(x+1)^{b+1}+c$

③ $\int \frac{du}{uf(u)} = F(u)+c \Rightarrow \int \frac{mdx}{xf(x^m)} = F(x^m)+c$

④ $f''(x) = kf'(x)f(x)$

$\Rightarrow \int f'(x)^2 f(x)^n dx = \frac{f'(x)f(x)^{n+1}}{n+1} - \frac{kf(x)^{n+3}}{(n+1)(n+3)}$

⑤ $\int \frac{(f(x)-f'(x))e^x}{(e^x+f(x))^2}\,dx = \frac{e^x}{f(x)+e^x}+c$

⑥ $m \in Q \Rightarrow \int \frac{a^2\,dx}{(a^2+x^2)^m} = \frac{x(a^2+x^2)^{1-m}}{2(m-1)} + \frac{2m-3}{2m-2}\int \frac{dx}{(a^2+x^2)^{m-1}}$

⑦ $m \in Q$

$\Rightarrow \int (a^2+x^2)^m\,dx = \frac{x(a^2+x^2)^m}{2m+1} + \frac{2ma^2}{2m+1}\int (a^2+x^2)^{m-1}dx$

⑧ $m \in Q \Rightarrow \int \frac{a^2\,dx}{(a^2-x^2)^m} = \frac{x(a^2-x^2)^{1-m}}{2(m-1)} + \frac{2m-3}{2m-2}\int \frac{dx}{(a^2-x^2)^{m-1}}$

⑨ $m \in Q \Rightarrow \int (a^2-x^2)^m\,dx = \frac{x(a^2-x^2)^m}{2m+1} + \frac{2ma^2}{2m+1}\int (a^2-x^2)^{m-1}dx$

⑩ $m \in Q \Rightarrow \int (x^2-a^2)^m\,dx = \frac{x(x^2-a^2)^m}{2m+1} - \frac{2ma^2}{2m+1}\int (x^2-a^2)^{m-1}dx$

정리 | 171 [Woodbury matrix identity]

$$A, U, C, V : n\times n,\ n\times k,\ k\times k,\ k\times n-\text{matrices}$$

$$\Rightarrow (A+UCV)^{-1} = A^{-1} - A^{-1}U\left(C^{-1}+VA^{-1}U\right)^{-1}VA^{-1}$$

정리 | 172 [Sherman-Morrison formula]

$$u, v : \text{vectors} \Rightarrow \left(A+uv^t\right)^{-1} = A^{-1} - \frac{A^{-1}uv^tA^{-1}}{1+v^tA^{-1}u}$$

정리 | 173 [Kwak seong-eun determinant theorem]

$$u, v : \text{vectors} \Rightarrow |A+uv^t| = \left(1+v^tA^{-1}u\right)|A|$$

정리 | 174 [Legendre duplication formula]

$$\Gamma(z)\Gamma\left(z+\frac{1}{2}\right) = 2^{1-2z}\sqrt{\pi}\,\Gamma(2z)$$

정리 | 175 [Gauss's multiplication formula]

$$\Gamma(z)\Gamma\left(z+\frac{1}{k}\right)\cdots\Gamma\left(z+\frac{k-1}{k}\right) = (2\pi)^{\frac{k-1}{2}}k^{\frac{1}{2}-kz}\Gamma(kz)$$

정리 | 176 [Walker's inequality]

$$\triangle ABC : \text{예각 삼각형} \Rightarrow 4(R+r)^2 \le a^2+b^2+c^2$$

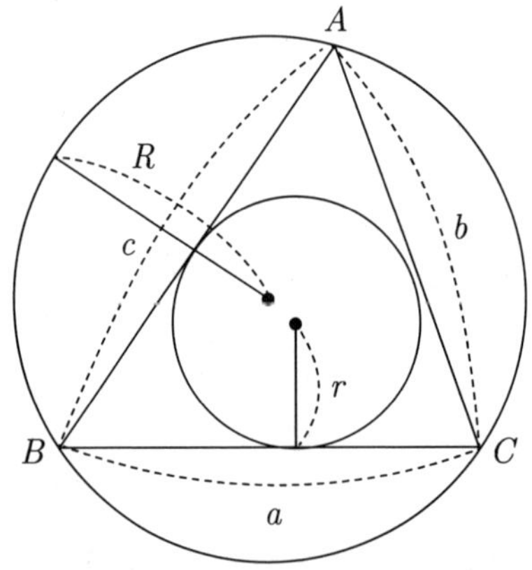

정리 | 177 [Wirtinger's inequality]

$$f(0)=f(a)=0 \Rightarrow \int_0^a |f(x)|^2\,dx \le \left(\frac{a}{\pi}\right)^2\int_0^a |f'(x)|^2\,dx$$

정리 178 [Kwak Seong-Eun Limit theorem]

① $\lim_{n\to\infty} a_n = \lim_{n\to\infty} b_n = \infty,\ \lim_{n\to\infty}\frac{a_n}{b_n} = l \Rightarrow \lim_{n\to\infty}\frac{\ln(a_n)}{\ln(b_n)} = 1$

② $\lim_{n\to\infty}\left[\sum_{k=1}^{n} f\left(\frac{k}{n}\right) - n\int_0^1 f(x)dx\right] = \frac{f(1)-f(0)}{2}$

③ $\lim_{n\to\infty}\left[n^2\int_0^1 f(x)dx - n\sum_{k=1}^{n} f\left(\frac{2k-1}{2n}\right)\right] = \frac{f'(1)-f'(0)}{24}$

④ $a_n > 0 \ \Rightarrow\ \lim_{n\to\infty}\sqrt[n]{a_n} = \lim_{n\to\infty}\frac{a_{n+1}}{a_n}$

⑤ $\lim_{n\to\infty}\frac{1}{n}\sum_{k=1}^{n^2} f\left(\frac{k}{n}\right) = \lim_{n\to\infty}\int_0^n f(x)\,dx$

⑥ $\lim_{n\to\infty}\frac{1}{n^4}\sum_{k=1}^{n}\left(k^2\int_k^{k+1} x \cdot f(x-k)\,dx\right) = \frac{1}{4}\int_0^1 f(t)dt$

⑦ $a > 0 \Rightarrow \lim_{a\to 0}\int_0^{\sqrt{a}}\frac{a f(x)}{a^2+x^2}\,dx = \frac{\pi}{2}f(0)$

⑧ $\lim_{n\to\infty} n\int_0^1 x^n f(x)\,dx = f(1)$

⑨ $\lim_{n\to\infty}\prod_{k=1}^{n}\left[1+\frac{1}{n}f\left(\frac{k}{n}\right)\right] = e^{\int_0^1 f(x)\,dx}$

⑩ $f(0)=0 \Rightarrow \lim_{n\to\infty}\sum_{k=1}^{n} f\left(\frac{k}{n^2}\right) = \frac{f'(0)}{2},\ \lim_{n\to\infty}\sum_{k=1}^{n} f\left(\frac{k^2}{n^3}\right) = \frac{f'(0)}{3}$

⑪ $a_i > 0 \ \Rightarrow\ \lim_{n\to\infty}\sqrt[n]{\sum_{k=1}^{n} a_k^n} = \max\{a_1, a_2, \dots, a_n\}$

⑫ $a_0 > 0 \ \Rightarrow\ \lim_{x\to\infty}\sqrt[n]{a_0x^n + a_1x^{n-1} + \cdots + a_n} - x\sqrt[n]{a_0} = \frac{a_1\sqrt[n]{a_0}}{na_0}$

⑬ $s > 1,\ \zeta(s) = \sum_{n=1}^{\infty}\frac{1}{n^s} \ \Rightarrow\ \lim_{n\to\infty} n^{s-1}\left(\sum_{k=1}^{n}\frac{1}{k^s} - \zeta(s)\right) = \frac{1}{1-s}$

⑭ $f(x) > 0 \Rightarrow \lim_{p\to 0}\frac{1}{p}\ln\left(\int_0^1 f(x)^p\,dx\right) = \int_0^1 \ln f(x)\,dx$

⑮ $f(0) = 0 \ \Rightarrow\ \lim_{n\to\infty} n\int_0^1 f\left(\frac{x}{n}\right)dx = \frac{1}{2}f'(0)$

⑯ $f(1) = 0 \ \Rightarrow\ \lim_{n\to\infty} n^2\int_0^1 x^n f(x)\,dx = -f'(1)$

⑰ $\lim_{n\to\infty} n\int_0^{\frac{\pi}{2}} x f(x)(\cos x)^n\,dx = f(0)$

⑱ $-1 < f(x) < 1 \Rightarrow \lim_{n\to\infty}\int_0^1\frac{f(ax)^n - f(x)^n}{x}\,dx = \ln\frac{1}{a}$

⑲ $\lim_{n\to\infty}\sqrt[n]{\prod_{k=1}^{n} f\left(\frac{k}{n}\right)} = e^{\int_0^1 \ln|f(x)|dx}$

⑳ $f(x+T)=f(x) \Rightarrow \lim_{n\to\infty}\int_a^b f(nx)dx = \frac{b-a}{T}\int_0^T f(x)dx$

㉑ $\lim_{n\to\infty}\int_0^{\pi} f(x)|\sin(nx)|\,dx = \frac{2}{\pi}\int_0^{\pi} f(x)dx$

㉒ $g(x)=g(x+\alpha) \Rightarrow \lim_{n\to\infty}\int_0^{\alpha} f(x)g(nx)dx = \frac{1}{\alpha}\int_0^{\alpha} f(x)dx\int_0^{\alpha} g(x)dx$

㉓ $\lim_{n\to\infty}\left(\frac{1}{n}\right)\int_0^{n} f(\sin x)\,dx = \frac{1}{2\pi}\int_0^{2\pi} f(\sin x)dx$

㉔ $\lim_{n\to\infty}\int_0^{1} x f(\sin(2\pi nx))\,dx = \frac{1}{4\pi}\int_0^{2\pi} f(\sin x)dx$

㉕ $g(x)=g(x+\alpha),\ k,m\in N$

$\Rightarrow \lim_{n\to\infty}\int_{k\alpha}^{m\alpha} f(x)g(nx)dx = \frac{1}{\alpha}\int_{k\alpha}^{m\alpha} f(x)dx\int_0^{\alpha} g(x)dx$

㉖ $\lim_{n\to\infty} n\int_0^{1} x^n f(x^n)dx = \int_0^1 f(x)dx$

㉗ $\lim_{n\to\infty}\frac{1}{n}\int_0^{1}\frac{\sqrt[n]{x}}{x} f(x)\,dx = f(0)$

㉘ $\lim_{n\to\infty} n\int_0^{1} f(x^n)\,dx = \int_0^1 \frac{f(x)}{x}dx$

㉙ $f(x)=f(x+\pi) \Rightarrow \lim_{n\to\infty}\int_{-n}^{n} f(x)\frac{\tan x}{x}dx = \int_{-\frac{\pi}{2}}^{\frac{\pi}{2}} f(x)dx$

㉚ $f(x)=f(x+\pi) \Rightarrow \lim_{n\to\infty}\int_{-n}^{n} f(x)\frac{\sin x}{x}dx = \int_0^{\pi} f(x)dx$

㉛ $\lim_{n\to\infty} n\int_0^{1} f(x)g(x^n)\,dx = f(1)\int_0^1 \frac{g(x)}{x}dx$

㉜ $\lim_{n\to\infty} n\int_0^{1} x^n f(x)g(x^n)\,dx = f(1)\int_0^1 g(x)dx$

㉝ $\lim_{n\to\infty} n\left[f(1)\int_0^1 h(x)dx - n\int_0^1 x^n f(x)h(x^n)dx\right]$

$= (f(1)+f'(1))\int_0^1 \frac{1}{x}\left(\int_0^x h(t)dt\right)dx$

㉞ $\lim_{n\to\infty} n\int_0^{1}\frac{x^n f(x)}{x^{2n}+1}dx = \frac{\pi}{4}f(1)$

㉟ $\lim_{n\to\infty} n\left[f(1)\int_0^1 \frac{g(x)}{x}dx - n\int_0^1 f(x)g(x^n)dx\right]$

$= (f(1)+f'(1))\int_0^1 \frac{1}{x}\left(\int_0^x \frac{g(t)}{t}dt\right)dx$

㊱ $\begin{cases} \lim\limits_{x \to a} f(x) = 1 \\ \lim\limits_{x \to a} g(x) = \infty \end{cases} \Rightarrow \lim\limits_{x \to a} f(x)^{g(x)} = e^{\lim\limits_{x \to a} g(x)(f(x)-1)}$

㊲ $a_k > 0,\ \lim\limits_{n \to \infty} \dfrac{a_{n+1}}{a_n} = b < 1 \Rightarrow \lim\limits_{n \to \infty} a_n = 0$

㊳ $f'(0) \neq 0 \Rightarrow \lim\limits_{x \to 0} \dfrac{f(x) - f(\sqrt{x})}{f(\sqrt[3]{x}) - f(\sqrt[4]{x})} = 0$

㊴ $\lim\limits_{x \to \infty} f(x) = a \neq 0 \Rightarrow \lim\limits_{x \to \infty} x f(x) f'(x) = 0$

정리 | 179 [Erdös-Mordell Inequality]

$$2(p+q+r) \leq x+y+z$$

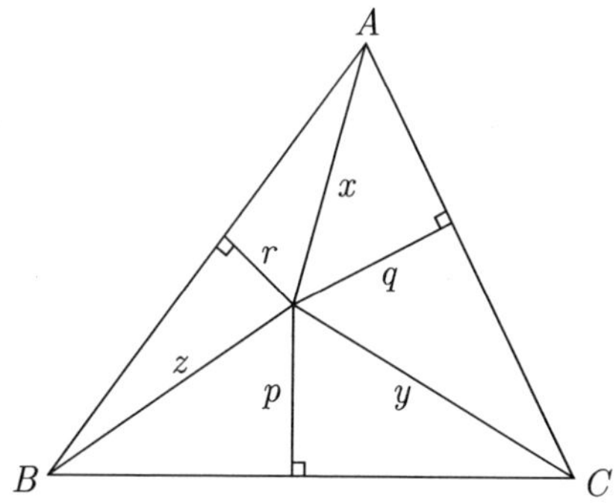

정리 | 180 [Oppenheim-Mordell Inequality]

$$(p+q)(q+r)(r+p) \leq xyz$$

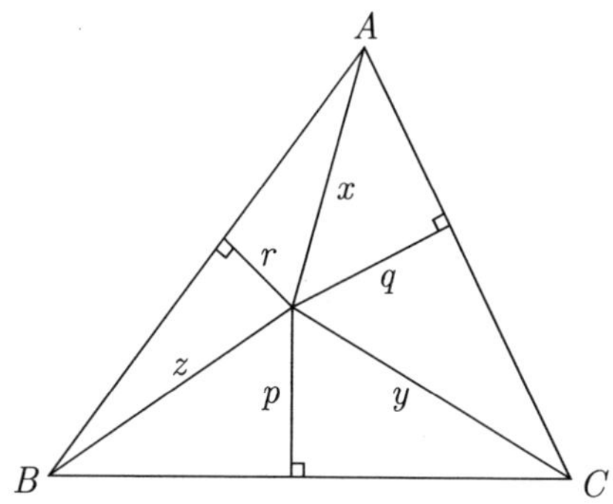

정리 | 181 [Kaplan Surface of Revolution]

$$S = 2\pi \int_a^b f(x) \sqrt{1+f'(x)^2}\, dx = 2\pi \int_{t_1}^{t_2} y(t) \sqrt{(x'(t))^2 + (y'(t))^2}\, dt$$

정리 | 182 [Kwak Seong-Eun recurrence]

$$x_{n+1} = \frac{ax_n + b}{cx_n + d} \Rightarrow x_n = \frac{y_{n+1}}{y_n} - \frac{d}{c} \text{로 치환}$$

정리 | 183 [Kwak Seong-Eun Area and Volume theorem]

$$\text{넓이} = \iint_R \left|\frac{\partial(x,y)}{\partial(x_1,y_1)}\right| \left|\frac{\partial(x_1,y_1)}{\partial(x_2,y_2)}\right| \cdots \left|\frac{\partial(x_{n-1},y_{n-1})}{\partial(x_n,y_n)}\right| dx_n\,dy_n$$

$$\text{부피} = \iiint_V \left|\frac{\partial(x,y,z)}{\partial(x_1,y_1,z_1)}\right| \left|\frac{\partial(x_1,y_1,z_1)}{\partial(x_2,y_2,z_2)}\right| \cdots \left|\frac{\partial(x_{n-1},y_{n-1},z_{n-1})}{\partial(x_n,y_n,z_n)}\right| dx_n\,dy_n\,dz_n$$

정리 | 184 [Kwak Seong-Eun inverse trigonometry]

① $$\sin^{-1}x + \sin^{-1}y = \begin{cases} \sin^{-1}\left(x\sqrt{1-y^2} + y\sqrt{1-x^2}\right), & (x^2+y^2 \le 1,\ xy<0) \\ \pi - \sin^{-1}\left(x\sqrt{1-y^2} + y\sqrt{1-x^2}\right), & (x^2+y^2 > 1,\ x,y>0) \\ \pi + \sin^{-1}\left(x\sqrt{1-y^2} + y\sqrt{1-x^2}\right), & (x^2+y^2 > 1,\ x,y<0) \end{cases}$$

② $$\tan^{-1}x + \tan^{-1}y = \begin{cases} \frac{\pi}{2}, & (xy=1,\ x,y>0) \\ -\frac{\pi}{2}, & (xy=1,\ x,y<0) \\ \pi + \tan^{-1}\left(\frac{x+y}{1-xy}\right), & (xy>1,\ x,y>0) \\ -\pi + \tan^{-1}\left(\frac{x+y}{1-xy}\right), & (xy>1,\ x,y<0) \\ \tan^{-1}\left(\frac{x+y}{1-xy}\right), & (xy<1) \end{cases}$$

정리 | 185 [Ramanujan's Master Theorem]

$$F(x) = \sum_{k=0}^{\infty} \frac{\phi(k)(-x)^k}{k!} \Rightarrow \int_0^{\infty} x^{n-1}F(x)dx = \Gamma(n)\phi(-n)$$

정리 | 186 [Fourier series]

① $$f(x) = f(x+2\pi) \Rightarrow f(x) = \frac{a_0}{2} + \sum_{n=1}^{\infty} a_n \cos nx + b_n \sin nx$$

$$a_n = \frac{1}{\pi}\int_{-\pi}^{\pi} f(x)\cos nx\,dx,\ b_n = \frac{1}{\pi}\int_{-\pi}^{\pi} f(x)\sin nx\,dx$$

② $$f(x):\text{우함수} \Rightarrow f(x) = \frac{a_0}{2} + \sum_{n=1}^{\infty} a_n \cos nx\,dx$$

$$a_n = \frac{2}{\pi}\int_0^{\pi} f(x)\cos nx\,dx$$

③ $$f(x):\text{기함수} \Rightarrow f(x) = \sum_{n=1}^{\infty} b_n \sin nx,\ b_n = \frac{2}{\pi}\int_0^{\pi} f(x)\sin nx\,dx$$

④ $f(x)=f(x+L) \Rightarrow f(x)=\dfrac{a_0}{2}+\sum_{n=1}^{\infty} a_n \cos\dfrac{n\pi x}{L}+b_n \sin\dfrac{n\pi x}{L}$

$a_n=\dfrac{1}{L}\int_{-L}^{L} f(x)\cos\dfrac{n\pi x}{L}\,dx,\ b_n=\dfrac{1}{L}\int_{-L}^{L} f(x)\sin\dfrac{n\pi x}{L}\,dx$

⑤ $f(x)$: 우함수 $\Rightarrow f(x)=\dfrac{a_0}{2}+\sum_{n=1}^{\infty} a_n \cos\dfrac{n\pi x}{L}\,dx$

$a_n=\dfrac{2}{L}\int_{0}^{L} f(x)\cos\dfrac{n\pi x}{L}\,dx$

⑥ $f(x)$: 기함수 $\Rightarrow f(x)=\sum_{n=1}^{\infty} b_n \sin\dfrac{n\pi x}{L},\ b_n=\dfrac{2}{L}\int_{0}^{L} f(x)\sin\dfrac{n\pi x}{L}\,dx$

정리 187 [Laplace transformation]

$$\mathcal{L}(f)=\int_0^{\infty} e^{-st} f(t)\,dt=F(s),\ \mathcal{L}(g)=G(s)$$

① $\mathcal{L}\left[e^{at} f(t)\right]=F(s-a)$

② $\mathcal{L}\left[f(t-a)u_a(t)\right]=e^{-as}F(s),\ u_a(t)=\begin{cases}0, & t<a\\ 1, & t>a\end{cases}$

③ $\mathcal{L}\left[f(at)\right]=\dfrac{1}{a}F\left(\dfrac{s}{a}\right)$

④ $\mathcal{L}\left[t^n f(t)\right]=(-1)^n F^{(n)}(s)$

⑤ $\mathcal{L}\left[\dfrac{f(t)}{t}\right]=\int_s^{\infty} F(u)\,du$

⑥ $\mathcal{L}\left[f'(t)\right]=s\,\mathcal{L}(f)-f(0)$

⑦ $\mathcal{L}\left[f''(t)\right]=s^2\mathcal{L}(f)-sf(0)-f'(0)$

⑧ $\mathcal{L}\left[\int_0^t f(u)du\right]=\dfrac{F(s)}{s}$

⑨ $f(t)=f(t+T) \Rightarrow \mathcal{L}\left[f(t)\right]=\dfrac{\int_0^T e^{-st}f(t)dt}{1-e^{-sT}}$

⑩ $\mathcal{L}\left[\int_0^t f(u)g(t-u)du\right]=F(s)G(s)$

정리 188 [Gaussian sum]

$$\sum_{j=0}^{n-1} \sqrt[n]{e^{2\pi j^2 i}}=\begin{cases}(1+i)\sqrt{n}, & (n\equiv 0(\mathrm{mod}4))\\ \sqrt{n}, & (n\equiv 1(\mathrm{mod}4))\\ 0, & (n\equiv 2(\mathrm{mod}4))\\ i\sqrt{n}, & (n\equiv 3(\mathrm{mod}4))\end{cases}$$

정리 | 189 [Gregorio Fontana Constant]

$$\frac{z}{\ln(1-z)} = \sum_{n=0}^{\infty} c_n z^n,\ |z| < 1 \Rightarrow c_n \text{ :Gregorio constant}$$

정리 | 190 [Gregorio Fontana theorem]

$$H_n = \gamma + \ln n + \frac{1}{2n} - \sum_{k=2}^{\infty} \frac{(k-1)!c_k}{n(n+1)\cdots(n+k-1)},\ \gamma\text{:Euler 상수}$$

정리 | 191 [Cross ratio]

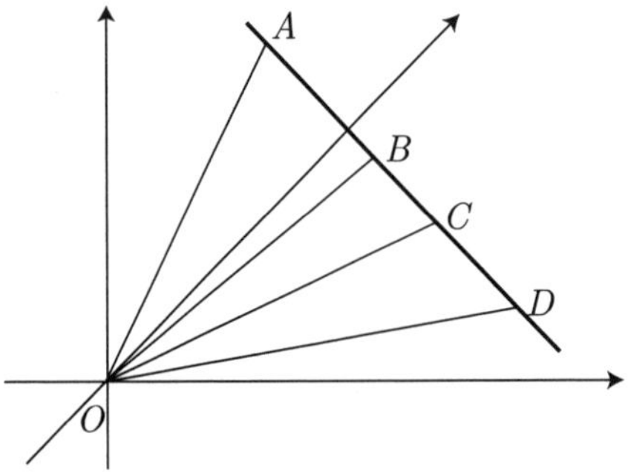

$$[A,B,C,D] = \frac{\overline{AC} \cdot \overline{BD}}{\overline{AD} \cdot \overline{BC}}$$

정리 | 192 [Centroid of the area]

$$\bar{x} = \frac{\int_A x\,dA}{\int_A dA},\ \bar{y} = \frac{\int_A y\,dA}{\int_A dA}$$

정리 | 193 [Centroid of the curve]

$$\bar{x} = \frac{\int_{l_1} x\,dl_1}{\int_{l_1} dl_1},\ \bar{y} = \frac{\int_{l_2} y\,dl_2}{\int_{l_2} dl_2},\quad dl_1 = \sqrt{1+\left(\frac{dx}{dy}\right)^2}\,dy,\quad dl_2 = \sqrt{1+\left(\frac{dy}{dx}\right)^2}\,dx$$

정리 | 194 [Centroid of the surface]

$$\bar{x} = \frac{\iint_{s_1} x\,ds_1}{\iint_{s_1} ds_1},\ ds_1 = \sqrt{1+x_y^2+x_z^2}\,dydz$$

$$\bar{y} = \frac{\iint_{s_2} y\,ds_2}{\iint_{s_2} ds_2},\ ds_2 = \sqrt{1+y_x^2+y_z^2}\,dxdz$$

$$\bar{z} = \frac{\iint_{s_3} z\,ds_3}{\iint_{s_3} ds_3},\ ds_3 = \sqrt{1+z_x^2+z_y^2}\,dxdy$$

정리 195 [Kwak Seong-eun theorem]

$s_x = 2\pi \bar{y} l$, s_x : x축 회전시 표면적, l : 곡선의 길이, $\bar{y}$:곡선의 무게중심.

정리 196 [Centroid of the volume]

$$\bar{x} = \frac{\iiint x\,dV}{\iiint dV},\ \bar{y} = \frac{\iiint y\,dV}{\iiint dV},\ \bar{z} = \frac{\iiint z\,dV}{\iiint dV}$$

정리 197 [Kwak Seong-Eun inverse function Integration]

$$f(x):\text{전단사},\ \begin{cases} f(a)=c \\ f(b)=d \end{cases} \Rightarrow \int_a^b f(x)dx + \int_c^d f^{-1}(x)dx = bd - ac$$

정리 198 [Kwak Seong-Eun sum of arctangent]

$$\begin{cases} a_0 = 1+ac+bc+c^2 \\ a_1 = ab+b^2+2ac+2bc \\ a_2 = a^2+3ab+b^2+2ac \\ a_3 = 2a(a+b) \end{cases} \Rightarrow \sum_{n=1}^{\infty} \tan^{-1}\left(\frac{2an+a+b}{a^2n^4+a_3n^3+a_2n^2+a_1n+a_0}\right) = \frac{\pi}{2} - \tan^{-1}(a+b+c)$$

정리 199 [Stolz-Cesaro's Ⅱ theorem]

$$\lim_{n\to\infty} a_n = \lim_{n\to\infty} b_n = 0,\ \exists \lim_{n\to\infty} \frac{a_{n+1}-a_n}{b_{n+1}-b_n} = l \Rightarrow \lim_{n\to\infty} \frac{a_n}{b_n} = l$$

정리 | 200 [Catalan number]

$$C_n = \frac{1}{n+1} \cdot {}_{2n}C_n$$

01 부등식 증명

❑ 다음 부등식을 증명하여라.

[1] $a^t b^{1-t} \le ta + (1-t)b$, $(a, b > 0,\ 0 \le t \le 1)$

[2] $\left(1 + \dfrac{1}{n}\right)^n < \left(1 + \dfrac{1}{n+1}\right)^{n+1}$, $(n \in N)$

[3] $(x^n y^m)^{\frac{1}{n+m}} \le \dfrac{nx + my}{n+m}$, $(x, y > 0,\ n, m \ge 0)$

[4] $\ln x \le 2(\sqrt{x} - 1)$, $(x \ge 1)$

[5] $1 + h < e^h < 1 + he^h$, $(0 < h)$

[6] $\sqrt{\dfrac{1-x}{1+x}} < \dfrac{\ln(1+x)}{\sin^{-1}x} < 1$, $(0 < x < 1)$

[7] $(a_1 a_2 \bullet \bullet \bullet a_n)^{\frac{1}{n}} \le \dfrac{a_1 + a_2 + \bullet \bullet \bullet + a_n}{n}$, $(a_{1,} \cdots\cdot > 0)$

[8] $(a_1 a_2 \bullet \bullet a_n)^{\frac{1}{n}} \ge \dfrac{n}{\left(\dfrac{1}{a_1} + \dfrac{1}{a_2} + \bullet \bullet + \dfrac{1}{a_n}\right)}$, $(a_{1,} \cdots\cdot > 0)$

[9] $\dfrac{1}{2} + \dfrac{1}{3} + \bullet \bullet + \dfrac{1}{n} < \ln n < 1 + \dfrac{1}{2} + \bullet \bullet + \dfrac{1}{n-1}$, $(2 \le n)$

[10] $\dfrac{x}{1+x} < \ln(1+x) < x$, $(x > 0)$

[11] $\tan^{-1}\sqrt{1-x} < \dfrac{\pi - x}{4}$, $(0 < x \le 1)$

[12] $x < \sin^{-1}x < \dfrac{x}{\sqrt{1-x^2}}$, $(0 < x < 1)$

[13] $\dfrac{1}{x+1} < \ln\left(1+\dfrac{1}{x}\right) < \dfrac{1}{x}$, $(0 < x)$

[14] $a_n = 1 + \dfrac{1}{2} + \cdot\cdot\cdot + \dfrac{1}{n} - \ln n \Rightarrow a_{n+1} < a_n$,$(2 \le n)$

[15] $\dfrac{b-a}{1+b^2} < \tan^{-1}b - \tan^{-1}a < \dfrac{b-a}{1+a^2}$, $(a < b)$

[16] $1 \le \displaystyle\int_0^1 \sqrt{1+x^4}\,dx \le \dfrac{4}{3}$

[17] $2 < e < 3$

[18] $a^b > b^a$, $(0 < b < a \le e)$

[19] $b^a < a^b$, $(e \le a < b)$

[20] $e^x < \dfrac{1}{1-x}$, $(0 < x < 1)$

[21] $\ln\dfrac{x+1}{x} < \dfrac{1}{x} < \ln\dfrac{x}{x-1}$, $(x > 1)$

[22] $\sqrt{1+x} < 1 + \dfrac{x}{2}$, $(x > 0)$

[23] $\dfrac{1}{2} + \dfrac{1}{4} + \cdot\cdot\cdot + \dfrac{1}{2^{n-1}} < 1$, $(n > 1)$

[24] $(a_1b_1 + \cdot\cdot\cdot + a_nb_n)^2 \le (a_1 + \cdot\cdot\cdot + a_n)^2(b_1 + \cdot\cdot\cdot + b_n)^2$, $\left(a_i, b_j \in R^+\right)$

[25] $\dfrac{\pi}{4} + \dfrac{3}{25} < \tan^{-1}\dfrac{4}{3} < \dfrac{\pi}{4} + \dfrac{1}{6}$

[26] $\left(1 - \dfrac{a}{b}\right) < \ln\dfrac{b}{a} < \left(\dfrac{b}{a} - 1\right)$, $(0 < a < b)$

[27] $\left|\int_0^1 \frac{\cos nx}{x+1}dx\right| \le \ln 2$

[28] $\left|\int_0^{2\pi} \frac{\sin nx}{x^2+n^2}dx\right| \le \frac{2\pi}{n^2}$

[29] $|\sin x - \sin y| \le |x-y|$

[30] $\frac{x}{1+x^2} < \tan^{-1}x < x,\ (0 < x)$

[31] $ab+cd \le 1,\ (a^2+b^2=1, c^2+d^2=1)$

[32] $ac+bd \le 1,\ (a^2+b^2=1,\ c^2+d^2=1)$

[33] $|\sin nx| \le n\sin x,\ (0 < x < \pi)$

[34] $x^{n+1}+\frac{1}{x^{n+1}} \ge x^n+\frac{1}{x^n},\ (x>0)$

[35] $\left|\int_1^{\sqrt{3}} \frac{e^{-x}\sin x}{x^2+1}dx\right| \le \frac{\pi}{12e}$

[36] $\frac{26}{3} \le \int_1^3 \sqrt{1+x^4}\,dx \le \frac{26}{3}\sqrt{2},\ (x \ge 1)$

[37] $\ln x \le x-1,\ (x \ge 1)$

[38] $1 \le \int_0^1 \sqrt{1+x^4}\,dx \le \sqrt{2},\ (0 \le x \le 1)$

[39] $e^x > \frac{x^2}{2}+x+1,\ (x>0)$

[40] $\sin x \ge x-\frac{x^3}{6},\ (x \ge 0)$

[41] $\cos x \le 1-\frac{x^2}{\pi},\ (0 \le x \le \frac{\pi}{2})$

[42] $\tan x > x + \dfrac{x^3}{3}$, $\left(0 < x < \dfrac{\pi}{2}\right)$

[43] $\cosh x > 1 + \dfrac{x^2}{2}$

[44] $\cos x \le 1 - \dfrac{x^2}{2} + \dfrac{x^3}{6}$, $(x \ge 0)$

[45] $x^a - 1 \ge a(x-1)$, $(a \in N,\ x > 0)$

[46] $(x+1)^a \ge ax + 1$, $(x > -1,\ a > 1)$

[47] $\dfrac{\pi}{4} < \displaystyle\sum_{n=1}^{\infty} \frac{1}{1+n^2} < \frac{1}{2} + \frac{\pi}{4}$

[48] $\dfrac{2}{3} n^{\frac{3}{2}} + \dfrac{1}{3} \le \displaystyle\sum_{k=1}^{n} \sqrt{k} \le \frac{2}{3} n^{\frac{3}{2}} + \sqrt{n} - \frac{2}{3}$

[49] $\left| \displaystyle\int_0^1 \frac{\cos nx}{1+x^2}\, dx \right| \le \frac{\pi}{4}$

[50] $\left(\displaystyle\int_0^{1/2} \frac{\cos \pi x}{\sqrt{1+x^2}}\, dx \right)^2 \le \frac{1}{4} \tan^{-1}\left(\frac{1}{2}\right)$

[51] $(a\cos\theta + b\sin\theta)^2 \le a^2 + b^2$

[52] $\left(\displaystyle\int_0^{\infty} \frac{\left(\sqrt{\cos \alpha x} + \sqrt{x \sin \alpha x}\right)^2}{1+x^2}\, dx \right)^{1/2} \le \sqrt{\frac{2\pi}{e^{\alpha}}}$

[53] $\dfrac{1}{n+1} \le \displaystyle\int_0^1 (1-x^2)^n\, dx$

[54] $\left(1 + \dfrac{1}{n+1}\right)^n \left[1 + \dfrac{1}{n+1} + \dfrac{1}{n}\right] < \left(1 + \dfrac{1}{n}\right)^{n+1}$, $n \in N$

[55] $\dfrac{2 \cdot 4 \cdot \cdot (2n)}{3 \cdot 5 \cdot \cdot (2n+1)} < \dfrac{1 \cdot 3 \cdot \cdot (2n-1)}{2 \cdot 4 \cdot \cdot (2n)} \cdot \dfrac{\pi}{2} < \dfrac{2 \cdot 4 \cdot \cdot (2n-2)}{3 \cdot 5 \cdot \cdot (2n-1)}$

[56] $\sqrt{(a_1+b_1)^2+\cdot\cdot+(a_n+b_n)^2} \le \sqrt{a_1^2+\cdot\cdot+a_n^2} + \sqrt{b_1^2+\cdot\cdot+b_n^2}$

[57] $n^2 \le (a_1+\cdot\ \cdot+a_n)\left(\dfrac{1}{a_n}+\cdot\ \cdot+\dfrac{1}{a_n}\right),\ (a_i > 0)$

[58] $\dfrac{a_1+\cdot\ \cdot+a_n}{\sqrt{n}} \le \sqrt{a_1^2+\cdot\ \cdot+a_n^2},\ (a_i > 0)$

[59] $x^a \le ax+(1-a),\ \ (0<a<1,\ x \ge 0)$

[60] $a^{\frac{1}{n}} - b^{\frac{1}{n}} < (a-b)^{\frac{1}{n}},\ (a>b>0,\ n \ge 2)$

[61] $1-\dfrac{x^2}{2} \le \cos x$

[62] $1-\dfrac{1}{e} \le \displaystyle\int_0^1 e^{-x^2}dx \le 1$

[63] $\left|(1+x)^{\frac{1}{3}} - \left(1+\dfrac{x}{3}-\dfrac{x^2}{9}\right)\right| < \dfrac{5}{81}x^3,\ (x>0)$

[64] $\left|\ln(1+x) - \left(x-\dfrac{x^2}{2}+\cdot\ \cdot+(-1)^{n-1}\dfrac{x^n}{n}\right)\right| < \dfrac{x^{n+1}}{n+1},\ (0<x\le 1)$

[65] $e^{\pi} > \pi^{e}$

[66] $(\sin x)^{\sin x} < (\cos x)^{\cos x},\ \left(0<x<\dfrac{\pi}{4}\right)$

[67] $p+q=1, p,q \in R^+, f(x)=\sqrt{x} \Rightarrow f(px+qy) \ge pf(x)+qf(y)$

[68] $\left(\dfrac{n+1}{n}\right)^{n(n-1)} < \left(\dfrac{n^n}{n!}\right)^2$

[69] $\displaystyle\sum_{i=0}^{\infty}\dfrac{1}{(i+j+1)\sqrt{i+\frac{1}{2}}} < \dfrac{\pi}{\sqrt{j+\frac{1}{2}}}$

[70] $x-\frac{x^2}{2}+\cdots-\frac{x^{2k}}{2k}<\ln(1+x)<x-\frac{x^2}{2}+\cdots+\frac{x^{2k+1}}{2k+1},\ (0<x\le 1)$

[71] $0\le 3f\left(\frac{x}{3}\right)\le 2f(x)\le 2 \Rightarrow f(x)\le x^{\frac{\ln 3}{\ln 2}-1},\ (0\le x\le 1)$

[72] $e^{\int_0^1 \sin\sqrt{x}\,dx}<\int_0^1 e^{\sin\sqrt{x}}\,dx$

[73] $f(0)=0, f(1)=1, f'(x)\ge 0 \Rightarrow \sqrt{2}\le \int_0^1 \sqrt{1+f'(x)^2}\,dx\le 2$

[74] $e\le a\le b, 0\le p\le q, \frac{p}{q}\le\frac{a}{b}\Rightarrow b^p\le a^q$

[75] $(a_1a_2\cdots a_n)^{\frac{1}{n}}\le (c_1c_2\cdots c_n)^{-\frac{1}{n}}\left(\frac{1}{n}\right)\sum_{k=1}^{n}a_kc_k,\ (a_i, c_i>0)$

[76] $\sum_{n=1}^{\infty}(a_1a_2\cdots a_n)^{\frac{1}{n}}\le e\sum_{n=1}^{\infty}a_n$

[77] $f(0)=0, f'(x)>1\,(0<x<1)\Rightarrow\left(\int_0^1 f(x)dx\right)^2\le\int_0^1 f(x)^3dx$

[78] $\frac{1}{\sqrt{4n}}\le\left(\frac{1}{2}\right)\left(\frac{3}{4}\right)\left(\frac{5}{6}\right)\cdots\left(\frac{2n-1}{2n}\right)<\frac{1}{\sqrt{2n}}$

[79] $\left(\frac{1}{2}\right)\left(\frac{3}{4}\right)\left(\frac{5}{6}\right)\cdots\left(\frac{2n-1}{2n}\right)<\frac{1}{\sqrt{3n+1}}$

[80] $(1+1)\left(1+\frac{1}{2^3}\right)\left(1+\frac{1}{3^3}\right)\cdots\left(1+\frac{1}{n^3}\right)<3-\frac{1}{n}$

[81] $1+\frac{1}{2^2}+\frac{1}{3^2}+\cdots+\frac{1}{n^2}<2-\frac{1}{n}$

[82] $\frac{a}{\sqrt{a^2+8bc}}+\frac{b}{\sqrt{b^2+8ca}}+\frac{c}{\sqrt{c^2+8ab}}\ge 1,\ (a,b,c>0)$

[83] $(a-x)^6-3a(a-x)^5+\frac{5}{2}a^2(a-x)^4-\frac{1}{2}a^4(a-x)^2<0,\ (0<x<a)$

[84] $f'(x)=\frac{1}{x^2+f(x)^2},\ f(1)=1\Rightarrow f(x)<1+\frac{\pi}{4},\ (1\le x)$

[85] $\frac{a}{b}\in(0,1),\ \frac{a}{b}\in Q\Rightarrow\frac{1}{4b^2}<\left|\frac{a}{b}-\frac{1}{\sqrt{2}}\right|$

[86] 세근 $\alpha<\beta<\gamma(x^3+ax^2+bx+c=0)\Rightarrow\sqrt{a^2-3b}<\gamma-\alpha\le\frac{2\sqrt{a^2-3b}}{\sqrt{3}}$

[87] $\frac{2}{3}n^{\frac{3}{2}}<\sum_{k=1}^{n}\sqrt{k}<\frac{2}{3}n^{\frac{3}{2}}+\frac{\sqrt{n}}{2}$

[88] 삼각형 세변: $a,b,c\Rightarrow a^3+b^3+c^3+abc<\frac{2(a+b+c)(a^2+b^2+c^2)}{3}$

[89] 감소 $f:[0,1]\to R^+\Rightarrow\int_0^1 f(x)dx\int_0^1 xf(x)^2dx\le\int_0^1 xf(x)dx\int_0^1 f(x)^2dx$

[90] $\frac{3n+1}{2(n+1)}<\sum_{k=1}^{n}\left(\frac{k}{n}\right)^n<2,\ (1<n)$

[91] $n\sqrt[n]{1+n}-n<\sum_{k=1}^{n}\frac{1}{k}<n-\frac{n-1}{\sqrt[n-1]{n}},\ (2<n)$

[92] $\frac{1}{e}\left(1-\frac{1}{n}\right)<\left(1-\frac{1}{n}\right)^n<\frac{1}{e}\left(1-\frac{1}{2n}\right),\ (n>1)$

[93] $\frac{xyz}{x^3+y^3+xyz}+\frac{xyz}{y^3+z^3+xyz}+\frac{xyz}{z^3+x^3+xyz}\le 1,\ (x,y,z>0)$

[94] $c=\frac{a^{a+1}+b^{b+1}}{a^a+b^b}\Rightarrow a^a+b^b\le c^a+c^b,\ (a,b\in N)$

[95] $a=\frac{x+y+z}{3}\Rightarrow(xyz)^a\le x^xy^yz^z,\ (x,y,z>0)$

[96] $2m \le n \Rightarrow \dfrac{(n-m)!}{m!} \le \left(\dfrac{n}{2}+\dfrac{1}{2}\right)^{n-2m}$, $(n, m \in N)$

[97] $(1+a+a^2)^2 < 3(1+a^2+a^4)$, $(a \ne 1)$

[98] $1-\dfrac{1}{n} < \displaystyle\int_0^1 \dfrac{1}{1+x^n}\,dx$, $(n \in N)$

[99] $1-\dfrac{1}{a} \le n\left(\sqrt[n]{a}-1\right) \le a-1$, $(n \in N)$

[100] $ab^{n-1}+bc^{n-1}+ca^{n-1} \le a^n+b^n+c^n$, $(a, b, c \ge 0)$

[101] f : 증가, g : 감소 $\Rightarrow \displaystyle\int_0^1 f(x)g(x)dx \le \int_0^1 f(x)g(1-x)dx$

[102] $(a+b-c)(b+c-a)(c+a-b) \le abc$, $(a, b, c \ge 0)$

[103] $\dfrac{(a-b)^2}{8a} < \dfrac{a+b}{2} - \sqrt{ab} < \dfrac{(a-b)^2}{8b}$, $(a > b > 0)$

[104] $\cot B + \cot C \ge \dfrac{2}{3}$

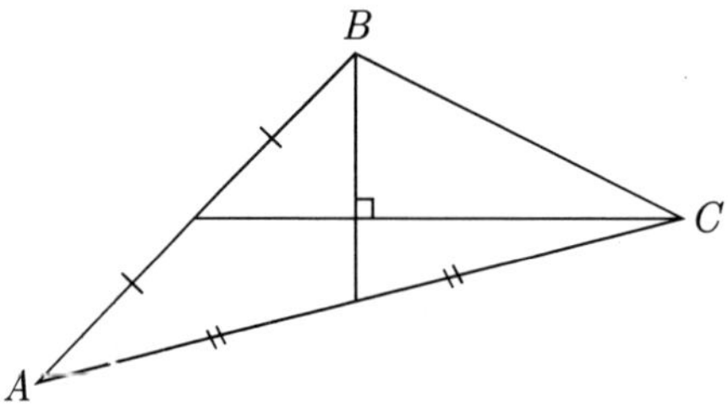

[105] $abc=1,\ \dfrac{1}{a}+\dfrac{1}{b}+\dfrac{1}{c} < a+b+c,\ 0 < c \le b \le a \Rightarrow b < 1 < a$

[106] $\dfrac{1}{a^2+\dfrac{1}{2}} < \dfrac{b}{a} < \dfrac{1}{a^2}$

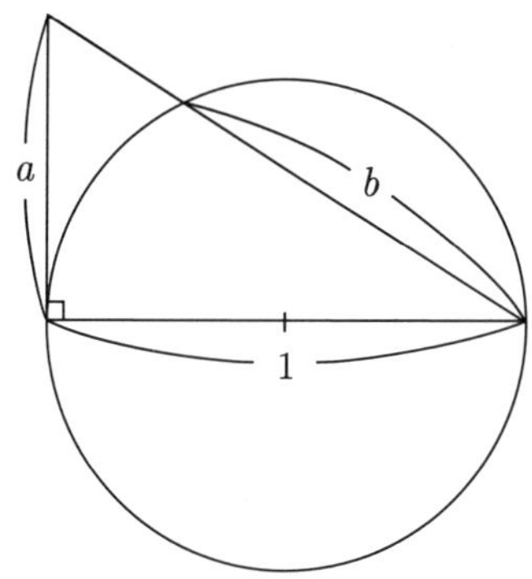

[107] $x+y+z=3 \Rightarrow xy+yz+zx \le \sqrt{x}+\sqrt{y}+\sqrt{z}$

[108] $\triangle ABC \Rightarrow \sin\left(\frac{A}{2}\right)\sin\left(\frac{B}{2}\right)\sin\left(\frac{C}{2}\right) < \frac{1}{4}$

[109] $a^2+b^2+c^2=1 \Rightarrow -\frac{1}{2} \le ab+bc+ca \le 1$

[110] $n^n < n! \cdot n!,\ (n>2)$

[111] 예각삼각형: $A<B<C \Rightarrow \sin 2C < \sin 2B < \sin 2A$

[112] $\sin x + \frac{1}{2}\sin 2x + \frac{1}{3}\sin 3x > 0,\ (0<x<\pi)$

[113] $\frac{1}{3^3}+\frac{1}{4^3}+\cdots+\frac{1}{n^3} < \frac{1}{12}$

[114] $\sqrt[n]{a_1a_2\cdots a_n}+\sqrt[n]{b_1b_2\cdots b_n} \le \sqrt[n]{(a_1+b_1)(a_2+b_2)\cdots(a_n+b_n)}$

[115] $\angle ABX > 120^\circ \Rightarrow \overline{AB}+\overline{BC}+\overline{CD} \le \frac{2a}{\sqrt{3}}$

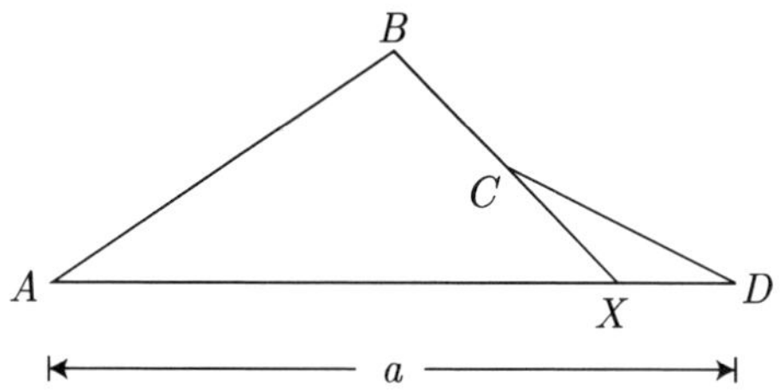

[116] $2^{\frac{1}{2}}4^{\frac{1}{4}}8^{\frac{1}{8}} \cdots (2^n)^{\frac{1}{2^n}} < 4$

[117] $\frac{9}{a+b+c} \le \frac{2}{a+b} + \frac{2}{b+c} + \frac{2}{c+a} \le \frac{1}{a} + \frac{1}{b} + \frac{1}{c}, (a,b,c > 0)$

[118] $\frac{1}{2} \le \frac{a^2}{a+b} + \frac{b^2}{b+c} + \frac{c^2}{c+d} + \frac{d^2}{d+a}, (a+b+c+d=1)$

[119] $a^2b^2(a^2+b^2) \le 2, (a+b=1, a,b > 0)$

[120] $\sqrt[3]{\frac{a^2b^2(a+b)^2}{4}} \le \frac{a^2+10ab+b^2}{12}, (ab > 0)$

[121] 삼각형 세변: $a,b,c \Rightarrow 1 \le ab+bc+ca-abc \le 1+\frac{1}{27}, (a+b+c=2)$

[122] $a+b+c \le \frac{a^3}{bc} + \frac{b^3}{ca} + \frac{c^3}{ab}, (a,b,c > 0)$

[123] $a = x^{\frac{1}{12}}, b = x^{\frac{1}{4}}, c = x^{\frac{1}{6}} \Rightarrow 2^{1+c} \le 2^a + 2^b, (x > 0)$

[124] $a\sqrt{b} + b\sqrt{a} \le \frac{(a+b)^2}{2} + \frac{(a+b)}{4}, (a,b > 0)$

[125] $a\sqrt{bc} + b\sqrt{ca} + c\sqrt{ab} \le \frac{(a+b+c)^2}{3}, (a,b,c \ge 1)$

[126] $a+b+c=1 \Rightarrow \sqrt{a+\frac{(b-c)^2}{4}} + \sqrt{b} + \sqrt{c} \le \sqrt{3}$

[127] $x^2+y^2+z^2+2xyz=1 \Rightarrow 8xyz+4(x+y+z) \le 7, (x,y,z \in R^+)$

[128] $a, b, c, d \ge 0,\ a^2+b^2+c^2+d^2=2$

$\Rightarrow 2(a^3b+b^3c+c^3d+d^3a) \le a^4+b^4+c^4+d^4+1$

[129] $\triangle ABC \Rightarrow \sin\frac{3A}{2} + \sin\frac{3B}{2} + \sin\frac{3C}{2} \le \cos\frac{A-B}{2} + \cos\frac{B-C}{2} + \cos\frac{C-A}{2}$

[130] $a+b+c=3 \Rightarrow \dfrac{(2a+b+c)^2}{2a^2+(b+c)^2}+\dfrac{(2b+c+a)^2}{2b^2+(c+a)^2}+\dfrac{(2c+a+b)^2}{2c^2+(a+b)^2} \leq 8$

[131] $abcd=1,\ a,b,c,d \in R^+ \Rightarrow \dfrac{1+ab}{1+a}+\dfrac{1+bc}{1+b}+\dfrac{1+cd}{1+c}+\dfrac{1+da}{1+d} \geq 4$

[132]

$0<\alpha_1, \alpha_2, \cdots, \alpha_n < \dfrac{\pi}{2}$

$\Rightarrow \left(\dfrac{1}{\sin\alpha_1}+\cdots+\dfrac{1}{\sin\alpha_n}\right)\left(\dfrac{1}{\cos\alpha_1}+\cdots+\dfrac{1}{\cos\alpha_n}\right) \leq 2\left(\dfrac{1}{\sin 2\alpha_1}+\cdots+\dfrac{1}{\sin 2\alpha_n}\right)^2$

[133] $x, y \in R^+,\ x^3+y^4 \leq x^2+y^3 \Rightarrow x^3+y^3 \leq 2$

[134] $0<x_i \leq \dfrac{1}{2} \Rightarrow \left(\dfrac{n}{x_1+\cdots+x_n}-1\right)^n \leq \left(\dfrac{1}{x_1}-1\right)\cdots\left(\dfrac{1}{x_n}-1\right)$

[135] $a, b, c>0,\ abc=1 \Rightarrow \dfrac{1}{a+b+1}+\dfrac{1}{b+c+1}+\dfrac{1}{c+a+1} \leq 1$

[136] $\dfrac{1}{AX}+\dfrac{1}{XY} \geq \dfrac{4}{BC}$

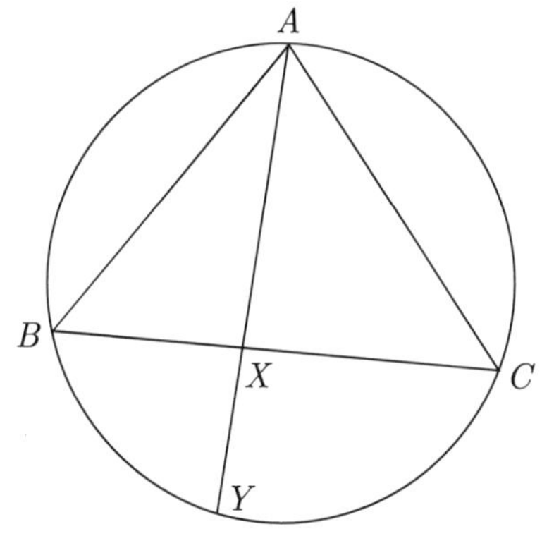

[137] $25 \leq x^2+y^2+z^2+u^2 \leq 50$

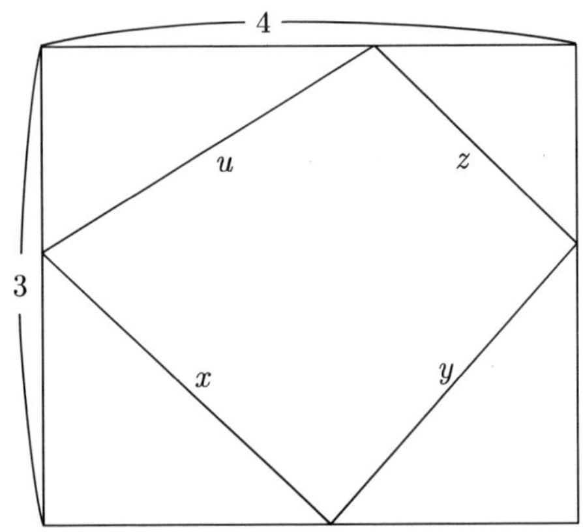

[138] $a,b,c>0 \Rightarrow \frac{1}{b(a+b)}+\frac{1}{c(b+c)}+\frac{1}{a(c+a)} \geq \frac{27}{2(a+b+c)^2}$

[139] $s=x_1+x_2+\cdots+x_n,\ (x_i>0)$

$\Rightarrow (1+x_1)(1+x_2)\cdots(1+x_n) \leq 1+s+\frac{s^2}{2!}+\cdots+\frac{s^n}{n!}$

[140] $\frac{a}{b+c}+\frac{b}{c+a}+\frac{c}{a+b} \geq \frac{3}{2},\ (a,b,c>0)$

[141] $abc=1 \Rightarrow \left(a-1+\frac{1}{b}\right)\left(b-1+\frac{1}{c}\right)\left(c-1+\frac{1}{a}\right) \leq 1,\ (a,b,c>0)$

[142] $a_i \geq 1 \Rightarrow \frac{1}{a_1+1}+\frac{1}{a_2+1}+\cdots+\frac{1}{a_n+1} \geq \frac{n}{\sqrt[n]{a_1a_2\cdots a_n}+1}$

[143] $a \geq b \geq c,\ x+z \geq y,\ (x,y,z>0,\ k \in N)$

$\Rightarrow x^2(a-b)^k(a-c)^k+y^2(b-c)^k(b-a)^k+z^2(c-a)^k(c-b)^k \geq 0$

[144] $abc=8,\ (a,b,c>0)$

$\Rightarrow \frac{a^2}{\sqrt{(a^3+1)(b^3+1)}}+\frac{b^2}{\sqrt{(b^3+1)(c^3+1)}}+\frac{c^2}{\sqrt{(c^3+1)(a^3+1)}} \geq \frac{4}{3}$

[145] $a_1=0,\ |a_2|=|a_1+1|,\ \cdots,\ |a_n|=|a_{n-1}+1|$

$\Rightarrow \frac{a_1+a_2+\cdots+a_n}{n} \geq -\frac{1}{2}$

[146] f : 연속, 단조증가, $f(0)=0$, $f(1)=1$

$$\Rightarrow f\left(\frac{1}{10}\right)+f\left(\frac{2}{10}\right)+\cdot\cdot\cdot+f\left(\frac{9}{10}\right)+f^{-1}\left(\frac{1}{10}\right)+\cdot\cdot\cdot+f^{-1}\left(\frac{9}{10}\right)\le \frac{99}{10}$$

[147] $a,b,c \ge 2 \Rightarrow \log_{(a+b)} c+\log_{(b+c)} a+\log_{(c+a)} b \ge \dfrac{3}{2}$

[148] $\left(1-\dfrac{1}{n}\right)< e\left(1-\dfrac{1}{n}\right)^n$, $(n>1)$

[149] 삼각형 세변: a,b,c, 삼각형넓이 : $A \Rightarrow a^2+b^2+c^2 \ge 4\sqrt{3}A$

[150] $\displaystyle\sum_{k=1}^{n} kx_k \le \frac{n(n-1)}{2}+\sum_{k=1}^{n} x_k^k$, $(x_i>0)$

[151] $\dfrac{x+y}{x^2-xy+y^2} \le \dfrac{2\sqrt{2}}{\sqrt{x^2+y^2}}$, $(x+y>0)$

[152] $n \le m$, $(n,m\in N)\Rightarrow 2^n(n!) \le \dfrac{(m+n)!}{(m-n)!}\le (m^2+m)^n$

[153] $\sqrt{x}+\sqrt{y}+\sqrt{z}=1 \Rightarrow \dfrac{x^2+yz}{\sqrt{2x^2(y+z)}}+\dfrac{y^2+zx}{\sqrt{2y^2(z+x)}}+\dfrac{z^2+xy}{\sqrt{2z^2(x+y)}}\ge 1$

[154] $0<x_i<\dfrac{1}{2} \Rightarrow \dfrac{\displaystyle\prod_{i=1}^{n} x_i}{\left(\displaystyle\sum_{i=1}^{n} x_i\right)^n} \le \dfrac{\displaystyle\prod_{i=1}^{n}(1-x_i)}{\left(\displaystyle\sum_{i=1}^{n}(1-x_i)\right)^n}$

[155] $n>1 \Rightarrow \dfrac{1}{2}<\dfrac{1}{n^2+1}+\dfrac{2}{n^2+2}+\cdot\cdot\cdot+\dfrac{n}{n^2+n}<\dfrac{1}{2}+\dfrac{1}{2n}$

[156] $a,b,c\in R^+ \Rightarrow \left(\ln\dfrac{ab}{c}\right)^2+\left(\ln\dfrac{bc}{a}\right)^2+\left(\ln\dfrac{ca}{b}\right)^2+\dfrac{3}{4}\ge \ln(abc)$

[157] $x_1 \ge x_2 \ge .. \ge 0$, $\displaystyle\sum_{i=1}^{n} x_i \le 400$, $\displaystyle\sum_{i=1}^{n} x_i^2 \ge 10^4$

$\Rightarrow \sqrt{x_1}+\sqrt{x_2} \ge 10$, $(n\ge 2)$

[158] $\min\{(a-b)^2, (b-c)^2, (c-a)^2\} \le \frac{1}{2}[a^2+b^2+c^2]$

[159] $\min\{(a-b)^2, (a-c)^2, (a-d)^2, (b-c)^2, (b-d)^2, (c-d)^2\} \le \frac{1}{5}[a^2+b^2+c^2+d^2]$

[160] $a, b, c, d > 0 \Rightarrow \sqrt{\frac{a}{b+c}} + \sqrt{\frac{b}{c+d}} + \sqrt{\frac{c}{d+a}} + \sqrt{\frac{d}{a+b}} > 2$

[161] $y \ge 0,\ y(y+1) \le (x+1)^2 \Rightarrow y(y-1) \le x^2$

[162] $av - bu = 1 \Rightarrow a^2+u^2+b^2+v^2+au+bv \ge \sqrt{3}$

[163] $\triangle ABC$넓이 $\le$ $\triangle UVW$넓이

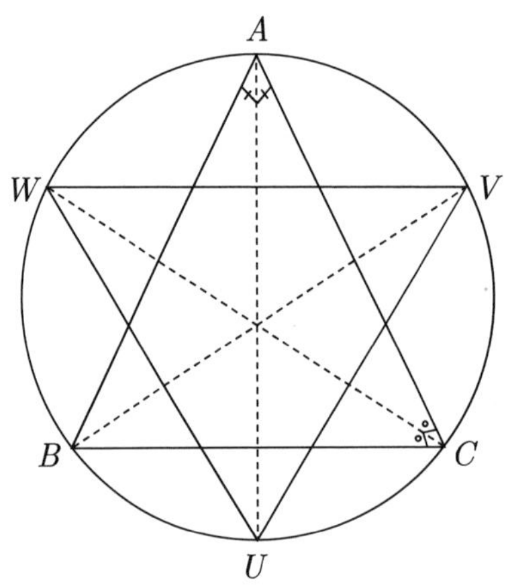

[164] $z, w \in C \Rightarrow (|z|+|w|)\left|\frac{z}{|z|}+\frac{w}{|w|}\right| \le 2|z+w|$

[165] $\sqrt{x^2-xy+y^2} + \sqrt{y^2-yz+z^2} \ge \sqrt{x^2+xz+z^2}$, $(x, y, z > 0)$

[166] $a_1 = \frac{1}{2},\ a_{n+1} = \frac{a_n^2}{a_n^2 - a_n + 1} \Rightarrow a_1 + a_2 + \cdot\cdot + a_n < 1$

[167] $f''(x) > 0,\ x_1 < x_2 < \ldots < x_n$

$\Rightarrow x_1 f(x_2) + x_2 f(x_3) + \cdot\cdot + x_n f(x_1) \ge x_2 f(x_1) + x_3 f(x_2) + \cdot\cdot + x_1 f(x_n)$

[168] $\{a_n\}$: 등차수열, $\{b_n\}$: 등비수열, $a_1 = b_{1,}\ a_n = b_n$

$\Rightarrow a_1 + a_2 + \cdot\cdot\cdot + a_n \geq b_1 + b_2 + \cdot\cdot\cdot + b_n$

[169] $a+b+c = abc$, $(a,b,c>0)$
$$\Rightarrow \frac{1}{\sqrt{1+a^2}} + \frac{1}{\sqrt{1+b^2}} + \frac{1}{\sqrt{1+c^2}} \leq \frac{3}{2}$$

[170] $1 < a < b < c \Rightarrow \log_a(\log_a b) + \log_b(\log_b c) + \log_c(\log_c a) > 0$

[171]
$$\frac{x}{x+\sqrt{(x+y)(x+z)}} + \frac{y}{y+\sqrt{(x+y)(y+z)}} + \frac{z}{z+\sqrt{(x+z)(y+z)}} \leq 1, (x,y,z>0)$$

[172] $s = \dfrac{a+b+c}{2} \Rightarrow \dfrac{1}{(s-a)^2} + \dfrac{1}{(s-b)^2} + \dfrac{1}{(s-c)^2} \geq \dfrac{1}{r^2}$

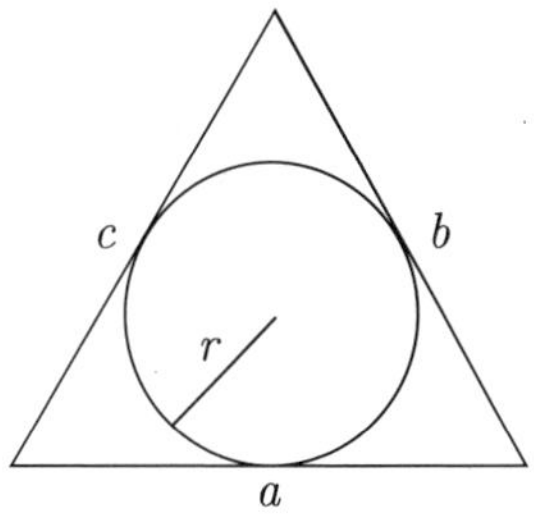

[173] $a+b+c=1$, $(a,b,c>0) \Rightarrow \dfrac{a^3}{a^2+b^2} + \dfrac{b^3}{b^2+c^2} + \dfrac{c^3}{c^2+a^2} \geq \dfrac{1}{2}$

[174] $a+b=1, (a,b>0) \Rightarrow \left(a+\dfrac{1}{a}\right)^2 + \left(b+\dfrac{1}{b}\right)^2 \geq \dfrac{25}{2}$

[175] $a,b,c>0, a<bc, 1+a^3 = b^3+c^3 \Rightarrow 1+a < b+c$

[176] $a,b,x,y>0,\ a^5+b^5 \leq 1,\ x^5+y^5 \leq 1$

$\Rightarrow a^2x^3 + b^2y^3 \leq 1$

[177] 삼각형 세변: $a,b,c \Rightarrow \dfrac{1}{3} \leq \dfrac{a^2+b^2+c^2}{(a+b+c)^2} < \dfrac{1}{2}$

[178] $m,n>0, |f(m+n) - f(n)| \leq \dfrac{n}{m} \Rightarrow \displaystyle\sum_{i=1}^{k} |f(2^k) - f(2^i)| \leq \dfrac{k(k-1)}{2}$

[179] $a_n, b_n > 0,\ a_{n+1} = a_n + \dfrac{1}{b_n},\ b_{n+1} = b_n + \dfrac{1}{a_n} \Rightarrow a_{50} + b_{50} > 20$

[180] $\dfrac{r}{2R} \le \dfrac{abc}{\sqrt{2(a^2+b^2)(b^2+c^2)(c^2+a^2)}}$

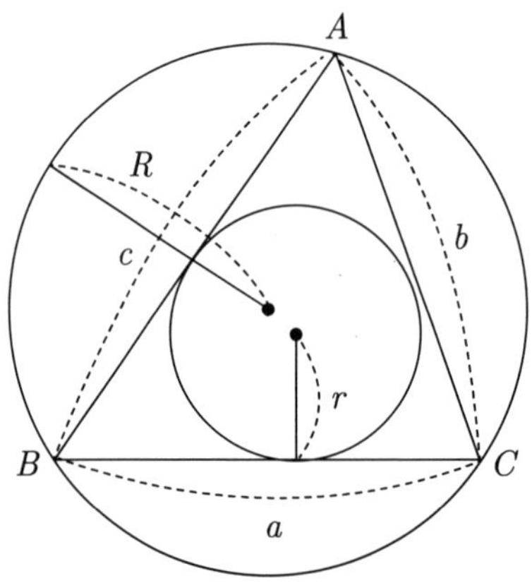

[181] $\dfrac{AB}{CD} + \dfrac{CD}{AB} + \dfrac{BC}{AD} + \dfrac{AD}{BC} \le \dfrac{OA}{OC} + \dfrac{OC}{OA} + \dfrac{OB}{OD} + \dfrac{OD}{OB}$

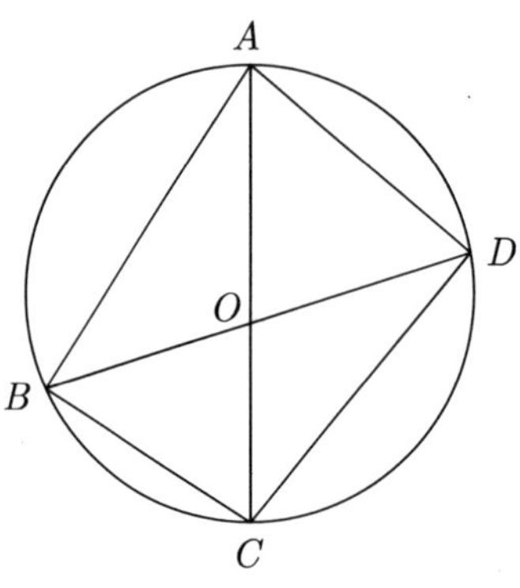

[182] $a, b, c > 0 \Rightarrow 9(a^3 + b^3 + c^3) \ge (a+b+c)^3$

[183] $0 < \alpha, \beta, \gamma < \dfrac{\pi}{2}, \alpha + \beta + \gamma = \dfrac{\pi}{2} \Rightarrow \dfrac{1-\sin\alpha}{1+\sin\alpha} + \dfrac{1-\sin\beta}{1+\sin\beta} + \dfrac{1-\sin\gamma}{1+\sin\gamma} \ge 1$

[184] $f(0) = 0, |f'(x)| \le \dfrac{1}{1+x} \Rightarrow \displaystyle\int_0^{e-1} \{f(x)\}^2 dx \le e - 2$

[185] $1 \le \displaystyle\int_0^{\frac{\pi}{2}} \sqrt{1-\sin^3 x}\, dx \le \dfrac{1}{2}\{\sqrt{2} + \ln(1+\sqrt{2})\}$

[186] $n > 2 \Rightarrow \frac{1}{2} < \int_0^{\frac{1}{2}} \frac{dx}{\sqrt{1-x^n}} < \frac{\pi}{6}$

[187] $\frac{1}{2} - \frac{\pi}{48} - \frac{7\sqrt{3}}{32} \le \int_{\frac{\pi}{6}}^{\frac{\pi}{4}} \ln(1+\cos 2x)\,dx \le \frac{1}{4}(2-\sqrt{3})$

[188] $f(x) = 1 - \sin x$, $g(x) = \int_0^x (x-t)f(t)\,dt$
$\Rightarrow g(x+y) + g(x-y) \ge 2g(x)$

[189] $1^x + 2^x + 6^x + 12^x \ge 4^x + 8^x + 9^x$

[190] $\int_{\frac{\pi}{6}}^{\frac{\pi}{2}} \frac{2x}{\sin x}\,dx \ge \frac{2\pi^2}{9}$

[191] $\frac{\pi}{2} - 1 < \int_0^1 e^{-2x^2}\,dx$

[192] $a, b, c \in R^+ \Rightarrow (a+b+c)\left(\frac{1}{a} + \frac{1}{b} + \frac{1}{c}\right) \le \left(\frac{a}{b} + \frac{b}{c} + \frac{c}{a}\right)^2$

[193] $x > y > 0, a > b > 0 \Rightarrow (x^b - y^b)^a < (x^a - y^a)^b$

[194] $\ln(1+x) \le \int_x^{x^2} \frac{1}{\ln t}\,dt \le \ln\left|\frac{(1+x)(3-x)}{3-x^2}\right|$

[195] $\frac{1-x^2}{2} \le \int_x^1 f(t)dt \Rightarrow \frac{1}{3} \le \int_0^1 f^2(t)\,dt$

[196] $\left(\int_a^b f(x)dx\right)\left(\int_a^b \sqrt{f^4(x)+1}\,dx\right) \le \frac{\left[\int_a^b (f^2(x)+1)dx\right]^2}{2\sqrt{2}}$

[197] $a_1, a_2, .., a_n \in R \Rightarrow \sum_{i,j=1}^{n} \frac{a_i a_j}{i+j-1} \ge 0$

[198] $a, b, c \ge 0, a+b+c = 1 \Rightarrow a^2 + b^2 + c^2 \ge 4(ab+bc+ca) - 1$

[199] $\frac{3}{4}\left(\int_0^1 f(x)dx\right)^2 \le \int_0^1 f^2(x^2)\,dx$

[200] $\int_0^1 f(x)dx = \int_0^1 xf(x)dx = 1 \Rightarrow \int_0^1 f^2(x)dx \ge 4$

[201] $f(x) > 0 \Rightarrow \int_0^1 f(x)dx \cdot \int_0^1 f^2(x)dx \le \int_0^1 f^3(x)dx$

[202] $a_1 = \sqrt{6}, a_{n+1} = \sqrt{6+a_n} \Rightarrow \frac{3-\sqrt{6}}{6^{n-1}} \le 3 - a_n < \frac{3}{5^n}$

[203] $f(x)$: 실근을 갖는 다항식 $\Rightarrow f(x)f''(x) \le f'(x)^2$

[204] $f(x)$: 연속, $f(a) = f(b) = 0 \Rightarrow \left|\int_a^b f(x)dx\right| \le \frac{(b-a)^2}{4}\max|f'(x)|$

[205] $\sin(\cos x) < \cos(\sin x)$

[206] $\forall x \in R \Rightarrow x^4 + x^3 + \frac{1}{2}x^2 + \frac{1}{6}x + \frac{1}{24} > 0$

[207] $\forall n \in N \Rightarrow 2 \le \left(1+\frac{1}{n}\right)^n < 3$

[208] $1 \le m \Rightarrow \left(\frac{a_1 + a_2 + \cdots + a_n}{n}\right)^m \le \frac{a_1^m + a_2^m + \cdots + a_n^m}{n}$

[209] $1 \le m \Rightarrow \frac{\sqrt[m]{a_1} + \cdots + \sqrt[m]{a_n}}{n} \le \sqrt[m]{\frac{a_1 + a_2 + \cdots + a_n}{n}}$

[210] $a, b, c > 0,\ \ a + b + c = 1$

$$\Rightarrow \frac{\sqrt{a^2+abc}}{c+ab} + \frac{\sqrt{b^2+abc}}{a+bc} + \frac{\sqrt{c^2+abc}}{b+ca} \le \frac{1}{2\sqrt{abc}}$$

[211] $0 \le x, y \le \frac{\pi}{2} \Rightarrow \sqrt[5]{\cos^4 x \sin^6 y} + \sqrt[5]{\sin^4 x \cos^6 y} \le 1$

[212] $\forall x \in R \Rightarrow -1 < \sqrt{x^2+x+1} - \sqrt{x^2-x+1} < 1$

[213] $a, b, c \in N \Rightarrow \dfrac{a+b+c}{3} \le a^{\frac{a}{a+b+c}} b^{\frac{b}{a+b+c}} c^{\frac{c}{a+b+c}}$

[214] $\cos 1 \cdot \cos 2 \cdot \cdot \cdot \cos 2^{n-1} \cdot \cos 2^n < \dfrac{\sqrt{2}}{2^{n+1}}$

[215] $a, b, c > 0,\ abc = 1 \Rightarrow 1 < \dfrac{1}{\sqrt{1+2a}} + \dfrac{1}{\sqrt{1+2b}} + \dfrac{1}{\sqrt{1+2c}}$

[216] $\forall x, y \in R^+ \Rightarrow 3xy \le 2x\sqrt{x} + y^3$

[217] $x, y, z \ge 0 \Rightarrow x^p(x-y)(x-z) + y^p(y-z)(y-x) + z^p(z-x)(z-y) \ge 0$

[218] $a, b, c > 0,\ a+2b+3c = 1 \Rightarrow (1-a)(1-b)^2(1-c)^3 \ge 5^6ab^2c^3$

[219] $x, y > 0,\ x, y \ne 1 \Rightarrow |\log_x y + \log_y x| \ge 2$

[220] $\dfrac{1}{2} \cdot \dfrac{3}{4} \cdot \dfrac{5}{6} \cdot \cdot \dfrac{99}{100} < \dfrac{1}{\sqrt{101}}$

[221] $a, b, c > 0 \Rightarrow 1 < \dfrac{a}{a+b} + \dfrac{b}{b+c} + \dfrac{c}{c+a} < 2$

[222] $2(xy + yz + zx) \le x^2\left(\dfrac{b+c}{a}\right) + y^2\left(\dfrac{a+c}{b}\right) + z^2\left(\dfrac{a+b}{c}\right)$

[223] $x > 0 \Rightarrow 3 - \dfrac{1}{x} \le 2\sqrt{x}$

[224] $n > 1 \Rightarrow n! \le \left(\dfrac{n+1}{2}\right)^n$

[225] $a, b, c > 0,\ abc = 1 \Rightarrow a+b+c \le a^2+b^2+c^2$

[226] $\triangle ABC \Rightarrow \dfrac{1}{a} + \dfrac{1}{b} + \dfrac{1}{c} \le \dfrac{1}{a+b-c} + \dfrac{1}{b+c-a} + \dfrac{1}{c+a-b}$

[227] $a,b,c>0,\ \sqrt{1987+a}+\sqrt{1987+b}=2\sqrt{1987+c} \Rightarrow c \le \dfrac{a+b}{2}$

[228] $\theta_k \in R \Rightarrow \sum_{i=1}^{n}\sum_{j=1}^{n}\cos(\theta_i-\theta_j) \ge 0$

[229] $a,b,c,d>0 \Rightarrow \dfrac{1}{(a+b)cd}+\dfrac{1}{(b+c)ad}+\dfrac{1}{(c+d)ab}+\dfrac{1}{(d+a)bc} \le \dfrac{a+b+c+d}{2abcd}$

[230] $\dfrac{1}{31}+\dfrac{1}{81}+\dfrac{1}{151}+\cdots+\dfrac{1}{10n^2+20n+1}+\cdots<\dfrac{3}{40}$

[231] $n \in Z^+ \Rightarrow \dfrac{(2n)!}{2^{2n}(n!)^2} \le \dfrac{1}{\sqrt{3n+1}}$

[232] $\triangle ABC \Rightarrow \tan^2\dfrac{A}{2}+\tan^2\dfrac{B}{2}+\tan^2\dfrac{C}{2} \ge 1$

[233] $\triangle ABC \Rightarrow \cot^2\dfrac{A}{2}+\cot^2\dfrac{B}{2}+\cot^2\dfrac{C}{2} \ge 9$

[234] $-\sqrt{10} \le 3\sin x+\cos x \le \sqrt{10}$

[235] $x \ne 0 \Rightarrow x^8-x^5-\dfrac{1}{x}+\dfrac{1}{x^4} \ge 0$

[236] $\dfrac{3}{1!+2!+3!}+\dfrac{4}{2!+3!+4!}+\cdots+\dfrac{n+2}{n!+(n+1)!+(n+2)!}<\dfrac{1}{2}$

[237] $a,b,c \ge 0 \Rightarrow \dfrac{a+b+c}{2} \le \dfrac{a^2}{b+c}+\dfrac{b^2}{a+c}+\dfrac{c^2}{a+b}$

[238] $\forall x \in R \Rightarrow x^8-x^5+x^2-x+1>0$

[239] $x,y>0,\ x^3+y^3=x-y \Rightarrow x^2+y^2<1$

[240] $0<x \le y \le z \Rightarrow y\left(\dfrac{1}{x}+\dfrac{1}{z}\right)+\dfrac{1}{y}(x+z) \le \left(\dfrac{1}{x}+\dfrac{1}{z}\right)(x+z)$

[241] $a,b,c > 0 \Rightarrow \dfrac{a+b+c}{3} \le \sqrt{\dfrac{a^2+b^2+c^2}{3}}$

[242] $a,b,c,d > 0,\, c+d=1 \Rightarrow \sqrt{ac+bd} \ge c\sqrt{a}+d\sqrt{b}$

[243] $\left(a_1+\dfrac{a_2}{2}+\cdot\cdot\cdot+\dfrac{a_n}{n}\right)^2 < \dfrac{\pi^2}{6}\left(a_1^2+a_2^2+\cdot\cdot\cdot+a_n^2\right)$

[244] $1 \le \dfrac{\sin^2 x}{\cos x}+\dfrac{\cos^2 x}{\sin x}$

[245] $abc=1 \Rightarrow \dfrac{3}{2} \le \dfrac{1}{a^3(b+c)}+\dfrac{1}{b^3(a+c)}+\dfrac{1}{c^3(a+b)}$

[246] $a, b, c, d > 0 \Rightarrow \dfrac{a^2+b^2}{c+d} \le \dfrac{a^2}{c}+\dfrac{b^2}{d}$

[247] $x_i, y_i \in R^+ \Rightarrow \dfrac{(x_1+x_2+\cdot\cdot\cdot+x_n)^2}{x_1y_1+x_2y_2+\cdot\cdot\cdot+x_ny_n} \le \dfrac{x_1}{y_1}+\dfrac{x_2}{y_2}+\cdot\cdot\cdot+\dfrac{x_n}{y_n}$

[248] $n \in N \Rightarrow \left(1+\dfrac{1}{n+1}\right)^{n+2} < \left(1+\dfrac{1}{n}\right)^{n+1}$

[249] $n \ge 10,\, n \in N \Rightarrow 2^{n+1} \ge (n+1)^3$

[250] $\triangle ABC \Rightarrow \sqrt{b+c-a}+\sqrt{c+a-b}+\sqrt{a+b-c} \le \sqrt{a}+\sqrt{b}+\sqrt{c}$

[251] $\triangle ABC \Rightarrow \cot\dfrac{A}{2}+\cot\dfrac{B}{2}+\cot\dfrac{C}{2} \ge 3\left(\tan\dfrac{A}{2}+\tan\dfrac{B}{2}+\tan\dfrac{C}{2}\right)$

[252] $a,b,c > 0,\, a+b+c+ab+bc+ca=6 \Rightarrow 3 \le a^2+b^2+c^2$

[253] $\triangle ABC \Rightarrow \cos A+\cos B+\cos C \le \dfrac{3}{2}$

[254] $\triangle ABC \Rightarrow \sin A+\sin B+\sin C \le \dfrac{3\sqrt{3}}{2}$

[255] 예각 삼각형 $\Rightarrow 8\cos A\cos B\cos C \le \cos(A-B)\cos(B-C)\cos(C-A)$

[256] $\triangle ABC \Rightarrow \sin\frac{A}{2}+\sin\frac{B}{2}+\sin\frac{C}{2} < 2$

[257] $m,n\in N \Rightarrow \frac{1}{m+n-1}-\frac{1}{(m+1)(n+1)} \le \frac{4}{45}$

[258] $a,b\ge 0 \Rightarrow b(4\sqrt{a}-a-1) \le a+b^2$

[259] $a,b,c>0 \Rightarrow (a+b+c)(a+b-c)(a+c-b)(b+c-a) \le (a^2+b^2)^2$

[260] $a,b\ge 0 \Rightarrow 3\sqrt[3]{ab^2}+3\sqrt[3]{a^2b} \le a+b+4\sqrt{ab}$

[261] $\int_x^1 f(t)dt \ge \frac{1-x^2}{2} \Rightarrow \int_0^1 (f(x))^2dx \ge \int_0^1 xf(x)dx$

[262] $\triangle ABC$ 넓이:S, $2p=a+b+c \Rightarrow 6S \le p^2+r^2$

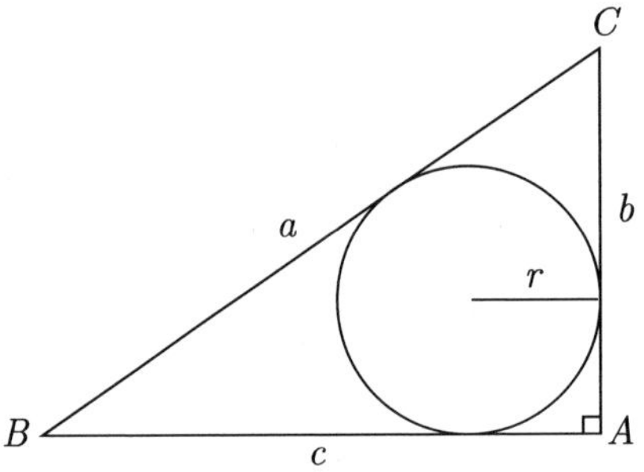

[263] $a+b+c=1 \Rightarrow ab+bc+ca \le \frac{1}{3}$

[264] $n>2k \Rightarrow n^k \cdot (n-k)! < 2^k \cdot n!$

[265] $a,b,c>0,\ a+b+c=1 \Rightarrow \frac{1}{2} \le \frac{a^2}{b+c}+\frac{b^2}{c+a}+\frac{c^2}{a+b}$

[266] $\prod_{k=1}^{n}(2k-1) < n^n$

[267] $n(\sqrt[n]{n+1}-1) < \sum_{k=1}^{n}\frac{1}{k} < n\left(1-\frac{1}{\sqrt[n]{n+1}}+\frac{n}{n+1}\right)$

[268] $n \geq 2 \Rightarrow \sqrt{n} < 1+\dfrac{1}{\sqrt{2}}+\dfrac{1}{\sqrt{3}}+\cdots+\dfrac{1}{\sqrt{n}}$

[269] $n \geq 2 \Rightarrow \dfrac{1\cdot 3\cdot 5\cdots(2n-1)}{2\cdot 4\cdot 6\cdots(2n)} < \dfrac{1}{\sqrt{3n+1}}$

[270] $1 < \dfrac{1}{n+1}+\dfrac{1}{n+2}+\cdots+\dfrac{1}{3n+1}$

[271] $\forall x_i \in R^+ \Rightarrow x_1+x_2+\cdots+x_n \leq \dfrac{x_1^2}{x_2}+\dfrac{x_2^2}{x_3}+\cdots+\dfrac{x_n^2}{x_1}$

[272] $\triangle ABC, a+b+c=1 \Rightarrow a^2+b^2+c^2+4abc < \dfrac{1}{2}$

[273] $a,b,c>0 \Rightarrow a^4+b^4+c^4+a^2bc+b^2ac+c^2ab \geq 2(a^2b^2+b^2c^2+c^2a^2)$

[274] $x,y,z>0,\ x+y+z=xy+yz+zx$
$\Rightarrow \dfrac{1}{x^2+y+1}+\dfrac{1}{y^2+z+1}+\dfrac{1}{z^2+x+1} \leq 1$

[275] $a,b,c>0, a^3+b^3=c^3 \Rightarrow 6(c-a)(c-b) < a^2+b^2-c^2$

[276] $\triangle ABC,\ a+b+c=2 \Rightarrow a^2+b^2+c^2+2abc < 2$

[277] $\forall x_i > 0 \Rightarrow 4(1-x_1x_2\cdots x_{n+1}) \leq \dfrac{1}{x_1}+\dfrac{x_1}{x_2}+\dfrac{x_1x_2}{x_3}+\cdots+\dfrac{x_1x_2\cdots x_n}{x_{n+1}}$

[278] $x \neq y \neq z \geq 0 \Rightarrow \dfrac{4}{xy+yz+zx} \leq \dfrac{1}{(x-y)^2}+\dfrac{1}{(y-z)^2}+\dfrac{1}{(z-x)^2}$

[279] $\triangle ABC$:예각삼각형 $\Rightarrow 4(\cos^2A+\cos^2B+\cos^2C) \leq \dfrac{\cos^2A}{\cos^2B}+\dfrac{\cos^2B}{\cos^2C}+\dfrac{\cos^2C}{\cos^2A}$

[280] $a,b,c>0, abc=1 \Rightarrow 4\left(\dfrac{ab}{a+1}+\dfrac{bc}{b+1}+\dfrac{ca}{c+1}\right) \leq a+\dfrac{1}{a}+b+\dfrac{1}{b}+c+\dfrac{1}{c}$

[281] $0<a<b \Rightarrow a < \dfrac{1}{e}\cdot \sqrt[b-a]{\dfrac{b^b}{a^a}} < b$

[282] $x_i > 0,\ \dfrac{1}{1+x_1}+\dfrac{1}{1+x_2}+\cdot\cdot\cdot+\dfrac{1}{1+x_n}=1 \Rightarrow n-1 \le \sqrt[n]{x_1x_2\cdot\cdot x_n}$

[283] $\forall x \ge 1, f(1)=0, f'(x)=\dfrac{1}{x^2+3f^2(x)} \Rightarrow 0 \le f(x) \le \sqrt{\dfrac{x-1}{2}}$

[284] $a,b,c \ge 0, a+b+c=1 \Rightarrow \dfrac{189}{62} < \dfrac{1}{1-a^2}+\dfrac{1}{1-b^2}+\dfrac{1}{1-c^2}$

[285] $\forall x_i, y_i > 0 \Rightarrow \dfrac{y_1+y_2+\cdot\cdot\cdot+y_n}{x_1+x_2+\cdot\cdot\cdot+x_n} \le \dfrac{y_1}{x_1}+\dfrac{y_2}{x_2}+\cdot\cdot\cdot+\dfrac{y_n}{x_n}$

[286] $a,b,c > 0 \Rightarrow \dfrac{a+b+c}{3} \le \dfrac{a^3}{a^2+ab+b^2}+\dfrac{b^3}{b^2+bc+c^2}+\dfrac{c^3}{c^2+ca+a^2}$

[287] $0 < x < 1, n \in N \Rightarrow x^n\sqrt{1-x} < \dfrac{1}{\sqrt{e\cdot 2n}}$

[288] $a,b,c \ge 0, a+b+c=3 \Rightarrow \dfrac{3}{2} \le \dfrac{a}{b^2+1}+\dfrac{b}{c^2+1}+\dfrac{c}{a^2+1}$

[289] $a,b,c > 0, a^2+b^2+c^2=1 \Rightarrow \dfrac{3\sqrt{3}}{2} \le \dfrac{a}{1-a^2}+\dfrac{b}{1-b^2}+\dfrac{c}{1-c^2}$

[290] $a,b,c > 0,\ a^3+b^3+c^3=3 \Rightarrow \dfrac{3}{2} \le \dfrac{a^2}{3-a^2}+\dfrac{b^2}{3-b^2}+\dfrac{c^2}{3-c^2}$

[291] $a,b > 0 \Rightarrow \left(\dfrac{a}{b}\right)^b \le \left(\dfrac{a+1}{b+1}\right)^{b+1}$

[292] $1+\dfrac{1}{1!}+\dfrac{1}{2!}+\dfrac{1}{3!}+\dfrac{1}{4!}+\cdot\cdot < 3$

[293] $x,y,z \ge 0, x+y+z=1 \Rightarrow 0 \le xy+yz+zx-2xyz \le \dfrac{7}{27}$

[294] $a,b,c > 0, a+b+c=6 \Rightarrow \dfrac{75}{4} \le \left(a+\dfrac{1}{b}\right)^2+\left(b+\dfrac{1}{c}\right)^2+\left(c+\dfrac{1}{a}\right)^2$

[295] $a,b,c>0\,,abc=1\Rightarrow 1\le \dfrac{1}{\sqrt{1+2a+2ab}}+\dfrac{1}{\sqrt{1+2b+2bc}}+\dfrac{1}{\sqrt{1+2c+2ca}}$

[296] $\forall\, a_i>0,\ \sum_{i=1}^{n}a_i=1\ \Rightarrow \sqrt{\dfrac{n}{n-1}}\ \le\ \sum_{i=1}^{n}\dfrac{a_i}{\sqrt{1-a_i}}$

[297] $a,b,c>0,\ a+b+c=1\Rightarrow\left(\dfrac{28}{3}\right)^3\le\left(\dfrac{1}{a^2}+b\right)\left(\dfrac{1}{b^2}+c\right)\left(\dfrac{1}{c^2}+a\right)$

[298] $x,y,z>-1\ \Rightarrow\ 2\le\dfrac{1+x^2}{1+y+z^2}+\dfrac{1+y^2}{1+z+x^2}+\dfrac{1+z^2}{1+x+y^2}$

[299] $a,b,c>0,\ \dfrac{1}{a+b+1}+\dfrac{1}{b+c+1}+\dfrac{1}{c+a+1}\ge 1$

$\Rightarrow ab+bc+ca\le\ a+b+c$

[300] $x,y,z>0,\ x+y+z=xyz$
$\Rightarrow 3(x+y+z)\left(\dfrac{xy}{z}+\dfrac{yz}{x}+\dfrac{zx}{y}\right)\le\left(x^2+y^2+z^2\right)^2$

[301] $a,b,c>0\Rightarrow\dfrac{3}{\sqrt[3]{abc}\,(1+\sqrt[3]{abc})}\le\dfrac{1}{a(b+1)}+\dfrac{1}{b(c+1)}+\dfrac{1}{c(a+1)}$

[302] $a,b,c>0,\ a+b+c\le 3\ \Rightarrow\ 2\le\ \dfrac{a+1}{a(a+2)}+\dfrac{b+1}{b(b+2)}+\dfrac{c+1}{c(c+2)}$

[303] $a,b,c,d>0,\ \ a^2+b^2+c^2+d^2=1$

$\Rightarrow abcd\le\ (1-a)(1-b)(1-c)(1-d)$

[304] $a,b,c,d>0\ \Rightarrow\ \dfrac{a+b+c+d}{abcd}\le\ \dfrac{1}{a^3}+\dfrac{1}{b^3}+\dfrac{1}{c^3}+\dfrac{1}{d^3}$

[305] $0\le x\le 1,\ |f(x)|\le 1,\ f(x)=ax^2+bx+c\Rightarrow f'(0)\le 8$

[306] $9a^2+8ab+7b^2\le 6\ \Rightarrow\ 7a+5b+12ab\le 9$

[307] $a,b,c>0,\ a+b+c=1\Rightarrow\sqrt{a^{1-a}b^{1-b}c^{1-c}}\le\dfrac{1}{3}$

[308] $a,b,c>0 \Rightarrow 4(a^2b+b^2c+c^2a) \le 3(a^3+b^3+c^3+abc)$

[309] $a,b,c>0 \Rightarrow \dfrac{a}{\sqrt{a^2+2bc}}+\dfrac{b}{\sqrt{b^2+2ca}}+\dfrac{c}{\sqrt{c^2+2ab}}<2$

[310] $a,b,c>0 \Rightarrow \dfrac{abc\left(a+b+c+\sqrt{a^2+b^2+c^2}\right)}{(a^2+b^2+c^2)(ab+bc+ca)} \le \dfrac{3+\sqrt{3}}{9}$

[311] $\dfrac{1}{2} \le \dfrac{7-3\cos x-6\sin x}{9-3\cos x-8\sin x} \le 1$

[312] $\dfrac{a\sqrt{a^2+b^2+c^2}}{\sqrt{a^2+b^2}\sqrt{a^2+c^2}}+\dfrac{b\sqrt{a^2+b^2+c^2}}{\sqrt{b^2+c^2}\sqrt{b^2+a^2}}+\dfrac{c\sqrt{a^2+b^2+c^2}}{\sqrt{c^2+a^2}\sqrt{c^2+b^2}} \le \dfrac{3\sqrt{3}}{2}$

[313] $$(a+b+c)^2 \le \begin{array}{l} \sqrt{a^2+ab+b^2}\sqrt{b^2+bc+c^2} \\ +\sqrt{b^2+bc+c^2}\sqrt{c^2+ca+a^2} \\ +\sqrt{c^2+ca+a^2}\sqrt{a^2+ab+b^2} \end{array}, \ (a,b,c>0)$$

[314] $a,b,c>0,\ abc=1 \Rightarrow \dfrac{ab}{a^5+b^5+ab}+\dfrac{bc}{b^5+c^5+bc}+\dfrac{ca}{c^5+a^5+ca} \le 1$

[315] $a,b,c \ge 0,\ a+b+c=1 \Rightarrow \dfrac{a^2+1}{b^2+1}+\dfrac{b^2+1}{c^2+1}+\dfrac{c^2+1}{a^2+1} \le \dfrac{7}{2}$

[316] $0<a,b,c<1 \Rightarrow \dfrac{3}{1-\sqrt[3]{abc}} \le \dfrac{1}{1-a}+\dfrac{1}{1-b}+\dfrac{1}{1-c}$

[317] $a,b,c,d>0,\ abcd=1 \Rightarrow 4 \le \dfrac{1+ab}{1+a}+\dfrac{1+bc}{1+b}+\dfrac{1+cd}{1+c}+\dfrac{1+da}{1+d}$

[318] $a,b,c>0,\ a^2+b^2+c^2=1 \Rightarrow \dfrac{a}{1+bc}+\dfrac{b}{1+ac}+\dfrac{c}{1+ab} \le \sqrt{2}$

[319] $a,b,c,d>0,\ a+b+c+d>\dfrac{a}{b}+\dfrac{b}{c}+\dfrac{c}{d}+\dfrac{d}{a}$

$abcd=1 \Rightarrow a+b+c+d<\dfrac{b}{a}+\dfrac{c}{b}+\dfrac{d}{c}+\dfrac{a}{d}$

[320] $a,b,c>0,\quad a+b+c=1$

$\Rightarrow 1+\sqrt{ab}+\sqrt{bc}+\sqrt{ca} \le \sqrt{a+bc}+\sqrt{b+ca}+\sqrt{c+ab}$

[321] $a,b,c>0, a+b+c=1 \Rightarrow \sqrt{4a+1}+\sqrt{4b+1}+\sqrt{4c+1} \le \sqrt{21}$

[322] $\triangle ABC \Rightarrow \dfrac{8+\sqrt{6}+\sqrt{2}}{4} < \cos\dfrac{A}{12}+\cos\dfrac{B}{12}+\cos\dfrac{C}{12}$

[323] $\triangle ABC \Rightarrow \sin\dfrac{A}{2}\sin\dfrac{B}{2}\sin\dfrac{C}{2} \le \dfrac{1}{8}$

[324] $\left|\displaystyle\int_a^b f(x)\,dx\right| \le \displaystyle\int_a^b |f(x)|\,dx$

[325] $\triangle ABC, n \ge 2 \Rightarrow \sqrt[n]{a^2+b^2}+\sqrt[n]{b^2+c^2}+\sqrt[n]{c^2+a^2} < 3^{1-\frac{1}{n}}\sqrt[n]{(a+b+c)^2}$

[326] $a, b, c, x, y, z>0, x+y+z=1$

$\Rightarrow ax+by+cz+2\sqrt{(ab+bc+ca)(xy+yz+za)} \le a+b+c$

[327] $\triangle ABC \Rightarrow \dfrac{3}{2}+\sqrt{3} \le \sin\dfrac{A}{2}+\sin\dfrac{B}{2}+\sin\dfrac{C}{2}+\tan\dfrac{A}{2}+\tan\dfrac{B}{2}+\tan\dfrac{C}{2}$

[328] $a,b,c \ge 0 \Rightarrow \dfrac{ab}{a+b+2c}+\dfrac{bc}{b+c+2a}+\dfrac{ca}{c+a+2b} \le \dfrac{a+b+c}{4}$

[329] $a,b,c>0, abc=1 \Rightarrow a^{b+c}\cdot b^{c+a}\cdot c^{a+b} \le 1$

[330] $a,b,c>0 \Rightarrow 9+3\left\{\left(1-\dfrac{b}{a}\right)\left(1-\dfrac{c}{b}\right)\left(1-\dfrac{a}{c}\right)\right\}^{2/3} \le (a+b+c)\left(\dfrac{1}{a}+\dfrac{1}{b}+\dfrac{1}{c}\right)$

[331] $x_i>0, \displaystyle\sum_{i=1}^{5}\frac{1}{1+x_i}=1 \Rightarrow \sum_{i=1}^{5}\frac{x_i}{4+x_i^2} \le 1$

[332] $a, b, c, p, q>0,\ p \ge q,\ abc=1$

$\Rightarrow \dfrac{3}{2} \le \dfrac{a^p}{b^q+c^q}+\dfrac{b^p}{c^q+a^q}+\dfrac{c^p}{a^q+b^q}$

[333] $a,b,c>0 \Rightarrow \dfrac{a+b+c}{\sqrt[3]{abc}} \le \dfrac{a}{b}+\dfrac{b}{c}+\dfrac{c}{a}$

[334] $a,b,c,x,y,z>0,\ a+x=b+y=c+z=k \Rightarrow ay+bz+cx \le k^2$

[335] $a,b,c>0,\ x\geq\dfrac{a+b+c}{3\sqrt{3}}-1$

$$\Rightarrow abc\leq\frac{(b+cx)^2}{a}+\frac{(c+ax)^2}{b}+\frac{(a+bx)^2}{c}$$

[336] $a,b,c>0,\ a^2+b^2+c^2=3$

$$\Rightarrow\frac{(a+b+c)^2}{12}\leq\frac{a^2}{2+b+c^2}+\frac{b^2}{2+c+a^2}+\frac{c^2}{2+a+b^2}$$

[337] $a,b,c>0\Rightarrow\dfrac{4a}{b+c}+\dfrac{4b}{c+a}+\dfrac{4c}{a+b}\leq\dfrac{a+b}{c}+\dfrac{b+c}{a}+\dfrac{c+a}{b}$

[338]
$$\forall a_i>0\Rightarrow\frac{1}{1+a_1}+\frac{1}{1+a_1+a_2}+\cdots+\frac{1}{1+a_1+\cdots+a_n}<\sqrt{\frac{1}{a_1}+\frac{1}{a_2}+\cdots+\frac{1}{a_n}}$$

[339] $a,b,c>0,(1+a)(1+b)(1+c)=8\Rightarrow abc\leq 1$

[340] $a,b,c\geq-\dfrac{3}{4},a+b+c=1\Rightarrow\dfrac{a}{1+a^2}+\dfrac{b}{1+b^2}+\dfrac{c}{1+c^2}\leq\dfrac{9}{10}$

[341] $a,b,c\in N\Rightarrow(\sqrt[a]{a}\,\sqrt[b]{b}\,\sqrt[c]{c})^{abc}\leq\left(\dfrac{3abc}{ab+bc+ca}\right)^{a^2+b^2+c^2}$

[342] $x,y,z\geq 0,xyz\geq x^2+y^2+z^2\Rightarrow\dfrac{27}{4}\leq\dfrac{x^6}{(y^2+z^2)^2}+\dfrac{y^6}{(z^2+x^2)^2}+\dfrac{z^6}{(x^2+y^2)^2}$

[343] $a,b,c>0,a+b+c=abc\Rightarrow\dfrac{a^2+b^2}{(a+b)^4}+\dfrac{b^2+c^2}{(b+c)^4}+\dfrac{c^2+a^2}{(c+a)^4}\leq\dfrac{1}{8}$

[344] $0<a<b\Rightarrow\ln\left(\dfrac{b^2}{a^2}\right)<\dfrac{b}{a}-\dfrac{a}{b}$

[345] $\displaystyle\sum_{k=1}^{n}\frac{x_k^2+1}{\sqrt{x_k^4+1}}\leq n\sqrt{2},\ (x_k\in R)$

[346] $a,b,c>0\Rightarrow a\sqrt{bc}+b\sqrt{ca}+c\sqrt{ab}\leq ab+bc+ca$

[347] $a,b,c>0\Rightarrow\dfrac{1}{\sqrt{ab}}+\dfrac{1}{\sqrt{bc}}+\dfrac{1}{\sqrt{ca}}\leq\dfrac{1}{a}+\dfrac{1}{b}+\dfrac{1}{c}$

[348] $a,b,c>0 \Rightarrow a+b+c \le \dfrac{ab}{c}+\dfrac{bc}{a}+\dfrac{ca}{b}$

[349] $a,b,c>0 \Rightarrow 2\left(\dfrac{a}{b}+\sqrt{\dfrac{b}{c}}\right) \le (a+b)\left(\dfrac{a}{b}+\dfrac{b}{c}\right)+\dfrac{1}{b}$

[350] $a,b,c>0 \Rightarrow ab+bc+ca \le \dfrac{a^{n+2}+b^{n+2}}{a^n+b^n}+\dfrac{b^{n+2}+c^{n+2}}{b^n+c^n}+\dfrac{c^{n+2}+a^{n+2}}{c^n+a^n}$

[351] $a,b,c \ge 0 \Rightarrow \dfrac{2ab}{a^2+b^2+c^2+4ab}+\dfrac{2bc}{a^2+b^2+c^2+4bc}+\dfrac{2ca}{a^2+b^2+c^2+4ca} \le 1$

[352] $a,b,c>0,\ ab+bc+ca=abc \Rightarrow 1 \le \dfrac{a^4+b^4}{ab(a^3+b^3)}+\dfrac{b^4+c^4}{bc(b^3+c^3)}+\dfrac{c^4+a^4}{ca(c^3+a^3)}$

[353] $a,b,c,d>0 \Rightarrow abcd(a+b+c+d) \le a^4b+b^4c+c^4d+d^4a$

[354]
$a,b,c \ge 0 \Rightarrow 2(\sqrt{ab}+\sqrt{bc}+\sqrt{ca}) \le \dfrac{a^2+1+2b^2}{a+1}+\dfrac{b^2+1+2c^2}{b+1}+\dfrac{c^2+1+2a^2}{c+1}$

[355] $0 \le x,y,z \le 1 \Rightarrow \dfrac{x}{7+y^3+z^3}+\dfrac{y}{7+x^3+z^3}+\dfrac{z}{7+x^3+y^3} \le \dfrac{1}{3}$

[356] $a,b,c>0,\ a+b+c=1 \Rightarrow 4 \le \dfrac{a(1-a)^2}{bc}+\dfrac{b(1-b)^2}{ca}+\dfrac{c(1-c)^2}{ab}$

[357] $a,b,c>0,\ a+b+c=1 \Rightarrow \dfrac{1}{4} \le \dfrac{a^3}{(1-c)^2}+\dfrac{b^3}{(1-a)^2}+\dfrac{c^3}{(1-b)^2}$

[358] $\forall x>0 \Rightarrow \dfrac{6}{\sqrt[3]{25}} \le \dfrac{x^6+5}{x^5}$

[359] $a,b,c>0 \Rightarrow \dfrac{4}{3}\left(a+b+c+\dfrac{1}{a}+\dfrac{1}{b}+\dfrac{1}{c}\right) \le \left(a+\dfrac{1}{a}\right)\left(b+\dfrac{1}{b}\right)\left(c+\dfrac{1}{c}\right)$

[360]
$a,b,c>0 \Rightarrow \dfrac{1}{(a^3-1)^2}+\dfrac{1}{(b^3-1)^2}+\dfrac{1}{(c^3-1)^2} \le \dfrac{1}{9}\left\{\dfrac{1}{a^2(a-1)^2}+\dfrac{1}{b^2(b-1)^2}+\dfrac{1}{c^2(c-1)^2}\right\}$

[361] $a,b,c>0,\ a+b+c=1 \Rightarrow 1 \le a^5+(b+c)\left[(b+c)^4+5a\{2(a^2+b^2+c^2)+bc\}\right]$

[362] $a,b \geq 0 \Rightarrow 2ab(2a+b+1) \leq 8a^3b+b^3+2a$

[363] $a,b,c,d > 0, 4a > b^2 \Rightarrow cd(4a-b^2) \leq (1+bc+ac^2)(1-bd+ad^2)$

[364] $a,b,c > 0, a+b+c = \frac{1}{a}+\frac{1}{b}+\frac{1}{c}$
$\Rightarrow \sqrt{a^2+1}+\sqrt{b^2+1}+\sqrt{c^2+1} \leq \sqrt{2}(a+b+c)$

[365] $a > 0,\ a-a^3+a^5 \geq 3 \Rightarrow 5 \leq a^6$

[366] $a,b,c > 0,\ \frac{1}{a}+\frac{1}{b}+\frac{1}{c} = 3 \Rightarrow (a+1)(b+1)(c+1) \leq (a+b)(b+c)(c+a)$

[367] $a,b,c > 0 \Rightarrow \frac{1}{a^3+b^3+abc}+\frac{1}{b^3+c^3+abc}+\frac{1}{c^3+a^3+abc} \leq \frac{1}{abc}$

[368] $a,b,c > 1 \Rightarrow \frac{1-abc}{1-\sqrt[3]{abc}}(a+b+c) \leq \frac{a(1-a^3)}{1-a}+\frac{b(1-b^3)}{1-b}+\frac{c(1-c^3)}{1-c}$

[369] $a,b,c > 0, abc = 1 \Rightarrow 1 \leq \frac{a}{2+bc}+\frac{b}{2+ca}+\frac{c}{2+ab}$

[370] $1+\frac{1}{2^2}+\frac{1}{3^2}+\frac{1}{4^2}+\cdots+\frac{1}{10000^2} < 2-\frac{1}{10001}$

[371] $a,b,c > 0,\ a+b+c = 3$
$\Rightarrow 3abc \leq \frac{a(b+c)}{4-b-c}+\frac{b(c+a)}{4-c-a}+\frac{c(a+b)}{4-a-b}$

[372] $n \in N, a,b > 0 \Rightarrow (a+b)^n(a^n+b^n) \leq 2^n(a^{2n}+b^{2n})$

[373] $a,b,c > 0, abc = 1 \Rightarrow \frac{3}{2} \leq \frac{1}{a^2(b+c)}+\frac{1}{b^2(c+a)}+\frac{1}{c^2(a+b)}$

[374] $a,b,c > 0, a+b+c = 1 \Rightarrow \sqrt{a+bc}+\sqrt{b+ca}+\sqrt{c+ab} \leq 2$

[375] $a,b,c > 0, abc = 1 \Rightarrow \frac{2a}{ab+1}+\frac{2b}{bc+1}+\frac{2c}{ca+1} \leq a\sqrt{c}+b\sqrt{a}+c\sqrt{b}$

[376] $x+y=8 \Rightarrow \frac{289}{8} \le \left(x+\frac{1}{y}\right)^2 + \left(y+\frac{1}{x}\right)^2$

[377] $a,b,c>0,\ a+b+c=1 \Rightarrow \frac{15}{7} \le \frac{1+a+b}{2+c}+\frac{1+b+c}{2+a}+\frac{1+c+a}{2+b}$

[378] $s_n = \frac{a^n b^n}{a^{2n+3}+b^{2n+3}+a^n b^n}+\frac{b^n c^n}{b^{2n+3}+c^{2n+3}+b^n c^n}+\frac{c^n a^n}{c^{2n+3}+a^{2n+3}+c^n a^n}$
$a,b,c>0,\ n\in N \Rightarrow s_n \le s_{n-1}$

[379] $0<a,b\le 1 \Rightarrow (ab)^{\frac{b}{a}+\frac{a}{b}} \le \frac{(a+b)^{2a}+(a+b)^{2b}}{2^{a+b+1}}$

[380] $a,b,c>0,\ a^3+b^3+c^3=81 \Rightarrow a+b+c \le 9$

[381] $x_i \in R^+,\ \sum_{i=1}^{5} x_i = 25\prod_{i=1}^{5} x_i \Rightarrow 125 \le \left(\sum_{i=1}^{5} x_i\right)^4$

[382] $a,b,c>0 \Rightarrow a^2(b+c-a)+b^2(c+a-b)+c^2(a+b-c) \le 3abc$

[383] $\triangle ABC$:예각 삼각형 $\Rightarrow 81 \le \tan^6 A+\tan^6 B+\tan^6 C$

[384] $\triangle ABC$:예각 삼각형 $\Rightarrow \frac{\sin A+\sin B+\sin C}{\cos A+\cos B+\cos C} \le \frac{\tan A\tan B\tan C}{3}$

[385] $\triangle ABC$:예각 삼각형 $\Rightarrow 3^{1-\sqrt{2}} \le \tan^{2\sqrt{2}}\frac{A}{2}+\tan^{2\sqrt{2}}\frac{B}{2}+\tan^{2\sqrt{2}}\frac{C}{2}$

[386] $0<a,b,c<1 \Rightarrow \sqrt{abc}+\sqrt{(1-a)(1-b)(1-c)}<1$

[387] $a,b,c>0,\ a+b+c=1 \Rightarrow \frac{9}{2} \le \frac{1-a}{2bc}+\frac{1-b}{2ca}+\frac{1-c}{2ab}$

[388] $a,b>0 \Rightarrow a^3b+ab^3 \le a^4+b^4$

[389] $a,b,c>0,\ a+b+c=1 \Rightarrow 2 \le \frac{a^3+b^3}{c^2}+\frac{a^3+c^3}{b^2}+\frac{b^3+c^3}{a^2}$

[390] $a,b > 0 \Rightarrow \dfrac{a}{a^4+b^2} + \dfrac{b}{b^4+a^2} \le \dfrac{1}{ab}$

[391] $z = x + iy \Rightarrow \dfrac{e^y - e^{-y}}{2} \le |\sin z|$

[392] $(a+b)(a^2+b^2)(a^3+b^3) \le 4(a^6+b^6)$

[393] $\sin^2 x \cos^6 x \le \dfrac{3^3}{4^4}$

[394] $a,b,c > 0, ab+bc+ca = 3 \Rightarrow 6(a+b+c) \le a^2+b^2+c^2+15$

[395] $a,b,c > 0 \Rightarrow \dfrac{a}{b} + \dfrac{b}{c} + \dfrac{c}{a} \le \dfrac{a^2}{b^2} + \dfrac{b^2}{c^2} + \dfrac{c^2}{a^2}$

[396] $a,b,c > 0, a+b+c = 1 \Rightarrow \dfrac{1}{1+a} + \dfrac{1}{1+b} + \dfrac{1}{1+c} + 6(ab+bc+ca) \le \dfrac{17}{4}$

[397] $f : [a,b] \to R$:Convex function, $a \le x_1 < x_3 < x_2 \le b$

$$\Rightarrow \frac{f(x_3)-f(x_1)}{x_3-x_1} \le \frac{f(x_2)-f(x_1)}{x_2-x_1} \le \frac{f(x_2)-f(x_3)}{x_2-x_3}$$

[398] $x,y > 0, p > 1, 0 < \alpha < 1 \Rightarrow (x+y)^p \le \alpha^{1-p}x^p + (1-\alpha)^{1-p}y^p$

[399] $x,y > 0, p,q > 1, \dfrac{1}{p} + \dfrac{1}{q} = 1 \Rightarrow xy \le \dfrac{x^p}{p} + \dfrac{y^q}{q}$

[400] $x_i, y_i, m_i > 0, p > 1 \Rightarrow \sqrt[p]{\sum_{i=1}^{n}(x_i+y_i)^p m_i} \le \sqrt[p]{\sum_{i=1}^{n} x_i^p m_i} + \sqrt[p]{\sum_{i=1}^{n} y_i^p m_i}$

[401] $x_i, y_i \in R \Rightarrow 1 + \sum_{i=1}^{n}(x_i+y_i)^2 \le \dfrac{4}{3}\left(1 + \sum_{i=1}^{n} x_i^2\right)\left(1 + \sum_{i=1}^{n} y_i^2\right)$

[402] $x_i, y_i, m_i > 0,\ \ p,q > 1,\ \dfrac{1}{p} + \dfrac{1}{q} = 1$

$$\Rightarrow \sum_{i=1}^{n} x_i y_i m_i \le \sqrt[p]{\sum_{i=1}^{n} x_i^p m_i} \cdot \sqrt[q]{\sum_{i=1}^{n} y_i^q m_i}$$

[403] $a,b,c>0,\ a+b+c=1 \Rightarrow 9 \le \dfrac{27a^4+1}{a^2-2a+1}+\dfrac{27b^4+1}{b^2-2b+1}+\dfrac{27c^4+1}{c^2-2c+1}$

[404] $a_{i+j} \le a_i + a_j \ \Rightarrow\ a_n \le a_1 + \dfrac{a_2}{2}+\dfrac{a_3}{3}+\cdots+\dfrac{a_n}{n}$

[405] $x \in R^+ \Rightarrow \displaystyle\sum_{k=1}^{n} \frac{[kx]}{k} \le [nk],\ [x]$:Gauss'notation

[406] $a,b>0,\ a \ne b \Rightarrow \sqrt{ab} < \dfrac{a-b}{\ln a - \ln b} < \dfrac{a+b}{2}$

[407] $x_i > 0,\ \displaystyle\sum_{i=1}^{n} x_i = \frac{1}{2} \Rightarrow \frac{1}{3} \le \prod_{i=1}^{n}\left(\frac{1-x_i}{1+x_i}\right)$

[408] $a,b,c \ge 0,\ a \le b+c \Rightarrow \dfrac{a}{1+a} \le \dfrac{b}{1+b}+\dfrac{c}{1+c}$

[409]
$a,b,c \ge 0 \Rightarrow \sqrt{\dfrac{3}{a^3+(b+c)^3}}+\sqrt{\dfrac{3}{b^3+(c+a)^3}}+\sqrt{\dfrac{3}{c^3+(a+b)^3}} \le \dfrac{ab+bc+ca}{abc\sqrt{a+b+c}}$

[410] $a,b,c,d \in R \Rightarrow (a+b+c+d)^2 \le 3(a^2+b^2+c^2+d^2)+6ab$

[411] $a,b,c,d \ge -1,\ a+b+c+d=2 \Rightarrow \dfrac{1}{2} \le a^3+b^3+c^3+d^3$

[412] $n \ge 2 \Rightarrow \sqrt[n]{n+\sqrt[n]{n}}+\sqrt[n]{n-\sqrt[n]{n}} < 2\sqrt[n]{n}$

[413] $n \in N \Rightarrow \sqrt[n]{n} < 1+\dfrac{2}{\sqrt{n}}$

[414] $a,b,c>0,\ abc=1 \Rightarrow 3 \le \dfrac{a^4+1}{a+1}+\dfrac{b^4+1}{b+1}+\dfrac{c^4+1}{c+1}$

[415] $\triangle ABC \Rightarrow \cos^2\dfrac{A}{2}+\cos^2\dfrac{B}{2}+\cos^2\dfrac{C}{2} \le \dfrac{9}{4}$

[416] $a,b,x,y>0,\ a^{11}+b^{11} \le 1,\ x^{11}+y^{11} \le 1 \Rightarrow a^5x^6+b^5y^6 \le 1$

[417] $a+b+c=-5 \Rightarrow 7 \le \sqrt{a^2-a+1}+\sqrt{b^2-b+1}+\sqrt{c^2-c+1}$

[418] $0<c<b<a \Rightarrow a^2b^3+b^2c^3+c^2a^3<a^3b^2+b^3c^2+c^3a^2$

[419] $a,b,c \ge 0, a+b+c=2 \Rightarrow (a^2b^2+b^2c^2+c^2a^2)(a^2+b^2+c^2)^2 \le 4$

[420] $a,b,c \ge 0 \Rightarrow \frac{3}{2}\left(\frac{b+c}{a}+\frac{c+a}{b}+\frac{a+b}{c}\right) \le \left(\frac{a}{b}+\frac{b}{c}+\frac{c}{a}\right)^2$

[421] $a<b<c,\ a+b+c=6,\ ab+bc+ca=9$

$\Rightarrow 0<a<1<b<3<c<4$

[422] $a,b,c>0,\ a+b+c=abc \Rightarrow 3^{1+\frac{n}{2}} \le a^n+b^n+c^n$

[423] $x,y,z>0,\ x+y+z=1 \Rightarrow x^3y^2z \le \frac{1}{432}$

[424] $x,y,z>0 \Rightarrow \sqrt{x(y+1)}+\sqrt{y(z+1)}+\sqrt{z(x+1)} \le \frac{3}{2}\sqrt{(x+1)(y+1)(z+1)}$

[425] $a,b,c>0 \Rightarrow \frac{4a}{2a^2+b^2+c^2}+\frac{4b}{a^2+2b^2+c^2}+\frac{4c}{a^2+b^2+2c^2} \le \frac{1}{a}+\frac{1}{b}+\frac{1}{c}$

[426] $a,b,c>0,\ ab+bc+ca=abc \Rightarrow \frac{3}{2} \le \frac{1}{a-1}+\frac{1}{b-1}+\frac{1}{c-1}$

[427] $a,b,c>0 \Rightarrow \frac{a+b+c}{2^8} \le \frac{a^9}{(b+c)^8}+\frac{b^9}{(c+a)^8}+\frac{c^9}{(a+b)^8}$

[428] $\triangle ABC, n \in N \Rightarrow 4 \le \frac{\sin^n A}{\sin^{n+2} B}+\frac{\sin^n B}{\sin^{n+2} C}+\frac{\sin^n C}{\sin^{n+2} A}$

[429] $a,b,c>0, abc=1 \Rightarrow \frac{3\sqrt{3}}{\sqrt{a^2+b^2+c^2}} \le \frac{4}{a^5(b+c)^2}+\frac{4}{b^5(c+a)^2}+\frac{4}{c^5(a+b)^2}$

[430] $a,b,c>0,\ \frac{1}{a}+\frac{1}{b}+\frac{1}{c}=3 \Rightarrow \frac{1}{1+a+b^2}+\frac{1}{1+b+c^2}+\frac{1}{1+c+a^2} \le 1$

[431] $\triangle ABC \Rightarrow \frac{5}{2} \le \sin^4\frac{A}{4}+\cos^4\frac{A}{4}+\sin^4\frac{B}{4}+\cos^4\frac{B}{4}+\sin^4\frac{C}{4}+\cos^4\frac{C}{4} \le \frac{21}{8}$

[432] $1+\frac{1}{3}+\frac{1}{6}+\frac{1}{10}+\cdot\cdot+\frac{1}{a_n} < 2$

[433] $a_i, b_j > 0,\ \sum_{k=1}^{n} t_k = 1 \Rightarrow \prod_{k=1}^{n} a_k^{t_k} + \prod_{k=1}^{n} b_k^{t_k} \le \prod_{k=1}^{n} (a_k+b_k)^{t_k}$

[434] $x, y > 0,\ a \in R \Rightarrow x^{\sin^2 a} y^{\cos^2 a} < x+y$

[435] $(a^4+b^4+c^4)(a^5+b^5+c^5) \le (a^2+b^2+c^2)(a^7+b^7+c^7)$

[436] $n \in N,\ x, y, z > 0 \Rightarrow \frac{(x+z)^{n+1}}{(y+z)^n} \le \frac{x^{n+1}}{y^n}+z$

[437] $n \ge 2,\ a, b, x, y > 0 \Rightarrow \left(\frac{ab}{a+b}\right)^n \le \frac{a^n x^{n+1}+b^n y^{n+1}}{(x+y)^{n+1}}$

[438] $n, m \in N \Rightarrow n \le \sqrt[3m]{\sum_{k=1}^{n^m} k^3}$

[439] $0 \le x \le 1,\ f(x) = ax^2+bx+c,\ |f(x)| \le 1 \Rightarrow |a|+|b|+|c| \le 17$

[440] $x > 0 \Rightarrow \ln\left(\frac{x+1}{x}\right) < \frac{x+\frac{1}{2}}{x^2+x}$

[441] $a, b \ge 0,\ a^2+b^2 = 1 \Rightarrow 2 \le (1+a)(1+b) \le \frac{3+2\sqrt{2}}{2}$

[442] $a, b, c \ge 0,\ a^2+b^2+c^2 = 1 \Rightarrow 2 \le (1+a)(1+b)(1+c) \le \frac{18+10\sqrt{3}}{9}$

[443] $x_i > 0 \Rightarrow (x_1 x_2 \cdot\cdot x_n)^{\frac{x_1+x_2+\cdot\cdot+x_n}{n}} \le x_1^{x_1} x_2^{x_2} \cdot\cdot x_n^{x_n}$

[444] $18Rr \le ab+bc+ca$

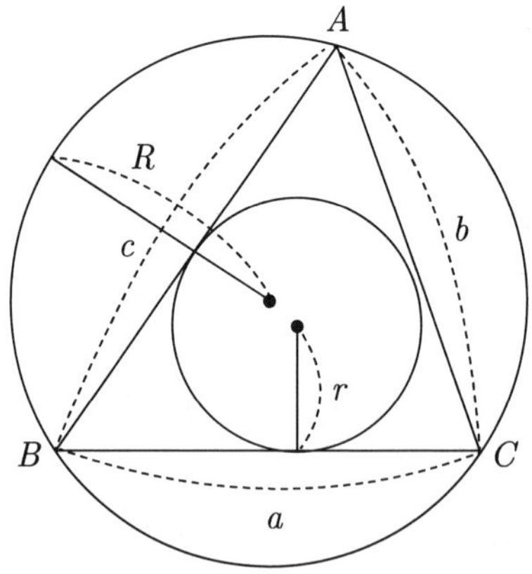

[445]

$$\triangle ABC \Rightarrow 12(\cos A+\cos B+\cos C) \le 15+\cos(A-B)+\cos(B-C)+\cos(C-A)$$

[446] $n \in N \Rightarrow \dfrac{1}{n} \le \sin\dfrac{\pi}{2n}$, (without derivatives)

[447] $a,b,c>0 \Rightarrow \sqrt{a(b+c)}+\sqrt{b(c+a)}+\sqrt{c(a+b)} \le \sqrt{6(ab+bc+ca)}$

[448] $0<a<1 \Rightarrow \dfrac{2}{e} \le a^{\frac{a}{1-a}}+a^{\frac{1}{1-a}}$

[449] $\alpha+\beta+\gamma+\delta=\pi \Rightarrow \cos\alpha+\cos\beta+\cos\gamma+\cos\delta \le 2\sqrt{2}$

[450] $\displaystyle\int_0^1 xf(x)f(1-x)\,dx \le \frac{1}{4}\int_0^1 \{f(x)^2+f(1-x)^2\}\,dx$

[451] $\displaystyle\sum_{k=1}^{n}\frac{k}{1+k^2} \le \frac{1}{2}+\ln n$

[452] $n \in N \Rightarrow (\sqrt[n]{4}-\sqrt[n]{3}) \le (\sqrt[n]{3}-\sqrt[n]{2})$

[453] $n \in N \Rightarrow \left(\dfrac{n}{e}\right)^n < n!$

[454] $n>1, n \in N \Rightarrow \dfrac{4^n}{n+1} < \dfrac{(2n)!}{(n!)^2}$

[455] $n > 1, n \in N \Rightarrow \frac{13}{24} < \frac{1}{n+1} + \frac{1}{n+2} + \cdot\cdot\cdot + \frac{1}{2n}$

[456] $a, b, c \geq 0, a^2 + b^2 + c^2 + abc = 4 \Rightarrow ab + bc + ca - abc \leq 2$

[457] $\triangle ABC = S \Rightarrow S \leq \left(\frac{\sqrt{3}}{8}\right) \max\{a^2 + b^2, b^2 + c^2, c^2 + a^2\}$

[458] $a, b, c > 0, abc = 1 \Rightarrow 6 \leq a^3 + b^3 + c^3 + \frac{9}{a+b+c}$

[459] $a, b, c > 0, a + b + c = 1 \Rightarrow a^a b^b c^c + a^b b^c c^a + a^c b^a c^b \leq 1$

[460] $\frac{\pi - e}{\pi + e} < \frac{3}{2}(\ln\pi - 1)$

[461] $\left(\int_a^b f(x)g(x)\,dx\right)^2 \leq \left(\int_a^b f^2(x)dx\right)\left(\int_a^b g^2(x)dx\right)$

[462] $a, b, c \in R \Rightarrow 2(a+c)\left(b + \frac{ac}{b}\right) \leq a^2 + b^2 + c^2 + 4ac + \frac{a^2c^2}{b^2}$

[463] $\triangle ABC \Rightarrow \sin^2\frac{A}{2} + \sin^2\frac{B}{2} + \sin^2\frac{C}{2} < 1$

[464] $x, y, z > 0 \Rightarrow 2(x+y+z) \leq \sqrt[3]{x^3 + 7y^3} + \sqrt[3]{y^3 + 7z^3} + \sqrt[3]{z^3 + 7x^3}$

[465] $x, y, z > 1, \frac{1}{x} + \frac{1}{y} + \frac{1}{z} = 2 \Rightarrow \sqrt{x-1} + \sqrt{y-1} + \sqrt{z-1} \leq \sqrt{x+y+z}$

[466] $x, y > 0, x^2 + y^2 = 1 \Rightarrow \sqrt{3} \leq \frac{1}{x} + \frac{x}{1+y}$

[467] $\triangle ABC \Rightarrow (a+b-c)(a-b+c)(b+c-a) \leq abc$

[468] $0 \leq x, y \leq \frac{\pi}{2}$

$$\Rightarrow 8 \leq (\sin x + \sin y + \cos x + \cos y)\left(\frac{2}{\sin x + \cos x} + \frac{2}{\sin y + \cos y}\right) \leq 4 + 3\sqrt{2}$$

[469] $a,b,c>0, abc=1 \Rightarrow \sqrt{4a+5}+\sqrt{4b+5}+\sqrt{4c+5} \le 3(a+b+c)$

[470] $f(0)=0,\ f(1)=1,\ f(x)$: 증가함수, $0 \le a+b \le 1$,

$\dfrac{1}{2} \le \dfrac{f(a+b)-f(a)}{f(a)-f(a-b)} \le 2 \ \Rightarrow f\left(\dfrac{1}{3}\right) \le \dfrac{76}{135}$

[471] $n>1 \Rightarrow \dfrac{3n}{2n+1} < 1+\dfrac{1}{2^2}+\dfrac{1}{3^2}+\cdots+\dfrac{1}{n^2}$

[472] $x \in R \Rightarrow 0 < (x^{2n}-2x^{2n-1}+3x^{2n-2}-\ldots-2nx)+2n+1$

[473] $a, b, c, d \ge 1,\ \dfrac{1}{a}+\dfrac{1}{b}+\dfrac{1}{c}+\dfrac{1}{d}=3$

$\Rightarrow \sqrt{a-1}+\sqrt{b-1}+\sqrt{c-1}+\sqrt{d-1} \le \sqrt{a+b+c+d}$

[474] $\forall a_i \ge 1, \displaystyle\sum_{k=1}^{n}\frac{1}{a_k}=n-1 \Rightarrow \sum_{k=1}^{n}\sqrt{a_k-1} \le \sqrt{\sum_{k=1}^{n}a_k}$

[475] $x, a_i > 0 \Rightarrow \left(x+\sqrt[n]{a_1a_2\cdots a_n}\right)^n \le \displaystyle\prod_{k=1}^{n}(x+a_k)$

[476] $a,b,c>0, a^3+b^3+c^3=1 \Rightarrow \sqrt[3]{3} \le \dfrac{a^4}{bc}+\dfrac{b^4}{ca}+\dfrac{c^4}{ab}$

[477] $n \in N \Rightarrow 3^n+4^n+\cdots+(n+2)^n \le (n+3)^n$

[478] $0<x<y<z<1 \Rightarrow x^2+y^2+z^2 < xy+yz+zx+z-x$

[479] $a,b,c>0,\ ab+bc+ca=1$

$\Rightarrow \sqrt{3}+\dfrac{ab}{a+b}+\dfrac{bc}{b+c}+\dfrac{ca}{c+a} \le \dfrac{1}{a+b}+\dfrac{1}{b+c}+\dfrac{1}{c+a}$

[480] $a=\max\{a,b,c\} \Rightarrow 1 \le \dfrac{a}{b+c}+\dfrac{r}{R}$

[481] $a,b,c,d>0,\ a+b+c+d=4$

$\Rightarrow 2 \le \dfrac{1}{1+a^2}+\dfrac{1}{1+b^2}+\dfrac{1}{1+c^2}+\dfrac{1}{1+d^2}$

[482] $a,b,c>0, a+b+c=1 \Rightarrow 8(1-a)(1-b)(1-c) \le (1+a)(1+b)(1+c)$

[483] $x, y > 0, x+y=1 \Rightarrow 4+\sqrt{2} \le \sqrt{x}+\sqrt{y}+\sqrt{2}\left(\frac{1}{\sqrt{x}}+\frac{1}{\sqrt{y}}\right)$

[484] $x_i > 0, \sum_{k=1}^{n} \frac{1}{1+x_k}=1 \Rightarrow (n-1)^n \le \prod_{k=1}^{n} x_k$

[485] $a, b, c > 0 \Rightarrow \log_2 \frac{(a+b)^{671}(b+c)^{671}(c+a)^{671}}{(a^{671}+b^{671})(b^{671}+c^{671})(c^{671}+a^{671})} \le 2010$

[486] $a, b, c > 0, a+b+c=3 \Rightarrow \frac{3}{2} \le \frac{a^2}{a+b^2}+\frac{b^2}{b+c^2}+\frac{c^2}{c+a^2}$

[487] $a, b, c > 0, ab+bc+ca=3 \Rightarrow 1 \le \frac{a^3}{2c+b}+\frac{b^3}{2a+c}+\frac{c^3}{2b+a}$

[488] $\triangle ABC \Rightarrow 1 \le \frac{a^2}{b^2+bc+c^2}+\frac{b^2}{a^2+ac+c^2}+\frac{c^2}{b^2+ba+a^2} < 2$

[489] $(\sin x+a\cos x)(\sin x+b\cos x) \le 1+\left(\frac{a+b}{2}\right)^2$

[490] $a, b, c > 0 \Rightarrow \frac{a}{b^2}+\frac{b}{c^2}+\frac{c}{a^2} \le \frac{a^2}{b^3}+\frac{b^2}{c^3}+\frac{c^2}{a^3}$

[491] $z \in C, \left|z^3+\frac{1}{z^3}\right| \le 2 \Rightarrow \left|z+\frac{1}{z}\right| \le 2$

[492] $a, b, c > 0, abc=1 \Rightarrow 11(a+b+c) \le a^2+b^2+c^2+10(ab+bc+ca)$

[493] $a, b, c > 0, abc=1 \Rightarrow 10(a+b+c) \le a^2+b^2+c^2+9(ab+bc+ca)$

[494] $a_i > 0, A=\max\{a_1, a_2, ..., a_{2010}\}$
$\Rightarrow \frac{1}{2}(a_1+a_2+\cdot\cdot+a_{2010})^2 < A(a_1+2a_2+\cdot\cdot+2010a_{2010})$

[495] $a, b, c > 0, abc(a+b+c)=1 \Rightarrow 2 \le (a+b)(a+c)$

[496] $a, b, c > 0, 0 \le x, y, z \le 1, x+y+z=a+b+c=1$
$\Rightarrow 8abc \le ax+by+cz$

[497] $2p = a+b+c \Rightarrow \cos A \le \dfrac{R(p-a)}{2ar}$

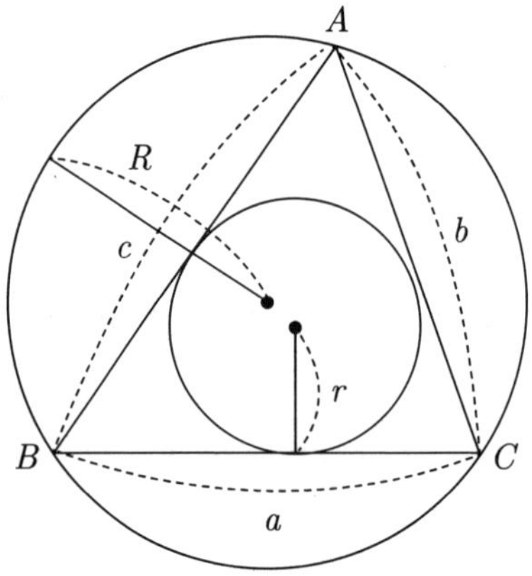

[498] $\sqrt{\dfrac{n+1}{2n}} \le \cos\dfrac{1}{2}\cos\dfrac{1}{3} \cdots \cos\dfrac{1}{n}$

[499] $a,b,c \ge 0, a+b+c=1 \Rightarrow a^2b^2+b^2c^2+c^2a^2 \le \dfrac{1}{16}$

[500] $a,b,c>0 \Rightarrow 3\sqrt{\dfrac{a^2+b^2+c^2}{ab+bc+ca}} \le \dfrac{a}{b}+\dfrac{b}{c}+\dfrac{c}{a}$

[501] $x_n < x_{n-1} < .. < x_0 \Rightarrow x_n + 2n \le x_0 + \dfrac{1}{x_0-x_1}+\dfrac{1}{x_1-x_2}+\cdots+\dfrac{1}{x_{n-1}-x_n}$

[502] $a,b,c>0, a+b+c=1 \Rightarrow \dfrac{18abc}{2+abc} < ab+bc+ca$

[503] $x,y,z>0, xyz=1 \Rightarrow \dfrac{1}{1+x}+\dfrac{1}{1+y}+\dfrac{1}{1+z} \le \dfrac{1}{2x}+\dfrac{1}{2y}+\dfrac{1}{2z}$

[504] $a,b,c \in R,\ \ a^2+b^2+c^2=1$
$\Rightarrow 0 \le abc+2(1+a+b+c+ab+bc+ca)$

[505] $a,b>0 \Rightarrow 2ab+a+b \le a^3+b^3+2$

[506] $a,b,c>0,\ a+b+c=1 \Rightarrow 7(ab+bc+ca) \le 9abc+2$

[507] $0<\theta<\dfrac{\pi}{2} \Rightarrow 9\sin^{\frac{4}{3}}\theta < \sec^2\theta+\sin 2\theta+2\tan\theta\sqrt{1+\sin 2\theta}$

[508] $x \geq 0, n \in N \Rightarrow 1+n(x-1)+{}_nC_2(x-1)^2+{}_nC_3(x-1)^3 \leq x^n$

[509] $n \geq 1 \Rightarrow (3n+1)^n \leq 2(3n-1)^n$

[510] $a,b,c > 0, abc=1 \Rightarrow 2(\sqrt{a}+\sqrt{b}+\sqrt{c}) \leq a^2+b^2+c^2+ab+bc+ca$

[511] $2(\sqrt{n+1}-1) < \sum_{k=1}^{n} \frac{1}{\sqrt{k}} < 2\sqrt{n}$

[512] $a_i > 0, \sum_{i=1}^{n} a_i = 1 \Rightarrow \frac{(n^2+1)^k}{n^{k-1}} \leq \sum_{i=1}^{n} \left(a_i + \frac{1}{a_i}\right)^k$

[513] $a,b,c > 0, a^2+b^2+c^2=1 \Rightarrow 1 \leq \frac{a^2+2a^4}{3a^2+2bc} + \frac{b^2+2b^4}{3b^2+2ca} + \frac{c^2+2c^4}{3c^2+2ab}$

[514] $a+b+c=2,\ ab+bc+ca=1 \Rightarrow \max\{a,b,c\} - \min\{a,b,c\} \leq \sqrt{\frac{4}{3}}$

[515] $a,b,c > 0, abc=1 \Rightarrow a+b+c+\frac{1}{a}+\frac{1}{b}+\frac{1}{c} \leq 3+\frac{a}{b}+\frac{b}{c}+\frac{c}{a}$

[516] $\triangle ABC \Rightarrow \frac{a^2}{4}+bc < \frac{b^2+c^2}{2}+\frac{a^2bc}{(b+c)^2}$

[517] $f(x) = \sum_{k=1}^{n} (x-a_k)^2 \Rightarrow f\left(\frac{a_1+a_2+\cdots+a_n}{n}\right) \leq f(x)$

[518] $n \geq 2 \Rightarrow \frac{1}{2} < \prod_{k=2}^{n} \left(1-\frac{1}{k^3}\right)$

[519] $a,b,c > 0,\ \frac{1}{ab}+\frac{1}{bc}+\frac{1}{ca}=3$

$\Rightarrow \frac{a^2+b^2+c^2}{a+b+c} \leq \sqrt{a^2+b^2+c^2-ab-bc-ca+1}$

[520] $x_i \in R,\ a_i > 0 \Rightarrow \frac{\left(\sum_{k=1}^{n} x_k\right)^2}{\sum_{k=1}^{n} a_k} \leq \sum_{k=1}^{n} \frac{x_k^2}{a_k}$

[521] $a,b,c,d,e > 0 \Rightarrow \frac{5}{2} \le \frac{a}{b+c} + \frac{b}{c+d} + \frac{c}{d+e} + \frac{d}{e+a} + \frac{e}{a+b}$

[522] $n,p \in N \Rightarrow \sum_{k=1}^{n-1} k^p < \frac{n^{p+1}}{p+1} < \sum_{k=1}^{n} k^p$

[523] $x, y, z > 0,\ \ x+y+z = xyz$
$\Rightarrow 3 + \sqrt{1+x^2} + \sqrt{1+y^2} + \sqrt{1+z^2} \le xy + yz + zx$

[524] $a,\ b > 0 \Rightarrow (a+b)^4 \le 8(a^4+b^4)$

[525] $x,y,z > 0 \Rightarrow \frac{9}{x+y+z} \le \frac{2}{x+y} + \frac{2}{y+z} + \frac{2}{z+x}$

[526] $a,b,c > 0 \Rightarrow 0 \le a^a(a-b)(a-c) + b^b(b-a)(b-c) + c^c(c-a)(c-b)$

[527] $x,y,z > 0,\ a \ge b \ge c,\ \sqrt{x} + \sqrt{z} \ge \sqrt{y}$
$\Rightarrow 0 \le x(a-b)(a-c) + y(b-c)(b-a) + z(c-a)(c-b)$

[528] $\triangle ABC \Rightarrow 3 \le \frac{a}{b+c-a} + \frac{b}{c+a-b} + \frac{c}{a+b-c}$

[529] $\frac{1}{1} + \frac{1}{2^3} + \frac{1}{3^3} + \cdot\cdot\cdot\cdot + \frac{1}{n^3} < \frac{5}{4}$

[530] $\triangle ABC \Rightarrow \sin\sqrt[3]{AB^2} + \sin\sqrt[3]{BC^2} + \sin\sqrt[3]{CA^2} \le \frac{3\sqrt{3}}{2}$

[531] $a,b,c > 0,\ \ a+b+c = 3$
$\Rightarrow (a^2-ab+b^2)(b^2-bc+c^2)(c^2-ca+a^2) \le 12$

[532] $\forall n \in N \Rightarrow \sqrt[n]{(n!)^2} \le \frac{1}{6} + \frac{n}{2} + \frac{n^2}{3}$

[533] $a,b,c,d > 0,\ (a^2+b^2)^3 = c^2+d^2 \Rightarrow 1 \le \frac{a^3}{c} + \frac{b^3}{d}$

[534] $a,b,c > 0 \Rightarrow \frac{9}{4(a+b+c)} \le \frac{a}{(b+c)^2} + \frac{b}{(a+c)^2} + \frac{c}{(b+a)^2}$

[535] $f(x)=x^n+a_{n-1}x^{n-1}+\cdot\cdot+a_1x+1,\ a_i>0$
n개 실근 $\Rightarrow 3^n \le f(2)$

[536] $a,b,c>0 \Rightarrow 2\left(1+\dfrac{a+b+c}{\sqrt[3]{abc}}\right)\le\left(1+\dfrac{a}{b}\right)\left(1+\dfrac{b}{c}\right)\left(1+\dfrac{c}{a}\right)$

[537] $a_i, x>0 \Rightarrow \prod_{k=1}^{n}(x+a_k)\le\left(x+\dfrac{a_1+a_2+\cdot\cdot+a_n}{n}\right)^n$

[538] $a,b,x,y,z>0 \Rightarrow \dfrac{3}{a+b}\le\dfrac{x}{ay+bz}+\dfrac{y}{az+bx}+\dfrac{z}{ax+by}$

[539] $\triangle ABC \Rightarrow \dfrac{52}{27}\le a^2+b^2+c^2+2abc$

[540] $x>0 \Rightarrow (2n+1)x^n\le\dfrac{x^{2n+1}-1}{x-1}$

[541]
$a,b,c>0$
$\Rightarrow \dfrac{a\sqrt{bc}}{\sqrt{(a+b)(a+c)}}+\dfrac{b\sqrt{ca}}{\sqrt{(b+c)(b+a)}}+\dfrac{c\sqrt{ab}}{\sqrt{(c+a)(c+b)}}\le\dfrac{abc}{2}\left(\dfrac{1}{a^2}+\dfrac{1}{b^2}+\dfrac{1}{c^2}\right)$

[542] $a,b,c>0 \Rightarrow \dfrac{ab}{c^2+2ab}+\dfrac{bc}{a^2+2bc}+\dfrac{ca}{b^2+2ca}\le 1$

[543]
$a_i>0 \Rightarrow \dfrac{2}{n-1}\le\dfrac{a_1}{a_2+2a_3+\cdot\cdot+(n-1)a_n}+\dfrac{a_2}{a_3+2a_4+\cdot\cdot+(n-1)a_1}+\cdot\cdot$
$+\dfrac{a_n}{a_1+2a_2+\cdot\cdot+(n-1)a_{n-1}}$

[544] $a,x_i\in R^+,\ \sum_{k=1}^{n}x_k=1 \Rightarrow \dfrac{n^2}{2}\le\dfrac{a^{x_1-x_2}}{x_1+x_2}+\dfrac{a^{x_2-x_3}}{x_2+x_3}+\cdot\cdot+\dfrac{a^{x_n-x_1}}{x_n+x_1}$

[545] $a,b,c>0,\ a+b+c=3abc \Rightarrow 1\le\dfrac{bc}{a^3(c+2b)}+\dfrac{ca}{b^3(a+2c)}+\dfrac{ab}{c^3(b+2a)}$

[546] $x>0 \Rightarrow \log_3\left(3^x+(\sqrt{2})^x\right)<\log_2(1+2^x)$

[547]
$\triangle ABC \Rightarrow \cos A+\cos B+\cos C \le 1+\frac{1}{6}\left(\cos^2\frac{A-B}{2}+\cos^2\frac{B-C}{2}+\cos^2\frac{C-A}{2}\right)$

[548] $a,b,c>0,\ \frac{1}{a}+\frac{1}{b}+\frac{1}{c}=1 \Rightarrow \frac{a+b+c}{4} \le \frac{a^2}{a+bc}+\frac{b^2}{b+ca}+\frac{c^2}{c+ab}$

[549] $a,b,c \ge 0, a+b+c=3 \Rightarrow \frac{ab}{a+b+1}+\frac{bc}{b+c+1}+\frac{ca}{c+a+1} \le 1$

[550] $a,b \in N \Rightarrow a^a b^b \le \sqrt[3]{\left(\frac{a^4+b^4}{a+b}\right)^{a+b}}$

[551] $a,b,c,d>0, a+b+c+d \le 1 \Rightarrow \frac{a}{b}+\frac{b}{a}+\frac{c}{d}+\frac{d}{c} \le \frac{1}{64abcd}$

[552] $n \ge 2 \Rightarrow \frac{5 \cdot 7 \cdot 9 \cdot \cdot (2n+1)}{4 \cdot 6 \cdot 8 \cdot \cdot (2n)} < \sqrt{n}$

[553] $x,y,z>0, x+y+z=1 \Rightarrow \frac{xy}{\sqrt{xy+yz}}+\frac{yz}{\sqrt{yz+zx}}+\frac{zx}{\sqrt{zx+xy}} \le \frac{1}{\sqrt{2}}$

[554] $x,y>0,\ x^3+y^3 \le x-y \Rightarrow x^2+y^2 \le 1$

[555] $\triangle ABC \Rightarrow \sin\frac{A}{2}\sin\frac{B}{2}\sin\frac{C}{2} \le \frac{1}{8}\cos\frac{B-C}{2}\cos\frac{C-A}{2}\cos\frac{A-B}{2}$

[556] $\triangle ABC \Rightarrow \sin\frac{A}{2}\sin\frac{B}{2}\sin\frac{C}{2} \le \frac{1}{8}\cos^2\left(\frac{B-C}{2}\right)$

[557]
$\triangle ABC \Rightarrow 24\sin\frac{A}{2}\sin\frac{B}{2}\sin\frac{C}{2} \le \cos^2\left(\frac{A-B}{2}\right)+\cos^2\left(\frac{B-C}{2}\right)+\cos^2\left(\frac{C-A}{2}\right)$

[558] $\int_1^e \sqrt{\ln x}\, dx < \int_0^1 e^{x^2} dx$

[559] $\frac{1}{2}\left\{\int_{-1}^1 f(x)\,dx\right\}^2+\frac{3}{2}\left\{\int_{-1}^1 xf(x)dx\right\}^2 \le 2\int_{-1}^1 f(x)^2\,dx$

[560] $\triangle ABC \Rightarrow \cot\frac{A}{2}+\cot\frac{B}{2}+\cot\frac{C}{2} \le 3(\cot A+\cot B+\cot C)$

[561] $x>1 \Rightarrow 3<x+\dfrac{4x^3}{(x-1)(x+1)^3}$

[562] $\dfrac{1}{n}\left(\dfrac{1}{2}+\dfrac{1}{4}+\cdot\cdot\cdot+\dfrac{1}{2n}\right)\le\dfrac{1}{n+1}\left(1+\dfrac{1}{3}+\dfrac{1}{5}+\cdot\cdot\cdot+\dfrac{1}{2n-1}\right)$

[563] $\displaystyle\int_0^{\frac{\pi}{2}}\sum_{k=1}^{n}\left(\frac{\sin kx}{k}\right)^2 dx < \frac{61\pi}{144}$

[564] $a^2+b^2+c^2=1 \Rightarrow a+b+c \le \dfrac{1-c^2}{a+b}+\dfrac{1-b^2}{c+a}+\dfrac{1-a^2}{b+c}$

[565] $a,b,c>0, a+b+c=1$
$\Rightarrow \dfrac{ab+\sqrt{a^3c}+\sqrt{b^3c}}{a+b}+\dfrac{bc+\sqrt{b^3a}+\sqrt{c^3a}}{b+c}+\dfrac{ca+\sqrt{a^3b}+\sqrt{c^3b}}{c+a}\le\dfrac{3}{2}$

[566] $\triangle ABC \Rightarrow \dfrac{3}{4}\le \cos^2 A+\cos^2 B+\cos^2 C$

[567] $y_i \in Q^+ \Rightarrow \sqrt[y_1+\cdot\cdot\cdot+y_n]{x_1^{y_1}\cdot\cdot x_n^{y_n}} \le \dfrac{x_1y_1+\cdot\cdot\cdot+x_ny_n}{y_1+y_2+\cdot\cdot\cdot+y_n}$

[568] $a,b,c \ne 0$
$\Rightarrow 4(a+b+c)\left(\dfrac{1}{a}+\dfrac{1}{b}+\dfrac{1}{c}\right)\le 27+(a^2+b^2+c^2)\left(\dfrac{1}{a^2}+\dfrac{1}{b^2}+\dfrac{1}{c^2}\right)$

[569] $x,y,u,v>0 \Rightarrow \dfrac{xy}{x+y}+\dfrac{uv}{u+v}\le\dfrac{xy+xv+uy+uv}{x+y+u+v}$

[570] $x,\ y,\ z>0,\ xyz=1$
$\Rightarrow 2\le\dfrac{x^9+y^9}{x^6+x^3y^3+y^6}+\dfrac{y^9+z^9}{y^6+y^3z^3+z^6}+\dfrac{z^9+x^9}{z^6+z^3x^3+x^6}$

[571] $a,b,c>0, a+b+c=1 \Rightarrow a^2+b^2+c^2+2\sqrt{3abc}\le 1$

[572] $a,b,c>0, abc=1 \Rightarrow \dfrac{18}{a^3+b^3+c^3}\le\dfrac{1+ab^2}{c^3}+\dfrac{1+bc^2}{a^3}+\dfrac{1+ca^2}{b^3}$

[573] $a,b,c>0, abc=1 \Rightarrow 3\left(\dfrac{1}{a}+\dfrac{1}{b}+\dfrac{1}{c}\right)\le\displaystyle\sum_{k=1}^{3}(a^k+b^k+c^k)$

[574] $a,b>0 \Rightarrow (1+a)^{1+a}(1+b)^{1+b}<(1+a+b)^{1+a+b}$

[575] $-1<x<1, \left|\sum_{k=1}^{n} a_k \sin(b_k x)\right| \le |\sin x| \Rightarrow \left|\sum_{k=1}^{n} a_k b_k\right| \le 1$

[576] $a,b,c>0,\ abc=1$
$\Rightarrow (a^2+b^2+c^2)^4 \le (a+b+c)\left(\frac{b}{a}+\frac{a}{c}+\frac{c}{b}\right)\left(\frac{b^2}{c}+\frac{c^2}{a}+\frac{a^2}{b}\right)\left(\frac{b^4}{c}+\frac{c^4}{a}+\frac{a^4}{b}\right)$

[577] $a,b,c,d>0,\ a^2+b^2+c^2+d^2=1 \Rightarrow abcd \le (1-a)(1-b)(1-c)(1-d)$

[578] $a,b,c>0,\ a\ne b\ne c$
$\Rightarrow \frac{1}{a}+\frac{1}{b}+\frac{1}{c}<\frac{1+bc}{a(a-b)(a-c)}+\frac{1+ac}{b(b-a)(b-c)}+\frac{1+ab}{c(c-a)(c-b)}$

[579]
$a,b,c>0$
$\Rightarrow \frac{54(abc)^3}{(a+b+c)^2\sqrt{(ab)^4+(bc)^4+(ca)^4}} \le \sqrt{c^2(a^2+b^2)^2+b^2(c^2+a^2)^2+a^2(b^2+c^2)^2}$

[580] $a_i>0 \Rightarrow \frac{n}{2} \le \frac{a_1}{a_2+\sqrt[3]{a_1a_2^2}}+\frac{a_2}{a_3+\sqrt[3]{a_2a_3^2}}+\cdots+\frac{a_n}{a_1+\sqrt[3]{a_na_1^2}}$

[581] $a,b,c>0 \Rightarrow 39 \le \frac{a^2+3b^2+9c^2}{bc}+\frac{b^2+3c^2+9a^2}{ca}+\frac{c^2+3a^2+9b^2}{ab}$

[582] $\sqrt{120}<\frac{1}{1+\sqrt{3}}+\frac{1}{\sqrt{5}+\sqrt{7}}+\cdots+\frac{1}{\sqrt{2009}+\sqrt{2011}}$

[583] $S=\triangle ABC$ 넓이
$\Rightarrow (a^2+b^2)(b^2+c^2)(c^2+a^2) \le 64S^3 \operatorname{cosec}2A \operatorname{cosec}2B \operatorname{cosec}2C$

[584] $a,b,c>0 \Rightarrow 27 \le (a^ab^bc^c)^2(a^{-(b+c)}+b^{-(c+a)}+c^{-(a+b)})^3$

[585] F_n :Fibonacci수, L_n :Lucas수, $n\in N$
$\Rightarrow \ln(1+F_n^2) \cdot \ln(1+L_n^2) \le \ln^2(1+F_{2n})$

[586] $2^n \le \sum_{k=0}^{n}\sqrt{\frac{1}{n}\sum_{j=0,j\ne k}^{n}({}_nC_j)^2}$

[587] $a,b,c>0,\ a+b+c=1$
$$\Rightarrow \frac{3}{2\sqrt{ab+bc+ca}} \le \frac{a}{(b+c)\sqrt{b}} + \frac{b}{(c+a)\sqrt{c}} + \frac{c}{(a+b)\sqrt{a}}$$

[588] $\frac{1}{n} \cdot \sum_{k=1}^{n} k\sqrt{{}_nC_k} \le \frac{1}{2}\sqrt{(n+1)2^n}$

[589] $0 \ne z_1, z_2 \in C \Rightarrow 4 \le \left(\frac{1}{|z_1|} + \frac{1}{|z_2|}\right)\left(\left|\frac{z_1+z_2}{2} + \sqrt{z_1 z_2}\right| + \left|\frac{z_1+z_2}{2} - \sqrt{z_1 z_2}\right|\right)$

[590] $a,b,c>0 \Rightarrow \frac{\sqrt{ab}}{1+a+b} + \frac{\sqrt{bc}}{1+b+c} + \frac{\sqrt{ca}}{1+c+a} \le \frac{a}{1+a} + \frac{b}{1+b} + \frac{c}{1+c}$

[591] $a,b,c>0,\ abc=1 \Rightarrow \frac{1}{a+b} + \frac{1}{b+c} + \frac{1}{c+a} \le \frac{\sqrt{3}}{2}\sqrt{a+b+c}$

[592] $\triangle ABC \Rightarrow \frac{(a+b-c)(b+c-a)(c+a-b)}{a+b+c} \le 2rR$

[593] $a,b,c>0,\ abc=1 \Rightarrow 1 \le \frac{a^3}{a^2+ab+b^2} + \frac{b^3}{b^2+bc+c^2} + \frac{c^3}{c^2+ca+a^2}$

[594] $a,b,c>0,\ abc=1 \Rightarrow \frac{3}{2} \le \frac{1}{a^2\left(\frac{1}{a}+\frac{1}{c}\right)} + \frac{1}{b^2\left(\frac{1}{b}+\frac{1}{a}\right)} + \frac{1}{c^2\left(\frac{1}{c}+\frac{1}{b}\right)}$

[595] $f:[0,1]\to R$: continuous convex function
$$\Rightarrow \frac{4}{5}\int_0^{\frac{1}{4}} f(x)dx \le \frac{3}{4}\int_0^{\frac{1}{5}} f(x)dx + \frac{1}{8}\int_0^{\frac{2}{5}} f(x)dx$$

[596] $\prod_{k=1}^{n} \sqrt[k]{k!} \le \left(\frac{n+3}{4}\right)^n$

[597] $\triangle ABC \Rightarrow \frac{9}{2} \le (\operatorname{cosec}^2 A + \operatorname{cosec}^2 B + \operatorname{cosec}^2 C)(1+\cos A\cos B\cos C)$

[598] $a,b,c>0,\ abc=1 \Rightarrow 3 \le \frac{a+b}{\sqrt[4]{a^3}+\sqrt[4]{b^3}} + \frac{b+c}{\sqrt[4]{b^3}+\sqrt[4]{c^3}} + \frac{c+a}{\sqrt[4]{c^3}+\sqrt[4]{a^3}}$

[599] $\triangle ABC$:예각삼각형

$$\Rightarrow A\sin\sqrt{A}+B\sin\sqrt{B}+C\sin\sqrt{C}\le \pi\sin\sqrt{\frac{A^2+B^2+C^2}{\pi}}$$

[600] $\triangle ABC,\ \ s=\dfrac{a+b+c}{2}$

$$\Rightarrow \frac{9}{s}\le \sqrt{\frac{1}{(s-a)(s-b)}}+\sqrt{\frac{1}{(s-b)(s-c)}}+\sqrt{\frac{1}{(s-c)(s-a)}}$$

[601] F_n :Fibonacci수 $\Rightarrow \dfrac{F_{n+2}}{n+1}\le \displaystyle\prod_{k=1}^{n}\frac{1+F_k}{2}$

[602] $S=\triangle ABC$의 넓이 $\Rightarrow$

$$\frac{a^2(b+c)}{(a+b)(a+c)}+\frac{b^2(c+a)}{(b+c)(b+a)}+\frac{c^2(a+b)}{(c+a)(c+b)}\le \frac{abc}{4S}(\sin A+\sin B+\sin C)$$

[603] F_n :Fibonacci수, L_n :Lucas수 $\Rightarrow \dfrac{(F_{2n+1}-1)^2}{F_nF_{n+1}}\le \displaystyle\sum_{k=1}^{n}L_k^2$

[604] $p\in N\Rightarrow 1+\displaystyle\sum_{k=0}^{n}\frac{{}_{k+p+1}C_{k+1}}{2^{k+1}}<2^{p+1}$

[605] $\triangle ABC=S\ \Rightarrow\ 2\sqrt{3}\,S\le \dfrac{a^3}{a+b}+\dfrac{b^3}{b+c}+\dfrac{c^3}{c+a}$

[606] F_n :Fibonacci수 $\Rightarrow \left(\displaystyle\sum_{k=1}^{n}F_k\sin x_k\right)\left(\displaystyle\sum_{k=1}^{n}F_k\cos x_k\right)\le \dfrac{n}{2}F_nF_{n+1}$

[607] $\alpha>1,\ L_n$:Lucas수 $\Rightarrow L_{n+2}\le 3+\sqrt[\alpha]{\displaystyle\sum_{k=1}^{n}n^{\alpha-1}L_k^{\alpha}}$

[608] F_n :Fibonacci수 $\Rightarrow \displaystyle\sum_{k=1}^{n}\frac{F_k}{(F_{k+2}-1)^2}<2$

[609] $a,b,c>0,\ abc=2\ \Rightarrow\ \dfrac{3}{\sqrt[3]{2}(1+\sqrt[3]{2})}<\dfrac{1}{a(1+b)}+\dfrac{1}{b(1+c)}+\dfrac{1}{c(1+a)}$

[610] $n\ge 2\Rightarrow \displaystyle\sum_{k=2}^{n}\frac{1}{n+k}<\ln\left(\frac{2n}{n+1}\right)<\sum_{k=1}^{n}\frac{1}{n+k}$

[611] $m > n > 1 \Rightarrow \dfrac{m-n}{2(m+1)(n+1)} < \ln\dfrac{m}{n} - \displaystyle\sum_{k=n+1}^{m}\dfrac{1}{k} < \dfrac{m-n+1}{2m(n-1)}$

[612] $\dfrac{152}{102} < \dfrac{1}{1^2} + \dfrac{1}{2^2} + \dfrac{1}{3^2} + \cdot\cdot\cdot + \dfrac{1}{101^2} < \dfrac{201}{101}$

[613] $a_{n+1} \geq a_n^2 + \dfrac{1}{5}, (a_1 \geq 1) \Rightarrow a_{n-5}^2 < \sqrt{a_{n+5}}, (n \geq 5)$

[614] $\max\{3a, 3b, 3c\} \leq a+b+c+2\sqrt{a^2+b^2+c^2-ab-bc-ca}$

[615] $a, b, c > 0 \Rightarrow 2 \leq \sqrt{\dfrac{a}{b+c}} + \sqrt{\dfrac{b}{c+a}} + \sqrt{\dfrac{c}{a+b}}$

[616] $a, b, c > 0, abc = 1 \Rightarrow \dfrac{1}{2+a\sqrt{a}} + \dfrac{1}{2+b\sqrt{b}} + \dfrac{1}{2+c\sqrt{c}} \leq 1$

[617] $n \geq 4 \Rightarrow \displaystyle\sum_{k=4}^{n}\dfrac{k^2+2}{(k-2)^4} < 5$

[618] $a, b, c > 0 \Rightarrow 3 < \dfrac{a+b}{\sqrt{b^2+c^2}} + \dfrac{b+c}{\sqrt{c^2+a^2}} + \dfrac{c+a}{\sqrt{a^2+b^2}}$

[619] $f(\tan 2x) = \tan^4 x + \cot^4 x \Rightarrow 196 \leq f(\sin x) + f(\cos x)$

[620] $a, b, c, d > 0 \Rightarrow \dfrac{64}{a+b+c+d} \leq \dfrac{1}{a} + \dfrac{1}{b} + \dfrac{4}{c} + \dfrac{16}{d}$

[621] $x, y, z > 0,\ x^2+y^2+z^2 = 1 \Rightarrow x^2yz + xy^2z + xyz^2 \leq \dfrac{1}{3}$

[622] $0 < b < a \Rightarrow \dfrac{\displaystyle\sum_{k=0}^{2009} a^k}{\displaystyle\sum_{k=0}^{2010} a^k} < \dfrac{\displaystyle\sum_{k=0}^{2009} b^k}{\displaystyle\sum_{k=0}^{2010} b^k}$

[623] $n \in N \Rightarrow 1 \cdot 2^2 \cdot 3^3 \cdot 4^4 \cdot\cdot n^n \leq \sqrt{\left(\dfrac{2n+1}{3}\right)^{n(n+1)}}$

[624] $a^2 + b^2 \leq 1 \Rightarrow |a^2 + 2ab - b^2| \leq \sqrt{2}$

[625] $\begin{cases} x_1 \le x_2, x_3, \dots, x_{n-1} \le x_n \\ x_1 + x_2 + \cdots + x_n = 0 \end{cases} \Rightarrow \sum_{k=1}^{n} x_k^2 + nx_1x_n \le 0$

[626] $x^2 + y^2 = 1 \Rightarrow a + b \le \sqrt{a^2x^2 + b^2y^2} + \sqrt{a^2y^2 + b^2x^2}$

[627] $a, b, c \ge 1 \Rightarrow \sqrt{a-1} + \sqrt{b-1} + \sqrt{c-1} \le \sqrt{c(ab+1)}$

[628] $a, b > 0 \Rightarrow \sqrt[3]{\frac{a}{b}} + \sqrt[3]{\frac{b}{a}} \le \sqrt[3]{2(a+b)\left(\frac{1}{a} + \frac{1}{b}\right)}$

[629] $a_i \ne 0,\ f(x) = x^n + a_1x^{n-1} + \cdots + a_{n-1}x + 1 = 0 : n$실근이 존재

$\Rightarrow nf(x)f''(x) \le (n-1)f'(x)^2$

[630] $a_i > 0 \Rightarrow \sum_{k=1}^{n} a_k \le 2\left(\frac{a_1^2}{a_1 + a_2} + \cdots + \frac{a_{n-1}^2}{a_{n-1} + a_n} + \frac{a_n^2}{a_n + a_1}\right)$

[631] $a, b, c > 0 \Rightarrow \frac{a}{(a+b)(a+c)} + \frac{b}{(b+a)(b+c)} + \frac{c}{(c+a)(c+b)} \le \frac{9}{4(a+b+c)}$

[632] $a, b, c > 0,\ (a+b)^2 + (b+c)^2 + (c+a)^2 = 3$

$\Rightarrow (a+b+c)^2 \le a(1+a) + b(1+b) + c(1+c)$

[633] $a, b, c > 0, (a+b)^2 + (b+c)^2 + (c+a)^2 = 4 \Rightarrow 9abc \le a+b+c$

[634] $a_i > 0, \sum_{i=1}^{n} a_i = 1 \Rightarrow \frac{(1+n^2)^2}{n} \le \sum_{k=1}^{n}\left(a_k + \frac{1}{a_k}\right)^2$

[635] $a, b, c > 0 \Rightarrow 1 \le \sqrt{\frac{a^3}{a^3 + (b+c)^3}} + \sqrt{\frac{b^3}{b^3 + (c+a)^3}} + \sqrt{\frac{c^3}{c^3 + (a+b)^3}}$

[636] $x \ge 5 \Rightarrow 0 \le x^3 - 3x^2 - 6x - 15$, (not graph)

[637] $x \ge 2 \Rightarrow 0 \le x^5 + x^4 - 5x^3 + x^2 - 5x + 1$, (not graph)

[638] $a, b > 0 \Rightarrow \sqrt[3]{a^2b} + \sqrt[3]{ab^2} \le a + b$

[639] $a, b, c > 0, (a+b)^2 + (b+c)^2 + (c+a)^2 = 3 \Rightarrow a+b+c \le \frac{3}{2}$

[640] $a,b,c>0,\ (a+b)^2+(b+c)^2+(c+a)^2=3 \Rightarrow 2bc+3(b^2+c^2)<6$

[641] $a,b,c>0 \Rightarrow \dfrac{a^2}{3a^2+b^2+2ca}+\dfrac{b^2}{3b^2+c^2+2ab}+\dfrac{c^2}{3c^2+a^2+2bc}\le\dfrac{1}{2}$

[642] F_n :Fibonacci수 $\Rightarrow \sqrt{F_{n-2}F_{n-1}}+1 \le F_n \le \sqrt{(n-2)F_{n-2}F_{n-1}}+1$

[643] $a,b,c>0 \Rightarrow \dfrac{3}{2}\le\dfrac{a}{b+\sqrt[4]{ab^3}}+\dfrac{b}{c+\sqrt[4]{bc^3}}+\dfrac{c}{a+\sqrt[4]{ca^3}}$

[644] $ab+bc+ca=1 \Rightarrow \sqrt{3a^2+2}+\sqrt{3b^2+2}+\sqrt{3c^2+2}\le 3|a+b+c|$

[645] $a,b : x^2+px=\dfrac{1}{2p^2}$의 근 $\Rightarrow 2+\sqrt{2}\le a^4+b^4$

[646] $a,b,c,d>0 \Rightarrow \dfrac{2(2a+b)}{2a+2b+2c+d}<\dfrac{a}{a+b+c+d}+\dfrac{a+b}{a+b+c}$

[647] $x_i>0,\ \sum_{i=1}^{n}x_i=1 \Rightarrow (1+n)^n\le\prod_{k=1}^{n}\left(1+\dfrac{1}{x_k}\right)$

[648] $n>0 \Rightarrow \left(\dfrac{n+1}{2}\right)^{n+1}\le n^n$

[649] $a,b>0,\ a^2+b^2=2 \Rightarrow 5\le 2(a+b)+\dfrac{1}{ab}$

[650] $a^2+b^2+c^2\le 3\{(\overline{PA})^2+(\overline{PB})^2+(\overline{PC})^2\}$

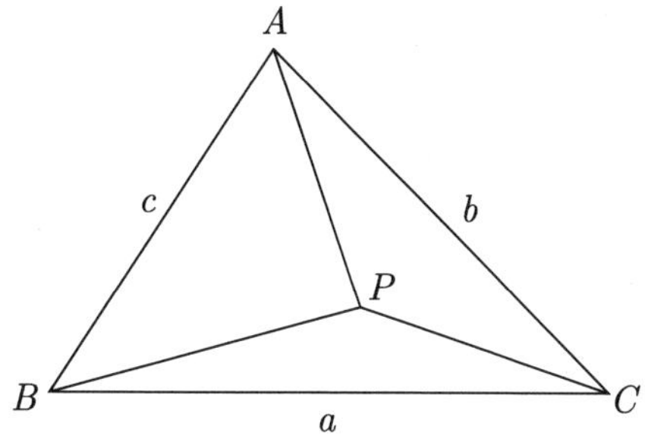

[651] $a,b,c>0 \Rightarrow 8abc\le(a+b)(b+c)(c+a)$

[652] $a,b \ge 0 \Rightarrow \sqrt{2}\left(\sqrt{a(a+b)^3}+b\sqrt{a^2+b^2}\right) \le 3(a^2+b^2)$

[653] $a,b,c,d>0,\ abcd=1 \Rightarrow 1 \le \dfrac{1}{(1+a)^2}+\dfrac{1}{(1+b)^2}+\dfrac{1}{(1+c)^2}+\dfrac{1}{(1+d)^2}$

[654] $a,b,c>0 \Rightarrow a^2b^2c^2(a+b)(b+c)(c+a) \le (a^3+b^3)(b^3+c^3)(c^3+a^3)$

[655] $a,b,c>0,\ ab+bc+ca=3$
$\Rightarrow \dfrac{1}{1+a^2(b+c)}+\dfrac{1}{1+b^2(c+a)}+\dfrac{1}{1+c^2(a+b)} \le \dfrac{1}{abc}$

[656] $\displaystyle\sum_{k=1}^{n}\frac{1}{(k+1)\sqrt{k}} < 2\left(1-\frac{1}{\sqrt{n+1}}\right) < \sum_{k=1}^{n}\frac{1}{k\sqrt{k+1}}$

[657] $0<a<1,\ x^2=-y \Rightarrow \log_a(a^x+a^y) \le \log_a 2+\dfrac{1}{8}$

[658] $0<x,y<1,\ x+y=1 \Rightarrow \left(\dfrac{xy}{2xy-1}\right)^2 \le 2(x^2+y^2)^3$

[659] 예각삼각형 $\Rightarrow 9 \le (ab+bc+ca)\left(\dfrac{1}{b^2+c^2-a^2}+\dfrac{1}{c^2+a^2-b^2}+\dfrac{1}{a^2+b^2-c^2}\right)$

[660] $a,b,c>0 \Rightarrow c(a+b)^2 \le 4\left(\dfrac{a+b+c}{3}\right)^3$

[661] $\triangle ABC$:예각삼각형 $\Rightarrow \pi^\pi A^B B^C C^A \le (A^2+B^2+C^2)^\pi$

[662] $a,b,c,d>0 \Rightarrow 1 \le \dfrac{a}{b+2c+d}+\dfrac{b}{c+2d+a}+\dfrac{c}{d+2a+b}+\dfrac{d}{a+2b+c}$

[663] $a,b,c>-1,\ a^3+b^3+c^3 \ge a^2+b^2+c^2 \Rightarrow a^2+b^2+c^2 \le a^5+b^5+c^5$

[664] $a+b\ge 0,\ a+c\ge 0,\ b+c\ge 0 \Rightarrow a^2b+b^2c+c^2a \le a^3+b^3+c^3$

[665] $\begin{cases} 2x+y-2\ge 0 \\ 2x-y-2\le 0 \\ 2y-x-4\le 0 \end{cases} \Rightarrow \dfrac{4}{5} \le x^2+y^2$

[666] $\begin{cases} a\le 1,\ a+b+c+d\le 30 \\ a+b\le 5,\ a+b+c\le 14 \end{cases} \Rightarrow \sqrt{a}+\sqrt{b}+\sqrt{c}+\sqrt{d} \le 10$
$(a,b,c,d>0)$

[667] $a,b,c>0 \Rightarrow \sqrt[n]{\dfrac{n^n}{(n-1)^{n-1}}} \le \sqrt[n]{\dfrac{a}{b+c}}+\sqrt[n]{\dfrac{b}{c+a}}+\sqrt[n]{\dfrac{c}{a+b}}$

[668] $\forall x \in R \Rightarrow -1<\sqrt{x^2+x+1}-\sqrt{x^2-x+1}<1$

[669] $\angle AOB=\angle BOC=\angle COA=90^\circ \Rightarrow \overline{OH} \le \dfrac{\overline{HA}+\overline{HB}+\overline{HC}}{3}$

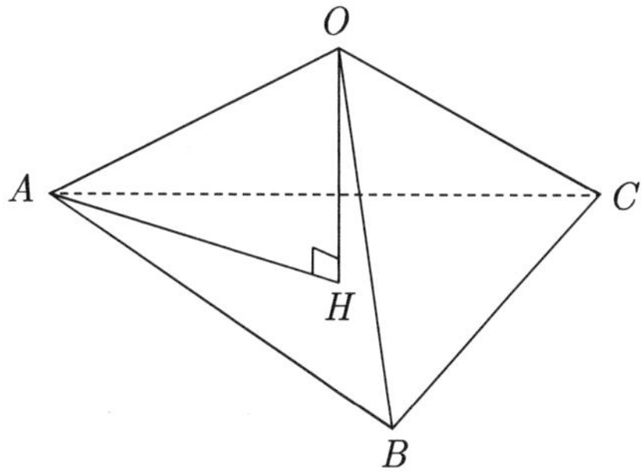

[670] $a,b,c>1 \Rightarrow 1<\log_{ab}a+\log_{bc}b+\log_{ca}c<2$

[671] $a,b>0 \Rightarrow 2^{1+\sqrt{ab}}\sqrt{ab} \le a \cdot 2^a+b \cdot 2^b$

[672] $a,b,c>0,\ a+b+c=1 \Rightarrow 16abc \le b+c$

[673] $a^2+b^2=1 \Rightarrow 2(\sqrt{2}-1) \le \dfrac{1-a}{b}+\dfrac{1-b}{a}$

[674] $a>1 \Rightarrow \lim_{n\to\infty}\prod_{k=1}^{n}\left(1+\dfrac{1}{a^k}\right)<e^{\frac{1}{a-1}}$

[675] $x,y,z>0 \Rightarrow 6(x+y-z)(x^2+y^2+z^2)+27xyz \le 10(x^2+y^2+z^2)^{\frac{3}{2}}$

[676] $x>0, x\ne 1 \Rightarrow \dfrac{n+1}{n}<\dfrac{1+x^2+x^4+\cdots+x^{2n}}{x+x^3+\cdots+x^{2n-1}}$

[677] $\triangle ABC \Rightarrow \sqrt{ab}+\sqrt{bc}+\sqrt{ca} \le a+b+c<2(\sqrt{ab}+\sqrt{bc}+\sqrt{ca})$

[678] $a,b,c>0 \Rightarrow 1 \le \dfrac{a}{b+2c}+\dfrac{b}{c+2a}+\dfrac{c}{a+2b}$

[679] $x_i > 0, \sum_{i=1}^{n} x_i = 1 \Rightarrow \left(n + \frac{1}{n}\right)^n \le \prod_{k=1}^{n}\left(x_k + \frac{1}{x_k}\right)$

[680] $a, b, c > 0, abc = 1 \Rightarrow 4 \le \frac{1}{a} + \frac{1}{b} + \frac{1}{c} + \frac{3}{a+b+c}$

[681] $a_i, x_j > 0, \sum_{i=1}^{n} a_i^2 \ge \sqrt[3]{\sum_{j=1}^{n} x_j^2} \Rightarrow 1 \le \sum_{k=1}^{n} \frac{a_k^3}{x_k}$

[682] $0 < a, b, c < 1 \Rightarrow \frac{3\sqrt[3]{abc}}{1 - \sqrt[3]{abc}} \le \frac{a}{1-a} + \frac{b}{1-b} + \frac{c}{1-c}$

[683] $a, b > 0 \Rightarrow \frac{a^2 + b^2}{2} \le \left(a^a b^b\right)^{\frac{2}{a+b}}$

[684] $x_i > 0, \sum_{i=1}^{n} x_i = 1 \Rightarrow$

$$\frac{n^2}{3} \le \frac{x_1}{x_2(x_1 + x_2 + x_3)} + \frac{x_2}{x_3(x_2 + x_3 + x_4)} + \cdots + \frac{x_{n-1}}{x_n(x_{n-1} + x_n + x_1)} + \frac{x_n}{x_1(x_n + x_1 + x_2)}$$

[685] $0 < a \le x, y, z \le b \Rightarrow x^3 + y^3 + z^3 - 3xyz \le (a-b)^2(a+2b)$

[686] $2\sqrt{2}(ad + bc) \le \sqrt{a^4 + c^4} + \sqrt{a^4 + d^4} + \sqrt{b^4 + c^4} + \sqrt{b^4 + d^4}$

[687] $n > 2, n \in N \Rightarrow 6n + 5 < 3\left(\sqrt[3]{n^2(n+2)} + \sqrt[3]{n(n+2)^2}\right) < 6n + 6$

[688] $a, b, c > 0 \Rightarrow 1 \le \frac{a^2}{a^2 + ab + b^2} + \frac{b^2}{b^2 + bc + c^2} + \frac{c^2}{c^2 + ca + a^2}$

[689] $a, b, c, d > 0 \Rightarrow \frac{a+b+c+d}{\sqrt{2}} \le \sqrt{\frac{a^3}{b+c}} + \sqrt{\frac{b^3}{c+d}} + \sqrt{\frac{c^3}{d+a}} + \sqrt{\frac{d^3}{a+b}}$

[690] $\sum_{k=1}^{n} \sqrt{\frac{k}{k+1}} \cdot {}_nC_k \le \sqrt{\frac{n(2^{n+1} - n)2^{n-1}}{n+1}}$

[691] F_n :Fibonacci 수 $\Rightarrow \frac{1}{1 + \sum_{i=1}^{n} a_i^2} + \frac{1}{F_n F_{n+1}}\left(\sum_{k=1}^{n} \frac{a_k F_k}{1 + \sum_{i=1}^{k} a_i^2}\right)^2 \le 1$

[692] $a,b,c>0 \Rightarrow 4(ab+bc+ca) \le 2a^2+8b^2+5c^2$

[693] $a,b,c>0,\ ab=2c \Rightarrow (ab+1)^2 \le \dfrac{(a^2+1)(2b^2c+ac)}{2c}$

[694] $a,b,c>0,\ ab+bc+ca=3 \Rightarrow 9 \le a^3+b^3+c^3+6abc$

[695] $a \le b \le c \Rightarrow (a-2b+c)^3(c-a) \le (b+c-2a)^3(c-b)$

[696] $n \in N \Rightarrow (2^{n+1}+1)^n < (2^n+1)^{n+1}$

[697] $x>0,\ 0<\alpha<1 \Rightarrow (1+x)^\alpha < 1+\alpha x$

[698] $0<x,y<1 \Rightarrow 1<x^y+y^x$

[699] $\dfrac{3}{\sqrt{2}} \le \sqrt{a^2+(1-b)^2}+\sqrt{b^2+(1-c)^2}+\sqrt{c^2+(1-a)^2}$

[700] $a,b,c>0,\ abc=1 \Rightarrow (a+1)(b+1)(c+1) \le (a+b)(b+c)(c+a)$

[701] $a,b,c>0,\ a+b+c=1 \Rightarrow ab+c\sqrt{ab} \le \dfrac{1-c^2}{4}$

[702] $a,b \in R \Rightarrow 3ab \le 3(a+b+1)^2+1$

[703] $a,b,c>0,\ a+b+c=3 \Rightarrow$
$\sqrt[3]{3}(ab+bc+ca) \le \sqrt[3]{a^2+ab+bc}+\sqrt[3]{b^2+bc+ca}+\sqrt[3]{c^2+ca+ab}$

[704] $n \ge 1 \Rightarrow \dfrac{4^n}{2\sqrt{n}} \le {}_{2n}C_n$

[705] $a,b>0 \Rightarrow \dfrac{(a-b)^2}{2(a+b)} \le \sqrt{\dfrac{a^2+b^2}{2}}-\sqrt{ab} \le \dfrac{(a-b)^2}{\sqrt{2}(a+b)}$

[706] $a,b,c>0,\ a+b+c=abc \Rightarrow \dfrac{1}{\sqrt{1+a^2}}+\dfrac{1}{\sqrt{1+b^2}}+\dfrac{1}{\sqrt{1+c^2}} \le \dfrac{3}{2}$

[707] $a,b,c \neq 0 \Rightarrow (abc)^6\left(\frac{1}{ab}+\frac{1}{bc}+\frac{1}{ca}\right) \leq a^{16}+b^{16}+c^{16}$

[708] $0 < a,b,c < 1, a+b+c=2 \Rightarrow 8 \leq \frac{abc}{(1-a)(1-b)(1-c)}$

[709] $a,b,c > 0,\ c \leq a+b,\ a\cos\alpha + b\cos\beta = c$

$\Rightarrow a\sin\alpha + b\sin\beta \leq \sqrt{(a+b+c)(a+b-c)}$

[710] $$\begin{cases} S_{xx} = \left(\sum_{i=1}^{n} x_i^2\right) - \dfrac{\left(\sum_{i=1}^{n} x_i\right)^2}{n} \\ S_{yy} = \left(\sum_{i=1}^{n} y_i^2\right) - \dfrac{\left(\sum_{i=1}^{n} y_i\right)^2}{n} \end{cases}, S_{xy} = \left(\sum_{i=1}^{n} x_i y_i\right) - \frac{\sum_{i=1}^{n} x_i \sum_{i=1}^{n} y_i}{n} \Rightarrow \left|\frac{S_{xy}}{S_{yy}}\right| \leq \left|\frac{S_{xx}}{S_{xy}}\right|$$

[711] $0 < a,b,c \leq \frac{1}{2} \Rightarrow \frac{(1-a)^2+(1-b)^2}{(1-a)(1-b)} \leq \frac{a^2+b^2}{ab}$

[712] $x_i > 0,\ \sum_{i=1}^{n} x_i^2 = 1 \Rightarrow$

$$\frac{1}{n(n-1)} \leq \frac{x_1^5}{x_2+..+x_n} + \frac{x_2^5}{x_1+..+x_n} + \cdot\cdot\cdot + \frac{x_n^5}{x_1+..+x_{n-1}}$$

[713] $a_i > 0 \Rightarrow \sum_{i=1}^{n} a_i^2 \leq \frac{a_1^3}{a_2} + \frac{a_2^3}{a_3} + \cdot\cdot\cdot + \frac{a_n^3}{a_1}$

[714] $a,b > 0,\ m,n \in N \Rightarrow a^m b^n + a^n b^m \leq a^{m+n} + b^{m+n}$

[715] V:사면체 부피 $\Rightarrow 48V \leq (a+b+c+d)(h_a+h_b+h_c+h_d)$

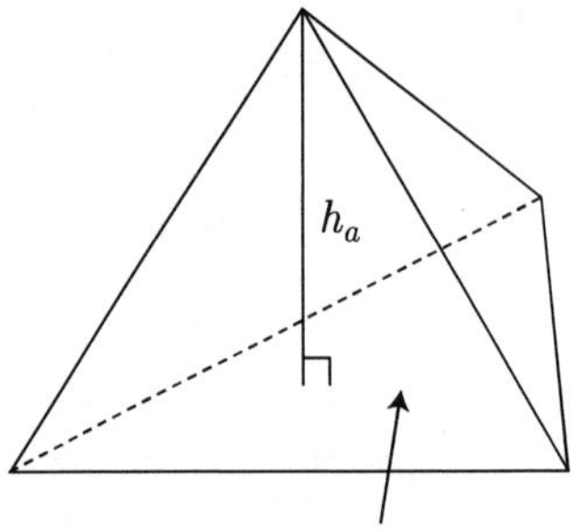

[716] $\frac{1}{3^2}+\frac{1}{5^2}+\frac{1}{7^2}+\cdot\cdot\cdot+\frac{1}{(2n+1)^2}<\frac{1}{4}$

[717] $a,b,c,d>0 \Rightarrow 4 \le \frac{a+c}{a+b}+\frac{b+d}{b+c}+\frac{c+a}{c+d}+\frac{d+b}{d+a}$

[718] $\triangle ABC \Rightarrow -\frac{1}{20}<\frac{a-b}{a+b}+\frac{b-c}{b+c}+\frac{c-a}{c+a}<\frac{1}{20}$

[719] $0 \le a,b,c \le 1 \Rightarrow \frac{a+b+c}{1+abc} \le 2$

[720] $n \ge 2 \Rightarrow 2^n < \frac{(2n)!}{(n!)^2} < 2^{2n}$

[721] $a,b,c \in R \Rightarrow abc(a+b+c) \le a^4+b^4+c^4$

[722] $n \in N \Rightarrow \{(n+1)!\}^n \le \prod_{k=1}^{n}(2k)!$

[723] $x_i \ge 0 \Rightarrow x_1x_2+x_2x_3+\cdot\cdot\cdot+x_{n-1}x_n \le \frac{n}{n-1}\sum_{i=1}^{n}x_i^2$

[724] $a_i>0,\ \sum_{i=1}^{n}a_i=1 \Rightarrow (2n-2)^n \le \prod_{k=1}^{n}\left(n-2+\frac{1}{a_k}\right)$

[725] $a,b,c>0 \Rightarrow \sqrt{3}(a+b+c) \le \sqrt{a^2+b^2+ab}+\sqrt{b^2+c^2+bc}+\sqrt{c^2+a^2+ca}$

[726] $x,y,z>1 \Rightarrow (xyz)^{xy+yz+zx} \le x^{x^2+2yz}y^{y^2+2zx}z^{z^2+2xy}$

[727] $a,b,c>0 \Rightarrow 1 \le \frac{a^2}{b^2+bc+c^2}+\frac{b^2}{c^2+ca+a^2}+\frac{c^2}{a^2+ab+b^2}$

[728] $a,b,c>0,\ a^2+b^2+c^2=1$
$\Rightarrow \frac{3}{4}(a\sqrt{a}+b\sqrt{b}+c\sqrt{c})^2 \le \frac{a}{b^2+1}+\frac{b}{c^2+1}+\frac{c}{a^2+1}$

[729] $a,b,c \ge 1 \Rightarrow \sqrt{a-1}+\sqrt{b-1}+\sqrt{c-1} \le \sqrt{abc+c}$

[730] $a,b,c>0 \Rightarrow a+b+c \le \frac{a^2+b^2}{a+b}+\frac{b^2+c^2}{b+c}+\frac{c^2+a^2}{c+a}$

[731] $a,b,c,d,e \geq 0 \Rightarrow ab+ac+ad+ae \leq a^2+b^2+c^2+d^2+e^2$

[732] $\triangle ABC \;\Rightarrow\; c^3 \leq a^3+b^3+3abc$

[733] $a,b,c>0,\; x \geq \dfrac{a+b+c}{3\sqrt{3}}-1$

$\Rightarrow abc \leq \dfrac{(a+bx)^2}{c}+\dfrac{(b+cx)^2}{a}+\dfrac{(c+ax)^2}{b}$

[734] $\prod_{k=1}^{n}(1+a_k)=2^n \Rightarrow \prod_{k=1}^{n} a_k \leq 1$

[735] $\forall x \in R \Rightarrow 3^x+4^x+5^x \leq \left(\dfrac{12}{5}\right)^x+\left(\dfrac{15}{4}\right)^x+\left(\dfrac{20}{3}\right)^x$

[736] $a,b,c,d>0, abcd=1 \Rightarrow 2 \leq \dfrac{1}{a(1+b)}+\dfrac{1}{b(1+c)}+\dfrac{1}{c(1+d)}+\dfrac{1}{d(1+a)}$

[737] $0<a,b,c \leq \dfrac{1}{\sqrt[3]{2}} \;\Rightarrow\; a+b+c \leq \dfrac{1}{a^2+b^2}+\dfrac{1}{b^2+c^2}+\dfrac{1}{c^2+a^2}$

[738] $a,b,c>0, abc=1 \Rightarrow 3+\sqrt{a}+\sqrt{b}+\sqrt{c} \leq \dfrac{b+c}{\sqrt{a}}+\dfrac{c+a}{\sqrt{b}}+\dfrac{a+b}{\sqrt{c}}$

[739] $\triangle ABC$:예각삼각형, a,b,c: 예각삼각형 세변

$\Rightarrow \cos\dfrac{A-B}{2}+\cos\dfrac{B-C}{2}+\cos\dfrac{C-A}{2} \leq \dfrac{1}{\sqrt{2}}\left(\dfrac{a+b}{\sqrt{a^2+b^2}}+\dfrac{b+c}{\sqrt{b^2+c^2}}+\dfrac{c+a}{\sqrt{c^2+a^2}}\right)$

[740] $a,b,c>0, abc=1 \Rightarrow \dfrac{1}{a}+\dfrac{1}{b}+\dfrac{1}{c} \leq a^{a-1}+b^{b-1}+c^{c-1}$

[741] $x,y,z \in R,\; x^2+y^2+z^2+2xyz=1 \;\Rightarrow\; x+y+z \leq \dfrac{3}{2}$

[742] $x_i>0, \dfrac{(x_{n-1}-1)(x_n+1)}{x_{n-1}^2+x_n^2-1} \geq \dfrac{1}{2} \;\Rightarrow\; n\sqrt[n]{x_n} \leq x_1$

[743] $a,b,c>0,\; a+b+c=1$

$\Rightarrow \dfrac{4}{1+a^2+b^2+c^2} \leq \dfrac{a+c}{b+c}+\dfrac{b+a}{c+a}+\dfrac{c+b}{a+b}$

[744] $a_0, b_0 > 0, \begin{cases} a_{n+1} = a_n + \dfrac{1}{2b_n} \\ b_{n+1} = b_n + \dfrac{1}{2a_n} \end{cases} \Rightarrow \sqrt{2011} < \max\{a_{2010}, b_{2010}\}$

[745] $a,b,c,d > 0 \Rightarrow \sqrt[3]{ab} + \sqrt[3]{cd} \le \sqrt[3]{(a+b+c)(a+c+d)}$

[746] $\forall x_i > 0, \sum_{i=1}^{n} \dfrac{1}{x_i + 2010} = \dfrac{1}{2010} \Rightarrow 2010 \le \dfrac{\sqrt[n]{\prod_{i=1}^{n} x_i}}{n-1}$

[747] $\forall x_i > 0 \Rightarrow 8\sqrt{(x_1x_2x_3 + 27)^3} < \prod_{i=1}^{3}\{(x_i - 1)^2 + 11\}$

[748] $a,b > 0, \dfrac{1}{a} + \dfrac{1}{b} = 2 \Rightarrow \dfrac{(\sqrt[3]{a} + \sqrt[3]{b})^3}{4ab} \le a + b$

[749] $a_i \ge 0, \sum_{k=1}^{n} a_k = 1 \Rightarrow (n-1) \le \sum_{k=1}^{n} \sqrt{\dfrac{1-a_k}{1+a_k}} \le (n-1) + \dfrac{2}{\sqrt{3}}$

[750] $a,b,c > 0 \Rightarrow \dfrac{1}{a} + \dfrac{1}{b} + \dfrac{1}{c} \le \dfrac{a^8 + b^8 + c^8}{(abc)^3}$

[751] $a,b,c > 0 \Rightarrow \dfrac{abc(a+b+c)}{1+abc} \le \dfrac{a^4}{1+a^2b} + \dfrac{b^4}{1+b^2c} + \dfrac{c^4}{1+c^2a}$

[752] $0 \le x \le \pi \Rightarrow \dfrac{\sin x}{2 + \cos x} \le \dfrac{2\sin\dfrac{x}{2}}{2 + \cos\dfrac{x}{2}}$

[753] $x_i, y_i > 0, \sum_{i=1}^{n} x_i = \sum_{i=1}^{n} y_i \Rightarrow \dfrac{1}{2}\sum_{i=1}^{n} x_i \le \sum_{i=1}^{n} \dfrac{x_i^2}{x_i + y_i}$

[754] $\triangle ABC \Rightarrow \sqrt{a+b-c} + \sqrt{b+c-a} + \sqrt{c+a-b} \le \sqrt{a} + \sqrt{b} + \sqrt{c}$

[755] $a,b,c > 0, (a+b+c)(a^2+b^2+c^2) = 1 + a^3 + b^3 + c^3$
$\Rightarrow 2(a+b+c)^2 \le \dfrac{1}{a} + \dfrac{1}{b} + \dfrac{1}{c}$

[756] $a,b,c > 0, a+b+c = 1 \Rightarrow \dfrac{36}{5} \le \dfrac{a+1}{c(2-b)} + \dfrac{b+1}{a(2-c)} + \dfrac{c+1}{b(2-a)}$

[757] $ABCD$:정사각형 $\Rightarrow 2\overline{AC} < \overline{AE} + \overline{AF}$

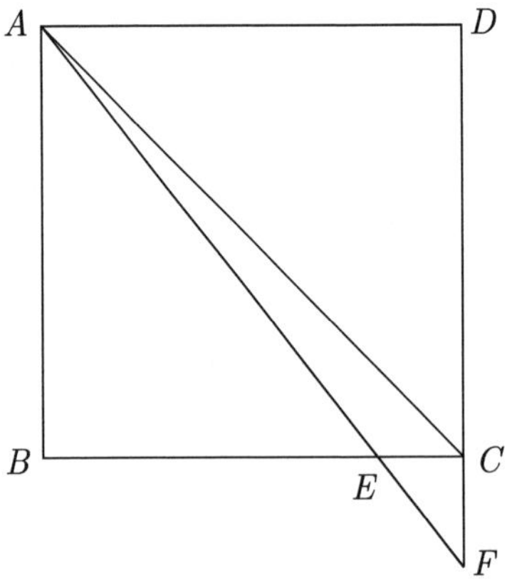

[758] $\sin\alpha \sin 2\alpha \sin 3\alpha < \frac{3}{4}$

[759] $a,b,c>0$, $\frac{1}{a}+\frac{1}{b}+\frac{1}{c}=1$
$\Rightarrow \sqrt{abc}+\sqrt{a}+\sqrt{b}+\sqrt{c} \le \sqrt{c+ab}+\sqrt{b+ac}+\sqrt{a+bc}$

[760] $0 \le a,b,c \le 1$
$\Rightarrow \sqrt{a(1-b)(1-c)}+\sqrt{b(1-c)(1-a)}+\sqrt{c(1-a)(1-b)} \le 1+\sqrt{abc}$

[761] $\triangle ABC$:예각 삼각형
$\Rightarrow \sqrt{a^2+b^2-c^2}+\sqrt{b^2+c^2-a^2}+\sqrt{c^2+a^2-b^2} \le a+b+c$

[762] $\sum_{k=1}^{n} \frac{1}{\sqrt{k(2n-k)}} < \frac{\pi}{2}$

[763]
$x,y,z>0 \Rightarrow \frac{x}{x+\sqrt{(x+y)(x+z)}}+\frac{y}{y+\sqrt{(y+z)(y+x)}}+\frac{z}{z+\sqrt{(z+x)(z+y)}} \le 1$

[764] $a,b,c>0 \Rightarrow a+b+c \le \frac{a^2+bc}{b+c}+\frac{b^2+ca}{c+a}+\frac{c^2+ab}{a+b}$

[765] $x,y,z>0 \Rightarrow \frac{9}{1+xyz} \le \left(\frac{1}{x}+\frac{1}{y}+\frac{1}{z}\right)\left(\frac{1}{1+x}+\frac{1}{1+y}+\frac{1}{1+z}\right)$

[766] $a,b \in R,\ ab=1 \Rightarrow 7 \le (a-3)^2+(b-3)^2$

[767] $a,b,c>0, abc=1 \Rightarrow \frac{1}{2}\left(\frac{a+b}{c}+\frac{b+c}{a}+\frac{c+a}{b}\right) \le a^3+b^3+c^3$

[768] $a,b,c>0 \Rightarrow \frac{1}{a^2+bc}+\frac{1}{b^2+ca}+\frac{1}{c^2+ab} \le \frac{1}{2}\left(\frac{1}{ab}+\frac{1}{bc}+\frac{1}{ca}\right)$

[769] $n \in N \Rightarrow 1+n\sqrt{2^{n-1}} \le 2^n$

[770] $a,b,c>0,\ 2abc+ab+bc+ca=1 \Rightarrow 4(a+b+c) \le \frac{1}{a}+\frac{1}{b}+\frac{1}{c}$

[771] $\frac{2}{201} < \ln\left(\frac{101}{100}\right)$

[772] $a,b,c>0 \Rightarrow 0 \le \frac{a^2-bc}{2a^2+b^2+c^2}+\frac{b^2-ca}{2b^2+c^2+a^2}+\frac{c^2-ab}{2c^2+a^2+b^2}$

[773] $\triangle ABC \Rightarrow \sin\left(\frac{A}{2}\right) \le \frac{a}{b+c}$

[774] $a,b,c>0, abc=1 \Rightarrow \frac{3}{4} \le \frac{a^3}{(a+1)(b+1)}+\frac{b^3}{(b+1)(c+1)}+\frac{c^3}{(c+1)(a+1)}$

[775] $n \in N \Rightarrow \sqrt[n]{n!} < \sqrt[n+1]{(n+1)!}$

[776] $a,b,c>0,\ a+b+c=3 \Rightarrow \frac{a^2+b^2+c^2+9}{8} \le \frac{a^2}{a+b}+\frac{b^2}{b+c}+\frac{c^2}{c+a}$

[777] $x,y \ge 1 \Rightarrow \frac{x+y}{2}-\frac{(x-y)^2}{8} \le \sqrt{xy}$

[778] $a,b,c,d \in R^+, a+b+c+d=1 \Rightarrow ab+bc+cd \le \frac{1}{4}$

[779] $n \in N \Rightarrow 1+\frac{n(n+1)}{10} \le \prod_{k=1}^{n}\left(1+\frac{k}{5}\right)$

[780] $a,b,c \ge 0,\ ab+bc+ca=1$
$\Rightarrow 3 \le \sqrt{a^2+ab+b^2}+\sqrt{b^2+bc+c^2}+\sqrt{c^2+ca+a^2}$

[781] $a,b,c \in R^{+}, abc=1 \Rightarrow \dfrac{1}{a+b}+\dfrac{1}{b+c}+\dfrac{1}{c+a} \leq \dfrac{a^2+b^2+c^2}{2}$

[782] $0<x<1 \;\Rightarrow\; 2x(1-x)^2 \leq \dfrac{8}{27}$

[783] $\triangle ABC \Rightarrow \left(\dfrac{1}{a+b}+\dfrac{1}{b+c}+\dfrac{1}{c+a}\right)^2 < 3\left(\dfrac{1}{a^2}+\dfrac{1}{b^2}+\dfrac{1}{c^2}\right)$

[784] $a,b,c \geq 3-\dfrac{2}{\sqrt{3}}\,,\; a+b+c=3$

$\Rightarrow \dfrac{1}{2+a^2+b^2}+\dfrac{1}{2+b^2+c^2}+\dfrac{1}{2+c^2+a^2} \leq \dfrac{3}{4}$

[785] $a,b,c>0 \;\Rightarrow\; 3\left(\sqrt{a^3b}+\sqrt{b^3c}+\sqrt{c^3a}\right) \leq (a+b+c)^2$

[786] $x,y,z>0, x+y+z=3 \Rightarrow \dfrac{3}{2} \leq \dfrac{x}{xy+1}+\dfrac{y}{yz+1}+\dfrac{z}{zx+1}$

[787] $m,n \in N \;\Rightarrow\; 1 < \dfrac{1}{\sqrt[m]{n}}+\dfrac{1}{\sqrt[n]{m}}$

[788] $x_i > 1 \;\Rightarrow\; \dfrac{n}{1+\sqrt[n]{\prod_{k=1}^{n} x_k}} \leq \sum_{k=1}^{n} \dfrac{1}{1+x_k}$

[789] $x_i > 0 \Rightarrow \dfrac{\sum_{i=1}^{n} x_i}{3} \leq \dfrac{x_1^3}{x_1^2+x_1x_2+x_2^2}+\dfrac{x_2^3}{x_2^2+x_2x_3+x_3^2}+\cdots+\dfrac{x_n^3}{x_n^2+x_nx_1+x_1^2}$

[790] $\triangle ABC,\; p=\dfrac{a+b+c}{2}$

$\Rightarrow 48(p-a)(p-b)(p-c) \leq ab(a+b)+bc(b+c)+ca(c+a)$

[791] $a_i > 0, \sum_{i=1}^{n} a_i = s \;\Rightarrow\; \prod_{k=1}^{n}(1+a_k) \leq \sum_{k=0}^{n} \dfrac{s^k}{k!}$

[792] $a,b,c>0, a+b+c=1$

$\Rightarrow \dfrac{3}{4} \leq (ab+bc+ca)\left(\dfrac{a}{b^2+b}+\dfrac{b}{c^2+c}+\dfrac{c}{a^2+a}\right)$

[793] $x,y\in R, x^2+xy+y^2 \le 3 \Rightarrow -(4\sqrt{3}+3)\le x^2-xy-3y^2 \le 4\sqrt{3}-3$

[794] $x,y\in R \Rightarrow -\frac{1}{2}\le \frac{(x+y)(1-xy)}{(1+x^2)(1+y^2)}\le \frac{1}{2}$

[795] $a,b,c>0, a^2+b^2+c^2=1 \Rightarrow 4\sqrt{3}\le a+b+c+\frac{1}{abc}$

[796] $0<a<b \Rightarrow \frac{1}{b-a}\int_a^b\left(\ln\frac{b}{x}\right)^2 dx<2$

[797] $\forall m\in N, x>0 \Rightarrow x^{1+\frac{1}{2}+\cdots+\frac{1}{m}} \le \frac{x(x+1)(x+2)..(x+m-1)}{m!}$

[798] $\sqrt{\int_a^b [f(x)+g(x)]^2dx} \le \sqrt{\int_a^b f^2(x)dx}+\sqrt{\int_a^b g^2(x)dx}$

[799] $x>0 \Rightarrow 2\sum_{k=1}^{n-1} x^{\frac{2k-1}{2}} \le 1+x^{n-1}+2\sum_{k=2}^{n-1}x^{k-1}$

[800] $\forall x_i>0 \Rightarrow (\sqrt{2}-1)n \le \frac{x_1}{x_2+x_3}+\frac{x_2}{x_3+x_4}+..+\frac{x_n}{x_1+x_2}$

[801] $a,b,c>0, \frac{1}{a}+\frac{1}{b}+\frac{1}{c}=3 \Rightarrow \frac{1}{a^3+2}+\frac{1}{b^3+2}+\frac{1}{c^3+2}\le 1$

[802] $\int_1^p e^x dx=1 \Rightarrow \frac{1}{2}<\left(\int_1^p e^x\cos x dx\right)^2+\left(\int_1^p e^x \sin x dx\right)^2$

[803] $\triangle ABC=S \Rightarrow (a-b)^2+(b-c)^2+(c-a)^2+4\sqrt{3}S\le a^2+b^2+c^2$

[804] $a,b,c>0 \Rightarrow a^2+b^2+c^2\le \frac{a^2b}{c}+\frac{b^2c}{a}+\frac{c^2a}{b}$

[805] $0<a,b,c<1, a+b+c=2 \Rightarrow 6\le \frac{a}{1-b}+\frac{b}{1-c}+\frac{c}{1-a}$

[806] $x,y,z>0 \Rightarrow 18\le (3+x^2+y^2+z^2)\left(\frac{1}{x}+\frac{1}{y}+\frac{1}{z}\right)$

[807] $a,b > 0 \;\Rightarrow\; \left(\dfrac{a+b}{2}\right)^{a+b} < a^a b^b$

[808] $\triangle ABC \;\Rightarrow\; 2 < \cot\dfrac{B}{2} + \cot\dfrac{C}{2}$

[809] $a,b,c,d > 0,\; a^2+b^2+c^2+d^2 = 16$
$\Rightarrow (a+1)(b+1)(c+1)(d+1) \le 81$

[810] $x,y \in R \;\Rightarrow\; 8xy \le x^4+y^4+8$

[811] $a,b,c \ge 1 \;\Rightarrow\; (1+a)(1+b)(1+c) \le 4(abc+1)$

[812] $a,b,c,d > 0 \;\Rightarrow\; \dfrac{1}{\dfrac{1}{a}+\dfrac{1}{b}} + \dfrac{1}{\dfrac{1}{c}+\dfrac{1}{d}} \le \dfrac{1}{\dfrac{1}{a+c}+\dfrac{1}{b+d}}$

[813] $n,m \ge 2 \Rightarrow \dfrac{1}{2^m}+\dfrac{1}{3^m}+\dfrac{1}{4^m}+\cdots+\dfrac{1}{n^m} < 1$

[814] $a,b,c > 0,\; abc = 1 \Rightarrow \dfrac{ab}{ab+a^5+b^5} + \dfrac{bc}{bc+b^5+c^5} + \dfrac{ca}{ca+c^5+a^5} \le 1$

[815] $\triangle ABC \;\Rightarrow\; \dfrac{a}{b+c} + \dfrac{b}{c+a} + \dfrac{c}{a+b} < 2$

[816] $a,b,c > 0, a+b+c \ge abc \;\Rightarrow\; abc \le a^2+b^2+c^2$

[817] $a,b,c,d > 1 \Rightarrow (a+1)(b+1)(c+1)(d+1) < 8(abcd+1)$

[818] $a,b,c,d > 0,\; b < a,\; c < d$
$\Rightarrow \sqrt{ad} + \sqrt{(a-b)(d-c)} \le a\sqrt{\dfrac{c}{b}} + (d-c)\sqrt{\dfrac{b}{c}}$

[819] $n \ge 2 \Rightarrow \displaystyle\sum_{k=1}^{n} \frac{k(k+1)}{n+k} < \frac{(n+1)^2}{4}$, (without induction)

[820] $a,b,c > 0$
$\Rightarrow \dfrac{2a^2+bc}{a^2+2bc} + \dfrac{2b^2+ca}{b^2+2ca} + \dfrac{2c^2+ab}{c^2+2ab} \le \sqrt{\dfrac{(a+b+c)(a^2+b^2+c^2)}{abc}}$

[821] $n>1, n\in N \Rightarrow 1<\frac{1}{n}+\frac{1}{n+1}+\frac{1}{n+2}+\cdots+\frac{1}{n^2}$

[822] $M\in \triangle ABC \Rightarrow \frac{1}{3}\le \frac{\overline{MA}^2+\overline{MB}^2+\overline{MC}^2}{\overline{AB}^2+\overline{BC}^2+\overline{CA}^2}$

[823] $1\le a,b,c\le 2 \Rightarrow 6+ab+bc+ca\le 3(a+b+c)$

[824] $a,b\in R \Rightarrow \frac{|a+b|}{1+|a+b|}\le \frac{|a|}{1+|a|}+\frac{|b|}{1+|b|}$

[825] $a,b,c\ge 0 \Rightarrow \sqrt[3]{\frac{a^3+b^3+c^3}{3}}-\sqrt[3]{abc}\le \sqrt[3]{\frac{|a-b|^3+|b-c|^3+|c-a|^3}{3}}$

[826] $a,b,c\ge 0 \Rightarrow \sqrt{a(b+c)}+\sqrt{b(c+a)}+\sqrt{c(a+b)}\le \sqrt{2}(a+b+c)$

[827] $\lim_{n\to\infty}\sqrt{n}\prod_{k=1}^{n}\left(\frac{2k-1}{2k}\right)<\frac{1}{\sqrt{2}}$

[828] $n\in N \Rightarrow 1+\frac{e-2}{n}\le \int_0^1 e^{x^n}dx\le 1+\frac{e-1}{n}$

[829] $\forall x_i\in R \Rightarrow \left(\sum_{k=1}^{n}\sin x_k\right)^2+\left(\sum_{k=1}^{n}\cos x_k\right)^2\le n^2$

[830] $f(x)$:증가 $\Rightarrow 0\le \frac{1}{n}\sum_{k=1}^{n}f\left(\frac{k}{n}\right)-\int_0^1 f(x)\,dx\le \frac{1}{n}\{f(1)-f(0)\}$

[831] $0<x<\frac{\pi}{2} \Rightarrow \sin\sqrt{x}<\sqrt{\sin x}$

[832] $x_i>0 \Rightarrow \frac{n^{n+1}}{(n-1)^{n-1}}\le \left(\sum_{i=1}^{n}\frac{1}{x_i}\right)\left(\prod_{i=1}^{n}(1+x_i)\right)$

[833] $x-\{x\}=[x]$:Gauss'notation $\Rightarrow \frac{1}{2\sqrt{2}}\le n\{n\sqrt{2}\}$

[834] $f(0)=0, f'(x)>0 \Rightarrow \int_0^1 2|f(x)|^2dx\le \int_0^1|f'(x)|^2dx$

[835] $x > 0 \Rightarrow \ln x \le \sqrt{x}(x-1)$

[836] $0 < \lim_{n\to\infty}\left(1+\frac{1}{2}+\cdots+\frac{1}{n}-\ln(n+1)\right) < 1$

[837] $a,b,c,d \ge 0,\ c+d \le a,b \Rightarrow ad+bc \le ab$

[838] $n \ge 2 \Rightarrow 2\sqrt{n}-2 < \sum_{k=1}^{n}\frac{1}{\sqrt{k}} < 2\sqrt{n}-1$

[839] $x,y,z > 0,\ x(x+y+z) = 3yz$

$\Rightarrow (x+y)^3+(x+z)^3+3(x+y)(y+z)(z+x) \le 5(y+z)^3$

[840] $0 \le a \le b \le 1 \Rightarrow \begin{cases} \dfrac{b-a}{1-ab} \le 1, \quad \dfrac{a}{1+b}+\dfrac{b}{1+a} \le 1 \\ ab^2-ba^2 \le \dfrac{1}{4} \end{cases}$

[841] $n \in N \Rightarrow \left(1+\frac{1}{n}\right)^n \le e \le \left(1+\frac{1}{n}\right)^{n+1}$

[842] $a,b,c,x,y,z > 0 \Rightarrow \frac{(a+b+c)^3}{3(x+y+z)} \le \frac{a^3}{x}+\frac{b^3}{y}+\frac{c^3}{z}$

[843] $a,b,c > 0, abc = 1 \Rightarrow \frac{1}{a^2+2b^2+3}+\frac{1}{b^2+2c^2+3}+\frac{1}{c^2+2a^2+3} \le \frac{1}{2}$

[844] $h > 0 \Rightarrow |\sin(x+h)-\sin x-h\cos x| \le \frac{h^2}{2}$

[845] $\sin 40^\circ < \sqrt{\frac{5}{12}}$

[846] $n > 9, n \in N \Rightarrow n^3 < 2^n$

[847] $a,b > 0 \Rightarrow \sum_{k=1}^{n}\frac{1}{a+kb} < \frac{n}{\sqrt{a(a+nb)}}$

[848] $1 \le f(x) \le b \Rightarrow \left(\int_1^b f(x)dx\right)\left(\int_1^b \frac{dx}{f(x)}\right) \le \frac{(b^2-1)^2}{4b}$

[849] $a,b,c>0 \Rightarrow$
$$\frac{\sqrt{2}}{4}\left(\sqrt{a^2+b^2}+\sqrt{b^2+c^2}+\sqrt{c^2+a^2}\right) \le \frac{a^2}{a+b}+\frac{b^2}{b+c}+\frac{c^2}{c+a}$$

[850] $x,y,z \ge 0,\ a>b>c,\ (x+y+z)^2 = ax+by+cz$
$\Rightarrow c<x+y+z<a$

[851] $a,b,c>0, abc=1 \Rightarrow \dfrac{3}{2} \le \dfrac{1}{a^3(b+c)}+\dfrac{1}{b^3(c+a)}+\dfrac{1}{c^3(a+b)}$

[852] $x,y\in R \Rightarrow -\dfrac{1}{e} \le xe^{x(1+y^2)^2}$

[853] $a,b,c>0 \Rightarrow \dfrac{a^2}{b^2}+\dfrac{b^2}{c^2}+\dfrac{c^2}{a^2} \le \dfrac{a^3}{b^3}+\dfrac{b^3}{c^3}+\dfrac{c^3}{a^3}$

[854] $0<x<\dfrac{\pi}{2} \Rightarrow 8 \le \dfrac{1}{\sin^4 x}+\dfrac{1}{\cos^4 x}$

[855] $a,b,c>0 \Rightarrow \dfrac{3}{2}+\dfrac{a}{b+c}+\dfrac{b}{c+a}+\dfrac{c}{a+b} \le \dfrac{a}{b}+\dfrac{b}{c}+\dfrac{c}{a}$

[856] $a>b>0 \Rightarrow 2\sqrt{2} < a+\dfrac{1}{b(a-b)^2}$

[857] $a,b\in N, \left(a^2+ab+b^2\right) \mid ab(a+b) \Rightarrow \sqrt[3]{ab} < |a-b|$

[858] $a,b,c>0 \Rightarrow \dfrac{15}{8} \le \dfrac{a+b+3c}{3a+3b+2c}+\dfrac{a+3b+c}{3a+2b+3c}+\dfrac{3a+b+c}{2a+3b+3c}$

[859] $a,b>1 \Rightarrow 8 \le \dfrac{a^2}{b-1}+\dfrac{b^2}{a-1}$

[860] $a,b,c>0 \Rightarrow a+b+c+\dfrac{(a-b)^2}{a+b+c} \le \dfrac{a^2}{b}+\dfrac{b^2}{c}+\dfrac{c^2}{a}$

[861] $\left|\displaystyle\int_0^1 e^{x^2}dx - \sum_{k=0}^{n-1}\frac{1}{(2k+1)k!}\right| \le \dfrac{e}{n!}$

[862] $a,b>0, a+b=1 \Rightarrow \dfrac{25}{2} \le \left(a+\dfrac{1}{b}\right)^2+\left(b+\dfrac{1}{a}\right)^2$

[863] $a,b,c>0 \Rightarrow (1+\sqrt[3]{abc})^3 \le (1+a)(1+b)(1+c)$

[864] $a_k \ge 1 \Rightarrow \dfrac{2^n}{n+1}\left(1+\sum_{k=1}^{n} a_k\right) \le \prod_{k=1}^{n}(1+a_k)$, (no induction)

[865] $z \in C,\ |z|<1 \Rightarrow 1 < Re\left(\dfrac{2}{1+z}\right)$

[866] $a,b,c>0,\ abc=1 \Rightarrow \dfrac{7}{3}(a+b+c)+1 \le (a+b)(b+c)(c+a)$

[867] $a,b,c>0,\ abc=1 \Rightarrow \dfrac{3}{4} \le \dfrac{a^3}{(b+1)(c+1)} + \dfrac{b^3}{(c+1)(a+1)} + \dfrac{c^3}{(a+1)(b+1)}$

[868] $x,y \in R \Rightarrow 3xy \le 3(x+y+1)^2+1$

[869] $\triangle ABC$: 예각 삼각형

$\Rightarrow (\cos A+\cos B+\cos C)^2 \le \sin^2 A+\sin^2 B+\sin^2 C$

[870] $\triangle ABC$: 예각 삼각형 $\Rightarrow 4(R+r)^2 \le a^2+b^2+c^2$

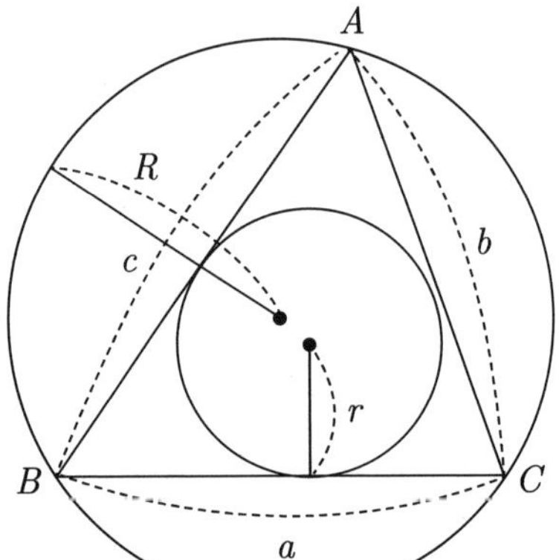

[871] $8(ab+bc+cd+da)(ca+bd) \le \{a(b+c)+b(c+d)+c(d+a)+d(a+b)\}^2$

[872] $a,b,c \ge \sqrt{2} \Rightarrow \dfrac{1}{a^5+b^5+2abc} + \dfrac{1}{b^5+c^5+2abc} + \dfrac{1}{c^5+a^5+2abc} \le \dfrac{1}{2abc}$

[873] $n \in N \Rightarrow \sum_{k=1}^{n} \dfrac{1}{\sqrt{k(k+1)}} < \sqrt{n}$, (no induction)

[874] $a+b+c=1 \Rightarrow \frac{1}{a(1+bc)+b(1+ca)+c(1+ab)} \le \frac{a}{1+bc}+\frac{b}{1+ca}+\frac{c}{1+ab}$

[875] $a,b,c>0 \Rightarrow 2\left(\frac{a\sqrt{bc}}{a+\sqrt{bc}}+\frac{b\sqrt{ca}}{b+\sqrt{ca}}+\frac{c\sqrt{ab}}{c+\sqrt{ab}}\right) \le a+b+c$

[876] $f(0)=0 \Rightarrow \int_0^a |f(x)|^2\,dx \le \frac{a^2}{2}\int_0^a |f'(x)|^2\,dx$

[877] convex function $f:[0,1]\to[0,1]$, $f(0)=f(1)=0$

$\Rightarrow \int_0^1 \sqrt{1+(f'(x))^2}\,dx \le 3$

[878] $n\in N \Rightarrow \frac{2^{n+1}-1}{n+1} \le \int_0^{\frac{\pi}{2}} (1+\cos x)^n\,dx$

[879] $abcd > a^2+b^2+c^2+d^2 \Rightarrow a+b+c+d+8 < abcd$

[880] $2(p+q+r) \le x+y+z$

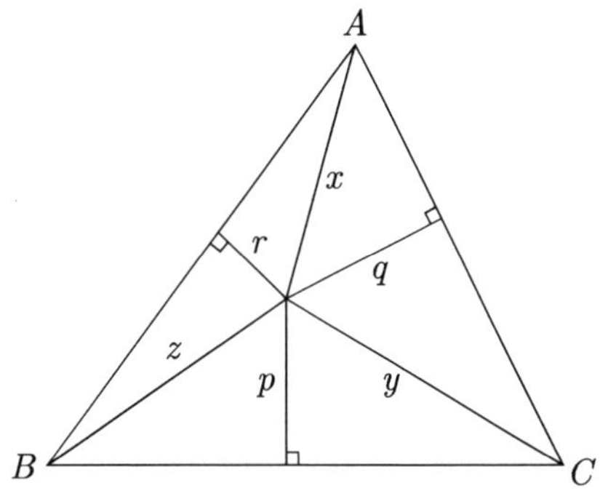

[881] $n\in N \Rightarrow \frac{1}{2^{n-1}} \le \sin^{2n}x+\cos^{2n}x$

[882] $x>0,\ x\ne 1 \Rightarrow \frac{\ln x}{x-1} \le \frac{1}{\sqrt{x}}$, (no Taylor theorem.)

[883] $a,b,c>0 \Rightarrow 2(ab+bc+ca) \le \frac{b^3+c^3}{a}+\frac{c^3+a^3}{b}+\frac{a^3+b^3}{c}$

[884]. $a,b,c>0,\ abc\ge 1 \Rightarrow \frac{1}{(a^5+b^5+c^2)(b^5+c^5+a^2)(c^5+a^5+b^2)} \le \frac{1}{27}$

[885] $f(x)$:증가, $0 \le a \le b \Rightarrow \int_a^b xf(x)dx \le b^2 f(b) - a^2 f(a)$

[886] $n \ge 2 \Rightarrow \frac{1}{n} + \frac{1}{n+1} + \cdots + \frac{1}{(n-1)^2} + \frac{1}{n^2} < \sum_{k=1}^{n+1} \frac{1}{k}$

[887] $0 \le \alpha, \beta \le \frac{\pi}{2} \Rightarrow 2\tan\sqrt{\alpha\beta} \le \tan\alpha + \tan\beta$

[888] $n \in N \Rightarrow \prod_{k=1}^{n} (2k-1) < 2n^{n-1}$, (no induction)

[889] $0 < \theta < \frac{\pi}{2} \Rightarrow 80 \le \sec^6\theta + \mathrm{cosec}^6\theta + (\sec\theta\,\mathrm{cosec}\theta)^6$

[890] $a, b, c > 0,\ a+b+c = \frac{1}{a} + \frac{1}{b} + \frac{1}{c}$

$\Rightarrow ab+bc+ca \le \frac{3abc^3}{a+b+\frac{1}{c}} + \frac{3bca^3}{b+c+\frac{1}{a}} + \frac{3cab^3}{c+a+\frac{1}{b}}$

[891] $a, b, c > 0,\ ab+bc+ca = abc$

$\Rightarrow \frac{3}{5} \le \frac{a}{bc+b+c} + \frac{b}{ac+a+c} + \frac{c}{ab+a+b}$

[892] $f(n) = 1 + \frac{1}{2} + \frac{1}{3} + \cdots + \frac{1}{4^n} \Rightarrow 1+n \le f(n) \le 1+2n$

[893] $a, b, c > 0, a+b+c = 1 \Rightarrow \frac{2a+1}{a^2+1} + \frac{2b+1}{b^2+1} + \frac{2c+1}{c^2+1} \le \frac{9}{2}$

[894] $f''(x) > 0 \Rightarrow \sum_{k=1}^{n} f\left(\frac{2k-1}{2}\right) \le \int_0^n f(x)\,dx$

[895] $n \in N$, $[x] = x - \{x\}$: Gauss 부호 $\Rightarrow \{e \cdot n!\} < \frac{1}{n}$

[896] $0 < f(x) < \sqrt[3]{a^2}$, $\int_0^1 f(x) = a \Rightarrow \sqrt[3]{a^2} \le \int_0^1 \sqrt{f(x)}\,dx$

[897] $a_i > 0 \Rightarrow \sqrt{2^n} < \frac{(a_1+a_2+a_3)(a_2+a_3+a_4)\cdots(a_n+a_1+a_2)}{(a_1+a_2)(a_2+a_3)\cdots(a_{n-1}+a_n)(a_n+a_1)}$

[898] $x,y,z,a,b,c>0 \Rightarrow \dfrac{(a+b+c)^{a+b+c}}{a^a b^b c^c} \le \dfrac{(x+y+z)^{a+b+c}}{x^a y^b z^c}$

[899] $a,b,c,d>0, a+b+c+d=1 \Rightarrow ab+bc+cd \le \dfrac{1}{4}$

[900] $\begin{cases} a,\ b,\ c>0 \\ a+b+c=1 \\ a>bc, b>ac, c>ab \end{cases} \Rightarrow \sqrt{a-bc}+\sqrt{b-ca}+\sqrt{c-ab} \le \sqrt{2}$

[901] $0<f(x)<1, \int_0^\infty f(x)dx, \int_0^\infty xf(x)dx$: 수렴

$\Rightarrow \dfrac{1}{2}\left(\int_0^\infty f(x)dx\right)^2 < \int_0^\infty xf(x)dx$

[902] $z_1, z_2 \in C, |z_1| \le 1 \Rightarrow \left(|z_1|^2-1\right)\left(|z_2|^2-1\right) \le \left[1-Im\left(z_1 z_2\right)\right]^2$

[903] $a,b>0 \Rightarrow a\sqrt{b}+b\sqrt{a} \le \dfrac{(a+b)^2}{2}+\dfrac{(a+b)}{4}$

[904] $a,b,c>0 \Rightarrow 16abc\sqrt{2(a^2+bc)(b^2+ca)(c^2+ab)}$
$\le (3a^2+b^2)(3b^2+c^2)(3c^2+a^2)$

[905] $\dfrac{1}{2011 \cdot 2012} < \int_1^e \dfrac{(\ln x)^{2010}}{x^2}dx$

[906] 연속 $f, g:[0,1] \to [0,1]$, f :증가함수

$\Rightarrow \int_0^1 f(g(x))dx \le \int_0^1 f(x)+g(x)dx$

[907] $f(x), f'(x), f''(x)>0 \Rightarrow \int_0^1 f(x)^2 dx < \dfrac{1}{2n}\sum_{k=1}^n f\left(\dfrac{k-1}{n}\right)^2+f\left(\dfrac{k}{n}\right)^2$

[908] $\forall a_i \in R \Rightarrow 0 \le \sum_{m=1}^k \sum_{n=1}^k mn\cos(a_m-a_n)$

[909] $a,b>0, n\in N \Rightarrow \sqrt[n+1]{a^{n+1}+b^{n+1}} \le \sqrt[n]{a^n+b^n}$

[910] $a+b=2 \Rightarrow ab(a^2+b^2) \le 2$

[911] $\left(\dfrac{\pi}{3}\right)^{3-e} < \left(\dfrac{3}{e}\right)^{\pi-3}$

[912] $a_n = \displaystyle\int_0^{\frac{1}{2}} x^n\,dx \;\Rightarrow\; 0 \le \ln 2 - \frac{1}{2} - \sum_{k=1}^{n} a_k \le \frac{1}{2^{n+1}}$

[913] $\dfrac{8}{9} < \displaystyle\int_0^{\frac{\pi}{2}} \sin(\cos x)\,dx$

[914] $f(0)=0,\ f(1)=1,\ f(x)^2 = x^a \Rightarrow \dfrac{2a-1}{a^2+6a-3} \le \displaystyle\int_0^1 f(x)^2\,dx$

[915] $a, b \in N \;\Rightarrow\; \sqrt[a+b]{a^b b^a} \;\le\; \dfrac{a+b}{2}$

[916] $a, b, c > 0 \Rightarrow 1 \le \sqrt{\dfrac{a}{a+2b+2c}} + \sqrt{\dfrac{b}{b+2c+2a}} + \sqrt{\dfrac{c}{c+2a+2b}}$

[917] $f(0)=0 \Rightarrow \displaystyle\int_0^a |f(x)f'(x)|dx \le \frac{a}{2}\int_0^a f'(x)^2\,dx$

[918] $f(0)=f'(0)=\cdots=f^{(n-1)}(0)=0$

$\Rightarrow \displaystyle\int_0^a |f(x)f^{(n)}(x)|\,dx \le \frac{a^n}{2}\int_0^a \left(f^{(n)}(x)\right)^2 dx$

[919] $\left(\displaystyle\int_a^b f(x)\sin x\,dx\right)^2 + \left(\int_a^b f(x)\cos x\,dx\right)^2 \le (b-a)\int_a^b f(x)^2\,dx$

[920] $f(a)=f(b)=0,\ \displaystyle\int_a^b f(x)^2\,dx = 1$

$\Rightarrow \dfrac{1}{4} \le \left(\displaystyle\int_a^b f'(x)^2\,dx\right)\left(\int_a^b x^2 f(x)^2\,dx\right)$

[921] $f(0)=0,\ 0 < f'(x) \le 1 \Rightarrow \displaystyle\int_0^1 f(x)^3\,dx \le \left(\int_0^1 f(x)dx\right)^2$

[922] $f(x), g(x)$: 증가 $\Rightarrow \displaystyle\int_a^b f(x)dx \int_a^b g(x)dx \le (b-a)\int_a^b f(x)g(x)dx$

[923] $a,b>1 \Rightarrow \int_{-1}^{1}\frac{1+b^{|x|}}{1+a^{x}}+\frac{1+a^{|x|}}{1+b^{x}}dx<a+b+2$

[924] $f(x)>0 \Rightarrow \int_{a}^{b}x^{3}f(x)dx\int_{a}^{b}xf(x)dx < \int_{a}^{b}x^{4}f(x)dx\int_{a}^{b}f(x)dx$

[925] $f(x)$:Convex $\Rightarrow f\left(\frac{a+b}{2}\right)\le \frac{1}{b-a}\int_{a}^{b}f(x)dx \le \frac{f(a)+f(b)}{2}$

[926] $f(x)$:Concave, $f(x)>0 \Rightarrow \left(\frac{b-a}{2}\right)\max_{x\in[a,b]}\{f(x)\}<\int_{a}^{b}f(x)dx$

[927] $f(a)=f(b)=0 \Rightarrow \frac{4}{(b-a)^{2}}\int_{a}^{b}|f(x)|dx \le \max_{x\in[a,b]}|f'(x)|$

[928] $f_i(x),\ \alpha_i>0,\ \sum_{i=1}^{n}\alpha_i=1 \Rightarrow \int_{a}^{b}\prod_{i=1}^{n}f_i(x)^{\alpha_i}dx \le \prod_{i=1}^{n}\left(\int_{a}^{b}f_i(x)dx\right)^{\alpha_i}$

[929] $1=\frac{1}{p}+\frac{1}{q}$, $f(x),g(x)>0 \Rightarrow (i),\ (ii)$

$(i): p>1 \Rightarrow \int_{a}^{b}f(x)g(x)dx \le \sqrt[p]{\int_{a}^{b}f(x)^{p}dx}\ \sqrt[q]{\int_{a}^{b}g(x)^{q}dx}$

$(ii): 0<p<1 \Rightarrow \int_{a}^{b}f(x)g(x)dx \ge \sqrt[p]{\int_{a}^{b}f(x)^{p}dx}\ \sqrt[q]{\int_{a}^{b}g(x)^{q}dx}$

[930] $\phi(x)$:Convex $\Rightarrow \phi\left(\frac{1}{b-a}\int_{a}^{b}f(x)dx\right)\le \frac{1}{b-a}\int_{a}^{b}\phi(f(x))dx$

[931] $f(x)>0, f(x)=f(x+T) \Rightarrow T\le \int_{0}^{T}\frac{f(x)}{f(x+\alpha)}dx$

[932] $f(0)=0,\ p\ge 0,\ q\ge 1$

$\Rightarrow \int_{0}^{a}|f(x)|^{p}|f'(x)|^{q}dx \le \frac{qa^{p}}{p+q}\int_{0}^{a}|f'(x)|^{p+q}dx$

[933] $1000<(1.01)^{1000}$

[934] $\forall x\in R \Rightarrow 1+x+\sqrt{2+2x+x^{2}} \le e^{x}+\sqrt{1+e^{2x}}$

[935] $m \geq p+2,\ 1.00\cdots 01 = 1+\dfrac{1}{10^{p+1}} \Rightarrow 1000^{10^{m-p-2}} < 1.00\cdots 01^{10^m}$

[936] $-1 \leq x \leq 1, |ax^2+bx+c| \leq 1 \Rightarrow |cx^2+bx+a| \leq 2$

[937] $1 < \lim_{n\to\infty} \int_{\frac{1}{n}}^{\frac{\pi}{2}} \dfrac{\pi \sin x}{x(\pi - x)}\, dx < 3$

[938] $\triangle ABC \Rightarrow 9 \leq \dfrac{\sin A \sin B}{\sin^2 \frac{C}{2}} + \dfrac{\sin B \sin C}{\sin^2 \frac{A}{2}} + \dfrac{\sin C \sin A}{\sin^2 \frac{B}{2}}$

[939] $x, y, z > 0 \Rightarrow [x^2(y+z)]^{y-x}[y^2(z+x)]^{z-y}[z^2(x+y)]^{x-z} \leq 1$

[940] $\forall x \in [0,1], |f(x)|^2 \leq 1 + 2\int_0^x f(t)dt \Rightarrow f(x) \leq 1+x$

[941] $\dfrac{2}{2!} + \dfrac{7}{3!} + \dfrac{14}{4!} + \cdots + \dfrac{9998}{100!} < 3$

[942] $f''(x) \geq 0, f(0) = 0 \Rightarrow 2\int_0^1 f(x)dx \leq f(1)$

[943] $a^2+b^2+c^2 = 9 \Rightarrow 2(a+b+c) \leq 10 + abc$

[944] F_n :Fibonacci 수 $\Rightarrow \sum_{k=1}^{n} \dfrac{F_k}{2^k} < 2$

[945] $2\left(1 - \dfrac{1}{\sqrt{n+1}}\right) < \sum_{k=1}^{n} \dfrac{1}{k\sqrt{k}} < 3\left(1 - \dfrac{1}{(n+1)\sqrt{n+1}}\right)$

[946] $x, y, z \in R \Rightarrow \sqrt{2}(xy+yz) \leq x^2+y^2+z^2$

[947] $\int_0^4 \left(1 - \cos\dfrac{x}{2}\right) e^{\sqrt{x}}\, dx \leq 30 - 2e^2$

[948] $x, y, z > 0,\ xy+yz+zx = 1 \Rightarrow yz(x+1)^2 \leq 1$

[949] $n \in N \Rightarrow n^n e^{1-n} \le n! \le \dfrac{(n+1)^{n+1}}{4} e^{1-n}$

[950] $0 < a < b \Rightarrow e^{-a^2} - e^{-b^2} \le \displaystyle\int_a^b (x^2+1) e^{-x^2} dx$

[951] $a, b, c > 0, a^2 + b^2 + c^2 = 3 \Rightarrow 3 \le \dfrac{ab}{c} + \dfrac{bc}{a} + \dfrac{ca}{b}$

[952] $xf(y) + yf(x) \le 1 \Rightarrow \displaystyle\int_0^1 f(x) dx \le \frac{\pi}{4}$

[953] $\displaystyle\prod_{n=1}^{22} (1 + \tan(2n-1)^\circ) < 2^{11} < \prod_{n=1}^{22} (1 + \tan 2n^\circ)$

[954] $\displaystyle\sum_{k=1}^{n} \ln\left(1 + 2^{-k}\right) < \ln 3$

[955] $\dfrac{1}{1+a} + \dfrac{1}{1+b} + \dfrac{1}{1+c} + \dfrac{1}{1+d} = 3 \Rightarrow abcd \le \dfrac{1}{81}$

[956] $a, b, c > 0, abc = 1 \Rightarrow 3 \le \dfrac{a+3}{(a+1)^2} + \dfrac{b+3}{(b+1)^2} + \dfrac{c+3}{(c+1)^2}$

[957] $p, s \in N, s \ge 2^p - 1, 2^s > s^p \Rightarrow n^p < 2^n, \ (n \ge s)$

[958] $x \ge 0 \Rightarrow \displaystyle\int_0^x (t - t^2) \sin^{2002} t \, dt < \frac{1}{2004 \cdot 2005}$

[959] $\forall x \in R \Rightarrow 2^x + 3^x - 4^x + 6^x - 9^x \le 1$

[960] $a_k > 0, f(x) = \displaystyle\prod_{k=1}^{n} (x + a_k) \Rightarrow n\left(1 + \sqrt[n]{f(0)}\right)^{n-1} \le f'(1)$

[961] $0 < \alpha, \beta, \gamma < \dfrac{\pi}{2}, \sin\alpha + \sin\beta + \sin\gamma = 1$

$\Rightarrow \dfrac{3}{8} \le \tan^2\alpha + \tan^2\beta + \tan^2\gamma$

[962] $0 \le a, b, c \le 1 \Rightarrow a^2 + b^2 + c^2 \le 1 + a^2 b + b^2 c + c^2 a$

[963] $a,b,c>0 \Rightarrow \dfrac{a}{2a+b}+\dfrac{b}{2b+c}+\dfrac{c}{2c+a}\le 1$

[964] $z\in C, n\in N, \left|z^n+\dfrac{1}{z^n}\right|\le 2 \Rightarrow \left|z+\dfrac{1}{z}\right|\le 2$

[965] $z\in C^*, a,b\in R^+, n\in N, \left|\dfrac{z^n}{b^n}+\dfrac{a^n}{z^n}\right|\le 2\sqrt{\left(\dfrac{a}{b}\right)^n}$
$\Rightarrow \left|\dfrac{z}{b}+\dfrac{a}{z}\right|\le 2\sqrt{\dfrac{a}{b}}$

[966] $n\ge 8 \Rightarrow \left(\sqrt{n+1}\right)^{\sqrt{n}}<\left(\sqrt{n}\right)^{\sqrt{n+1}}$

[967] $x_i\ge 0, \sum_{i=1}^{n}x_i=n\alpha \Rightarrow \sum_{1\le i<j\le n}x_ix_j\le {}_nC_2\alpha^2$

[968] $0\le x\le 1 \Rightarrow f(1)^2\le 2\int_0^1 f(x)^2\,dx+\int_0^1 f'(x)^2\,dx$

[969] $a,b,c>0, 9c^2=2a^2+b^2 \Rightarrow \sqrt{3}\le \dfrac{2c}{a}+\dfrac{c}{b}$

[970] $f(0)=f(1)=0 \Rightarrow \pi^2\int_0^1 f(x)^2\,dx\le \int_0^1 f'(x)^2\,dx$

[971] $\triangle ABC$:예각 삼각형 $\Rightarrow 2<\sin A+\sin B+\sin C$

[972] $a,b>0 \Rightarrow (1+a)^{1+a}(1+b)^{1+b}<(1+a+b)^{1+a+b}$

[973] f_n :Fibonacci 수 $\Rightarrow f_n^{f_{n+1}}f_{n+1}^{f_{n+2}}f_{n+2}^{f_n}<\left(\dfrac{f_n+f_{n+1}+f_{n+2}}{3}\right)^{f_n+f_{n+1}+f_{n+2}}$

[974] $f(0)=0 \Rightarrow 10\left(\int_{-1}^1 f(x)dx\right)^2\le \int_{-1}^1 (f''(x))^2\,dx$

[975] $\int_0^1 f(x)\,dx=0$, $m\le f'(x)\le M$ $\Rightarrow \dfrac{m}{12}\le \int_0^1 xf(x)\,dx\le \dfrac{M}{12}$

[976] $x > 0 \Rightarrow 0 \le \sum_{n=0}^{\infty}\left(\frac{1}{x+2^n}\right) - \frac{\ln(1+x)}{x\ln 2} \le \frac{1}{1+x}$

[977] $a,b,c > 0, abc = 1 \Rightarrow 3 \le \left(\frac{1+a}{2}\right)^n + \left(\frac{1+b}{2}\right)^n + \left(\frac{1+c}{2}\right)^n$

[978] $x,y > 0,\ x^5 + y^5 = x^3 + y^3 \Rightarrow x^2 + y^2 \le 1 + xy$

[979] $a > 1 \Rightarrow \frac{a^n - 1}{a\ln a} < \sum_{k=0}^{n-1} a^k < \frac{a^n - 1}{\ln a}$

[980] $\alpha, \theta \in \left(0, \frac{\pi}{2}\right) \Rightarrow \theta < \int_0^{\theta} \frac{dx}{\sqrt{1-\sin^2\alpha \sin^2 x}} < \frac{\theta}{\sqrt{1-\sin^2\alpha\sin^2\theta}}$

[981] $\frac{1}{2} < \int_0^1 \frac{1}{\sqrt{4-x^2+x^3}}\,dx < \frac{\pi}{6}$

[982] $n > 1 \Rightarrow \frac{1}{2} < \int_0^{0.5} \frac{1}{\sqrt{1-x^{2n}}}\,dx < \frac{\pi}{6}$

[983] $x \ge 2 \Rightarrow 0 < \sin\left(\frac{1}{x-1}\right) + \sin\left(\frac{1}{x+1}\right) - 2\sin\left(\frac{1}{x}\right)$

[984] $a,b,c > 0 \Rightarrow \frac{\sqrt{ab}}{a+b} + \frac{\sqrt{bc}}{b+c} + \frac{\sqrt{ca}}{c+a} \le \frac{3}{2}$

[985] $3\int_0^1 f(x)dx \int_0^1 x f(x)dx \le \frac{1}{4}\int_0^1 f(x)^2 dx + 2\left(\int_0^1 f(x)dx\right)^2$

[986] $\forall x > 0,\ 0 < a < x \Rightarrow (a+x)^{a+x} < x^x a^a 2^{a+x}$

[987] $2(\sqrt{2}-1)e^{\sqrt{2}} < \int_1^2 e^{x^2}dx < \frac{1}{3}(e^4 - e)$

[988] $2e < \int_1^2 e^{x^2}dx < e^3$

[989] $a_1 = 0,\ \dfrac{1}{1-a_{n+1}} - \dfrac{1}{1-a_n} = 2n+1$, $b_n = \sqrt{\dfrac{n+1}{n}}\left(1-\sqrt{a_{n+1}}\right),\ (n\in N)$ $\Rightarrow \displaystyle\sum_{k=1}^{n} b_k < \sqrt{2}-1$

[990] $z\in C,\ z\neq 0 \Rightarrow \left|z+\dfrac{1}{z}\right| < |z+i| + \left|i+\dfrac{1}{z}\right|$

[991] $a,b,c>0 \Rightarrow \dfrac{a}{2a+b+c} + \dfrac{b}{a+2b+c} + \dfrac{c}{a+b+2c} \le \dfrac{3}{4}$

[992] $\alpha > 1 \Rightarrow \displaystyle\int_1^{\alpha} \frac{1+x^n}{1+x^{2n}}\,dx < \frac{3}{2n-2}$

[993] $\displaystyle\int_0^1 f(x)dx = 0,\ 0<\alpha<1 \Rightarrow \left|\int_0^{\alpha} f(x)dx\right| \le \frac{1}{8}\max_{0\le x\le 1}|f'(x)|$

[994] $|x| \le \dfrac{1}{2} \Rightarrow |\ln(1+x) - x| \le x^2$

[995] $a,b,c>0 \Rightarrow \dfrac{1}{3} \le \dfrac{(a^2+ab+b^2)(b^2+bc+c^2)(c^2+ca+a^2)}{(a+b+c)^2(ab+bc+ca)^2}$

[996] $F'(x) = \dfrac{\sin x}{x},\ \forall n\in N \Rightarrow F(e^n) < n + F(1)$

[997] $1<m<n \Rightarrow \dfrac{n^n}{m^m e^{n-m}} < \dfrac{n!}{m!} < \dfrac{(n+1)^{n+1}}{(m+1)^{m+1}e^{n-m}}$

[998] $\sqrt{x} + \sqrt{y} + \sqrt{z} < 3\sqrt{\dfrac{3R}{2}}$

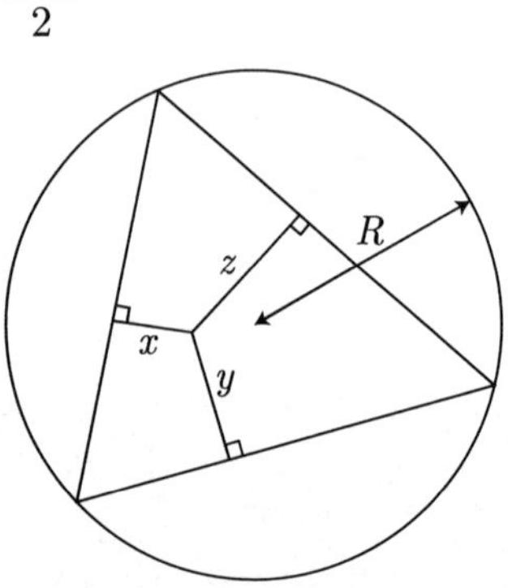

[999] $1 < \int_0^1 \frac{1+x^{30}}{1+x^{60}} dx < \frac{32}{31}$

[1000] $\alpha > 1 \Rightarrow 0 < \int_1^\alpha \frac{1+x^{30}}{1+x^{60}} dx < \frac{3}{58}$

[1001] $a, b \in R \Rightarrow 1 + a^2b^2 \le 2(1-a+a^2)(1-b+b^2)$

[1002] $f''(x) < 0, f(x) \ge 0 \Rightarrow \int_0^1 x^2 f(x)dx \le \frac{1}{2}\int_0^1 f(x)dx$

[1003] $\triangle ABC \Rightarrow \frac{1}{a+b} + \frac{1}{b+c} + \frac{1}{c+a} < \frac{5}{a+b+c}$

[1004] $0 < x < \frac{1}{2} \Rightarrow e^{x-x^2} < 1+x$

[1005]. $\begin{matrix} x \in [0,1], |f'(x)| \le 1 \\ f(0) = f(1) = 0 \end{matrix} \Rightarrow \left| \int_0^1 f(x)dx \right| < \frac{1}{4}$

[1006] $0 \le x \le 1 \Rightarrow 1 - \frac{x}{3} \le \frac{1}{\sqrt{1+x^2}} \le 1$

[1007] $\frac{\pi}{3} - \frac{1}{6} \le \int_0^{\frac{\sqrt{3}}{2}} \frac{1}{\sqrt{1-x^4}} dx \le \frac{\pi}{3}$

[1008] $n \in N \Rightarrow \sum_{k=2}^{n} \frac{\ln k}{2^{k-1}} < \ln 3$

[1009] $\int_0^1 f(x)dx = 0 \Rightarrow \left(\int_0^1 x f(x)dx\right)^2 \le \frac{1}{12}\int_0^1 f^2(x)dx$

[1010] $f(0) = f(1) = 0, 0 \le x \le 1 \Rightarrow |f(x)| \le \frac{1}{2}\int_0^1 |f'(x)|\, dx$

[1011] $0 \le x \le 1, f(0) = 0 \Rightarrow \int_0^1 f(x)^2 dx \le \frac{1}{2}\int_0^1 f'(x)^2 dx$

[1012] $f(x) : \text{Convex} \Rightarrow \frac{4}{5}\int_0^{\frac{1}{4}} f(x)dx \le \frac{3}{4}\int_0^{\frac{1}{5}} f(x)dx + \frac{1}{8}\int_0^{\frac{2}{5}} f(x)dx$

[1013] $a, b > 0, b \neq 1 \Rightarrow \ln b < \int_1^b a^{(\log_b x)}\, dx$

[1014] $18 < \sum_{n=1}^{99} \frac{1}{\sqrt{n}} < 19$

[1015] $n \geq 2 \Rightarrow \int_0^1 \sqrt[n]{\prod_{i=1}^{n} (x+i)}\, dx \leq \frac{n+2}{2}$

[1016] $f(1) = 1, f'(x) = \frac{1}{x^2 + f^2(x)} \Rightarrow \forall x \geq 1, f(x) \leq 1 + \frac{\pi}{4}$

[1017] $\frac{2}{\pi}\left(1 + \frac{1}{2} + \cdots + \frac{1}{n}\right) \leq \int_0^{\pi} \left|\frac{\sin nx}{x}\right| dx$

[1018] $\sin\alpha + \sin\beta + \sin\alpha\sin\beta \leq 1 + \sin^2\alpha + \sin^2\beta$

[1019] $x > 0 \Rightarrow \frac{4}{5} < \frac{x^4 + 9}{10x}$

[1020] $n \geq 2 \Rightarrow \int_0^{\pi} (\sin x + \cos x)^n\, dx \leq \pi\sqrt{2^{n-2}}$

[1021] $x, y, z \in R \Rightarrow 2x(xy^2 - x + z + 1) \leq x^4 + y^4 + z^2 + 1$

[1022] $(m\sin x + a\cos x)(n\sin x + b\cos x) \leq \left(\frac{m+n}{2}\right)^2 + \left(\frac{a+b}{2}\right)^2$

[1023] $f''(x) > 0 \Rightarrow 0 \leq \int_0^{2\pi} f(x)\cos x\, dx$

[1024] $2\sqrt{3} < \int_{-2}^{0} \sqrt{x^3 - \frac{3}{2}x^2 - 6x + 5}\, dx < \sqrt{34}$

[1025] $\ln\left(\frac{11}{27}\right) < \int_{\frac{1}{4}}^{\frac{3}{4}} \frac{1}{\ln(1-x)}\, dx$

[1026] $n \in N \Rightarrow \dfrac{2}{n+1} \leq \displaystyle\int_0^1 \frac{1+x^n}{1+x+\cdots+x^n}\,dx$

[1027] $a_1 = \dfrac{1}{2}, a_{n+1} = a_n^2 + a_n, (n \geq 2) \Rightarrow 1 < \displaystyle\sum_{k=1}^{n} \frac{1}{1+a_k} < 2$

[1028] $a_1 = 1, a_{n+1} = a_n + \dfrac{1}{a_n^2} \Rightarrow \sqrt[3]{3n} < a_n$

[1029] $e^\pi < \sqrt{\pi^\pi e^e}$

[1030] $a, b \geq 0,\ a^2 + b^2 = 1 \Rightarrow ab + \max\{a, b\} \leq \dfrac{3\sqrt{3}}{4}$

02 수열과 급수

❑ 다음 급수의 합을 구하여라.

[1] $\dfrac{1}{1\cdot 2\cdot 3}+\dfrac{1}{2\cdot 3\cdot 4}+\dfrac{1}{3\cdot 4\cdot 5}+\cdots=?$

[2] $\sin x+\sin 2x+\sin 3x+\cdots+\sin nx=?$

[3] $1\cdot 5+2\cdot 5^2+3\cdot 5^3+\cdots+n\cdot 5^n=?$

[4] $\cos x+\cos 2x+\cos 3x+\cdots+\cos nx=?$

[5] $9+99+999+\cdots+\overbrace{999\cdots 999}^{n}=?$

[6] $5+55+555+\cdots+\overbrace{555\cdots 555}^{n}=?$

[7] $1-\dfrac{1}{3}+\dfrac{1}{5}-\dfrac{1}{7}+\dfrac{1}{9}-\cdots=?$

[8] $1+\dfrac{1}{3}+\dfrac{1}{6}+\dfrac{1}{10}+\dfrac{1}{15}+\cdots=?$

[9] $1+\dfrac{1}{9}+\dfrac{1}{25}+\dfrac{1}{49}+\dfrac{1}{81}+\cdots=?$

[10] $1-\dfrac{1}{3^3}+\dfrac{1}{5^3}-\dfrac{1}{7^3}+\dfrac{1}{9^3}-\cdots=?$

[11] $\dfrac{1}{1^2\cdot 3^2}+\dfrac{1}{3^2\cdot 5^2}+\dfrac{1}{5^2\cdot 7^2}+\cdots=?$

[12] $1+\dfrac{1}{2^2}+\dfrac{1}{3^2}+\dfrac{1}{4^2}+\dfrac{1}{5^2}+\cdots=?$

[13] $1-\frac{1}{2^2}+\frac{1}{3^2}-\frac{1}{4^2}+\frac{1}{5^2}-\cdot\cdot\cdot\cdot=?$

[14] $1+\frac{1}{2^4}+\frac{1}{3^4}+\frac{1}{4^4}+\frac{1}{5^4}+\cdot\cdot\cdot\cdot=?$

[15] $\frac{1}{-1\cdot 2}-\frac{3}{2\cdot 4}+\frac{5}{4\cdot 6}-\frac{7}{6\cdot 8}+\frac{9}{8\cdot 10}-\cdot\cdot\cdot\cdot=?$

[16] $\frac{1}{1^2\cdot 2^2\cdot 3^2}+\frac{1}{3^2\cdot 4^2\cdot 5^2}+\frac{1}{5^2\cdot 6^2\cdot 7^2}+\cdot\cdot\cdot\cdot=?$

[17] $\frac{2\cdot 2\cdot 4\cdot 4\cdot 6\cdot 6\cdot 8\cdot 8\cdot 10\cdot 10\cdot\cdot\cdot}{1\cdot 3\cdot 3\cdot 5\cdot 5\cdot 7\cdot 7\cdot 9\cdot 9\cdot 11\cdot\cdot\cdot}=?$

[18] $1-\frac{1}{2}+\frac{1}{3}-\frac{1}{4}+\frac{1}{5}-\frac{1}{6}+\cdot\cdot\cdot\cdot=?$

[19] $1-\frac{1}{2!}+\frac{1}{3!}-\frac{1}{4!}+\frac{1}{5!}-\frac{1}{6!}+\cdot\cdot\cdot\cdot=?$

[20] $1+\frac{1}{1\cdot 3}+\frac{1}{1\cdot 3\cdot 5}+\frac{1}{1\cdot 3\cdot 5\cdot 7}+\cdot\cdot\cdot$
$=S\left(1-\frac{1}{2\cdot 1!\cdot 3}+\frac{1}{2^2\cdot 2!\cdot 5}-\frac{1}{2^3\cdot 3!\cdot 7}+\cdot\cdot\right)$
$\Rightarrow S=?$

[21] $1+\frac{1}{3}+\frac{1}{5}+\frac{1}{7}+\frac{1}{9}+\cdot\cdot\cdot\cdot=?$

[22] $1-\frac{1}{2\cdot 3}+\frac{1\cdot 3}{2\cdot 4\cdot 5}-\frac{1\cdot 3\cdot 5}{2\cdot 4\cdot 6\cdot 7}+\cdot\cdot\cdot\cdot=?$

[23] $\left(\frac{1}{2}\right)-\left(\frac{1}{2}\right)^2\left(1+\frac{1}{2}\right)+\left(\frac{1}{2}\right)^3\left(1+\frac{1}{2}+\frac{1}{3}\right)-\cdot\cdot\cdot\cdot=?$

[24] $1-\left(1+\frac{1}{2}\right)\frac{1}{3}+\left(1+\frac{1}{2}+\frac{1}{3}\right)\frac{1}{4}-\left(1+\frac{1}{2}+\frac{1}{3}+\frac{1}{4}\right)\frac{1}{5}+\cdot\cdot$

[25] $1+\frac{1}{2\cdot 3}+\frac{1\cdot 3}{2\cdot 4\cdot 5}+\frac{1\cdot 3\cdot 5}{2\cdot 4\cdot 6\cdot 7}+\cdot\cdot\cdot\cdot=?$

[26] $\frac{1}{1^2 \cdot 2^2 \cdot 3^2}+\frac{1}{2^2 \cdot 3^2 \cdot 4^2}+\frac{1}{3^2 \cdot 4^2 \cdot 5^2}+\cdot\cdot\cdot\cdot=?$

[27] $\left(\frac{1}{2}\right)-\frac{1}{3!}\left(\frac{1}{2}\right)^3+\frac{1}{5!}\left(\frac{1}{2}\right)^5-\frac{1}{7!}\left(\frac{1}{2}\right)^7+\cdot\cdot\cdot\cdot=?$

[28] $1-\frac{1}{2!}+\frac{1}{4!}-\frac{1}{6!}+\frac{1}{8!}-\frac{1}{10!}+\cdot\cdot\cdot\cdot=?$

[29] $1+\frac{1}{2}+\frac{1}{2!}\left(\frac{1}{2}\right)^2+\frac{1}{3!}\left(\frac{1}{2}\right)^3+\frac{1}{4!}\left(\frac{1}{2}\right)^4+\cdot\cdot\cdot\cdot=?$

[30] $\frac{1}{2}-\frac{1}{2}\left(\frac{1}{2}\right)^2+\frac{1}{3}\left(\frac{1}{2}\right)^3-\frac{1}{4}\left(\frac{1}{2}\right)^4+\cdot\cdot\cdot\cdot=?$

[31] $\frac{1}{2}+\frac{1}{3}\left(\frac{1}{2}\right)^3+\frac{1}{5}\left(\frac{1}{2}\right)^5+\frac{1}{7}\left(\frac{1}{2}\right)^7+\cdot\cdot\cdot\cdot=?$

[32] $\frac{1}{2}-\frac{1}{3}\left(\frac{1}{2}\right)^3+\frac{1}{5}\left(\frac{1}{2}\right)^5-\frac{1}{7}\left(\frac{1}{2}\right)^7+\cdot\cdot\cdot\cdot=?$

[33] $1+\frac{1}{3}-\frac{1}{45}+\frac{2}{945}-\cdot\cdot\cdot\cdot=?$

[34] $1+\frac{1}{3}+\frac{1}{45}+\frac{2}{945}+\cdot\cdot\cdot\cdot=?$

[35] $1+\frac{1}{3}+\frac{2}{15}+\frac{17}{315}+\cdot\cdot\cdot\;=?$

[36] $1+\frac{1}{6}+\frac{7}{360}+\cdot\cdot\cdot\cdot=?$

[37] $e\left(1-\frac{1}{2!}+\frac{4}{4!}-\frac{31}{6!}+\cdot\cdot\cdot\right)=?$

[38] $\frac{1}{2}+\frac{1}{2}\left(\frac{1}{2}\right)^2+\frac{1}{3}\left(\frac{1}{2}\right)^3+\frac{1}{4}\left(\frac{1}{2}\right)^4+\cdot\cdot\cdot\cdot=?$

[39] $1+\frac{1}{2}-\frac{1}{2^2 2!}-\frac{1}{2^3 3!}+\frac{1}{2^4 4!}+\frac{1}{2^5 5!}-\frac{1}{2^6 6!}-\frac{1}{2^7 7!}+\cdot=?$

[40] $1-\dfrac{2^1}{2!}+\dfrac{2^3}{4!}-\dfrac{2^5}{6!}+\dfrac{2^7}{8!}-\dfrac{2^9}{10!}+\cdots=?$

[41] $1+\dfrac{1}{2}+\dfrac{5}{24}+\dfrac{61}{720}+\cdots=?$

[42] $\dfrac{2}{2!}-\dfrac{2^3}{4!}+\dfrac{2^5}{6!}-\dfrac{2^7}{8!}+\dfrac{2^9}{10!}-\cdots=?$

[43] $1+1+\dfrac{1}{3}-\dfrac{1}{30}-\dfrac{1}{90}+\cdots=?$

[44] $1+1-\dfrac{1}{3}-\dfrac{1}{6}-\dfrac{1}{30}+\cdots=?$

[45] $\sin\left(\dfrac{\pi}{n}\right)\sin\left(\dfrac{2\pi}{n}\right)\sin\left(\dfrac{3\pi}{n}\right)\cdots\sin\left(\dfrac{(n-1)\pi}{n}\right)=?$

[46] $\sin\left(\dfrac{2\pi}{n}\right)+\sin\left(\dfrac{4\pi}{n}\right)+\cdots+\sin\left(\dfrac{2(n-1)\pi}{n}\right)=?$

[47] $\cos\left(\dfrac{2\pi}{n}\right)+\cos\left(\dfrac{4\pi}{n}\right)+\cdots+\cos\left(\dfrac{2(n-1)\pi}{n}\right)=?$

[48] $\dfrac{\sin x}{2}+\dfrac{\sin 2x}{2^2}+\dfrac{\sin 3x}{2^3}+\cdots=?$

[49] $1+\dfrac{\cos x}{2}+\dfrac{\cos 2x}{2^2}+\dfrac{\cos 3x}{2^3}+\cdots=?$

[50] $\dfrac{1}{1\cdot 2}-\dfrac{1}{2\cdot 3}+\dfrac{1}{3\cdot 4}-\dfrac{1}{4\cdot 5}+\dfrac{1}{5\cdot 6}-\cdots=?$

[51] $1+\dfrac{2}{3\cdot 2}+\dfrac{2\cdot 4}{3\cdot 5\cdot 3}+\dfrac{2\cdot 4\cdot 6}{3\cdot 5\cdot 7\cdot 4}+\cdots=?$

[52] $1-\dfrac{5}{2}-\dfrac{1}{2^2 3!}+\dfrac{5}{2^3 3!}+\dfrac{1}{2^4 5!}-\dfrac{5}{2^5 5!}-\dfrac{1}{2^6 7!}+\dfrac{5}{2^7 7!}+\cdots=?$

[53] $\sin x+\sin(x+\theta)+\sin(x+2\theta)+\cdots+\sin(x+n\theta)=?$

[54] $\cos x + \cos(x+\theta) + \cos(x+2\theta) + \cdots + \cos(x+n\theta) = ?$

[55] $\tan\left(\frac{\pi}{2n}\right) \cdot \tan\left(\frac{2\pi}{2n}\right) \cdot \tan\left(\frac{3\pi}{2n}\right) \cdots \tan\left(\frac{(n-1)\pi}{2n}\right) = ?$

[56] 다음 행렬식 $\begin{vmatrix} 2 & 1 & 3 & 7 & 5 \\ 3 & 8 & 7 & 9 & 8 \\ 3 & 4 & 1 & 6 & 2 \\ 4 & 0 & 2 & 2 & 3 \\ 7 & 9 & 1 & 5 & 4 \end{vmatrix}$ 이 19로 나누어짐을 증명하라.

[57] $A = \begin{bmatrix} 3 & -1 & 0 \\ -1 & 2 & -1 \\ 0 & -1 & 3 \end{bmatrix}$ 일 때, $A^n\ (n \in N)$을 구하여라.

[58] $a_1 = 5, a_2 = 3,\ a_n = 3a_{n-1} - 2a_{n-2} \Rightarrow a_n = ?$

[59] $a_1 = 1.5,\ a_2 = 3,\ a_n = 2a_{n-1} - a_{n-2} \Rightarrow a_n = ?$

[60] $\underbrace{1 + \cfrac{1}{1 + \cfrac{1}{1 + \cfrac{1}{1 + \cfrac{1}{1 + \cdots}}}}}_{n} = ?$

[61] $\sqrt{3}$ 을 연분수로 표시하여라.

[62] $(\sqrt{2})^{(\sqrt{2})^{(\sqrt{2})^{(\sqrt{2})^{\cdots}}}} = ?$

[63] 오차 0.0004보다 작은 π의 근사값을 구하여라.

[64] $\underbrace{2 + \cfrac{3}{2 + \cfrac{3}{2 + \cfrac{3}{2 + \cdots + \cfrac{3}{2 + \frac{9}{5}}}}}}_{n} = ?$

[65] $1 + 1 + \frac{1}{2}\left(1 + \frac{1}{3}\left(1 + \frac{1}{4}\left(1 + \frac{1}{5}(1 + \cdots)\right)\right)\right) = ?$

[66] n번째 화살표 끝의 좌표는? (단, 화살표 길이는 이전 것의 절반)

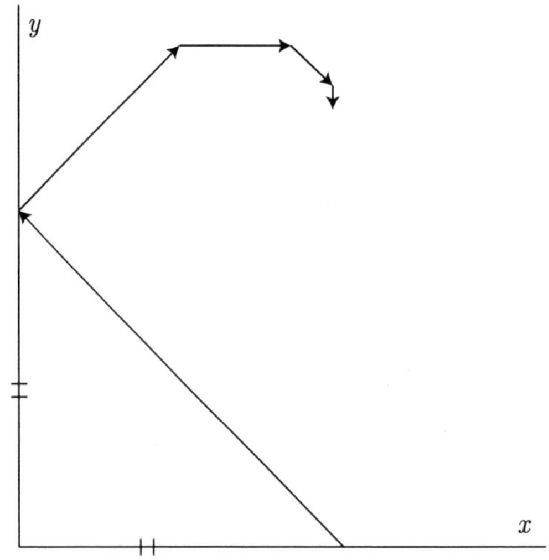

[67] n번째 화살표 끝의 좌표는? (단, 화살표 길이는 이전 것의 $\frac{2}{3}$)

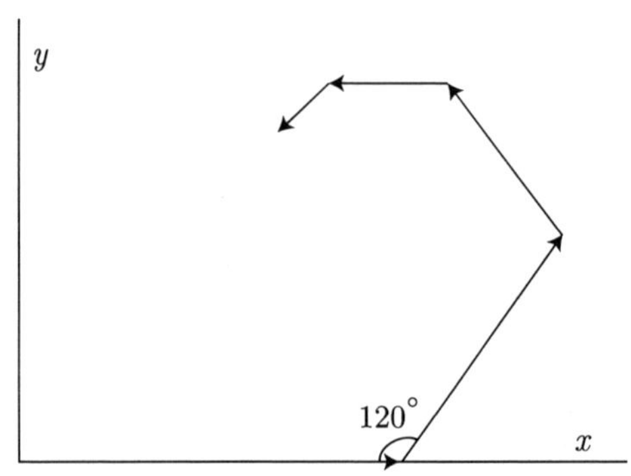

[68] $1-\frac{1}{5}+\frac{1}{7}-\frac{1}{11}+\cdot\cdot\cdot+\frac{1}{6n-5}-\frac{1}{6n-1}+\cdot\cdot\cdot=?$

[69] $A=\frac{1}{2}\begin{bmatrix} 0 & \sqrt{2} \\ -\sqrt{2} & 0 \end{bmatrix} \Rightarrow e^A=\sum_{n=0}^{\infty}\frac{A^n}{n!}=?$

[70] $\sum_{k=0}^{\infty}(-1)^k\left(\frac{1}{2}\right)^{3k+2}\frac{9k+5}{(3k+1)(3k+2)}=?$

[71] $a_0=\frac{4}{5},\ a_{n+1}=\sqrt{\frac{2a_n}{a_n+1}} \Rightarrow a_n=?$

[72] $a_0 = \frac{2}{\sqrt{3}}, a_{n+1} = \sqrt{\frac{2a_n}{a_n + 1}} \Rightarrow a_n = ?$

[73] $x + \frac{2}{3}x^3 + \frac{2 \cdot 4}{3 \cdot 5}x^5 + \cdot \cdot + \frac{2 \cdot 4 \cdot \cdot 2n}{3 \cdot 5 \cdot \cdot (2n+1)}x^{2n+1} + \cdot \cdot = ?$

[74] ${}_nC_1 + 2^2 \cdot {}_nC_2 + 3^2 \cdot {}_nC_3 + \cdot \cdot + n^2 \cdot {}_nC_n = ?$

[75] $\sum_{n=0}^{44} \frac{1}{\cos(nk)\cos(n+1)k} = ?, (k = 1^\circ)$

[76] Fibonacci 수열 : a_n, $a_n = n^2 \Rightarrow n = ?$

[77] $a_n = \frac{n^2+1}{\sqrt{n^4+4}} \Rightarrow a_1 a_2 a_3 \cdot \cdot \cdot a_n = ?$

[78] $a_0 = x, a_1 = y, a_{n+2} = \frac{1 + a_{n+1}}{a_n} \Rightarrow a_{2008} = ?$

[79] $1 \cdot 1! + 2 \cdot 2! + 3 \cdot 3! + \cdot \cdot + n \cdot n! = ?$

[80] $f(x) + f(x-1) = x^2, f(19) = 94 \Rightarrow f(94) = ?$

[81] $[\log_2 1] + [\log_2 2] + \cdot \cdot + [\log_2 n] = 1994 \Rightarrow n = ?$, ($[x]$:Gauss' notation)

[82] $x^{10} + (13x-1)^{10} = 0 \Rightarrow \sum_{i=1}^{5} \frac{1}{a_i b_i} = ?$, ($a_i, b_i$: 공액근)

[83] $a_n = \frac{n(n-1)}{2} \cos \frac{n(n-1)\pi}{2} \Rightarrow |a_{19} + a_{20} + \cdot \cdot + a_{98}| = ?$

[84] $\sin 5^\circ + \sin 10^\circ + \cdot \cdot + \sin 175^\circ = \tan\left(\frac{a}{b}\right) \Rightarrow a, b = ?$

[85] $\frac{1}{2!17!} + \frac{1}{3!16!} + \cdot \cdot \cdot + \frac{1}{9!10!} = ?$

[86] $16! - 32! + 48! - 64! + \cdot \cdot + 1968! - 1984! + 2000! = a_1 1! + a_2 2! + \cdot \cdot + a_n n!$
$\Rightarrow a_1 - a_2 + a_3 - a_4 + \cdot \cdot \cdot + (-1)^{n+1} a_n = ?$ $(a_i \geq 0)$

[87] $a_k = \dfrac{1}{k^2+k}, a_m + a_{m+1} + \cdot \cdot + a_n = \dfrac{1}{29} \Rightarrow m, n = ?$

[88] $z_0 = i + \dfrac{1}{137}, z_{n+1} = \dfrac{z_n + i}{z_n - i} \Rightarrow z_{2002} = ?$

[89] $\dfrac{1}{1-2x-x^2} = s_0 + s_1 x + s_2 x^2 + \cdot \cdot , s_n^2 + s_{n+1}^2 = s_m \Rightarrow m = ?$

[90] $\cot^{-1}1 + \cot^{-1}3 + \cdot \cdot + \cot^{-1}(n^2+n+1) + \cdot \cdot = ?, \left(0 < \cot^{-1}m \le \dfrac{\pi}{2}\right)$

[91] $\overbrace{x^{x^{\cdot^{\cdot^{3}}}}}^{n} = 3 \Rightarrow x = ?$

[92] 공차: 1, $a_1 + a_2 + \cdot \cdot + a_{98} = 137 \Rightarrow a_2 + a_4 + a_6 + \cdot \cdot + a_{98} = ?$

[93] $\dfrac{(10^4+324)(22^4+324)(34^4+324)(46^4+324)(58^4+324)}{(4^4+324)(16^4+324)(28^4+324)(40^4+324)(52^4+324)} = ?$

[94] $f_1(x)$: x을 각각 일의 자리들로 보고, 그 숫자들의 합의 자승.
$f_n(x) = f_1(f_{n-1}(x)) \Rightarrow f_{1988}(11) = ?, (x \in N)$

[95] $|x_i| < 1, |x_1| + |x_2| + \cdot \cdot + |x_n| = 19 + |x_1 + x_2 + \cdot \cdot + x_n|$

$\Rightarrow \min\{n\} = ?$

[96] 수열의 법칙으로 숫자들이 온다면 물음표에 어떤 숫자가 오는가?

			?	
	74			
				186
		103		
0				

[97] $\dfrac{\displaystyle\sum_{n=1}^{44}\cos n^\circ}{\displaystyle\sum_{n=1}^{44}\sin n^\circ} = ?$

[98] 두 육면체의 부피 관계: $2mnp = (m+2)(n+2)(p+2)$

$\Rightarrow \max\{p\} = ?,\ (m \le n \le p \in N)$

[99] $x_1 = 211, x_2 = 375, x_3 = 420, x_4 = 523$
$x_n = x_{n-1} - x_{n-2} + x_{n-3} - x_{n-4},\ (n \ge 5)$

$\Rightarrow x_{531} + x_{753} + x_{975} = ?$

[100] $a_0 = 0, a_{k+1} = 3a_k + 1,\ (k \in N) \Rightarrow 11 \mid a_{155}$ 임을 증명.

[101] $\displaystyle\sum_{n=1}^{\infty}\sum_{k=1}^{n-1}\frac{k}{2^{n+k}} = ?$

[102] $f(x) = \dfrac{1}{2^x} + \dfrac{1}{3^x} + \cdots + \dfrac{1}{2008^x} \Rightarrow \displaystyle\sum_{k=2}^{\infty} f(k) = ?$

[103] $\displaystyle\sum_{n=1}^{\infty}\frac{n}{n^4+4} = ?$

[104] $\sqrt{x + \sqrt{4x + \sqrt{16x + \sqrt{\cdots + \sqrt{4^{2008}x + 3}}}}} - \sqrt{x} = 1 \Rightarrow x = ?$

[105] $\displaystyle\sum_{n=1}^{\infty}\frac{x^n}{n(n+1)} = ?,\ (|x| < 1)$

[106] $\displaystyle\sum_{n=1}^{\infty}\frac{1}{n^2 2^n} = ?$

[107] $\displaystyle\sum_{i=1}^{n}\sum_{j=i+1}^{n} ij = ?$

[108] $\displaystyle\sum_{k=1}^{\infty}\frac{k^2}{2^k} = ?$

[109] $f_0(x)=e^x,\ f_{n+1}(x)=x\cdot f_n{}'(x) \Rightarrow \sum_{n=0}^{\infty}\frac{f_n(1)}{n!}=?$

[110] $1+\frac{1}{3}-\frac{1}{5}-\frac{1}{7}+\frac{1}{9}+\frac{1}{11}-\frac{1}{13}-\frac{1}{15}+\cdots=?$

[111] $\sin\left(\frac{\pi}{4n+2}\right)\sin\left(\frac{3\pi}{4n+2}\right)\cdots\sin\left(\frac{(2n-1)\pi}{4n+2}\right)=?$

[112] $\sqrt{1+\frac{2}{5}}\sqrt{1+\frac{2}{6}}\cdots\sqrt{1+\frac{2}{57}}\sqrt{1+\frac{2}{58}}=?$

[113] $\sum_{n=1}^{\infty}\tan^{-1}\left(\frac{2}{n^2}\right)=?$

[114] $\dfrac{\left(1^4+\frac{1}{4}\right)\left(3^4+\frac{1}{4}\right)\cdots\left(11^4+\frac{1}{4}\right)}{\left(2^4+\frac{1}{4}\right)\left(4^4+\frac{1}{4}\right)\cdots\left(12^4+\frac{1}{4}\right)}=?$

[115] $\frac{1^2}{1\cdot 3}+\frac{2^2}{3\cdot 5}+\frac{3^2}{5\cdot 7}+\cdots+\frac{500^2}{999\cdot 1001}=?$

[116] $a_1=\frac{1}{2},\ a_{n+1}=\frac{a_n}{a_n+2} \Rightarrow a_n=?$

[117] $\sum_{k=0}^{n}(-1)^k\left(\frac{n+m+1}{k+m+1}\right){}_nC_k=?$

[118] $\sum_{n=0}^{2008}\int_0^1\frac{dx}{2(x+n+1)\sqrt{(x+n)(x+n+1)}}=?$

[119] $\sum_{n=0}^{\infty}\frac{1}{(2n+1)2^{2n+1}}=?$

[120] $\sum_{n=1}^{\infty}\int_{2n\pi}^{2(n+1)\pi}\frac{x\sin x+\cos x}{x^2}\,dx=?$

[121] $\sum_{k=0}^{2008}\int_{-1}^{1}\frac{\sqrt{1-x^2}}{\sqrt{k+1}-x}\,dx=?$

[122] $\sum_{k=1}^{n} k \cdot x^k = ?$

[123] $x_n = \cos\frac{\pi}{2^n} + i\sin\frac{\pi}{2^n} \Rightarrow \prod_{k=1}^{\infty} x_k = ?,\ (i = \sqrt{-1}\,)$

[124] $\sum_{n=1}^{\infty} \frac{1}{n^3(n+1)^3} = ?$

[125] $\sum_{n=0}^{\infty} \frac{(n+1)^4}{n!} = ?$

[126] $\sum_{n=1}^{\infty} \frac{(-1)^{n-1}}{1^2 + 2^2 + \cdot\ \cdot + n^2} = ?$

[127] $\sum_{k=1}^{\infty} \frac{\sin k}{2^k} = ?$

[128] $\sum_{k=1}^{\infty} \frac{\sec^2\left(\frac{x}{2^k}\right)}{2^{2k}} = ?$

[129] $\frac{1}{1 \cdot 2 \cdot 3 \cdot 4 \cdot 5} + \frac{1}{5 \cdot 6 \cdot 7 \cdot 8 \cdot 9} + \frac{1}{9 \cdot 10 \cdot 11 \cdot 12 \cdot 13} + \cdot\ \cdot = ?$

[130] $\sum_{n=1}^{\infty} \frac{1}{n(2n+3)} = ?$

[131] $\sum_{n=1}^{\infty} \frac{2n^2 + 5n + 1}{(n+2)!} = ?$

[132] $\sum_{n=1}^{\infty} \frac{9n-4}{3n(3n-1)(3n-2)} = ?$

[133] $\sum_{n=1}^{\infty} \frac{1}{16n^2 - 1} = ?$

[134] $\sum_{n=1}^{\infty} \frac{(-1)^{n-1}}{n(3n-1)} = ?$

[135] $\displaystyle\sum_{n=1}^{\infty}(-1)^{n-1}\frac{n}{9n^2-1}=?$

[136] $\displaystyle\frac{1}{1\cdot 2\cdot 3}+\frac{1}{4\cdot 5\cdot 6}+\frac{1}{7\cdot 8\cdot 9}+\cdots=?$

[137] $\displaystyle\sum_{n=1}^{\infty}\frac{(2n+3)}{n(n+1)3^n}=?$

[138] $\displaystyle\sum_{n=0}^{\infty}\frac{2(2n+1)+1}{2^{2n+1}(2n+1)!}=?$

[139] $\displaystyle\sum_{n=1}^{\infty}\frac{n}{\pi^{n+1}}=?$

[140] $\displaystyle\sum_{n=1}^{k}\tan^{-1}\left(\frac{1}{n^2+n+1}\right)=?$

[141] $\sqrt{1+2\sqrt{1+3\sqrt{1+4\sqrt{1+5\sqrt{1+\cdots}}}}}=?$

[142] $\displaystyle\sum_{n=1}^{\infty}n(n+1)x^n=?$

[143] $\displaystyle\sum_{x=1}^{\infty}\frac{\sin x}{x}=?$

[144] $\displaystyle\frac{1}{\sqrt{3}}\sum_{k=0}^{\infty}\frac{(-1)^k}{(2k+1)3^k}=?$

[145] $\displaystyle\sum_{k=0}^{\infty}\cot^{-1}(k^2+k+1)=?$

[146] $\displaystyle\sum_{k=0}^{\infty}\frac{x^{2k}}{2k+1}=?$

[147] $\displaystyle\sum_{k=0}^{\infty}\frac{(-1)^k}{4k+1}=?$

[148] $\sqrt{5+\sqrt{13+\sqrt{5+\sqrt{13+\cdot\ \cdot+\sqrt{5+\sqrt{13}}}}}}=?$

[149] $\sum_{n=1}^{\infty}\frac{n+1}{n(n+2)^2}=?$

[150] $\sum_{n=0}^{\infty}\sin^{-1}\left(\frac{\sqrt{n}-\sqrt{n-1}}{\sqrt{n(n+1)}}\right)=?$

[151] $\sum_{n=1}^{\infty}\frac{2^n}{{}_{2n}C_n}=?$

[152] $\sum_{n=1}^{\infty}\frac{\sin n}{n!}=?$

[153] $\sum_{n=1}^{\infty}\sum_{m=1}^{\infty}\frac{1}{m^2n+mn^2+2mn}=?$

[154] $\sum_{x=2}^{\infty}\frac{x^4+x^3+x^2-x+1}{x^6-1}=?$

[155] $\sum_{k=2}^{\infty}\sum_{n=1}^{\infty}\frac{1}{(4k)^{2n}}=?$

[156] $\sum_{k=1}^{\infty}\frac{k(k+1)}{2x^{k-1}}=?$

[157] $\sum_{n=1}^{100}\int_{(n-1)\pi}^{n\pi}\sin\left(\frac{n\pi}{4}\right)\sin x\,dx=?$

[158] $\sum_{n=1}^{\infty}\frac{1}{\sqrt{n}(n+1)+\sqrt{n+1}\cdot n}=?$

[159] $a_0=1, a_n=2+\sqrt{a_{n-1}}-2\sqrt{1+\sqrt{a_{n-1}}}\Rightarrow\sum_{k=1}^{n}a_k\cdot 2^k=?$

[160] $1-\frac{1}{4}+\frac{1}{7}-\frac{1}{10}+\ldots+\frac{(-1)^{n+1}}{3n-2}+\ldots=?$

[161] $\displaystyle\sum_{k=1}^{n-1} \frac{1}{\sin^2\left(\frac{k\pi}{n}\right)} = ?$

[162] $\displaystyle\sum_{n=2}^{\infty} \frac{(-1)^n \cdot x^{2n}}{(n-1)!} = ?$

[163] $\displaystyle\sum_{k=0}^{n-1} \frac{1}{1+8\sin^2\left(\frac{k\pi}{n}\right)} = ?$

[164] $\displaystyle\sum_{n=1}^{2009} n \cdot {}_{2009}C_n = ?$

[165] $\displaystyle\sum_{n=1}^{90} \cos^2 n^\circ = ?$

[166] $\displaystyle\sum_{n=1}^{\infty} \log_2 \sqrt[2^n]{2^n} = ?$

[167] $\displaystyle\sum_{k=1}^{n} k \cdot x^{k-1} = ?,\ (x \neq 1)$

[168] $\displaystyle\frac{1}{2}+\frac{1}{6}(1+2^2)+\frac{1}{12}(1+2^2+3^2)+\cdot\cdot\cdot+\frac{1}{3660}(1+\cdot\cdot\cdot+60^2)=?$

[169] $\displaystyle\sum_{n=0}^{\infty}\sum_{m=0}^{\infty} \frac{m^2 n}{3^m(n \cdot 3^m + m \cdot 3^n)} = ?$

[170] $\sqrt{5+\sqrt{5^2+\sqrt{5^4+\sqrt{5^8+\cdot\cdot}}}} = ?$

[171] $\displaystyle a_n = \sum_{k=1}^{n} k,\ p_n = \prod_{k=2}^{n} \frac{a_k}{a_k - 1} \Rightarrow p_{2009} = ?$

[172] $\displaystyle\sum_{n=1}^{\infty} \frac{n}{(n+1)!} = ?$

[173] $\displaystyle\sum_{r=0}^{n}\sum_{k=r}^{n} {}_nC_k \cdot {}_kC_r = ?$

[174] $\frac{1}{1 \cdot 3 \cdot 5}+\frac{1}{3 \cdot 5 \cdot 7}+\frac{1}{5 \cdot 7 \cdot 9}+\cdot\cdot=?$

[175] $\frac{1}{\sin 1 \cdot \sin 2}+\frac{1}{\sin 2 \cdot \sin 3}+\cdot\cdot+\frac{1}{\sin 89 \cdot \sin 90}=?$

[176] $\tan 1^{\circ} \cdot \tan 2^{\circ} \cdot\cdot\cdot \tan 89^{\circ}=?$

[177] $\sum_{n=1}^{\infty} \frac{4n-1}{2^n}=?$

[178] $n>2 \Rightarrow \sum_{k=1}^{n} \sin^2\left(\theta+\frac{2(k-1)\pi}{n}\right)=?$

[179] $\sum_{n=1}^{9} \sin^2\left(\frac{n\pi}{18}\right)=?$

[180] $\overbrace{\frac{2n}{2n-1}+\frac{2n(2n-2)}{(2n-1)(2n-3)}+\frac{2n(2n-2)(2n-4)}{(2n-1)(2n-3)(2n-5)}+\cdot\cdot}^{n\text{개}}=?$

[181] ${}_{20}C_2+2 \cdot {}_{20}C_3+3 \cdot {}_{20}C_4+\cdot\cdot+19 \cdot {}_{20}C_{20}=?$

[182] $\sum_{k=1}^{\infty} \frac{k^5}{k!}=?$

[183] $\sum_{n=0}^{\infty} {}_{2n}C_n \cdot \frac{1}{5^n}=?$

[184] $\sum_{n=1}^{\infty} \frac{1}{n \cdot (n+1) \cdot (n+1)!}=?$

[185] $\sum_{k=2}^{\infty} \sum_{j=2}^{\infty} \frac{1}{j^k}=?$

[186] $\tan^2\left(\frac{\pi}{16}\right)+\tan^2\left(\frac{2\pi}{16}\right)+\tan^2\left(\frac{3\pi}{16}\right)+\tan^2\left(\frac{5\pi}{16}\right)+\tan^2\left(\frac{6\pi}{16}\right)+\tan^2\left(\frac{7\pi}{16}\right)=?$

[187] $\frac{1}{2}\left(1+\frac{1}{1 \cdot 3}\right)\left(1+\frac{1}{2 \cdot 4}\right) \cdot\cdot \left(1+\frac{1}{n(n+2)}\right)=?$

[188] $f(n+1)=n(-1)^{n+1}-2f(n),\ f(2001)=f(1)=1 \Rightarrow \sum_{n=1}^{2000} f(n)=?$

[189] $\frac{1}{5}+\frac{2}{5^2}+\frac{3}{5^3}+\frac{5}{5^4}+\frac{8}{5^5}+\frac{13}{5^6}+\frac{21}{5^7}+\cdot\cdot\ =?$

[190] $\sum_{n=1}^{\infty}\frac{4n}{3^{(n+1)}}=?$

[191] $\sum_{k=1}^{n}(-1)^k\cdot\frac{k^2}{k!}=?$

[192] $\frac{1}{10}+\frac{1}{10^2}+\frac{2}{10^3}+\frac{3}{10^4}+\frac{5}{10^5}+\frac{8}{10^6}+\cdot\cdot=?$

[193] $\sum_{n=1}^{\infty}\frac{6^n}{(3^n-2^n)(3^{n+1}-2^{n+1})}=?$

[194] $\sum_{i=3}^{n}\left(i\sum_{j=i+1}^{n}3\right)=?$

[195] $\sum_{i=0}^{n-1}\sum_{j=0}^{4i}(2n-i)=?$

[196] $\frac{5}{7}=\frac{a_2}{2!}+\frac{a_3}{3!}+\cdot\cdot+\frac{a_7}{7!},\ a_i\in Z,\ (0\le a_i<i) \Rightarrow \sum_{i=2}^{7}a_i=?$

[197] $\tan^2 1^\circ+\tan^2 3^\circ+\tan^2 5^\circ+\cdot\cdot+\tan^2 89^\circ=?$

[198] $1+\frac{5}{11}+\frac{12}{11^2}+\frac{22}{11^3}+\frac{35}{11^4}+\cdot\cdot=?$

[199] $\sum_{i=2}^{100}\frac{1}{\log_i 100!}=?$

[200] $\sum_{n=2}^{\infty}\ln\left(1-\frac{1}{n^2}\right)=?$

[201] ${}_{90}C_0+{}_{90}C_3+{}_{90}C_6+\cdot\cdot+{}_{90}C_{90}=?$

[202] $\cos x + 2\cos 2x + 3\cos 3x + \cdot\ \cdot + n\cos nx = ?$

[203] $\{a_n\}_{n \in N} = 2, 3, 5, 8, 12, 17, \ldots \Rightarrow\ a_n = ?$

[204] $2\sqrt{2\sqrt[3]{2\sqrt[4]{2\sqrt[5]{2\sqrt[6]{2\sqrt[7]{2\cdot\ \cdot}}}}}} = ?$

[205] $\sum_{k=1}^{n} \cos\left(\frac{2k\pi}{2n+1}\right) = ?$

[206] $\frac{5}{9} - \frac{7}{27} + \frac{9}{81} - \frac{11}{243} + \cdot\ \cdot = ?$

[207] $\sum_{n=0}^{\infty} \frac{\sin^3(3^n x)}{3^n} = ?$

[208] $\frac{1}{1!2003!} + \frac{1}{3!2001!} + \cdot\ \cdot + \frac{1}{2001!3!} + \frac{1}{2003!1!} = ?$

[209] $a_1 = 2,\ a_{k+1} = 3a_k + 1 \Rightarrow \sum_{i=1}^{n} a_i = ?$

[210] $\sum_{k=1}^{n} (2k-1) \cdot {}_{2n}C_{2k-1} = ?$

[211] $\frac{1}{3} + \frac{2}{9} + \frac{3}{27} + \frac{5}{81} + \frac{8}{243} + \frac{13}{729} + \cdot\ \cdot = ?$

[212] $\sum_{k=1}^{n} \frac{k}{2^{k-1}} = ?$

[213] $\sum_{i=0}^{n} \frac{2^i}{1 + x^{2^i}} = ?$

[214] $\sum_{n=1}^{m} n \cdot 2^{n-1} = ?$

[215] $\sum_{k=1}^{89} \sin^2 k^\circ = ?$

[216] $f(x)=\dfrac{1}{\sqrt[3]{(x+1)^2}+\sqrt[3]{x^2-1}+\sqrt[3]{(x-1)^2}} \Rightarrow \displaystyle\sum_{k=1}^{999} f(k)=?$

[217] $\displaystyle\sum_{n=1}^{2006} \tan n^\circ \cdot \tan(n+1)^\circ = ?$

[218] $\displaystyle\sum_{n=1}^{\infty} n^2 r^n = ?$

[219] $(3+\sqrt{3})-(3-\sqrt{3})+(9-5\sqrt{3})+\cdots = ?$

[220] $\displaystyle\sum_{k=0}^{n} (-1)^k \cdot {}_nC_k \cdot k = ?$

[221] $\dfrac{1}{2}+\dfrac{1}{4}+\dfrac{2}{8}+\dfrac{3}{16}+\dfrac{5}{32}+\dfrac{8}{64}+\dfrac{13}{128}+\dfrac{21}{256}+\cdots=?$

[222] $\displaystyle\sum_{k=0}^{n} \left(\frac{1}{1+k}\right) \cdot {}_nC_k = ?$

[223] $\displaystyle\sum_{k=1}^{n} \frac{(-1)^k}{k} \cdot {}_nC_k = ?$

[224] $\displaystyle\sum_{k=0}^{n} \frac{2^{1+k}}{1+k} \cdot {}_nC_k = ?$

[225] $\displaystyle\sum_{k=1}^{n} k(k+1)(k+2) = ?$

[226] $\displaystyle\sum_{k=0}^{n} {}_{4n}C_{4k} = ?$

[227] $\displaystyle\sum_{k=0}^{n} {}_nC_k \cdot \cos(k+1)x = ?$

[228] $0.9+0.099+\cdots+\overbrace{0.0\cdots0}^{n}\overbrace{9\cdots9}^{n} = ?$

[229] $0.99+0.0909+\cdots+0.\overbrace{0\cdots090}^{n}\overbrace{\cdots09}^{n} = ?$

[230] $\sum_{k=0}^{n} 2^k \cdot \tan(2^k x) = ?$

[231] $\dfrac{1 \cdot 2 \cdot 4 + 2 \cdot 4 \cdot 8 + \cdot \cdot \cdot}{1 \cdot 4 \cdot 7 + 2 \cdot 8 \cdot 14 + \cdot \cdot \cdot} = ?$

[232] $\sum_{r=1}^{2n-1} \left(\sum_{k=1}^{\infty} \dfrac{r}{(r+1)^k} \right)^2 = ?$

[233] $\sum_{k=0}^{n} ({}_nC_k)^2 = ?$

[234] $\prod_{n=1}^{\infty} \dfrac{n+(-1)^{n+1}}{n} = ?$

[235] $\sum_{k=1}^{\infty} \dfrac{k^2}{4^k} = ?$

[236] $\begin{cases} \sum_{i=1}^{7} i^2 x_i = 1 \\ \sum_{i=1}^{7} (i+1)^2 x_i = 12 \\ \sum_{i=1}^{7} (i+2)^2 x_i = 123 \end{cases} \Rightarrow \sum_{i=1}^{7} (i+3)^2 x_i = ?$

[237] $a_1 = 1, a_{n+1} = \dfrac{2a_n + 3}{2a_n - 3} \Rightarrow a_n = ?$

[238] $a_1 = 1,\ na_n = (n-1) \sum_{k=1}^{n} a_k \Rightarrow a_n = ?$

[239] $a_1 = 4, a_2 = 9, a_{n+2} = 5a_{n+1} - 6a_n - 2n^2 + 6n + 1 \Rightarrow a_n = ?$

[240] $a_1 = -4, a_{n+1} = 2a_n + 2^{n+3} n - 13 \cdot 2^{n+1} \Rightarrow a_n = ?$

[241] $a_1 = \dfrac{1}{2}, a_2 = \dfrac{1}{3}, a_{n+2} = \dfrac{a_n a_{n+1}}{2a_n - a_{n+1} + 2a_n a_{n+1}} \Rightarrow a_n = ?$

[242] $a_1 = 1, a_2 = 10,\ a_n^2 a_{n-2} = a_{n-1}^3, (n \geq 3) \Rightarrow a_n = ?$

[243] $a_1 = a \neq 1, a_{n+1} = \dfrac{1}{2}\left(a_n + \dfrac{1}{a_n}\right) \Rightarrow a_n = ?$

[244] $\begin{cases} a_{n+1} = a_n - b_n + n, \ a_1 = 3 \\ b_{n+1} = b_n - a_n + n^2, \ b_1 = -3 \end{cases} \Rightarrow a_n, b_n = ?$

[245] $\begin{cases} a_{n+1} = 2a_n + 2b_n, \ a_1 = 2 \\ b_{n+1} = 3a_n + b_n, \quad b_1 = 3 \end{cases} \Rightarrow a_n, b_n = ?$

[246] $a_1 = 0, a_2 = 1, (n-1)^2 a_n = \sum_{k=1}^{n} a_k \Rightarrow a_n = ?$

[247] $\sum_{k=1}^{n} a_k = n^3 + 3n^2 + 2n \Rightarrow \sum_{k=1}^{n} \dfrac{1}{a_k} = ?$

[248] $\dfrac{a_1 + a_2 + \cdot \cdot + a_n}{n} = n + \dfrac{1}{n} \Rightarrow a_n = ?$

[249] $a_{n+1} = a_n(2 - a_n) \Rightarrow a_n = ?$

[250] $f(n+1) = (-1)^{n+1} n - 2f(n), f(1) = f(2009) \Rightarrow \sum_{n=1}^{2008} f(n) = ?$

[251] $a_1 = 1, a_{n+1} = \dfrac{1}{2} a_n + \dfrac{n^2 - 2n - 1}{n^2 (n+1)^2} \Rightarrow a_n = ?$

[252] $a_1 = \dfrac{1}{2}, (n-1) a_{n-1} = (n+1) a_n \Rightarrow a_n = ?$

[253] $a_1 = 0, a_n = \left(1 - \dfrac{1}{n}\right)^3 a_{n-1} + \dfrac{n-1}{n^2} \Rightarrow a_n = ?$

[254] $a_1 = 1, a_{n+1} = 2a_n - n^2 + 2n \Rightarrow a_n = ?$

[255] $a_1 = 1, a_{n+1}^2 = -\dfrac{1}{4} a_n^2 + 4 \Rightarrow a_n = ?$

[256] $\begin{cases} 0 * n = n + 1 \\ m * 0 = m + 1 \\ m * n = (m-1) * (m * (n-1)) \end{cases} \Rightarrow \begin{cases} 1 * n = ? \\ 2 * n = ? \\ 3 * n = ? \end{cases}$

[257] $a_1 = 1, a_2 = 3,\ a_{n+1} - 3a_n + 2a_{n-1} = 2^n \Rightarrow a_n = ?$

[258] $a_1 = 1, \ln a_n - \ln a_{n-1} = \ln(n-1) - \ln(n+1) \Rightarrow \sum_{k=1}^{n} a_k = ?$

[259] $a_1 = 1, a_{n+1} = \dfrac{a_n}{2a_n + 3} \Rightarrow a_n = ?$

[260] $a_1 = 1, a_{n+1} = 2a_n^2 \Rightarrow a_n = ?$

[261] $a_1 = 2,\ a_{n+1} = (n+1)^2\left(\dfrac{2a_n}{n^2} - 1\right) \Rightarrow a_n = ?$

[262] $a_1 = 2, a_{n+1} = 2a_n + n \Rightarrow a_n = ?$

[263] $a_1 = 1, a_{n+1} = 2a_n + 2^n \Rightarrow \sum_{k=1}^{n} a_k = ?$

[264] $a_1 = 1, a_{n+1} = n \cdot a_n + n - 1 \Rightarrow a_n = ?$

[265] $\sum_{k=1}^{n} \dfrac{k^3 + 4k^2 + 3k + 2}{k^2 + 4k + 3} = ?$

[266] $a_1 = 1,\ na_{n+1} = 2\sum_{k=1}^{n} a_k \Rightarrow a_n = ?$

[267] $\sum_{k=1}^{n} \dfrac{4k^2}{4k^2 - 1} = ?$

[268] $\sum_{k=0}^{49} (-1)^k \cdot {}_{99}C_{2k} = ?$

[269] $\sum_{k=1}^{n} \int_0^{\pi} (\sin x - \cos kx)^2\, dx = ?$

[270] $k > 1, a > 0 \Rightarrow \sum_{n=0}^{\infty} \dfrac{n}{k^{an}} = ?$

[271] $\sum_{n=1}^{\infty} \frac{(\ln 2)^n}{n!\,2^n} = ?$

[272] $\sum_{k=0}^{\infty} \frac{2k+1}{(4k+1)(4k+3)(4k+5)} = ?$

[273] $\sum_{n=1}^{\infty} \frac{1}{(2n+1)7^{2n-1}} = ?$

[274] $\sum_{k=1}^{n} \frac{k}{(2k-1)^2(2k+1)^2} = ?$

[275] $\sum_{k=1}^{n} {}_nC_k \cdot \sin(k\theta) = ?$

[276] $1 + \sum_{k=1}^{n} {}_nC_k \cdot \cos(k\theta) = ?$

[277] $f(x) = \frac{x^5}{5x^4 - 10x^3 + 10x^2 - 5x + 1} \Rightarrow \sum_{k=1}^{2009} f\left(\frac{k}{2009}\right) = ?$

[278] $\sum_{n=0}^{\infty} \sum_{k=1}^{n+2} \frac{1}{k(n+2)n!} = ?$

[279] $\frac{a+1}{2} + \frac{a+3}{4} + \frac{a+7}{8} + \cdots + \frac{a+2^n-1}{2^n} = ?$

[280] $m, n \geq 0,\ a_1 = 1,\ a_{m+n} + a_{m-n} = \frac{a_{2m} + a_{2n}}{2} \Rightarrow a_n = ?$

[281] $a_1 = 1,\ a_{n+1} = \frac{a_n}{\sqrt{1+4a_n^2}} \Rightarrow a_n = ?$

[282] $m, n \geq 0,\ f\left(m + \frac{n}{m}\right) = f(m) + \frac{f(n)}{f(m)} + 2n \Rightarrow f(x) = ?$

[283] $\left[\sum_{k=1}^{100} \frac{2^k}{k!}\right] = ?$, $[x]$: Gauss' notation

[284] $n \in N \Rightarrow \left[\dfrac{n}{\sum_{k=1}^{n} \left\{ \sqrt{4k^2-2k} \right\}} \right] = ?$, $x - \{x\} = [x]$:Gauss 부호.

[285] $a_n + 2a_{n-1} + 3a_{n-2} + \cdot\cdot\cdot + na_1 = \dfrac{n(n+1)(n+2)}{6} \Rightarrow a_n = ?$

[286] $\sum_{k=1}^{n} \sqrt{a_k - (k-1)} = \dfrac{1}{2}\left(\sum_{k=1}^{n} a_k\right) - \dfrac{n(n-3)}{4} \Rightarrow a_n = ?$

[287] $a_1 = 1, a_2 = 2, a_{n+2} = 2a_{n+1} - a_n + 2 \Rightarrow a_m a_{m+1} = a_{(m-1)(m+1)}$ 증명

[288] $\{a_n\}_{n \in N} = 1, 2, 4, 9, 19, 36, 62, ... \Rightarrow a_n = ?$

[289] $0 < x < 1, \dfrac{\sqrt{2}+1}{2} = 1 + x - x^2 - x^3 + x^4 + x^5 - \cdot\cdot \Rightarrow x = ?$

[290] $\sum_{k=2}^{n} \dfrac{k^3 - 3k^2 - 3k + 2}{(k+1)!} = ?$

[291] ${}_bC_0 \dfrac{1}{a+1} - {}_bC_1 \dfrac{1}{a+2} + {}_bC_2 \dfrac{1}{a+3} - \cdot\cdot + {}_bC_b \dfrac{(-1)^b}{a+b+1} = ?$

[292] $a_0 = a_1 = 1, \ a_{n+1} = \dfrac{a_n^2 + 1}{a_{n-1}} \Rightarrow a_n = ?$

[293] $n \in N \Rightarrow \dfrac{1}{n+1} + \dfrac{1}{(n+1)(n+2)} + \dfrac{1}{(n+1)(n+2)(n+3)} + \cdot\cdot = ?$

[294] $a_1 = 1, a_{n+1} = \dfrac{1}{16}\left\{1 + 4a_n + \sqrt{1 + 24a_n}\right\} \Rightarrow a_n = ?$

[295] $f(x) = \dfrac{2}{4^x + 2} \Rightarrow \sum_{k=1}^{2008} f\left(\dfrac{k}{2009}\right) = ?$

[296] $a_1 = 1, a_2 = 2, \ a_{n+1} = \sqrt{a_n a_{n-1}} \Rightarrow a_n = ?$

[297] $a_1 = 1 = a_2, \ a_{n+2} = 5a_{n+1} - 6a_n + 7 \Rightarrow a_n = ?$

[298] $a_1 = a_2 = 5,\ a_{n+1}a_n = 3a_{n+2}a_n - 2a_{n+2}a_{n+1} \Rightarrow a_n = ?$

[299] $\sum_{k=1}^{n-1} \frac{1}{k!(n-k)!} = ?$

[300] $n \in 2N \Rightarrow \sum_{k=0}^{n} (-1)^k ({}_nC_k)^2 = ?$

[301] $\sum_{k=0}^{n} (-1)^k (k+1)\, {}_nC_k = ?$

[302] $\sum_{k=0}^{n-1} {}_{n-1}C_k \cdot {}_{n+1}C_{n-k} = ?$

[303] $f(1) = 1,\ \sum_{k=1}^{n} f(k) = n^2 f(n) \Rightarrow f(n) = ?$

[304] $a_n = \sqrt{n + \sqrt{n^2 - 1}} \Rightarrow \frac{1}{a_1} + \frac{1}{a_2} + \cdots + \frac{1}{a_{49}} = ?$

[305] $\sum_{n=1}^{\infty} \frac{1}{n \cdot 2^{n-1}} = ?$

[306] $\frac{\tan 1}{\cos 2} + \frac{\tan 2}{\cos 4} + \cdots + \frac{\tan 2^n}{\cos 2^{n+1}} = ?$

[307] $\sum_{k=1}^{n} k \cdot ({}_nC_k)^2 = ?$

[308] $\sum_{k=0}^{n} ({}_{2n}C_{2k})^2 = ?$

[309] $a_1 = 1, a_2 = 2, a_3 = 24, a_n = \frac{6a_{n-1}^2 a_{n-3} - 8a_{n-1}a_{n-2}^2}{a_{n-2}a_{n-3}} \Rightarrow a_n = ?$

[310] $a_1 = 1, a_{n+1} = a_n + n + 1 \Rightarrow a_n = ?$

[311] $0, \frac{1}{3}, \frac{3}{6}, \frac{7}{11}, \frac{15}{18}, A, B, C, \ldots \Rightarrow C = ?$

[312] $\sum_{k=0}^{n} 5^k \cdot {}_{2n+1}C_{2k+1} = ?$

[313] $\omega = e^{\frac{2\pi}{2009}i} \Rightarrow (2^{2009}-1)\sum_{j=1}^{2008} \frac{1}{2-\omega^j} = ?$

[314] $a_{k-1} = \frac{3k^2-3k+1}{(k^2-k)^3} \Rightarrow \sum_{k=1}^{999} a_k = ?$

[315] $\sum_{k=0}^{n} 2^k \cdot {}_{2n-k}C_n = ?$

[316] $1 - \frac{2}{3} + \frac{3}{9} - \frac{4}{27} + \cdot \cdot \cdot + \frac{100}{3^{99}} = ?$

[317] $a_1 = 1, a_n + a_{n-1} = n \Rightarrow a_n = ?$

[318] $2,3,5,6,7,8,10,11,12,13,14,15,17,18,19,20,\ldots \Rightarrow a_n = ?$

[319] $\sum_{n=2}^{\infty} \frac{2n^3+3}{(n-1)!} = ?$

[320] $\prod_{k=1}^{45} (1+\tan k^\circ) = ?$

[321] $\sum_{k=0}^{n-1} (n-k)2^k = ?$

[322] $\sum_{n=0}^{\infty} \frac{(-1)^n(n+1)}{n!(n+2)2^{n-1}} = ?$

[323] $\sum_{n=0}^{\infty} \frac{\cos nx}{n!} = ?$

[324] $\sum_{k=1}^{999} \sqrt{1+\frac{1}{k^2}+\frac{1}{(1+k)^2}} = ?$

[325] $a = e^{\frac{2\pi i}{n}} \Rightarrow \sum_{k=0}^{n-1} (1+a^k)^n = ?$

[326] $\left[\frac{1}{\sqrt{2}}+\frac{1}{\sqrt{3}}+\cdot\cdot+\frac{1}{\sqrt{10000}}\right]=?$, $[x]$:Gauss' 부호

[327] $\prod_{k=1}^{n}\left\{1-\tan^2\left(\frac{2^k\pi}{2^n+1}\right)\right\}=?$

[328] $\sum_{k=1}^{m}\frac{1}{\sin(kn)\sin(kn+n)}=?$

[329] $\sum_{k=1}^{n}\tan^{-1}\left(\frac{1}{2k^2}\right)=?$

[330] $\sum_{i=1}^{n}\sum_{j=1}^{i}\sum_{k=1}^{j}\sum_{m=1}^{k}1=?$

[331] $p\geq 3, p$:소수, $[x]$:Gauss' 부호 $\Rightarrow \sum_{k=1}^{p-1}\left[\frac{k^3}{p}\right]=?$

[332] $a_0=0, a_1=2, a_2=9, a_n=a_{n-1}+a_{n-2}-a_{n-3} \Rightarrow a_n=?$

[333] $\frac{1}{1+\cot 1^\circ}+\frac{1}{1+\cot 5^\circ}+\frac{1}{1+\cot 9^\circ}+\cdot\cdot+\frac{1}{1+\cot 89^\circ}=?$

[334] $\sum_{k=1}^{n}(k^2+1)\cdot k!=?$

[335] $\frac{1}{3}+\frac{2}{21}+\frac{3}{91}+\cdot\cdot\cdot+\frac{99}{96069403}=?$

[336] $\sum_{k=1}^{n}a_k\cdot {}_nC_k=\frac{n}{n+1} \Rightarrow a_k=?$

[337] $a_1=2,\ a_{n+1}=\frac{a_n}{2}+\frac{1}{a_n} \Rightarrow a_n=?$

[338] $\frac{3^3+1}{2^3-1}+\frac{5^3+2^3}{3^3-2^3}+\frac{7^3+3^3}{4^3-3^3}+\cdot\cdot+\frac{4019^3+2009^3}{2010^3-2009^3}=?$

[339] $\sum_{k=1}^{n}\frac{1}{4^k}\sec^2\left(\frac{a}{2^k}\right)=?$

[340] $\sum_{k=0}^{n} \frac{1}{2^k} \tan\left(\frac{a}{2^k}\right) = ?$

[341] $\prod_{k=0}^{n-1} \left(1 + \frac{1}{\cos 2^k a}\right) = ?$

[342] $\prod_{k=1}^{7} \cos\left(\frac{k\pi}{15}\right) = ?$

[343] $\sum_{k=1}^{n} a_k = \frac{n(n+1)(n+2)}{6} \Rightarrow \sum_{k=1}^{n} \frac{1}{a_k} = ?$

[344] $1 + \frac{1}{2} + \frac{1}{3} + \frac{1}{4} + \frac{1}{6} + \frac{1}{8} + \frac{1}{9} + \frac{1}{12} + \frac{1}{16} + \frac{1}{18} + \frac{1}{24} + \cdot \cdot = ?$

[345] $\sum_{k=1}^{n} \frac{1}{(\sqrt{k} + \sqrt{k+1})(\sqrt[4]{k} + \sqrt[4]{k+1})} = ?$

[346] $\sum_{k=1}^{n} \frac{1}{\sqrt{k + \sqrt{k^2 - 1}}} = ?$

[347] $z^{2011} = 1,\ z \neq 1 \Rightarrow \sum_{k=1}^{2011} \frac{1}{1 + z^k} = ?$

[348] $f(1) = a,\ \sum_{k=1}^{n} f(k) = n^2 f(n) \Rightarrow f(n) = ?$

[349] $\sum_{k=1}^{2n-1} \frac{(-1)^{k-1}}{{}_{2n}C_k} = ?$

[350] $a_{n+1} = 2a_n - n^2,\ a_n > 0 \Rightarrow a_0 = ?$

[351] $\sum_{k=0}^{n-1} k(k-1)2^k = ?$

[352] $\sum_{k=1}^{n} \frac{2k+1}{k^2(k+1)^2} = ?$

[353] $\dfrac{1+1!(1^1+1+1)+2!(2^2+2+1)+\cdot\cdot+100!(100^2+100+1)}{101!}=?$

[354] $\displaystyle\sum_{k=1}^{30} k\left(\frac{4}{5}\right)^{30-k}\cdot {}_{30}C_k=?$

[355] $\displaystyle\sum_{k=1}^{89} \tan^2 k^\circ=?$

[356] $\displaystyle\sum_{k=1}^{n-1} k\cdot 3^{k+1}=?$

[357] $\displaystyle\sum_{k=0}^{n} \frac{(-1)^k {}_nC_k}{k^3+9k^2+26k+24}=?$

[358] $\displaystyle\sum_{k=0}^{n} {}_{3n}C_{3k}=?$

[359] $\dfrac{2}{1\cdot 2\cdot 3}+\dfrac{4}{2\cdot 3\cdot 4}+\cdot\cdot\cdot+\dfrac{2n}{n(n+1)(n+2)}=?$

[360] $\displaystyle\sum_{k=0}^{n} \frac{1}{(n-k)!(n+k)!}=?$

[361] $\displaystyle\sum_{k=1}^{n-1} \sin\left(\frac{k\pi}{n}\right)=?$

[362] $a_1=3,\ a_{n+1}=3a_n+1 \Rightarrow \displaystyle\sum_{n=1}^{\infty} \frac{a_n}{5^n}=?$

[363] $a_1=\dfrac{1}{6},\ a_2=\dfrac{1}{20},\ (n+2)a_{n+2}-6(n+1)a_{n+1}+8na_n=0 \Rightarrow a_n=?$

[364] $\dfrac{1}{1\cdot 2}-\dfrac{1}{2\cdot 3}+\dfrac{1}{3\cdot 5}-\dfrac{1}{5\cdot 8}+\cdot\cdot=?$

[365] $\dfrac{1}{1^2+1}-\dfrac{1}{2^2-1}+\dfrac{1}{3^2+1}-\dfrac{1}{5^2-1}+\dfrac{1}{8^2+1}-\cdot\cdot=?$

[366] $\displaystyle\sum_{k=1}^{n} {}_nC_k(2^{k-1})(1+3^{n-k})=?$

[367] $\dfrac{x+x^2}{1-34x+x^2}=x+35x^2+\cdot\cdot\cdot+a_nx^n+\cdot\cdot\cdot \Rightarrow a_n=?$

[368] $\sqrt{1+2009\sqrt{1+2010\sqrt{1+2011\sqrt{1+\cdot\cdot}}}}=?$

[369] $\displaystyle\sum_{k=0}^{n} 2^k \cdot {}_{(2n-k)}C_k=?$

[370] $\displaystyle\sum_{k=1}^{n} \frac{1}{k(k+1)(k+2)\cdot\cdot(k+m)}=?$

[371] $a_1=2,\ a_2=15,\ a_3=88,\ a_n=10a_{n-1}-31a_{n-2}+30a_{n-3} \Rightarrow a_n=?$

[372] $\displaystyle\sum_{n=1}^{\infty} \frac{1003\cdot n\cdot 2^{n+1}}{(n+2)!}=?$

[373] $\displaystyle\sum_{n=1}^{\infty} \frac{n}{n^4+4n^2+16}=?$

[374] $\dfrac{2}{3}+\dfrac{8}{9}+\dfrac{18}{27}+\cdot\cdot\cdot\cdot+\dfrac{2n^2}{3^n}=?$

[375] $a_0=1=a_2, a_1=2, a_n^3=a_{n-1}a_{n-2}a_{n-3} \Rightarrow \lim_{n\to\infty} a_n=?$

[376] $\displaystyle\sum_{n=1}^{\infty} \frac{1}{F_{2^n}}=1+\frac{1}{3}+\frac{1}{21}+\frac{1}{987}+\cdot\cdot\cdot=?$, F_n :Fibonacci 수

[377] $\dfrac{11}{1\cdot 2\cdot 3}\left(\dfrac{4}{5}\right)+\dfrac{12}{2\cdot 3\cdot 4}\left(\dfrac{4}{5}\right)^2+\dfrac{13}{3\cdot 4\cdot 5}\left(\dfrac{4}{5}\right)^3+\cdot\cdot\cdot=?$

[378] $n\geq 6 \Rightarrow \displaystyle\sum_{k=1}^{n}\left[\frac{k}{\sqrt[k]{k!}}\right]=?$, $[x]$:Gauss 부호

[379] $\displaystyle\sum_{k=1}^{n-1} k(k+1)\cdot {}_nC_{k+1}=?$

[380] $\displaystyle\sum_{k=1}^{n} (-1)^{k+1}k^2\cdot {}_nC_k=?$

[381] $\sum_{k=0}^{n}(-1)^k \frac{1}{k+1} \cdot {}_nC_k = ?$

[382] $\sum_{k=1}^{n+1} \frac{(-1)^k}{k(k+1)} \cdot {}_nC_{k-1} = ?$

[383] $\prod_{k=1}^{n-1}\left| 1 - e^{i\frac{k\pi}{n}} \right| = ?$

[384] $\sum_{k=2}^{\infty}\sum_{n=2}^{\infty} \frac{1}{k^n \cdot k!} = ?$

[385] $\sin^2 x + \sin^2 2x\cos^2 x + \sin^2 4x\cos^2 2x\cos^2 x + \cdots$
$\cdots + \sin^2(2^{2010}x)\cos^2(2^{2009}x)\cdots\cos^2 2x\cos^2 x = ?$

[386] a_n :증가, $a_1 = 3,\ 4(a_{n-1}^2 + a_n^2) = 10a_{n-1}a_n - 9 \ \Rightarrow\ a_n = ?$

[387] $a_0 = 1, a_1 = 2, a_{n+1} = \sqrt{a_n + 6\sqrt{a_{n-1}}} \ \Rightarrow\ a_n = ?$

[388] $\sum_{k=0}^{n}(-1)^{k+1}{}_nC_k\left(\frac{\cos k\theta}{\cos^k\theta}\right) = ?$

[389] $\sum_{k=0}^{n}(-1)^{k-1}{}_nC_k\cos^k\theta\cos k\theta = ?$

[390] $\sum_{k=1}^{n}\cot^2\left(\frac{k\pi}{2n+1}\right) = ?$

[391] $\sum_{k=1}^{n}\sin^2(kx) = ?$

[392] $a_1 = \sqrt{2}, a_{n+1} = \sqrt{2 + a_n} \ \Rightarrow\ \sqrt{2 - a_n} = b_n = ?$

[393] $a_1 = a_2 = 1, a_{n+2} = \frac{1}{2}a_{n+1} + \frac{1}{2}a_n + 1 \Rightarrow a_n = ?$

[394] $\begin{matrix} a_1 = 1 \\ b_1 = 2 \end{matrix},\ \begin{cases} a_n, b_n, a_{n+1} & : \text{등차수열} \\ b_n, a_{n+1}, b_{n+1} & : \text{등비수열} \end{cases} \ \Rightarrow\ a_n, b_n = ?$

[395] $a_0 = 1, a_{n+1} = \dfrac{1+4a_n + \sqrt{1+24a_n}}{16} \Rightarrow a_n = ?$

[396] $1, x_i : x^n = 1$의 근,$(1 \le i \le n-1) \Rightarrow \displaystyle\sum_{k=1}^{n-1} \frac{1}{1-x_k} = ?$

[397] $i \ne j \Rightarrow \displaystyle\sum_{1 \le i,j \le n} ij = ?, \quad \sum_{1 \le i < j \le n} ij = ?$

[398] $j_k \in S = \{1,2,..,n\} \Rightarrow \displaystyle\sum_{i=1}^{n} \left(\sum_{j_1 < j_2 < .. < j_i}^{S} j_1 j_2 \cdot \cdot j_i \right) = ?$

[399] $\displaystyle\sum_{k=1}^{n} (-1)^{k+1} 10^{k-1} \cdot {}_nC_k = ?$

[400] $a_1 = 1, a_{n+1} = \dfrac{1}{4}\left(5a_n + \sqrt{9a_n^2 + 16}\right) \Rightarrow a_n = ?$

[401] $\displaystyle\sum_{k=1}^{n^2} [\sqrt{k}] = ?$, $[x]$:Gauss 부호

[402] $\displaystyle\sum_{k=0}^{n} \frac{(2n)!}{(k!)^2((n-k)!)^2} = ?$

[403] $\begin{array}{c} a_0 = 2,\ a_1 = 3,\ a_2 = 6 \\ a_n = (n+4)a_{n-1} - 4na_{n-2} + (4n-8)a_{n-3} \end{array} \Rightarrow a_n = ?$

[404] $a_0 = 0, a_{n+1} = 5a_n + \sqrt{24a_n^2 + 1} \Rightarrow a_n = ?$

[405] $\displaystyle\sum_{n=1}^{2010} \sum_{m=1}^{2010} \frac{2^n}{2^m + 2^n} = ?$

[406] $\displaystyle\sum_{k=1}^{\infty} \sum_{i=1}^{2k} \frac{2^k + 2^{-k}}{2^{k^2 - k + i}} = ?$

[407] $a_1 = 1, s_n = \displaystyle\sum_{i=1}^{n} a_i, a_n = \frac{2s_n^2}{2s_n - 1} \Rightarrow a_n = ?$

[408] $a_0=1, a_1=2,\ n(n+1)a_{n+1}=n(n-1)a_n-(n-2)a_{n-1}$

$\Rightarrow \sum_{k=0}^{n}\frac{a_k}{a_{k+1}}=?$

[409] $a_1=1,\ a_{n+1}=4^n-3a_n \ \Rightarrow\ a_n=?$

[410] $4^{n-1}-4^{n-2}3+4^{n-3}3^2-4^{n-4}3^3+\cdot\cdot\cdot-4^2 3^{n-3}+3^n=?$

[411] $\sum_{k=1}^{n}\frac{k}{k^4+k^2+1}=?$

[412] $\sum_{k=1}^{n}\frac{(2k+1)+\sqrt{k^2+k}}{\sqrt{k+1}+\sqrt{k}}=?$

[413] $\sum_{k=0}^{n}(-1)^k{}_{2n}C_{2k}=?$

[414] $a_1=1, a_n=\left(\frac{n+1}{n-1}\right)\sum_{k=1}^{n-1}a_k \ \Rightarrow\ a_n=?$

[415] $\prod_{k=0}^{100}\left(1+\frac{1}{a^{2^k}}\right)=?$

[416] F_n :Fibonacci 수열 $\Rightarrow \sum_{n=1}^{\infty}\frac{F_n}{4^{n+1}}=?$

[417] $\sqrt[3]{\frac{1\cdot 2\cdot 4+2\cdot 4\cdot 8+3\cdot 6\cdot 12+\ldots+a_n}{1\cdot 3\cdot 9+2\cdot 6\cdot 18+3\cdot 9\cdot 27+\ldots+b_n}}=?$

[418] $\sum_{n=1}^{999}\frac{n+2}{n!+(n+1)!+(n+2)!}=?$

[419] $\sum_{k=1}^{n}\frac{1}{k^3+6k^2+11k+6}=?$

[420] $A=\left\{\frac{1}{2},\frac{1}{3},\frac{1}{4},\cdots,\frac{1}{2001}\right\}\Rightarrow$ 짝수 개수만큼 선택한 후 각각 곱들의 모든 합을 구하라.

[421] $a_1=1,\ a_{n+1}=3a_n+n+2 \ \Rightarrow\ a_n=?$

[422] $f(x)=\dfrac{t^x}{t^x+\sqrt{t}} \Rightarrow \displaystyle\sum_{k=1}^{2010} f\left(\frac{k}{2011}\right)=?$

[423] $a_2=3,\ (n-1)a_{n+1}=(n+1)a_n-2(n-1) \Rightarrow a_n=?$

[424] $\left(\displaystyle\sum_{k=1}^{3}\operatorname{cosec}^2\frac{k\pi}{7}\right)\left(\sum_{k=1}^{3}\sec^2\frac{k\pi}{7}\right)=?$

[425] $f(x)=\dfrac{2}{x+1},\ a_n=\dfrac{f^n(2)-1}{f^n(2)+2} \Rightarrow a_n=?$

[426] $\begin{cases} a_n=3n+\sqrt{n^2-1} \\ b_n=2\left(\sqrt{n^2+n}+\sqrt{n^2-n}\right) \end{cases} \Rightarrow \displaystyle\sum_{k=1}^{49}\sqrt{a_k-b_k}=?$

[427] $\displaystyle\sum_{k=1}^{n}(k+1)\cdot 2^k=?$

[428] $\displaystyle\sum_{k=1}^{n}\frac{1}{k(k+3)(k+6)}=?$

[429] $\displaystyle\sum_{n=1}^{5000}\frac{2^{5001}}{2^{5001}+4^n}=?$

[430] $\displaystyle\sum_{n=1}^{k}\sum_{m=1}^{k}\tan^{-1}\left(\frac{m}{n}\right)=?$

[431] $\displaystyle\sum_{k=0}^{n}\frac{{}_nC_k}{{}_mC_k}=?$

[432] $a_1=1,\ a_{n+1}=\dfrac{a_n}{2}+\dfrac{n^2-2n-1}{n^2(n+1)^2} \Rightarrow a_n=?$

[433] $\displaystyle\sum_{k=1}^{n}k^2(k+1)^2=?$

[434] $\displaystyle\sum_{n=3}^{\infty}\frac{1}{n^5-5n^3+4n}=?$

[435] $\displaystyle\prod_{k=1}^{n}\left(1+\frac{2}{k^2+3k}\right)=?$

[436] $\sum_{k=0}^{n}(k+1)_{n}C_{k}=?$

[437] $\sum_{k=m}^{n}{}_{n}C_{k}\cdot{}_{k}C_{m}=?$

[438] $\sum_{k=1}^{\infty}\frac{1}{(2k+1)^{2}}=?$

[439] $\frac{1}{1\cdot2\cdot3}+\frac{1}{5\cdot6\cdot7}+\frac{1}{9\cdot10\cdot11}+\cdot\cdot=?$

[440] $\sum_{n=1}^{\infty}\frac{4n-3}{2^{2n-1}}=?$

[441] $a_{1}=\frac{3}{2},\ a_{n+1}=2a_{n}(a_{n}+1)\ \Rightarrow\ a_{n}=?$

[442] $z=\cos40+i\sin40\ \Rightarrow\ \left|\sum_{k=1}^{9}k\cdot z^{k}\right|^{-1}=?$

[443] $\sum_{k=1}^{n}k(k+1)=?$

[444] $\sum_{k=1}^{n}k(k+1)(k-2)=?$

[445] $\sum_{n=0}^{\infty}\frac{2n+1}{2^{2n+1}}=?$

[446] $\sum_{n=1}^{\infty}\frac{1}{(4n^{2}-2n)^{2}}=?$

[447] $\sum_{n=1}^{\infty}\frac{1}{(4n-3)^{2}(4n-1)^{2}}=?$

[448] $\sum_{k=1}^{n}\frac{{}_{n}C_{k}+1-2^{k}}{k}=?$

[449] $a_{0}=13,\ \prod_{k=0}^{n+1}a_{k}=4\prod_{k=0}^{n}(a_{k})^{3}+6\prod_{k=0}^{n}(a_{k})^{2}+3\prod_{k=0}^{n}a_{k}\ \Rightarrow\ a_{n}=?$

[450] $\displaystyle\sum_{k=0}^{n} \frac{{}_{n+k}C_k}{2^k} = ?$

[451] $x^2+x+1=0 \Rightarrow \displaystyle\sum_{k=1}^{27}\left(x^k+\frac{1}{x^k}\right)^2 = ?$

[452] $\left[\left(\displaystyle\sum_{k=1980}^{2000}\frac{1}{k}\right)^{-1}\right] = ?$, $[x]$:Gauss' notation

[453] $\displaystyle\prod_{k=2}^{n}\frac{k^3-1}{k^3+1} = ?$

[454] $F_1 = F_2 = 1,\ F_{n-2}+2F_{n-1} = F_n \Rightarrow \displaystyle\sum_{n=1}^{\infty}\frac{F_n}{10^n} = ?$

[455] $\displaystyle\prod_{k=1}^{n}\tan\left(\frac{k\pi}{2(n+1)}\right) = ?$

[456] $\displaystyle\sum_{k=1}^{n}\frac{1}{\cos x+\cos(2k+1)x} = ?$

[457] $\displaystyle\sum_{n=3}^{\infty} n\left(\frac{5}{6}\right)^{n-3} = ?$

[458] $\displaystyle\sum_{i=1}^{5}\frac{a_i}{k^2+i} = \frac{1}{k^2},\ (k=1,2,3,4,5) \Rightarrow \sum_{i=1}^{5}\frac{a_i}{36+i} = ?$

[459] $\displaystyle\sum_{k=1}^{n}(-1)^{k-1}k^2 = ?$

[460] $\displaystyle\frac{1}{1\cdot 2}+\frac{1}{1\cdot 2+2\cdot 3}+\frac{1}{1\cdot 2+2\cdot 3+3\cdot 4}+\dots = ?$

[461] $\displaystyle\sum_{k=1}^{n} k!(k^2+k+1) = ?$

[462] $\displaystyle\prod_{n=2}^{m}\left(1+\frac{1}{2^n-2}\right) = ?$

[463] $\displaystyle\sum_{n=1}^{\infty}\frac{1}{2^{2n+1}\cdot n(2n-1)}=?$

[464] $\displaystyle\prod_{k=1}^{45}(1+\tan k^\circ)=?$

[465] n : 짝수 $\Rightarrow \displaystyle\sum_{k=0}^{n-1}\cot\frac{(4k+1)\pi}{4n}=?$

[466] $\displaystyle\sum_{k=1}^{n}\cot^4\frac{k\pi}{2n+1}=?$

[467] $\displaystyle\sum_{k=1}^{90}(2k)\sin(2k)^\circ=?$

[468] $\displaystyle\sum_{k=1}^{n}\frac{1}{(1+kx)(1+(k+1)x)}=?$

[469] $\displaystyle\frac{1}{1\cdot2\cdot3\cdot4}+\frac{1}{2\cdot3\cdot4\cdot5}+\cdots=?$

[470] $\displaystyle\sum_{k=1}^{n}\frac{a_k}{\prod_{i=1}^{k}(1+a_i)}=?$

[471] $\displaystyle\prod_{k=0}^{6}\sin\left(\frac{(2k+1)\pi}{14}\right)=?$

[472] $i=\sqrt{-1}\Rightarrow \displaystyle\sum_{k=1}^{\infty}\frac{k}{(1-2i)^k}=?$

[473] $\begin{cases} a_{n+1}=\frac{1}{3}a_n+\frac{2}{3}b_n,\ a_0 \\ b_{n+1}=\frac{2}{3}a_n+\frac{1}{3}b_n,\ b_0 \end{cases} \Rightarrow a_n,\ b_n=?$

[474] $\displaystyle\frac{1}{2}+\frac{1}{3}+\frac{1}{5}+\frac{1}{7}+\frac{1}{11}+\frac{1}{13}+\frac{1}{17}+\cdots=?$

[475] $\displaystyle\frac{3}{4}+\frac{5}{36}+\frac{7}{144}+\frac{9}{400}+\frac{11}{900}+\cdots=?$

[476] $a_0 = 0,\ n \in N,\ \sum_{k=1}^{n} {}_nC_k \cdot a_k = \frac{n}{n+1} \Rightarrow a_n = ?$

[477] $\sum_{n=1}^{\infty} \tan^{-1}\left(\frac{8n}{n^4 - 2n^2 + 5}\right) = ?$

[478] $\sum_{n,k=0}^{\infty} \frac{n!k!}{(n+k+2)!} = ?$

[479] $\sum_{n,k=0}^{\infty} \frac{1}{n!k!(n+k+1)} = ?$

[480] $\frac{1}{1 \cdot 2 \cdot 3 \cdot 4} + \frac{1}{4 \cdot 5 \cdot 6 \cdot 7} + \frac{1}{7 \cdot 8 \cdot 9 \cdot 10} + \cdots = ?$

[481] $\sum_{k=1}^{\infty} \frac{1}{(k^2 + k)^3} = ?$

[482] $\sum_{n=0}^{\infty} \frac{x^{3n+1}}{(3n+1)!} = ?$

[483] $-2 < x < 1 \Rightarrow \sum_{m=0}^{\infty} \sum_{n=0}^{\infty} \frac{(m+n)!}{m!n!}\left(\frac{x}{2}\right)^{m+n} = ?$

[484] $|x| < 1,\ |y| < |1-x| \Rightarrow \sum_{m=0}^{\infty} \sum_{n=0}^{\infty} \frac{(n+m)!}{n!m!} x^n y^m = ?$

[485] $\begin{cases} |x| < 1 \\ |y| < |1-x| \\ |z| < |1-x-y| \end{cases} \Rightarrow \sum_{m=0}^{\infty} \sum_{n=0}^{\infty} \sum_{p=0}^{\infty} \frac{(p+n+m)!}{p!n!m!} x^p y^n z^m = ?$

[486] $\sum_{n=1}^{\infty} \frac{n^2}{n!} = ?$

[487] $\sum_{n=3}^{\infty} \frac{n^3}{n!} = ?$

[488] $\sum_{n=2}^{\infty} \frac{1}{n^2(n-1)} = ?$

[489] $0 < a < 1 \Rightarrow \sum_{n=1}^{\infty} \frac{1}{n}\left(\frac{1 \cdot 3 \cdots (2n-1)}{2 \cdot 4 \cdots (2n)}\right) a^n = ?$

[490] $0 < a < 1 \Rightarrow \sum_{n=1}^{\infty} \frac{(-1)^n}{n}\left(\frac{1 \cdot 3 \cdots (2n-1)}{2 \cdot 4 \cdots (2n)}\right) a^n = ?$

[491] $\frac{1}{2} + \frac{1}{2 \cdot 3} + \frac{1 \cdot 2}{2 \cdot 3 \cdot 5} + \frac{1 \cdot 2 \cdot 4}{2 \cdot 3 \cdot 5 \cdot 7} + \frac{1 \cdot 2 \cdot 4 \cdot 6}{2 \cdot 3 \cdot 5 \cdot 7 \cdot 11} + \cdots = ?$

[492] $\sum_{n=1}^{\infty} \frac{(n^2+1)x^n}{n!\,2^n} = ?$

[493] $1 - \frac{1}{3} + \frac{1}{4} - \frac{1}{6} + \frac{1}{7} - \frac{1}{9} + \frac{1}{10} - \frac{1}{12} + \cdots = ?$

[494] $\sum_{k=0}^{n} \frac{1}{(2k+1)!\,(2n+1-2k)!} = ?$

[495] $\sum_{n=1}^{\infty} \frac{1}{n(4n+5)} = ?$

[496] $\prod_{n=1}^{\infty} \left\{1 - \frac{4}{3}\sin^2\left(\frac{\pi/2}{3^n}\right)\right\} = ?$

[497] $\sum_{m=1}^{\infty} \sum_{n=1}^{\infty} \frac{(-1)^{m+n} mn}{(m+n)^2} = ?$

[498] $\sum_{n=1}^{\infty} 3^{n-1} \sin^3\left(\frac{x}{3^n}\right) = ?$

[499] $\sum_{n=0}^{\infty} \frac{1}{(3n+1)(3n+2)} = ?$

[500] $\sum_{n=0}^{\infty} \frac{(-1)^n n^3}{n!} = ?$

[501] $|a| < 1 \Rightarrow \sum_{n=0}^{\infty} \frac{a^{2n+1}}{2n+1} = ?$

[502] $\frac{1}{1!} + \frac{1}{5!} + \frac{1}{9!} + \frac{1}{13!} + \cdots = ?$

[503] $\displaystyle\sum_{k=0}^{\infty}\frac{1}{16^k}\left(\frac{4}{8k+1}-\frac{2}{8k+4}-\frac{1}{8k+5}-\frac{1}{8k+6}\right)=?$

[504] $\displaystyle\sum_{n=1}^{\infty}(-1)^{n-1}\frac{n+1}{n!(n+2)}=?$

[505] $1+\left(\dfrac{\sqrt{2}-1}{2\sqrt{2}}\right)+\left(\dfrac{3-2\sqrt{2}}{12}\right)+\left(\dfrac{5\sqrt{2}-7}{24\sqrt{2}}\right)+\left(\dfrac{17-12\sqrt{12}}{80}\right)+\cdots=?$

[506] $\displaystyle\sum_{m=0}^{\infty}\sum_{n=0}^{\infty}\frac{m!\,n!}{(m+n+2)!}=?$

[507] $5+\dfrac{2\cdot 6}{1!}+\dfrac{3\cdot 7}{2!}+\dfrac{4\cdot 8}{3!}+\cdots=?$

[508] $\displaystyle\sum_{n=1}^{\infty}\sum_{m=1}^{\infty}\frac{1}{m^2n+mn^2+mn}=?$

[509] $\displaystyle\sum_{k=1}^{n}\frac{k^2+k-1}{(k+2)!}=?$

[510] $\displaystyle\sum_{k=0}^{n}\sec\left(\frac{k\pi}{12}\right)\sec\left(\frac{(k+1)\pi}{12}\right)=?$

[511] $\left[\dfrac{2010!}{2009!+2008!+\cdots+2!+1!}\right]=?$, $[x]$: Gauss' notation

[512] $\sqrt{2011+2007\sqrt{2012+2008\sqrt{2013+2009\sqrt{2014+\cdots}}}}=?$

[513] $\displaystyle\sum_{n=0}^{\infty}\frac{4}{(4n)!}=?$

[514] $\displaystyle\sum_{i=1}^{\infty}\sum_{j=1}^{\infty}\frac{1}{2^i3^j(i+j)}=?$

[515] $\displaystyle\sum_{k=1}^{n}\sin^2\left(\frac{2k\pi}{n}\right)=?$

[516] $n > r \Rightarrow \sum_{k=r}^{n} {}_kC_r = ?$

[517] $\sum_{k=2}^{n+1} \frac{k^4}{k^2-1} = ?$

[518] $a_0 = 3,\ (3-a_{n+1})(6+a_n) = 18 \Rightarrow \sum_{k=0}^{n} \frac{1}{a_k} = ?$

[519] $a_1 = \frac{3}{2},\ a_{n+1}^2 - a_n^2 = \frac{1}{(n+2)^2} - \frac{1}{n^2} \Rightarrow \sum_{k=1}^{2010} a_k = ?$

[520] $\sum_{k=1}^{n} \frac{k}{(k+1)(k+2)(k+3)} = ?$

[521] $\sum_{k=1}^{\infty} \frac{(k!)^2}{(2k)!} = ?$

[522] $\sum_{k=0}^{\infty} \frac{(4k)!}{(4k+4)!} = ?$

[523] $\sum_{k=0}^{n} \frac{(-4)^k {}_nC_k}{(2k+1)\, {}_{2k}C_k} = ?$

[524] $\sum_{n=0}^{\infty} \sum_{r=n+1}^{\infty} \frac{(-1)^{r-1}}{r(2n+1)} = ?$

[525] $\sum_{k=0}^{\infty} \frac{(-1)^k x^{2k}}{(2k+3)!} = ?$

[526] $\sum_{k=1}^{\infty} \left(k \ln \frac{2k+1}{2k-1} - 1 \right) = ?$

[527] $\sum_{n=0}^{\infty} \left(-\frac{1}{2} \right)^n {}_{n+1}C_n = ?$

[528] $a_n : 1, 3, 4, 9, 10, 12, 13, 27, \ldots \Rightarrow a_{2009} = ?$

[529] $\sum_{n=0}^{\infty} \frac{1}{n!(n+5)} = ?$

[530] $\sum_{n=1}^{\infty} \frac{1 \cdot 3 \cdots (2n-1)}{n[2 \cdot 4 \cdots (2n)]} = ?$

[531] $\prod_{k=1}^{n} \frac{(2k)^4 + (2k)^2 + 1}{(2k+1)^4 + (2k+1)^2 + 1} = ?$

[532] $\sum_{k=0}^{\infty} \frac{(k+1)(k+5)}{k!} = ?$

[533] $\sum_{k=0}^{n} \frac{k^2 + 4k + 2}{(k+1)(k+2)} {}_nC_k = ?$

[534] $0 < a < \pi \Rightarrow \pi + \sum_{n=1}^{\infty} \left\{ (-1)^n \cos^n a \int_0^{\pi} \cos^n x \, dx \right\} = ?$

[535] $\tan^{-1} \frac{2}{1+1 \cdot 3} + \tan^{-1} \frac{2}{1+3 \cdot 5} + \tan^{-1} \frac{2}{1+5 \cdot 7} + \cdots = ?$

[536] $\sum_{k=1}^{\infty} \cot^{-1} \left(\frac{k^2}{8} \right) = ?$

[537] $\sum_{k=1}^{n} \frac{\sin^3 (3^{k-1} x)}{3^{k-1} \cos (3^k x)} = ?$

[538] $\sum_{n=1}^{\infty} \int_0^{\pi} \frac{n \sin (nx)}{e^n} dx = ?$

[539] $\sum_{k=0}^{n} \frac{(-1)^k}{2k+1} \cdot {}_nC_k = ?$

[540] $\sum_{n=1}^{\infty} 9^{2-n} 4^{n+1} = ?$

[541] $\sum_{k=1}^{3n} \left(\int_0^1 x(1-x)^k dx \right)^{-1} = ?$

[542] $\sum_{n=-\infty}^{\infty} \frac{1}{x+n} = ?$

[543] $\sum_{n=-\infty}^{\infty} \frac{1}{x^2+n^2} = ?$

[544] $\sum_{n=1}^{\infty} \frac{1}{n^2 \cdot {}_{2n}C_n} = ?$

[545] $\sum_{n=0}^{\infty} \frac{{}_{3n}C_n}{8^n} = ?$

[546] $0 < \theta < \pi \Rightarrow \sum_{n=0}^{\infty} \frac{\cos(n\theta)}{n+1} = ?$

[547] $\sum_{n=1}^{\infty} \frac{ne^{xn}}{3^n} = ?$

[548] $\sum_{k=1}^{2n-1} \frac{(-1)^{k-1} \cdot k}{{}_{2n}C_k} = ?$

[549] $\left[\sum_{k=1}^{80} \frac{1}{\sqrt{k}}\right] = ?$, $[x]$:Gauss' notation

[550] $\sum_{n=1}^{\infty} \sum_{k=0}^{n-1} (-1)^k \frac{(n-k)^k}{k!} = ?$

[551] $\sum_{n=1}^{\infty} \frac{\ln\left\{\frac{n^{n+1}}{(n+1)^n}\right\}}{n(n+1)} = ?$

[552] $\sum_{n=1}^{\infty} \frac{x^{2n}}{(2n-1)!} = ?$

[553] $a_0 = a_1 = 2, a_n = \frac{a_{n-1}\sqrt[6]{a_{n-1}}}{\sqrt[3]{a_{n-2}}} \Rightarrow a_n = ?$

[554] $n \geq 2 \Rightarrow \sum_{k=-\infty}^{\infty} \frac{1}{(kn+1)^3} = ?$

[555] $a_1 = 1,\ a_{n+1} = 1 + \dfrac{1}{a_n} \Rightarrow a_n = ?$

[556] $\displaystyle\sum_{n=1}^{\infty} \left(\sqrt{n+2012} - 2\sqrt{n+2011} + \sqrt{n+2010}\right) = ?$

[557] $a, a_0 > 0,\ a_n = \dfrac{2aa_{n-1}}{a_{n-1}+a} \Rightarrow a_n = ?$

[558] $\displaystyle\sum_{n=1}^{\infty} \cos^{-1}\left(\frac{1+\sqrt{n^2+2n}\sqrt{n^2-1}}{n(n+1)}\right) = ?$

[559] $|x| < 1 \Rightarrow \displaystyle\sum_{n=1}^{\infty}\left(\frac{1}{1-x} - 1 - x - x^2 - \cdots - x^n\right)^k = ?$

[560] $\displaystyle\sum_{n=1}^{\infty} \frac{n^2+2n+3}{2^n} = ?$

[561] $a_1 = 2,\ a_n = \dfrac{1}{n}\displaystyle\sum_{k=1}^{n-1} ka_k,\ (n \ge 2) \Rightarrow \sum_{n=1}^{\infty}\frac{a_n}{4^n} = ?$

[562] $\displaystyle\sum_{n=1}^{\infty} \frac{n+1}{(2n+1)^2(2n+3)^2} = ?$

[563] $\displaystyle\prod_{n=2}^{\infty}\left(1 - \frac{1}{{}_{n+1}C_2}\right) = ?$

[564] $\dfrac{19}{93} + \dfrac{19}{93}\dfrac{18}{92} + \cdots + \dfrac{19}{93}\dfrac{18}{92}\cdots\dfrac{1}{75} = ?$

[565] $\displaystyle\sum_{n=1}^{\infty} \frac{1}{2n(2n-1)} = ?$

[566] $\displaystyle\sum_{n=1}^{100} \frac{\sqrt[101]{4^n}}{\sqrt[101]{4^n}+2} = ?$

[567] $\displaystyle\sum_{n=1}^{\infty} \frac{6n-1}{3^n} = ?$

[568] $\sum_{n=0}^{\infty} \frac{(n+1)(n+2)}{2^n} = ?$

[569] $\sum_{n=1}^{\infty} \frac{n}{4n^4+1} = ?$

[570] $\sum_{n=0}^{\infty} \frac{(n!)^2 2^{n+1}}{(2n+1)!} = ?$

[571] $a_1 = a^2, a > 0,\ a_{n+1} = a_n\left(\sqrt{a_n}+2\right)^2 \Rightarrow a_n = ?$

[572] $\frac{1}{(-3)} + \frac{2^3}{(-3)^2} + \frac{3^3}{(-3)^3} + \frac{4^3}{(-3)^4} + \frac{5^3}{(-3)^5} + \cdots = ?$

[573] $\sum_{n=2}^{\infty} \frac{\ln\left(1+\frac{1}{n}\right)}{\ln n} = ?$

[574] $\sum_{n=0}^{\infty} \left(\frac{1}{4n+1} + \frac{1}{4n+3} - \frac{1}{2n+2}\right) = ?$

[575] $x \neq n\pi \Rightarrow \prod_{n=1}^{\infty} \left(\frac{x}{\sin x}\left(1-\frac{x^2}{\pi^2}\right)\cdots\left(1-\frac{x^2}{n^2\pi^2}\right)\right)^{(-1)^n} = ?$

[576] $\sqrt{5\sqrt{2\sqrt{5\sqrt{2\sqrt{5\sqrt{2\cdots}}}}}} = ?$

[577] $\sum_{n_1=1}^{\infty} \sum_{n_2=1}^{\infty} \cdots \sum_{n_k=1}^{\infty} \frac{1}{n_1 n_2 \cdots n_k(n_1+n_2+\cdots+n_k+1)} = ?$

[578] $\sum_{n=1}^{\infty} \frac{(-1)^{n-1}(2^{2n-1}-2^{1-2n})}{(2n-1)^2} = ?$

[579] $\sum_{k=0}^{\infty} \left[\frac{n+2^k}{2^{k+1}}\right] = ?,\ [x]$:Gauss' notation

[580] $\sum_{k=0}^{n} {}_nC_k\, x^k y^{n-k} k^2 = ?$

[581] $\sum_{k=0}^{n} {}_nC_k x^k y^{n-k} k^3 = ?$

[582] $\sum_{k=0}^{n-1} 2^k \tan(2^k x) + 2^n \cot(2^n x) = ?$

[583] $\sum_{n=1}^{\infty} \frac{\cos(2anx)}{n} = ?$

[584] $a_0 = 1, a_{n+1} = 3a_n + \left[\sqrt{5}\, a_n\right] \Rightarrow a_n = ?$, $[a_n]$:Gauss' 부호

[585] $f_0(x) = e^{2x} + 1, f_n(x) = \int_0^x (n+2t) f_{n-1}(t)dt - \frac{2x^{n+1}}{n+1}$

$\Rightarrow \sum_{n=1}^{\infty} f_n'\left(\frac{1}{2}\right) = ?$

[586] $\sum_{n=1}^{\infty} \frac{1}{2^n} \int_{-1}^{1} (1-x)^2 (1+x)^n dx = ?$

[587] $a_0 = 1, a_1 = 0, a_n = 20a_{n-1} + 12a_{n-2} \Rightarrow \sum_{n=0}^{\infty} \frac{a_n}{10^{2n}} = ?$

[588] $-\frac{1}{4} < x < \frac{1}{4} \Rightarrow \sum_{n=0}^{\infty} \frac{(2n)!}{(n!)^2} x^n = ?$

[589] $\sum_{n=1}^{\infty} \frac{a}{n^2 + a^2} = ?$

[590] $\sum_{n=0}^{\infty} \frac{(-1)^n (2n+1)}{(4n+2)^2 - 1} = ?$

[591] $\sum_{n=1}^{\infty} \frac{1}{1 + 2^2 + 3^2 + \cdots + n^2} = ?$

[592] $\sum_{n=1}^{\infty} \frac{1}{1 + 2^3 + 3^3 + \cdots + n^3} = ?$

[593] $\sum_{n=1}^{\infty} \frac{(-1)^{n-1}}{n \cdot {}_{2n}C_n} = ?$

[594] $7+9+13+21+37+\cdots+a_n=?$

[595] $i<j \Rightarrow \sum_{i,j=1}^{\infty}\frac{1}{i^2j^2}=?$

[596] $i<j<k \Rightarrow \sum_{i,j,k=1}^{\infty}\frac{1}{i^2j^2k^2}=?$

[597] $0<\theta<\pi,\ \theta_n=\frac{\theta}{3^n} \Rightarrow \sum_{n=1}^{\infty}\frac{\tan\theta_n}{3^n(3-\tan^2\theta_n)}=?$

[598] $\sum_{i=1}^{\infty}\sum_{j=1}^{\infty}\frac{i^2j}{5^i(j5^i+i5^j)}=?$

[599] $1+\frac{1\cdot 2}{1\cdot 3}+\frac{1\cdot 2\cdot 3}{1\cdot 3\cdot 5}+\frac{1\cdot 2\cdot 3\cdot 4}{1\cdot 3\cdot 5\cdot 7}+\cdots=?$

[600] $\sum_{n=0}^{\infty}\frac{(n!)^2 4^n x^{2n+2}}{(n+1)(2n+1)!}=(\sin^{-1}x)^2 \Rightarrow \sum_{n=0}^{\infty}\frac{(-1)^n}{{}_{2n}C_n}=?$

[601] $\sin 1+\sin 3+\sin 5+\cdots+\sin 99=?$

[602] $i=\sqrt{-1},\, n\geq 2 \Rightarrow \prod_{k=0}^{n}\left[1+\left(\frac{1+i}{2}\right)^{2^k}\right]=?$

[603] $\sum_{n=1}^{2011}(-1)^n\left(\frac{n^2+n+1}{n!}\right)=?$

[604] $\sum_{n=1}^{\infty}\frac{(-1)^{n+1}}{F_nF_{n+1}}=?,\ F_n$:Fibonacci 수

[605] $\sum_{n=1}^{\infty}\frac{(-1)^{n-1}}{n^2\,{}_{2n}C_n}=?$

[606] $\sum_{k=1}^{n}\operatorname{cosec}\left(\frac{\pi}{2^k}\right)=?$

[607] $\sum_{n=1}^{\infty}\frac{n}{1\cdot 3\cdot 5\cdots(2n+1)}=?$

[608] $\{c_i\}$:합성수 수열 $\Rightarrow \prod_{i=1}^{\infty} \frac{c_i^2}{c_i^2 - 1} = ?$, $c_i = 4, 6, 8, 9, \ldots$

[609] $\sum_{n=1}^{\infty} \tan^{-1}\left(\frac{2}{n^2}\right) = ?$

[610] $\sum_{n=0}^{\infty} {}_{0.5}C_n \left(\frac{2}{x^2} - 1\right)^{-n} = ?$

[611] $\sum_{i=0}^{n} \sum_{j=0}^{n-i} \frac{(-1)^j}{i!\,j!} = ?$

[612] $\sum_{n=1}^{\infty} \frac{(-1)^n \sin(n)}{n} = ?$

[613] $k \in N, k \geq 2 \Rightarrow \sum_{n=0}^{\infty} \frac{1}{{}_{n+k}C_n} = ?$

[614] $\sum_{k \in Z} \frac{1}{x + k\pi} = ?$

[615] $\sum_{k \in Z} \frac{(-1)^k}{x + k\pi} = ?$

[616] $\sum_{m=0}^{n} \sum_{i=0}^{m} \frac{(-1)^i \, {}_nC_i}{m+1} = ?$

[617] $S_n : y = x^2(1-x)^n, (0 \leq x \leq 1), x$축 사이 넓이 $\Rightarrow \sum_{n=1}^{\infty} S_n = ?$

[618] $\sum_{i=1}^{n} \prod_{j=0}^{k-1} (i + j) = ?$

[619] $1 + \frac{3}{4} + \frac{3 \cdot 5}{4 \cdot 8} + \frac{3 \cdot 5 \cdot 7}{4 \cdot 8 \cdot 12} + \cdots = ?$

[620] $\sum_{n=0}^{\infty} \frac{\cos n}{2^n} = ?$

[621] $n, m \in Z,\ 0 < n < m \ \Rightarrow \ \sum_{k=1}^{m} \sin^2\left(\frac{k\pi n}{m}\right) = ?$

[622] $\sqrt{2+\sqrt{3}}\ \sqrt{2+\sqrt{2+\sqrt{3}}}\ \sqrt{2+\sqrt{2+\sqrt{2+\sqrt{3}}}}\ \sqrt{2-\sqrt{2+\sqrt{2+\sqrt{3}}}} = ?$

[623] $\sum_{n=1}^{\infty} \frac{1}{(2n+1)(2n+3)(2n+5)(2n+7)(2n+9)(2n+11)(2n+13)(2n+15)} = ?$

[624] $x = \cos\frac{2\pi}{7} + i\sin\frac{2\pi}{7} \ \Rightarrow \ \prod_{n=1}^{6} \left(2x^n + x^{2n}\right) = ?$

[625] $\sum_{k=1}^{n} \cos^2(kx) = ?$

[626] $\sum_{n=1}^{\infty} \frac{n^5}{n!} = ?$

[627] $\sum_{n=1}^{\infty} \frac{n^6}{n!} = ?$

[628] $\frac{1+2}{2} + \frac{1+2+3}{2^2} + \frac{1+2+3+4}{2^3} + \frac{1+2+3+4+5}{2^4} + \cdots = ?$

[629] $t > 0 \ \Rightarrow \ \sum_{n=1}^{\infty} \frac{\Gamma(n)}{\Gamma(n+t+1)} = ?$, $\Gamma(n)$:Gamma 함수

[630] $\sum_{k=0}^{n} \frac{2^{k+1}-1}{k+1} {}_nC_k = ?$

[631] $\sum_{n=1}^{\infty} \frac{n}{(n+2)(n+3)(n+4)} = ?$

[632] $f(a)f(b) = f(a+b+ab) \ \Rightarrow \ \prod_{n=1}^{2011} f(n) = ?$

[633] $\prod_{n=1}^{\infty} \sqrt[2^n]{2^n} = ?$

[634] $\sum_{n=1}^{2011} \frac{n-1}{n!(2011-n)!} = ?$

[635] $\sin\frac{\pi}{2n}\sin\frac{3\pi}{2n}\sin\frac{5\pi}{2n}\cdots\sin\frac{(2n-1)\pi}{2n}=?$

[636] $\sum_{n=0}^{\infty}\frac{(n+1)^2}{n!}=?$

[637] $a*b=ab+a+b \Rightarrow 1*(2*(3*\cdots(99*100)\cdots))=?$

[638] $\prod_{n=1}^{\infty}\left(1-\frac{1}{2n}\right)=?$

[639] $\sum_{n=1}^{\infty}\frac{n^3+6n^2+11n+5}{(n+3)!}=?$

[640] $\sum_{n=1}^{\infty}\frac{(-1)^{n+1}}{3n-1}=?$

[641] $f(m,n)=3m+n+(m+n)^2 \Rightarrow \sum_{n=0}^{\infty}\sum_{m=0}^{\infty}2^{-f(m,n)}=?$

[642] $\sum_{n=1}^{\infty}\frac{\cos n}{n}=?$

[643] $\sum_{n=1}^{\infty}\frac{\cos 3n}{n}=?$

[644] $\sum_{n=1}^{\infty}\frac{\sin 3n}{n}=?$

[645] $a_1=0,\ \frac{1}{1-a_{n+1}}-\frac{1}{1-a_n}=2n+1,\ (n\in N)\Rightarrow a_n=?$

[646] $a_0=\frac{1}{n},\ a_k=\frac{1}{n-k}\sum_{n=0}^{k-1}a_n \Rightarrow \sum_{k=0}^{n-1}a_k=?$

[647] $\begin{cases}a_{n+1}=\sqrt{a_n b_{n+1}}\ ,a_0=a\\ b_{n+1}=\sqrt{a_{n+1}b_n}\ ,b_0=b\end{cases} \Rightarrow a_n, b_n=?$

[648] $\begin{cases} a_{n+1} = a_n + b_n + \sqrt{a_n^2 + b_n^2}, a_0 = -2 \\ b_{n+1} = a_n + b_n - \sqrt{a_n^2 + b_n^2}, b_0 = 1 \end{cases} \Rightarrow \begin{matrix} a_n = ? \\ b_n = ? \end{matrix}$

[649] $\sum_{n=1}^{\infty} \tan^{-1} \frac{4b^2}{[2a+(2n-1)b]^2 + 3b^2} = ?$

[650] $\sum_{n=2}^{\infty} \frac{\ln\left[\left(1+\frac{1}{n}\right)^n (1+n)\right]}{\ln(n^n)\ln(n+1)^{n+1}} = ?$

[651] $f(x) = \frac{x^3}{1-3x+3x^2}$, n: 짝수 $\Rightarrow \sum_{i=1}^{n-1} f\left(\frac{i}{n-1}\right) = ?$

[652] $\sum_{n=1}^{\infty} \frac{1}{x^2 - n^2} = ?$

[653] $\prod_{n=2}^{\infty} \frac{n^2-2}{n^2} = ?$

[654] $\prod_{n=1}^{\infty} \left(1 - \frac{8}{(2n-1)^2}\right) = ?$

[655] $\sum_{n=1}^{\infty} \ln\left(1+\frac{1}{n}\right)\ln\left(1+\frac{1}{2n}\right)\ln\left(1+\frac{1}{2n+1}\right) = ?$

[656] $\sum_{k=1}^{n} \frac{k^4}{(2k-1)(2k+1)} = ?$

[657] $\sum_{k=0}^{n} \sin^2\left(\frac{k\pi}{n}\right) = ?$

[658] $\sum_{n=1}^{\infty} \frac{1}{2^n \, {}_{2n}C_n} = ?$

[659] $a_0 = 5$, $\frac{a_{n+1}}{a_n} = a_n + 2 \Rightarrow a_n = ?$

[660] $\displaystyle\prod_{k=1}^{m} \frac{\left(1+\frac{1}{k}\right)^n}{1+\frac{n}{k}} = ?$

[661] $\displaystyle\frac{\sum_{k=3}^{n} {}_kC_3}{\sum_{k=4}^{n} {}_kC_4} = ?$

[662] $a_1 = 1, a_n = n(a_{n-1}+1) \Rightarrow \displaystyle\prod_{n=1}^{\infty}\left(1+\frac{1}{a_n}\right) = ?$

[663] $x_i : x^5 + x^2 + 1 = 0$의 근, $g(x) = x^2 - 2 \Rightarrow \displaystyle\prod_{n=1}^{5} g(x_n) - 30g\left(\prod_{n=1}^{5} x_n\right) = ?$

[664] $\displaystyle\sum_{n=1}^{\infty} \frac{n^3+4n^2+2n-3}{(n+1)!+(n+2)!} = ?$

[665] $\displaystyle\sum_{n=1}^{\infty} \tan^{-1}\left(\frac{a}{a^2n^2+a(a+2b)n+1+ab+b^2}\right) = ?$

[666] $\displaystyle\sum_{n=1}^{\infty} \tan^{-1}\left(\frac{1}{n^2+n+1}\right) = ?$

[667] $\displaystyle\sum_{n=0}^{\infty} \tan^{-1}\left(\frac{2}{(2n+1)^2}\right) = ?$

[668] $\displaystyle\sum_{n=1}^{\infty} \tan^{-1}\left(\frac{8an}{4a^2n^4+a^2+4}\right) = ?$

[669] $\displaystyle\sum_{n=1}^{\infty} \tan^{-1}\left(\frac{2an}{a^2n^4-a^2n^2+1}\right) = ?$

[670] $\displaystyle\sum_{n=1}^{\infty} \tan^{-1}\left(\frac{4an}{n^4+a^2+4}\right) = ?$

[671] $\displaystyle\sum_{n=1}^{\infty} \tan^{-1}\left(\frac{8n}{n^4-2n^2+5}\right) = ?$

[672] $\displaystyle\sum_{k=0}^{n} k^3 {}_nC_k = ?$

[673] $\displaystyle\sum_{n=1}^{\infty}\left(\ln 2-\sum_{k=1}^{n}\frac{(-1)^{k-1}}{k}\right)=?$

[674] $1+\dfrac{1}{5}-\dfrac{1}{7}-\dfrac{1}{11}+\dfrac{1}{13}+\dfrac{1}{17}-\dfrac{1}{19}-\dfrac{1}{23}+\cdots=?$

[675] $\displaystyle\sum_{n=1}^{\infty}\tan^{-1}\left(\frac{2n}{2+n^2+n^4}\right)=?$

[676] $\displaystyle\sum_{n=-\infty}^{\infty}\frac{1}{(n+x)^2}=?$

[677] $z=\cos\dfrac{8\pi}{11}+i\sin\dfrac{8\pi}{11} \Rightarrow Re\left(\displaystyle\sum_{n=1}^{5} z^n\right)=?$

[678] $a_0=5,\ 3a_{n+1}=2(n+1)a_n+5\cdot(n+1)! \Rightarrow a_n=?$

[679] $\displaystyle\sum_{n=1}^{\infty}\frac{1}{n^2(n+1)^2}=?$

[680] $\begin{cases} f(x)=\displaystyle\int_0^x e^t(\cos t+\sin t)dt \\ g(x)=\displaystyle\int_0^x e^t(\cos t-\sin t)dt \end{cases} \Rightarrow \displaystyle\sum_{n=1}^{\infty}\frac{e^{2a}}{\left(f^{(n)}(a)\right)^2+\left(g^{(n)}(a)\right)^2}=?$

03 함수와 수식

❑ 해가 존재하도록 인수분해된 조건식을 구하여라.([1]~[23])

[1] $\begin{cases}(1-a)x_1-4x_2-2x_3=1\\ 2x_1+(7-a)x_2+4x_3=1\\ 4x_1+10x_2+(6+a)x_3=1\end{cases}$

[2] $\begin{cases}(b+c)^2x_1+abx_2+cax_3=1\\ abx_1+(a+c)^2x_2+bcx_3=1\\ cax_1+bcx_2+(a+b)^2x_3=1\end{cases}$

[3] $\begin{cases}(a+b+2c)x_1+ax_2+bx_3=1\\ cx_1+(b+c+2a)x_2+bx_3=1\\ cx_1+ax_2+(c+a+2b)x_3=1\end{cases}$

[4] $\begin{cases}a^3x_1+a^1x_2+x_3=1\\ b^3x_1+b^1x_2+x_3=1\\ c^3x_1+c^1x_2+x_3=1\end{cases}$

[5] $\begin{cases}(a+1)x_1+bx_2+cx_3+dx_4=1\\ ax_1+(b+1)x_2+cx_3+dx_4=1\\ ax_1+bx_2+(c+1)x_3+dx_4=1\\ ax_1+bx_2+cx_3+(d+1)x_4=1\end{cases}$

[6] $\begin{cases}x_2+x_3+x_4=1\\ x_1+c^2x_3+b^2x_4=1\\ x_1+c^2x_2+a^2x_4=1\\ x_1+b^2x_2+a^2x_3=1\end{cases}$

[7] $\begin{cases}x_1+ax_2+bcx_3=1\\ x_1+bx_2+cax_3=1\\ x_1+cx_2+abx_3=1\end{cases}$

[8] $$\begin{cases} x_1+ax_2+a^2x_3+a^3x_4=1 \\ x_1+bx_2+b^2x_3+b^3x_4=1 \\ x_1+cx_2+c^2x_3+c^3x_4=1 \\ x_1+dx_2+d^2x_3+d^3x_4=1 \end{cases}$$

[9] $$\begin{cases} x_1+a^2x_2+(b+c)^2x_3=1 \\ x_1+b^2x_2+(c+a)^2x_3=1 \\ x_1+c^2x_2+(a+b)^2x_3=1 \end{cases}$$

[10] $$\begin{cases} (1+a)x_1+x_2+x_3+x_4=1 \\ x_1+(1+b)x_2+x_3+x_4=1 \\ x_1+x_2+(1+c)x_3+x_4=1 \\ x_1+x_2+x_3+(1+d)x_4=1 \end{cases}$$

[11] $$\begin{cases} x_1+x_2+x_3=1 \\ ax_1+bx_2+cx_3=1 \\ a^2x_1+b^2x_2+c^2x_3=1 \end{cases}$$

[12] $$\begin{cases} x_1+cx_2-bx_3=1 \\ -cx_1+x_2+ax_3=1 \\ bx_1-ax_2+x_3=1 \end{cases}$$

[13] $$\begin{cases} (a-b)x_1+(l-m)x_2+(u-v)x_3=1 \\ (b-c)x_1+(m-n)x_2+(v-w)x_3=1 \\ (c-a)x_1+(n-l)x_2+(w-u)x_3=1 \end{cases}$$

[14] $$\begin{cases} x_1+ax_2+bx_3+cx_4+(d+e)x_5=1 \\ x_1+bx_2+cx_3+dx_4+(e+a)x_5=1 \\ x_1+cx_2+dx_3+ex_4+(a+b)x_5=1 \\ x_1+dx_2+ex_3+ax_4+(b+c)x_5=1 \\ x_1+ex_2+ax_3+bx_4+(c+d)x_5=1 \end{cases}$$

[15] $$\begin{cases} (a+b)x_1+cx_2+cx_3=1 \\ ax_1+(b+c)x_2+ax_3=1 \\ bx_1+bx_2+(c+a)x_3=1 \end{cases}$$

[16] $$\begin{cases} (2bc-a^2)x_1+(2ca-b^2)x_2+(2ab-c^2)x_3=1 \\ b^2x_1+c^2x_2+a^2x_3=1 \\ c^2x_1+a^2x_2+b^2x_3=1 \end{cases}$$

[17] $$\begin{cases}(b^2+c^2)x_1+abx_2+cax_3=1\\ abx_1+(c^2+a^2)x_2+bcx_3=1\\ cax_1+bcx_2+(a^2+b^2)x_3=1\end{cases}$$

[18] $$\begin{cases}(2bc+a^2)x_1+(2ab+c^2)x_2+(2ac+b^2)x_3=1\\ (2ac+b^2)x_1+(2bc+a^2)x_2+(2ab+c^2)x_3=1\\ (2ab+c^2)x_1+(2ac+b^2)x_2+(2bc+a^2)x_3=1\end{cases}$$

[19] $$\begin{cases}(a^2+2bc)x_1+c^2x_2-b^2x_3=1\\ \quad b^2x_1+(a^2+2bc)x_2+c^2x_3=1\\ -c^2x_1+b^2x_2+(a^2+2bc)x_3=1\end{cases}$$

[20] $$\begin{cases}ax_2+bx_3+cx_4=1\\ ax_1+cx_3+bx_4=1\\ bx_1+cx_2+ax_4=1\\ cx_1+bx_2+ax_3=1\end{cases}$$

[21] $$\begin{cases}(2bc-a^2)x_1+c^2x_2+b^2x_3=1\\ c^2x_1+(2ac-b^2)x_2+a^2x_3=1\\ b^2x_1+a^2x_2+(2ab-c^2)x_3=1\end{cases}$$

[22] $$\begin{cases}(1+a_1^2)x_1+a_1a_2x_2+a_1a_3x_3+\cdots+a_1a_nx_n=1\\ a_2a_1x_1+(1+a_2^2)x_2+a_2a_3x_3+\cdots+a_2a_nx_n=1\\ a_3a_1x_1+a_3a_2x_2+(1+a_3^2)x_3+\cdots+a_3a_nx_n=1\\ \vdots\\ a_na_1x_1+a_na_2x_2+a_na_3x_3+\cdots+(1+a_n^2)x_n=1\end{cases}$$

[23] $$\begin{cases}(1+a^2-b^2-c^2)x+2(ab+c)y+2(ca-b)z=1\\ 2(ab-c)x+(1+b^2-c^2-a^2)y+2(bc+a)z=1\\ 2(ca+b)x+2(bc-a)y+(1+c^2-a^2-b^2)z=1\end{cases}$$

[24] $x^3+px^2+qx+r=0$의 한 근이 다른 두 근의 곱과 같으면 p, q, r의 관계식은?

[25] $x^6-x^5+x^4-2x^3+x^2-x+1=0$에 근을 구하여라.

[26] $x^5-2x^4-2x+1=0$에 근을 구하여라.

[27] $x^5+3x^4-3x^3+3x^2-3x-1=0$에 근을 구하여라.

[28] $2x^6-11x^5+17x^4-17x^2+11x-2=0$에 근은?

[29] $\sqrt{4+\sqrt{4-\sqrt{4+\sqrt{4-x}}}}=x$에 근을 구하여라.

[30] 막대가 정육면체와 벽면에 접하면서 가장 높게 세울 수 있는 높이는?

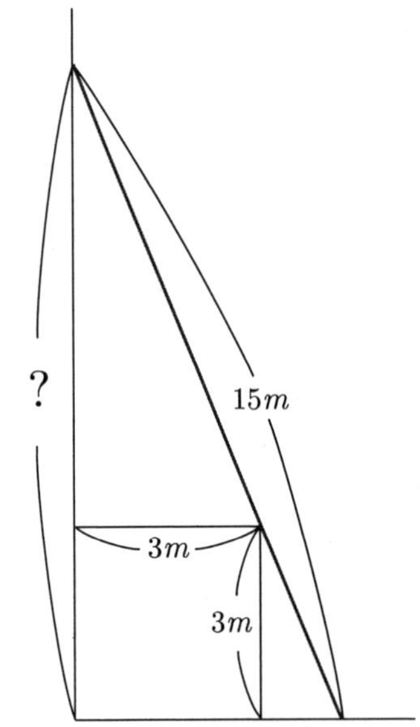

[31] $y=x^{x^{x^{\cdot^{\cdot}}}}$, $(0<x)$에서 유한인 값 y가 나오게 가장 큰 x값은?

[32] $x^3-3x-1=0$ 에 근을 구하여라.

[33] $x^4+4x-1=0$ 에 근을 구하여라.

[34] $\sqrt{x+\sqrt{x+\sqrt{x+\sqrt{x+\sqrt{x+\cdot\cdot}}}}}=6$에 근을 구하여라.

[35] $8^{2^x}-3\cdot 4^{2^x}-2^{2^x}=12 \Rightarrow \sqrt{2^{2^{2^x}}}=?$

[36] $f(n)=\sum_{k=1}^{n}\frac{1}{k}$, $\sum_{i=1}^{n-1}f(i)=g(n)\{f(n)-1\}\Rightarrow g(n)=?$

[37] $\frac{|f(x)-f(y)|}{2}\le(x-y)^2\sin^2(x-y)\Rightarrow f(x)=?$

[38] $a,b,c\in Z^+$, $d\in Z$, $\frac{a}{4}+\frac{b+c}{3}+d=10\Rightarrow \min\{a+b+c+d\}=?$

[39] $x,y,z\in Z^+$, $xyz=8000\Rightarrow$ 서로 다른 해 (x,y,z)의 개수는?

[40] $\dfrac{b^2c^2}{2bc\cos A} = b^2 + c^2 - 2bc\cos A \Rightarrow$ 어떤 삼각형인가?

[41] $f(x) + xf(1-x) = 1 + x \Rightarrow f(x) = ?$

[42] $|xy - f(x) - g(y)| \geq \dfrac{1}{4} \Rightarrow x, y = ?,\ (0 \leq x, y \leq 1)$

[43] $f(x) + f\left(1 - \dfrac{1}{x}\right) = 1 + x \Rightarrow f(x) = ?\ (x \neq 0, 1)$

[44] $\sin^6 x + \cos^6 x = \dfrac{1}{4} \Rightarrow x = ?$

[45] $f(2x) = f'(x)f''(x),\ f(0) = 0 \Rightarrow f(x) = ?$

[46] $\sqrt{2} + \sqrt{3},\ \sqrt{2} + \sqrt[3]{3}$ 을 근으로 갖는 정수계수의 다항식은?

[47] $x^2 + y^2 + z^2 = 1 \Rightarrow x^2 + 2y^2 + 3z^2$의 최대값, 최소값은?

[48] $\begin{cases} x_1 + 2x_2 + \cdots + (n-1)x_{n-1} + nx_n = n \\ 2x_1 + 3x_2 + \cdots + nx_{n-1} + x_n = n-1 \\ 3x_1 + 4x_2 + \cdots + x_{n-1} + 2x_n = n-2 \\ \vdots \\ nx_1 + x_2 + \cdots + (n-2)x_{n-1} + (n-1)x_n = 1 \end{cases}$ 의 해는?

[49] $x^2 + y^2 + z^2 = 9,\ x^4 + y^4 + z^4 = 33,\ xyz = -4 \Rightarrow (x, y, z) = ?$

[50] $f(x^2) = f(x)f(x-1) \Rightarrow f(x) = ?$

[51] $\tan x + \tan y = 25,\ \cot x + \cot y = 30 \Rightarrow \tan(x+y) = ?$

[52] $1 - x + x^2 - x^3 + \cdots - x^{17},\ y = x + 1 \Rightarrow y^2$의 계수는?

[53] $\sqrt{1 + 28 \times 29 \times 30 \times 31} = ?$

[54] $\begin{cases} x_1 + 4x_2 + 9x_3 + 16x_4 + 25x_5 + 36x_6 + 49x_7 = 1 \\ 4x_1 + 9x_2 + 16x_3 + 25x_4 + 36x_5 + 49x_6 + 64x_7 = 12 \\ 9x_1 + 16x_2 + 25x_3 + 36x_4 + 49x_5 + 64x_6 + 81x_7 = 123 \end{cases}$

$\Rightarrow 16x_1 + 25x_2 + 36x_3 + 49x_4 + 64x_5 + 81x_6 + 100x_7 = ?$

[55] $(52+6\sqrt{43})^{\frac{3}{2}}-(52-6\sqrt{43})^{\frac{3}{2}}=\ ?$

[56] $\dfrac{1}{x^2-10x-29}+\dfrac{1}{x^2-10x-45}=\dfrac{2}{x^2-10x-69}\Rightarrow x=\ ?$

[57] $ax+by=3,\ ax^2+by^2=7, ax^3+by^3=16, ax^4+by^4=42\Rightarrow ax^5+by^5=\ ?$

[58] $ab+a+b=71, a^2b+ab^2=880\ \Rightarrow\ a^2+b^2=\ ?, (a,b\in N)$

[59] $\sec x+\tan x=\dfrac{22}{7}\Rightarrow \operatorname{cosec}x+\cot x=\ ?$

[60] $f_0(x)=x^3+313x^2-77x-8,\ f_n(x)=f_{n-1}(x-n)\Rightarrow f_{20}(x)$: x의 계수는?

[61] $\sqrt{2008}\,x^{\log_{2008}x}=x^2\Rightarrow x=\ ?$

[62] $(1+\sin x)(1+\cos x)=\dfrac{5}{4}\Rightarrow(1-\sin x)(1-\cos x)=\ ?$

[63] $x^6+x^4+x^3+x^2+1=0$, 근의 곱 : $r(\cos\theta+i\sin\theta)\ \Rightarrow\ \theta=\ ?$

[64] $\dfrac{\cos 96^\circ+\sin 96^\circ}{\cos 96^\circ-\sin 96^\circ}=\tan 19\times n^\circ\ \Rightarrow \min\{n\}=\ ?, (n\in N)$

[65] $2^{15}\cdot 3^6\cdot 5^3\cdot 7^2\cdot 11\cdot 13=n!\Rightarrow n=\ ?$

[66] $\begin{cases}\log_{10}2000xy-\log_{10}x\log_{10}y=4\\ \log_{10}2yz-\log_{10}y\log_{10}z=1\\ \log_{10}zx-\log_{10}z\log_{10}x=0\end{cases}\Rightarrow x, y, z=\ ?$

[67] 아래 이등변 삼각형 각의 비율을 구하여라.

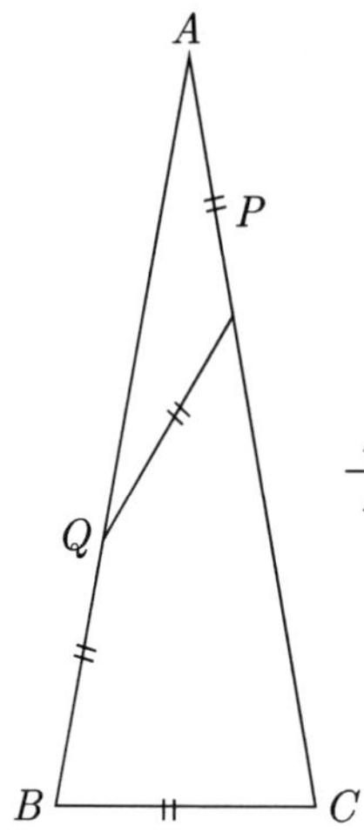

$$\frac{\angle ACB}{\angle APQ} = ?$$

[68] $\dfrac{2}{\log_4 2000^6} + \dfrac{3}{\log_5 2000^6} = ?$

[69] $z + \dfrac{1}{z} = 2\cos 3^\circ \Rightarrow z^{2000} + \dfrac{1}{z^{2000}} + 1 = ?$

[70] $y = e^{x+8}$을 대칭축 $y = \sqrt{3}x$으로 대칭된 식을 구하여라.

[71] 해: $(x_1, y_1), (x_2, y_2)$ $\begin{cases} \log_{225}x + \log_{64}y = 4 \\ \log_x 225 - \log_y 64 = 1 \end{cases} \Rightarrow \log_{30}x_1y_1x_2y_2 = ?$

[72] $p(x) = x^6 - x^5 - x^3 - x^2 - x$, $x^4 - x^3 - x^2 - 1 = 0$ 의 근: a, b, c, d

$\Rightarrow p(a) + p(b) + p(c) + p(d) = ?$

[73] $\min\{|\sin x + \cos x + \tan x + \cot x + \sec x + \mathrm{cosec}\, x|\} = ?$

[74] $\begin{cases} \dfrac{1}{x} - \dfrac{1}{2y} = 2y^4 - 2x^4 \\ \dfrac{1}{x} + \dfrac{1}{2y} = (3x^2 + y^2)(x^2 + 3y^2) \end{cases} \Rightarrow x, y = ?$

[75] $\min\left\{\dfrac{9x^2\sin^2 x + 4}{x\sin x}\right\} = ?,\ (0 < x < \pi)$

[76] $f(n) = \begin{cases} n - 3, & (n \geq 1000) \\ f(f(n+5)), & (n < 1000) \end{cases} \Rightarrow f(84) = ?$

[77] $10\cot(\cot^{-1}3+\cot^{-1}7+\cot^{-1}13+\cot^{-1}21)=?$

[78]
$$\begin{cases}\dfrac{x^2}{2^2-1}+\dfrac{y^2}{2^2-3^2}+\dfrac{z^2}{2^2-5^2}+\dfrac{w^2}{2^2-7^2}=1\\ \dfrac{x^2}{4^2-1}+\dfrac{y^2}{4^2-3^2}+\dfrac{z^2}{4^2-5^2}+\dfrac{w^2}{4^2-7^2}=1\\ \dfrac{x^2}{6^2-1}+\dfrac{y^2}{6^2-3^2}+\dfrac{z^2}{6^2-5^2}+\dfrac{w^2}{6^2-7^2}=1\\ \dfrac{x^2}{8^2-1}+\dfrac{y^2}{8^2-3^2}+\dfrac{z^2}{8^2-5^2}+\dfrac{w^2}{8^2-7^2}=1\end{cases}$$

$\Rightarrow x^2+y^2+z^2+w^2=?$

[79] $y^2+3x^2y^2=30x^2+517 \Rightarrow 3x^2y^2=?$, $(x, y \in Z)$

[80] $f(x,x)=x, f(x,y)=f(y,x), (x+y)f(x,y)=yf(x,x+y) \Rightarrow f(14,52)=?$

[81] $w_1=32+170i, w_2=-7+64i, w_3=-9+200i, w_4=1+27i, w_5=-14+43i$

$z_k \in C,\ \sum_{k=1}^{n}(z_k-w_k)=0,\ z_k \in L:(y=mx+3) \Rightarrow m=?$

[82] $\triangle ABC, a^2+b^2=1989c^2 \Rightarrow \dfrac{\cot C}{\cot A+\cot B}=?$

[83] $a+c=?$

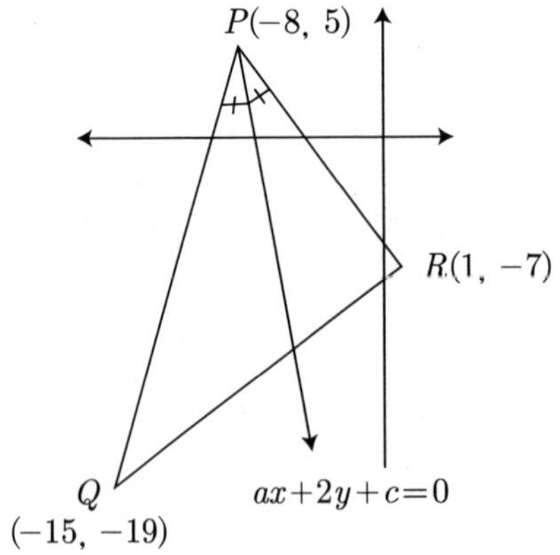

[84] $A_1A_2 \cdot\cdot A_n$, M_i들이 각각 정다각형이면 $\max\{n\}=?$

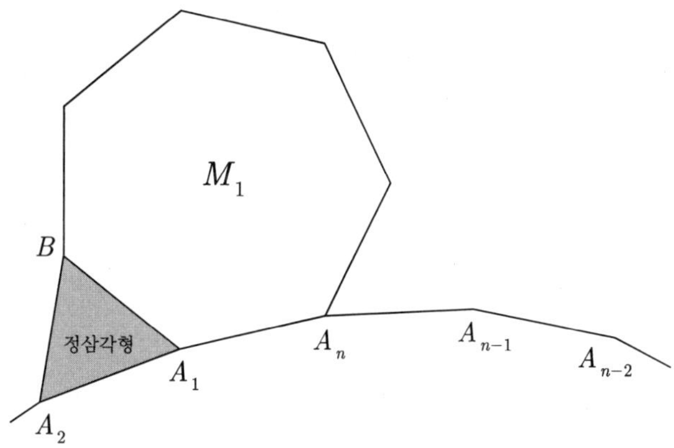

[85] $\langle x \rangle = x - [x]$, $\langle a^{-1} \rangle = \langle a^2 \rangle$, $2 < a^2 < 3$, $a \in R^+$

$\Rightarrow a^{12} - 144a^{-1} = ?$, ($[x]$: Gauss 부호)

[86] 평행사변형을 합동인 두 도형이 되게 하는 직선식의 기울기는?

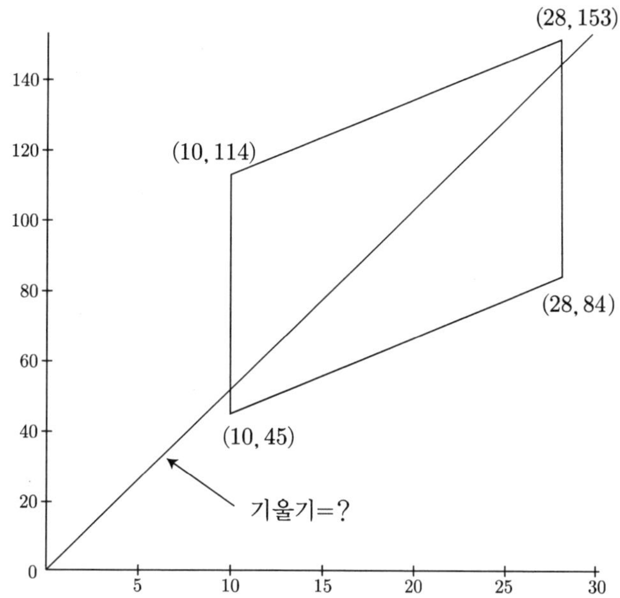

[87] $n^2 - 19n + 99 = m^2$, $(n, m \in N) \Rightarrow n = ?$

[88] $xyz = 1, x + \dfrac{1}{z} = 5, y + \dfrac{1}{x} = 29 \Rightarrow z + \dfrac{1}{y} = ?, (x, y, z > 0)$

[89] $2000x^6 + 100x^5 + 10x^3 + x - 2 = 0 \Rightarrow$ 실근 : $\dfrac{m + \sqrt{n}}{r} = ?$

[90] $f(x)^3 = -\dfrac{x}{12}(x^2 + 7xf(x) + 16f(x)^2),\ x \in R \Rightarrow f(x) = ?$

[91] $xf\left(\dfrac{x}{2}\right) - f\left(\dfrac{2}{x}\right) = 1 \Rightarrow f(x) = ?$

[92] $f(x) + f(2x+y) + 5xy = f(3x-y) + 2x^2 + 1 \Rightarrow f(10) = ?$

[93] $x^3 + x + 1 = f(x)$의 근 : a, b, c , $g(0) = -1$, $g(x)$의 근 : a^2, b^2, c^2
$\Rightarrow g(9) = ?$

[94] $\tan^{-1}(\tan 65^\circ - 2\tan 40^\circ) = ?$

[95] $x^3 - 9x^2 + 8x + 2 = 0$, 근 : $p, q, r \Rightarrow \dfrac{1}{p^2} + \dfrac{1}{q^2} + \dfrac{1}{r^2} = ?$

[96] $a^2 + d^2 = b^2 + c^2 = 1,\ ac + bd = \dfrac{1}{3},\ a \ge b \ge c \ge d \ge 0 \Rightarrow ab - cd = ?$

[97] $\begin{cases} x + \sin y = 2008 \\ x + 2008\cos y = 2007 \end{cases} \Rightarrow x + y = ?,\ \left(0 \le y \le \dfrac{\pi}{2}\right)$

[98] $0 < x < \dfrac{\pi}{4},\ \tan(4x) = \dfrac{\cos x - \sin x}{\cos x + \sin x} \Rightarrow x = ?$

[99] 방정식 $||g(x)| - 1| = 2^{-1}$해의 총 개수는?

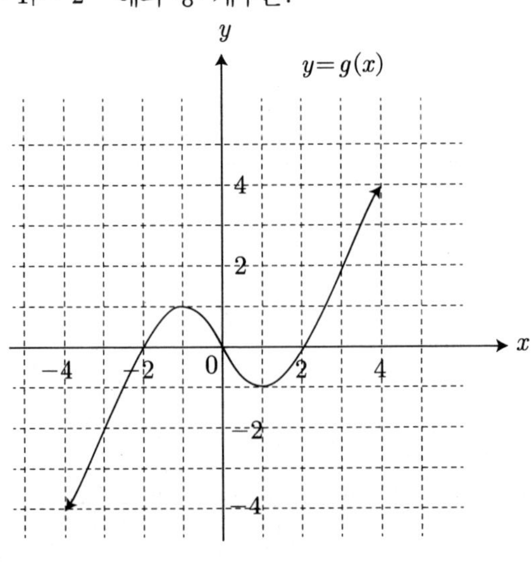

[100] 직선 방향의 숫자 합이 15가 되게 1~10까지 한번씩만 사용하라.

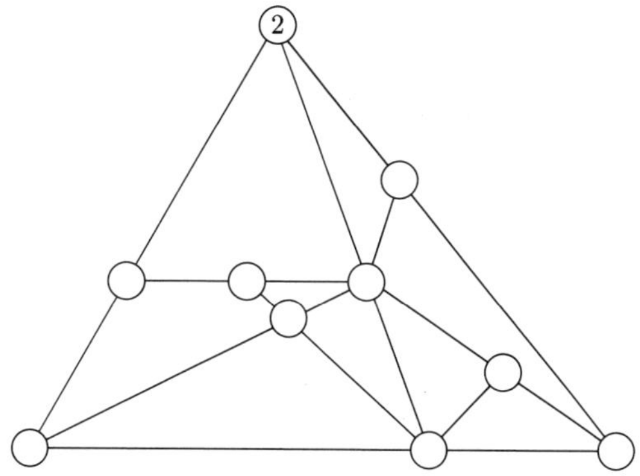

[101] $2^{1-2\sin^2 x} = 2 + \log_2(1 - \sin^2 x) \Rightarrow x = ?$

[102] $(8x - 56)\sqrt{3 - x} = 30x - x^2 - 97,\ x \in R \Rightarrow x = ?$

[103] $60^a = 3,\ 60^b = 5 \Rightarrow 12^{\frac{1-a-b}{2(1-b)}} = ?, (a, b \geq 0)$

[104] $\sqrt{2 + \sqrt{2 + \sqrt{2 + x}}} + \sqrt{3}\sqrt{2 - \sqrt{2 + \sqrt{2 + x}}} = 2x \Rightarrow x = ?, (x \geq 0)$

[105] $a, b, c, d \geq 0,\ \dfrac{1}{a+1} + \dfrac{1}{b+1} + \dfrac{1}{c+1} + \dfrac{1}{d+1} = 1$

$\Rightarrow \min\{(a+1)(b+1)(c+1)(d+1)\} = ?$

[106] 다음 식들을 각각 인수분해 하여라.

(1). $x^2(y^3 - z^3) + y^2(z^3 - x^3) + z^2(x^3 - y^3) = ?$

(2). $x^4 + y^4 - z^4 - 2x^2y^2 + 4xyz^2 = ?$

(3). $(yz + zx + xy)^3 - y^3z^3 - z^3x^3 - x^3y^3 = ?$

(4). $x^3y^3 + y^3z^3 + z^3x^3 - x^4yz - xy^4z - xyz^4 = ?$

(5). $2(x^4 + y^4 + z^4 + w^4) - (x^2 + y^2 + z^2 + w^2)^2 + 8xyzw = ?$

(6). $(a - b)^3 + (b - c)^3 + (c - a)^3 = ?$

(7). $(a + 2b - 3c)^3 + (b + 2c - 3a)^3 + (c + 2a - 3b)^3 = ?$

[107] $\begin{cases} x = \cot\theta + \tan\theta \\ y = \sec\theta - \cos\theta \end{cases} \Rightarrow \theta$를 제거한 식을 만들어라.

[108] $xyz=1,\ \dfrac{x^2+y^2+z^2+xy+yz+zx}{\sqrt{x}+\sqrt{y}+\sqrt{z}} \geq r \Rightarrow \max\{r\}=?$

[109] $\dfrac{AO}{OM}=\dfrac{\sqrt{6}+\sqrt{3}+1}{2},\ \dfrac{CO}{OK}=\dfrac{\sqrt{2}}{\sqrt{3}-1} \Rightarrow A, B, C=?$

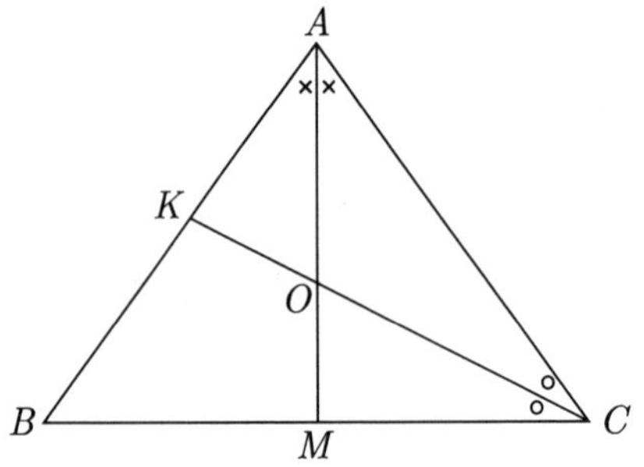

[110] $5\sin x+\dfrac{5}{2\sin x}-5=2\sin^2 x+\dfrac{1}{2\sin^2 x} \Rightarrow x=?$

[111] $\begin{cases} u^3-3u^2+5u-17=0 \\ v^3-3v^2+5v+11=0 \end{cases} \Rightarrow u+v=?$

[112] $\sec 40^\circ+\sec 80^\circ+\sec 160^\circ=?$

[113] $\sqrt{x+3-4\sqrt{x-1}}+\sqrt{x+8-6\sqrt{x-1}}=1 \Rightarrow x=?, (x>6)$

[114] $\sin x-\sin 3x+\sin 5x=\cos x-\cos 3x+\cos 5x \Rightarrow x=?$

[115] $\sqrt[5]{3\sqrt{2}-2\sqrt{5}} \times \sqrt[10]{\dfrac{6\sqrt{10}+19}{2}}=?$

[116] $\sin 10^\circ \cdot \sin 50^\circ \cdot \sin 70^\circ=?$

[117] $\dfrac{\sqrt{1+\sqrt{1-x^2}}\,[(1+x)\sqrt{1+x}-(1-x)\sqrt{1-x}]}{x(2+\sqrt{1-x^2})}=?$

[118] $\dfrac{x^2+y^2}{x^2-y^2}+\dfrac{x^2-y^2}{x^2+y^2}=k \Rightarrow \dfrac{x^8+y^8}{x^8-y^8}+\dfrac{x^8-y^8}{x^8+y^8}=?$

[119] $x, y, z>0,\ x^2+y^2+z^2=1 \Rightarrow \min\left\{\dfrac{xy}{z}+\dfrac{yz}{x}+\dfrac{zx}{y}\right\}=?$

[120] $0 < \alpha < \frac{\pi}{2}$, $\cos\alpha \cdot \cos 2\alpha \cdot \cos 4\alpha = \frac{1}{8} \Rightarrow \alpha = ?$

[121] $(x+1995)(x+1997)(x+1999)(x+2001)+16=0$의 실근은?

[122] $\left(\int f(x)dx\right)\left(\int \frac{dx}{f(x)}\right) = -1 \Rightarrow f(x) = ?$

[123] $\int_{\frac{\pi}{2}}^{\infty} \frac{\cos x}{e^{2x}-1}\,dx = \sum_{n=1}^{\infty} f(x) \Rightarrow f(n) = ?$

[124] $\lim_{x\to\infty}\left(\sqrt[3]{4x^2 - x^3} + ax + b\right) = \frac{1}{3} \Rightarrow a,\ b = ?$

[125] $a_n = \int_0^{\frac{\pi}{2}} (\sin x + \cos x)^n\,dx \Rightarrow a_n$의 점화식은?

[126] $a_n = \int_0^{\frac{\pi}{2}} (1 + \sin x + \cos x)^n\,dx \Rightarrow a_n$의 점화식은?

[127] $a_n = \lim_{x\to 0}\frac{1-\cos x\cos 2x \cdot\cdot \cos(2^n x)}{x^2} \Rightarrow a_n$의 점화식은?

[128] $f(a) = \int_0^a \sqrt[251]{\frac{\sin x + \cos x}{\sinh x + \cosh x}}\,dx \Rightarrow \ln\left(\frac{f(2008\pi)}{f(3012\pi) - f(1004\pi)}\right) = ?$

[129] $f(x)$:(주기: 4) $\Rightarrow \frac{1}{2}(f(x-1)+f(x+3))$ 의 그래프는?

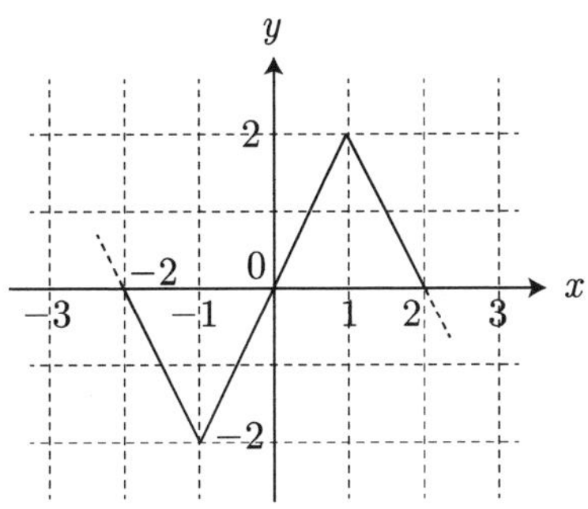

[130] $ab = 1 \Rightarrow \min\left\{\int_0^1 a^2e^{2x} + b^2e^{-2x}\,dx\right\} = ?$

[131] $f(x+2)=\frac{1}{2}f(x) \Rightarrow f(x)=?,\ (-2 \le x < 6)$

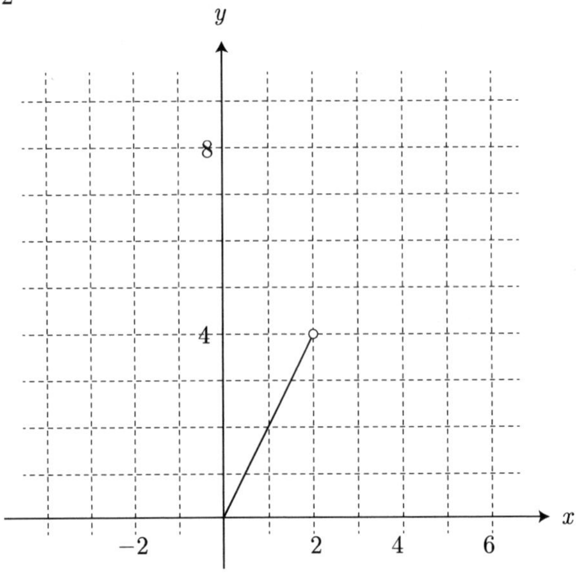

[132] $PD\,//\,BQ \Rightarrow \min\{\angle ADP\}=?$

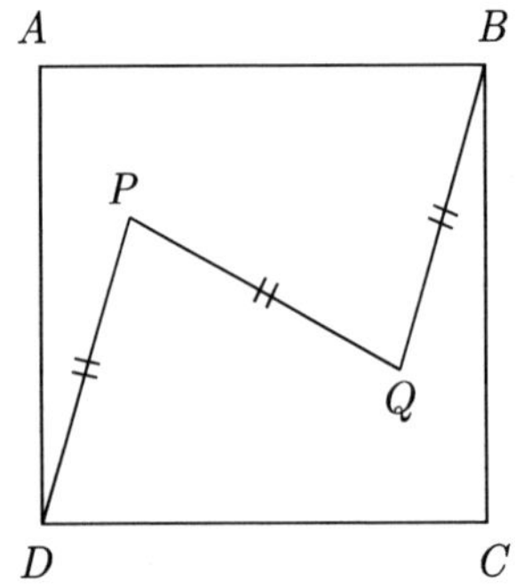

[133] $\frac{d}{dx}\int_0^x f(x+t)dt=0.\ \sum_{n=1}^{\infty} f(2^n)=1$이 성립할 조건식은?

[134] $\min\left\{\int_0^{\frac{\pi}{2}} |\cos x - kx|\,dx\right\} \Rightarrow k=?,\ (k>0)$

[135] $\int_0^c |t-x|\,dt = \int_0^x |t-c|\,dt \Rightarrow x=?,\ (c \in R)$

[136] $\int_{-\frac{\pi}{2}}^{\frac{\pi}{2}} \{f(x)\}^2 dx = 2,\ f(x)=a|\cos x|+b|\sin x| : x=-\frac{\pi}{3}$에서 극소$\Rightarrow a,b=?$

[137] $\lim_{n\to\infty}\sum_{k=1}^{n}\frac{n^{\alpha}}{(n+k)^{r}}=\frac{r-3}{(r-1)(r-4)},(r\neq 3,4)\Rightarrow \alpha, r=?,(r>1)$

[138] $a_n=\sqrt[3]{n^3+3n^2+2n+1}+a\sqrt[5]{n^5+5n^4+1}+\frac{\ln\left(e^{n^2}+n+2\right)}{n+2}+b$

$\lim_{n\to\infty}a_n=5\Rightarrow a=?,\ b=?$

[139] $\lim_{x\to 0}\left\{1+x+\frac{f(x)}{x}\right\}^{\frac{1}{x}}=e^3\ \Rightarrow f(x)=?$

[140] $$\left.\begin{aligned} u&=1+\frac{x^3}{3!}+\frac{x^6}{6!}+\frac{x^9}{9!}+.. \\ v&=x+\frac{x^4}{4!}+\frac{x^7}{7!}+\frac{x^{10}}{10!}+.. \\ w&=\frac{x^2}{2}+\frac{x^5}{5!}+\frac{x^8}{8!}+\frac{x^{11}}{11!}+.. \end{aligned}\right\}\Rightarrow u^3+v^3+w^3-3uvw=?$$

[141] $I(f)=\int_0^1 x^2 f(x)dx,\ J(f)=\int_0^1 x f^2(x)dx\Rightarrow \max\{I(f)-J(f)\}=?$

[142] $\sin 18^\circ=\frac{\sqrt{5}-1}{4}$

$$\Rightarrow\begin{cases}4\cos 36^\circ+\cot 7^\circ 30'=? \\ \sin 2^\circ\sin 18^\circ\sin 22^\circ\sin 38^\circ\sin 42^\circ\sin 58^\circ\sin 62^\circ\sin 78^\circ\sin 82^\circ=?\end{cases}$$

[143] $\sin 18^\circ=?$

[144] 6^7+37 = 소수의 곱 중에서 가장 큰 소수는?

[145] $\triangle ABC,\ \tan A\cdot\tan B=\operatorname{cosec}\frac{\pi}{3}\ \Rightarrow\ \frac{\cos A\cdot\cos B}{\cos C}=?$

[146] $\sin^{-1}\left(\frac{1}{5}\right)+\sin^{-1}\left(\frac{1}{7}\right)=?$

[147] $\cos\theta=-\frac{8}{17},\left(\frac{\pi}{2}\le\theta\le\pi\right)\Rightarrow\ \tan\left(\frac{3\theta}{2}\right)=?$

[148] $(1-\cot 23^\circ)(1-\cot 22^\circ)=?$

[149] $\cos^{-1}\left(\frac{x}{16}\right)+\cos^{-1}\left(\frac{-11}{24}\right)=180^\circ-\cos^{-1}\left(\frac{x}{12}\right) \Rightarrow x=?$

[150] $\sqrt[3]{26+15\sqrt{3}}+\sqrt[3]{26-15\sqrt{3}}=?$

[151] $x^2+18x+30=2\sqrt{x^2+18x+45} \Rightarrow$ 실근 : $x=?$

[152] $\cos\left(\frac{\pi}{7}\right)\cos\left(\frac{2\pi}{7}\right)\cos\left(\frac{3\pi}{7}\right)=?$

[153] $\forall n\in N \Rightarrow 11\,|\,(5^{2n}-3^n)$ 임을 증명.

[154] $(x^2+x+1)\,|\,(x^{60}-1)$ 임을 증명.

[155] $\sqrt{104\sqrt{6}+468\sqrt{10}+144\sqrt{15}+2006}=a\sqrt{2}+b\sqrt{3}+c\sqrt{5} \Rightarrow abc=?$

[156] $x\in R,\ x^2-3x+1=-\frac{\sqrt{3}}{3}\sqrt{x^4+x^2+1} \Rightarrow x=?$

[157] $X^3-4X^2+5X=\begin{pmatrix}10 & 20\\ 5 & 10\end{pmatrix} \Rightarrow X=?$

[158] $\sqrt[3]{x+2}+\sqrt[3]{x+3}+\sqrt[3]{x+4}=0 \Rightarrow x=?$

[159] $f(x)+2f\left(\frac{1}{x}\right)=3x,\ f(b)=f(-b) \Rightarrow b=?$

[160] $\left[r+\frac{19}{100}\right]+\left[r+\frac{20}{100}\right]+\cdot\cdot+\left[r+\frac{91}{100}\right]=546 \Rightarrow [100r]=?,\ [r]$:Gauss 부호.

[161] $4\cos 80^\circ+\sec 40^\circ=?$

[162] $x,y\in N,\ \frac{1}{x}+\frac{1}{y}=\frac{2}{35} \Rightarrow \min\{x+y\}=?$

[163] $\frac{\sin x+\sin y}{\sin(x+y)}=m,\ \frac{\cos x+\cos y}{\sin(x-y)}=n \Rightarrow \sin(x+y)=?$

[164] $\begin{cases} f(3x-1)+g(6x-1)=3x \\ f(x+1)+x^2\cdot g(2x+3)=2x^2+x \end{cases} \Rightarrow f(x),\ g(x)=?$

[165] $520(xyzt+xy+xz+zt+1)=577(yzt+y+z) \Rightarrow x,y,z,t=?$

[166] $\begin{cases} x+y+(z^2-8z+14)\sqrt{x+y-1}=1 \\ 2x+5y+\sqrt{xy+z}=3 \end{cases} \Rightarrow x,y,z=?, (x,y,z\in R)$

[167] $x^2+y^2+x-y+xy+1=0 \Rightarrow x,y=?, (x,y\in R)$

[168] $4x^3-3x+\dfrac{\sqrt{3}}{2}=4(x-a)(x-b)(x-c) \Rightarrow a,b,c=?$

[169] $x^2-2x-1=0 \Rightarrow (x+1)\left(x^7+\dfrac{1}{x^9}\right)(x-1)=?$

[170] $a+b+c=0 \Rightarrow \dfrac{a^2}{2a^2+bc}+\dfrac{b^2}{2b^2+ac}+\dfrac{c^2}{2c^2+ab}=?$

[171] $\tan\left(\dfrac{165^\circ}{2}\right)=?$

[172] $x\in N, (x-1)^3+(x-2)^3+\cdots+(x-2007)^3=0 \Rightarrow x=?$

[173] $3f\left(\dfrac{1}{x}\right)+2\dfrac{f(x)}{x}=x^2 \Rightarrow f(-2)=?$

[174] $\tan^2\left(\dfrac{\pi}{7}\right)+\tan^2\left(\dfrac{2\pi}{7}\right)+\tan^2\left(\dfrac{3\pi}{7}\right)=?$

[175] $\sqrt[3]{2+\sqrt{5}}+\sqrt[3]{2-\sqrt{5}}=?$

[176] $\begin{cases} y^2-2xy=\dfrac{117}{4} \\ x^2-2xy=\dfrac{165}{4} \end{cases} \Rightarrow x,y=?$

[177] $\sin\dfrac{\pi}{7}=?, \quad \cos\dfrac{\pi}{7}=?$

[178] $[4-[x]^2]-[x]^2=2 \Rightarrow x=?$, $[x]$:Gauss' notation

[179] $\lim\limits_{x\to\infty} x^p(\sqrt[3]{x+1}+\sqrt[3]{x-1}-2\sqrt[3]{x})\in R-\{0\} \Rightarrow p=?$

[180] $\left[\dfrac{2007!+2004!}{2006!+2005!}\right]=?$, $[x]$: Gauss' notation

[181] $x \neq 0,1,\ f(x)+f\left(1-\dfrac{1}{x}\right)=\ln|x| \Rightarrow f(2007)=?$

[182] $\dfrac{\sqrt[3]{2}}{1+\sqrt[3]{2}+\sqrt[3]{4}}=?$

[183] $\left(\sqrt{\dfrac{1}{2}}+\sqrt{\dfrac{i}{2}}\right)^{12}=?$

[184] $\begin{cases} x+y+z=1 \\ x^4+y^4+z^4=xyz \end{cases} \Rightarrow x,\ y,\ z=?$

[185] $\begin{cases} x^2+y^2=16 \\ x^2+z^2=4+xz \\ y^2+z^2=4+yz\sqrt{3} \end{cases} \Rightarrow x, y, z=?, (x,y,z>0)$

[186] $\sin x+\sqrt{2-\sin^2 x}+\sin x\sqrt{2-\sin^2 x}=3 \Rightarrow x=?$

[187] $\sin^3\left(x+\dfrac{\pi}{4}\right)=\sqrt{2}\sin x \Rightarrow x=?$

[188] $\sqrt{x+1}+\sqrt{x+3}=\sqrt{2x-1}+\sqrt{2x+1} \Rightarrow x=?$

[189] $\cos^3 x\cos 3x+\sin^3 x\sin 3x=\dfrac{\sqrt{2}}{4} \Rightarrow x=?$

[190] $\sin x-4\sin^3 x+\cos x=0 \Rightarrow x=?$

[191] $\cos x-\cos 2x+\cos 3x=\dfrac{1}{2} \Rightarrow x=?$

[192] $\tan x+\tan^2 x+\tan^3 x+\cot x+\cot^2 x+\cot^3 x=6 \Rightarrow x=?$

[193] $\log_{-1} i=?$

[194] $\tan 9^\circ-\tan 27^\circ-\tan 63^\circ+\tan 81^\circ=?$

[195] $\tan 10° + \tan 70° - \tan 50° = ?$

[196] $\begin{cases} x^2 + z^2 = 5 + y^2 \\ y + z = 2x \\ \dfrac{x+y}{z} + \dfrac{x+z}{y} = \dfrac{17}{4} \end{cases} \Rightarrow x,\ y,\ z = ?$

[197] $x^6 + x^4 + x^3 + x^2 + 1 = 0 \ \Rightarrow \ x = ?$

[198] $x > 0 \ \Rightarrow \ \max\left\{\dfrac{x}{(x+2008)^2}\right\} = ?$

[199] $\tan 18° = ?$

[200] $\sin x \cos 4x + 2\sin^2(2x) = 1 - 4\sin^2\left(\dfrac{\pi}{4} - \dfrac{x}{2}\right) \Rightarrow x = ?$

[201] $\dfrac{2}{\sqrt{4 - 3\sqrt[4]{5} + 2\sqrt{5} - \sqrt[4]{125}}} = a + \sqrt[b]{c} \Rightarrow a, b, c = ?$

[202] $2x^2 - 11x + 21 - 3\sqrt[3]{4x-4} = 0 \ \Rightarrow \ x = ?$

[203] $(a-b)(b-c)(c-a) = (a+b)(b+c)(c+a) \Rightarrow \dfrac{a}{a+b} + \dfrac{b}{b+c} + \dfrac{c}{c+a} = ?$

[204] $\tan x + \dfrac{1}{\cos x} = \sqrt{3} \ \Rightarrow x = ?$

[205] $x^2 + y^2 + z^2 - xy - yz - zx = 8 \Rightarrow \max\{x - y\} = ?$

[206] $\sqrt{x + \sqrt{4x + \sqrt{16x + \sqrt{\cdot \cdot + \sqrt{4^{2008}x + 3}}}}} - \sqrt{x} = 1 \Rightarrow x = ?$

[207] $\cos\left(\dfrac{\pi}{7}\right)\cos\left(\dfrac{2\pi}{7}\right)\cos\left(\dfrac{4\pi}{7}\right) = ?$

[208] $a + b + c = 6 \Rightarrow \min\left\{\left(a + \dfrac{1}{b}\right)^2 + \left(b + \dfrac{1}{c}\right)^2 + \left(c + \dfrac{1}{a}\right)^2\right\} = ?$

[209] $x = \sqrt{3 - \sqrt{8}} \ \Rightarrow x^4 + 2x^3 - 2x - 1 = ?$

[210] $a+b=\sqrt{3\sqrt{3}-\sqrt{2}}\,,\, a-b=\sqrt{3\sqrt{2}-\sqrt{3}} \Rightarrow a^4+a^2b^2+b^4=?$

[211] $x+\dfrac{1}{x}=\sqrt{2} \Rightarrow x^{2004}+\dfrac{1}{x^{2004}}=?$

[212] $\max\left\{\dfrac{585xyz}{5yz^2+9xy^2+75zx^2}\right\}=?$

[213] $x,y,z>0,\, x+\dfrac{1}{y}=4,\ y+\dfrac{1}{z}=1,\ z+\dfrac{1}{x}=\dfrac{7}{3} \Rightarrow x,y,z=?$

[214] $\tan 15^\circ \tan 25^\circ \tan 35^\circ=\tan\theta,\ (0<\theta<\pi) \Rightarrow \theta=?$

[215] $x+y+z=12,\, x^2+y^2+z^2=96,\ \dfrac{1}{x}+\dfrac{1}{y}+\dfrac{1}{z}=36 \Rightarrow x^3+y^3+z^3=?$

[216] $f(x+y)=f(x)+f(y)+6xy+1,\, f(x)=f(-x) \Rightarrow f(3)=?$

[217] $\cos\theta=\dfrac{\sqrt{2+\sqrt{2}}}{2} \Rightarrow \theta=?,\ \left(0<\theta<\dfrac{\pi}{2}\right)$

[218] $x=\sqrt[3]{\sqrt{108}+10}-\sqrt[3]{\sqrt{108}-10} \Rightarrow x^3+6x=?$

[219] $x=\sqrt{x-\dfrac{1}{x}}+\sqrt{1-\dfrac{1}{x}} \Rightarrow x=?,\ (x\in R)$

[220] $\tan^{-1}\left(\dfrac{\cos 40^\circ}{1+\sin 40^\circ}\right)=?$

[221] $x^3+\dfrac{1}{x^3}=52 \Rightarrow x^4+\dfrac{1}{x^4}=?$

[222] $x=?$

[223] $a\sqrt{a}+b\sqrt{b}=183,\, a\sqrt{b}+b\sqrt{a}=182 \Rightarrow a,b=?$

[224] $x^{-\frac{1}{2}}-2x^{\frac{1}{2}}+x^{\frac{3}{2}} \Rightarrow$ 인수분해?

[225] $(x^2+2)^{\frac{5}{2}}+2x(x^2+2)^{\frac{3}{2}}+x^2\sqrt{x^2+2} \Rightarrow$ 인수분해?

[226] $x^3+ax^2+bx+c=0$: 해 $\dfrac{3}{\sqrt[3]{7}-2} \Rightarrow a, b, c=\ ?$

[227] $(x+y)^7-x^7-y^7 \Rightarrow$ 인수분해?

[228] $\triangle ABC$, $\tan A\tan B=\operatorname{cosec}\dfrac{\pi}{3} \Rightarrow \dfrac{\cos A\cos B}{\cos C}=\ ?$

[229] $x^5=1$ 의 근 : $z, (z\neq 1) \Rightarrow z^{15}+z^{16}+\cdots+z^{50}=\ ?$

[230] $\begin{cases} x+[y]+\{z\}=200, \\ \{x\}+y+[z]=190.1, \\ [x]+\{y\}+z=178.8, \end{cases} \Rightarrow x, y, z=\ ?$ $(x-\{x\}=[x]$: 가우스 부호$)$

[231] $\tan 20^\circ\cdot\tan 40^\circ\cdot\tan 80^\circ=\ ?$

[232] $\max\{\triangle ABC\}=\ ?$

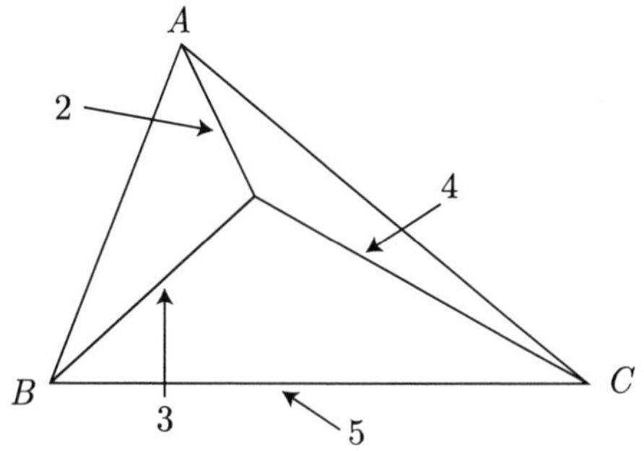

[233] $\begin{cases} a+b+c=1 \\ a^2+b^2+c^2=2 \\ a^3+b^3+c^3=3 \end{cases} \Rightarrow a^4+b^4+c^4=\ ?$

[234] $x^2+\dfrac{1}{x^2}=14 \Rightarrow x^5+\dfrac{1}{x^5}=\ ?$

[235] $8x^3+12x^2y+4xy^2+6x^2+9xy+3y^2$ 인수분해.

[236] $a+b+c=7, \dfrac{1}{a+b}+\dfrac{1}{b+c}+\dfrac{1}{c+a}=\dfrac{7}{10} \Rightarrow \dfrac{c}{a+b}+\dfrac{a}{b+c}+\dfrac{b}{c+a}=\ ?$

[237] $f\left(\frac{x}{x-1}\right)=\frac{1}{x},\ \left(x\neq 0,1,0<\theta<\frac{\pi}{2}\right)\Rightarrow f(\sec^2\theta)=?$

[238]
$x+y+z=615\Rightarrow \frac{(x-205)(y-205)+(y-205)(z-205)+(z-205)(x-205)}{(x-205)^2+(y-205)^2+(z-205)^2}=?$

[239] $x=\sqrt[3]{20+14\sqrt{2}}+\sqrt[3]{20-14\sqrt{2}}\ \Rightarrow\ x^2-6x=?$

[240] $x^{xyz}=y^2,\ y^{xyz+1}=z^3,\ z^{xyz+2}=x^4\Rightarrow x,y,z=?,(x,y,z>0)$

[241] $2f(x)+f(1-x)=x^2\ \Rightarrow\ f(5)=?$

[242] $\sin^{-1}\sqrt{\frac{3x-1}{25}}+\sin^{-1}\sqrt{\frac{3x+1}{25}}=\frac{\pi}{2}\ \Rightarrow x=?$

[243] $\left(\frac{a}{b}+\frac{b}{a}\right)^2+\left(\frac{b}{c}+\frac{c}{b}\right)^2+\left(\frac{c}{a}+\frac{a}{c}\right)^2=16$
$a^2+b^2+c^2=6.5\ \Rightarrow \frac{1}{a^2}+\frac{1}{b^2}+\frac{1}{c^2}=?$

[244] $a,b\in N,\ \sqrt{a}(\sqrt{a}+\sqrt{b})=3\sqrt{b}(\sqrt{a}+5\sqrt{b})\Rightarrow \frac{3a+2\sqrt{ab}+2b}{a+\sqrt{ab}-b}=?$

[245] $a(b-c)^3+b(c-a)^3+c(a-b)^3$ 인수분해.

[246] $\sin^2 20^\circ+\sin^2 40^\circ+\sin^2 80^\circ=?$

[247] $x^2+y^2=7,\ x^3+y^3=10\Rightarrow \max\{x+y\}=?$

[248] $f(x)+2f\left(\frac{1}{1-x}\right)=x\ \Rightarrow f(2)=?$

[249] $\min\left\{x^4+\frac{1}{x^2}\right\}=?$

[250] $x^{12}+x^9+x^6+x^3+1\Rightarrow$ 인수분해.

[251] $\begin{cases} \cos\frac{\pi}{11}+\cos\frac{3\pi}{11}+\cos\frac{5\pi}{11}+\cos\frac{7\pi}{11}+\cos\frac{9\pi}{11}=? \\ \sin\frac{\pi}{11}+\sin\frac{3\pi}{11}+\sin\frac{5\pi}{11}+\sin\frac{7\pi}{11}+\sin\frac{9\pi}{11}=? \end{cases}$

[252] $a_1=2, a_{n+1}=\sum_{k=1}^{n} a_k+n^2-n+2 \Rightarrow a_n=?$

[253] $\sin^2\frac{\pi}{5}+\sin^2\frac{2\pi}{5}=?,\quad \sin^2\frac{\pi}{5}\cdot\sin^2\frac{2\pi}{5}=?$

[254] $\begin{cases} a^2+2b=7 \\ b^2+4c=-7 \\ c^2+6a=-14 \end{cases} \Rightarrow a^3+b^3+c^3=?$

[255] $x\in R^+ \Rightarrow \max\left\{\frac{x^2+2-\sqrt{x^4+4}}{x}\right\}=?$

[256] $\sin x+\sin 2x+\sin 3x+\sin 4x=0 \Rightarrow x=?$

[257] x^8+98x^4+1: 정수계수를 갖는 2개 인수로 인수분해?

[258] $\triangle ABC,\ \frac{a^3+b^3+c^3}{a+b+c}=c^2 \Rightarrow \tan C=?$

[259] $\sin^{-1}\left(x\sqrt{1-y^2}+y\sqrt{1-x^2}\right)=?$

[260] $\tan x=\tan(x+10^\circ)\tan(x+20^\circ)\tan(x+30^\circ) \Rightarrow x=?$

[261] $x>0 \Rightarrow \min\left\{\left(x+\frac{1}{x}\right)\left(2x+\frac{1}{2x}\right)\right\}=?$

[262] $x\in R^+, n\in N \Rightarrow \min\left\{x^n+\frac{1}{x}\right\}=?$

[263] $x,y,z>0,\ \frac{1}{x}+\frac{1}{y}+\frac{1}{z}=1 \Rightarrow \min\{\sqrt{x+y+z}\}=?$

[264] $\min\{8^x+8^{-x}-4(4^x+4^{-x})\}=?$

[265] $\sin\frac{\pi}{24} \cdot \sin\frac{5\pi}{24} \cdot \sin\frac{11\pi}{24} = ?$

[266] $x^3 - y^3 + 6x^2 + 3y^2 + 12x - 3y + 9$: 인수분해

[267] $x > \frac{1}{2}, y > \frac{1}{3} \Rightarrow \min\left\{\frac{4x^2}{3y-1} + \frac{9y^2}{2x-1}\right\} = ?$

[268] $\frac{1}{\sin 10^\circ} - 4\sin 70^\circ = ?$

[269] $a_1 = 1,\ a_{n+1} = \sum_{k=1}^{n} k \cdot a_k \Rightarrow a_n = ?$

[270] $x > 2000y > 0 \Rightarrow \min\left\{15x + \frac{2}{x^3 y(x - 2000y)}\right\} = ?$

[271] $\sqrt{\log_2 3 \log_2 12 \log_2 48 \log_2 192 + 16} - \log_2 12 \log_2 48 + 10 = ?$

[272] $x, y > 2,\ \frac{1}{x} + \frac{1}{y} \le \frac{1}{2} \Rightarrow \min\{2x + y\} = ?$

[273] $\left(1 + \frac{2}{\sqrt[3]{9} + \sqrt[3]{3} + 1}\right)^3 = ?$

[274] $f(x)$: 3차 함수, $f(i) = 0, f(1+i) = 5 \Rightarrow f(x) = ?$

[275] $\cos^2 10^\circ + \cos^2 50^\circ - \sin 40^\circ \sin 80^\circ = ?$

[276] $x \ne 0, 1,\ (x-1)f(x) + f\left(\frac{1}{x}\right) = \frac{1}{x-1} \Rightarrow f(x) = ?$

[277] $\frac{1}{2}\log\left(2x + 2\sqrt{x^2 - 1}\right) + \log\left(\sqrt{x+1} - \sqrt{x-1}\right) = ?$

[278] $\tan 75^\circ = ?$

[279] $\frac{\cos 3x}{\cos x} = \frac{1}{3} \Rightarrow \frac{\sin 3x}{\sin x} = ?$

[280] $a^2c + b^2a + c^2b - a^2b - c^2a - b^2c$ 인수분해.

[281] $\tan 12° \tan 24° \tan 48° \tan 96° = ?$

[282] $\frac{x_1}{x_1+1} = \frac{x_2}{x_2+3} = \frac{x_3}{x_3+5} = \cdot\cdot = \frac{x_{1001}}{x_{1001}+2001}$,

$x_1 + x_2 + x_3 + \cdot\cdot + x_{1001} = 2002 \Rightarrow x_i = ?$

[283] $\begin{cases} a+2b+c+d=11 \\ -3b+4c-d=4 \\ b-c+2d=7 \end{cases} \Rightarrow 2a+3b+4c+5d=?$

[284] $\cos\frac{\pi}{9} \cdot \cos\frac{3\pi}{9} \cdot \cos\frac{5\pi}{9} \cdot \cos\frac{7\pi}{9} = ?$

[285] $\begin{cases} a^4 - 8b^2 = -31 \\ b^4 - 18c^2 = -146 \\ c^4 - 2a^2 = 79 \end{cases} \Rightarrow a^2 + b^2 + c^2 = ?, (a,b,c \in R)$

[286] 근 a,b,c : $x^3 - 3x - 1 = 0 \Rightarrow (a-b)(b-c)(c-a) = ?$

[287] $\frac{\sin 54°}{2\sin^2 72° + \sin 54°} = ?$

[288] $x \in R \Rightarrow \min\left\{\frac{x^4+2}{x^4+4x^2+4}\right\} = ?$

[289] $\triangle ABC \Rightarrow \begin{vmatrix} a & b & c \\ \sin A & \sin B & \sin C \\ \cos A & \cos B & \cos C \end{vmatrix} = ?$

[290] $\sqrt[4]{i} = ?$

[291] $\triangle ABC, a \geq b \geq c, \frac{a^3+b^3+c^3}{\sin^3 A + \sin^3 B + \sin^3 C} = 7 \Rightarrow \max\{a\} = ?$

[292]
근 a,b,c,d: $x^4 - 4x^3 + x + 7 = 0 \Rightarrow \frac{b+c+d}{a} + \frac{a+c+d}{b} + \frac{a+b+d}{c} + \frac{a+b+c}{d} = ?$

[293] $x^9 + x^6 + x^3 + 1 = 0 \Rightarrow x = ?$

[294] $x+y+z=1 \Rightarrow \min\left\{\dfrac{1}{x}+\dfrac{4}{y}+\dfrac{9}{z}\right\}=?$

[295] $\begin{cases} a+b+ab=8 \\ b+c+bc=15 \\ c+a+ca=35 \end{cases} \Rightarrow a+b+c+abc=?$ $(a, b, c \in R^{+})$

[296] $\sin(20^{\circ}+x)=2\cos 40^{\circ} \cdot \sin x \Rightarrow x=?$

[297] $\triangle ABC$, $3\sin A+4\cos B=6$, $4\sin B+3\cos A=1 \Rightarrow \angle C=?$

[298] $x^{7}-14x^{5}+49x^{3}-36x \Rightarrow$ 인수분해.

[299] 근 $a, b, c : x^{3}-x+1=0 \Rightarrow \dfrac{1}{a+1}+\dfrac{1}{b+1}+\dfrac{1}{c+1}=?$

[300] $\theta \neq \dfrac{n\pi}{2}$, $\dfrac{\sin\theta}{x}=\dfrac{\cos\theta}{y}$, $\dfrac{\cos^{4}\theta}{x^{4}}+\dfrac{\sin^{4}\theta}{y^{4}}=\dfrac{97\sin 2\theta}{x^{3}y+y^{3}x}$

$\Rightarrow \dfrac{x}{y}+\dfrac{y}{x}=?$, $(x, y>0)$

[301] $ax+by+cz=d$, $bx+cy+dz=a$, $cx+dy+az=b$

$dx+ay+bz=c$, $a \neq c$, $\Rightarrow y=?$

[302] $\sin C=\dfrac{\sin A+\sin B}{\cos A+\cos B} \Rightarrow \triangle ABC$: 어떤 삼각형인가?

[303] $\begin{cases} x-\sqrt{yz}=42 \\ y-\sqrt{xz}=6 \\ z-\sqrt{xy}=-30 \end{cases} \Rightarrow x, y, z=?$

[304] $abc=2 \Rightarrow \dfrac{a}{2(a-ab+1)}-\dfrac{b}{bc-2b+2}-\dfrac{c}{2(2-ac-c)}=?$

[305] $$\frac{2009-\left(\frac{1}{2}+\frac{2}{3}+\cdots+\frac{2008}{2009}\right)}{1+\frac{1}{2}+\frac{1}{3}+\cdots+\frac{1}{2009}}=\frac{x}{2009} \Rightarrow x=?$$

[306] $x+\dfrac{1}{x}=-1 \Rightarrow x^{999}+\dfrac{1}{x^{999}}=?$

[307] $0 \le \theta \le \dfrac{\pi}{2} \Rightarrow \max\{\sqrt{3}\sin\theta\cos\theta + \cos^2\theta\} = ?$

[308] $z^3 - 6z^2 + 12z = 8 - 8i \Rightarrow z = ?,\ (i = \sqrt{-1})$

[309] $(5 + 2\sqrt{6})^{\sin x} + (5 - 2\sqrt{6})^{\sin x} = 2\sqrt{3} \Rightarrow x = ?$

[310] $\max\{\sqrt{x-4} + \sqrt{5-x}\} = ?$

[311] $\begin{cases} x = \sqrt{y^2 - \dfrac{1}{16}} + \sqrt{z^2 - \dfrac{1}{16}} \\ y = \sqrt{z^2 - \dfrac{1}{25}} + \sqrt{x^2 - \dfrac{1}{25}} \\ z = \sqrt{x^2 - \dfrac{1}{36}} + \sqrt{y^2 - \dfrac{1}{36}} \end{cases} \Rightarrow x + y + z = \dfrac{m}{\sqrt{n}},\ m, n = ?$

[312] $\tan 20^\circ + 4\sin 20^\circ = ?$

[313] $4^x = 3^x + \tan\dfrac{\pi}{12} \Rightarrow x = ?$

[314] $1 + (ix) + (ix)^2 + \cdot\cdot\cdot + (ix)^{2007} = 0 \Rightarrow x = ?$

[315] $a^2 - a + 1 = 0 \Rightarrow a^{2009} + a^{-2009} = ?$

[316] $x^2 + y^2 + z^2 = 49,\ x + y + z = x^3 + y^3 + z^3 = n \Rightarrow xyz = ?$

[317] $\max\{5\sin x + 2\cos x\} = ?$

[318] $a_1 + a_2 + \cdot\cdot\cdot + a_n = b \Rightarrow \min\left\{\sqrt{a_1^2 + a_2^2 + \cdot\cdot\cdot + a_n^2}\right\} = ?$

[319] $0 \le \theta \le \dfrac{\pi}{2} \Rightarrow \begin{cases} \min\left\{\displaystyle\int_0^1 \left|\sqrt{1-x^2} - \sin\theta\right| dx\right\} = ? \\ \max\left\{\displaystyle\int_0^1 \left|\sqrt{1-x^2} - \sin\theta\right| dx\right\} = ? \end{cases}$

[320] $\max\left\{\displaystyle\int_0^1 x^2 f(x) - x f^2(x)\, dx\right\} = ?$

[321] $a=\sqrt[3]{4}+\sqrt[3]{2}+1 \Rightarrow \dfrac{3}{a}+\dfrac{3}{a^2}+\dfrac{3}{a^3}=?$

[322] $x>0 \Rightarrow \{\cos(\tan^{-1}(\sin(\cot^{-1}(x))))\}^2=?$

[323] 근 $a,b,c: x^3-6x^2+5x-1=0 \Rightarrow a^5+b^5+c^5=?$

[324] $(4+6+9)(4^3+6^3+9^3)(4^9+6^9+9^9)\bullet\bullet\left(4^{3^{2009}}+6^{3^{2009}}+9^{3^{2009}}\right)=?$

[325] $x,y,z>0 \Rightarrow \begin{cases} \min\left\{\dfrac{x^2+y^2+z^2}{xy+yz}\right\}=? \\ \min\left\{\dfrac{x^2+y^2+2z^2}{xy+yz}\right\}=? \end{cases}$

[326] $x=\sqrt[3]{7+5\sqrt{2}}-\dfrac{1}{\sqrt[3]{7+5\sqrt{2}}} \Rightarrow x^3+3x-14=?$

[327] $\displaystyle\int_0^x t^2-8t+13\,dt=x\sin\left(\frac{a}{x}\right) \Rightarrow a=?$

[328] $a,b,c>0 \Rightarrow \min\left\{\dfrac{a+3c}{a+2b+c}+\dfrac{4b}{a+b+2c}-\dfrac{8c}{a+b+3c}\right\}=?$

[329] $a,b,c>0,\ a\sqrt{bc}+b\sqrt{ca}+c\sqrt{ab}\ge 1 \Rightarrow \min\{a+b+c\}=?$

[330] $a,b,c>0,\ a+b+c=1 \Rightarrow \min\left\{\dfrac{1}{a}+\dfrac{4}{b}+\dfrac{9}{c}\right\}=?$

[331] $a,b,c>0,\ abc+a+c=b \Rightarrow \max\left\{\dfrac{2}{a^2+1}-\dfrac{2}{b^2+1}+\dfrac{3}{c^2+1}\right\}=?$

[332] $a,b,c>0,\ (\neq 1),\ a^x=b^y=c^z,\ \dfrac{1}{x}+\dfrac{1}{y}+\dfrac{1}{z}=0 \Rightarrow abc=?$

[333] $x,y,z>0,\ x+y+z\ge xyz \Rightarrow \min\left\{\dfrac{x^2+y^2+z^2}{xyz}\right\}=?$

[334] $a,b>0,\ \sqrt{ab}+\sqrt{(1+a)(1+b)}=\sqrt[4]{n} \Rightarrow \sqrt{a(b+1)}+\sqrt{b(a+1)}=?$

[335] $\max\left\{\sqrt{\frac{x-3}{x^2}}+\sqrt{\frac{y-4}{y^2}}+\sqrt{\frac{z-5}{z^2}}\right\}=?$

[336] $\frac{m}{n}<90^\circ,\ \sum_{k=1}^{35}\sin(5k^\circ)=\tan\frac{m}{n}\ \Rightarrow\ m+n=?$

[337] $\sqrt[5]{(x-2)(x-32)}-\sqrt[4]{(x-1)(x-33)}=1\ \Rightarrow\ x=?$

[338] $\sqrt{x\sqrt[5]{x}}-\sqrt[5]{x\sqrt{x}}=56\Rightarrow x=?$

[339] $\forall\, a_i>0,\ \sum_{i=1}^{n}a_i=n\Rightarrow \min\left\{\prod_{i=1}^{n}\left(1+\frac{1}{a_i}\right)\right\}=?$

[340] $i=\sqrt{-1}\ \Rightarrow\ \sqrt[i]{i}=?$

[341] $\begin{cases}ax+by=3, & ax^2+by^2=7\\ ax^3+by^3=16, & ax^4+by^4=42\end{cases}\Rightarrow ax^5+by^5=?$

[342] $x,y,z>0\Rightarrow \min\left\{\frac{x(1+y)+y(1+z)+z(1+x)}{\sqrt{xyz}}\right\}=?$

[343] $a\neq b\neq c,\ a^2-b=b^2-c=c^2-a\ \Rightarrow\ (a+b)(b+c)(c+a)=?$

[344] 물음표는 몇 도인가?

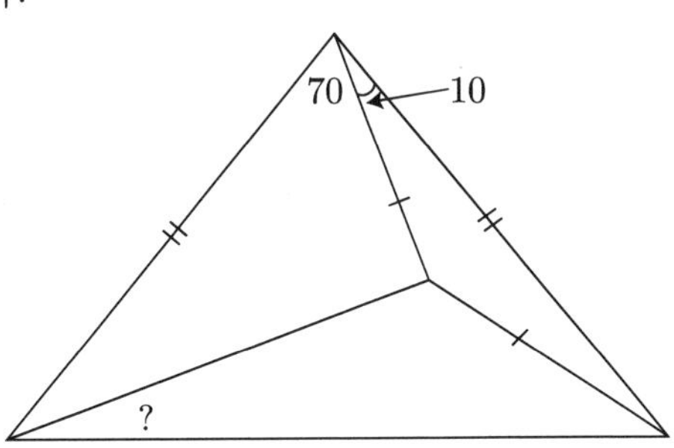

[345] $n\geq 2,\ a_n=\frac{\sqrt[3]{n^3+n^2-n-1}}{n},\ a_2a_3\cdot\cdot\ a_k>3\Rightarrow \min\{k\}=?$

[346] $a_na_{n+3}=a_{n+2}a_{n+5},\ a_1a_2+a_3a_4+a_5a_6=6$
$a_n\neq 0\ \Rightarrow\ a_1a_2+a_3a_4+\cdot\cdot+a_{41}a_{42}=?$

[347] $\begin{cases}(x_1+a)(ax_1+1) &= (a+1)^2 x_{2008}\\ (x_2+a)(ax_2+1) &= (a+1)^2 x_1\\ (x_3+a)(ax_3+1) &= (a+1)^2 x_2\\ &\vdots\\ (x_{2008}+a)(ax_{2008}+1) &= (a+1)^2 x_{2007}\end{cases} \Rightarrow x_i = ?\,,\,(a>0)$

[348] $\prod_{k=1}^{45}(1+\tan k^\circ)=2^n \Rightarrow n=?$

[349] $0 \le x,y,z \le 1, \begin{cases}x^n+(1-y)^n = \dfrac{1}{2^{n-1}}\\ y^n+(1-z)^n = \dfrac{1}{2^{n-1}}\\ z^n+(1-x)^n = \dfrac{1}{2^{n-1}}\end{cases} \Rightarrow x,\ y,\ z=?$

[350] $2^{2x}-3^{x-\frac{1}{2}}=3^{x+\frac{1}{2}}-2^{2x-1} \Rightarrow x=?$

[351] $\sqrt[x]{17\sqrt{5}+38}+\sqrt[x]{17\sqrt{5}-38}=\sqrt{20} \Rightarrow x=?$

[352] $f(x)^2+g(x)^2+h(x)^2 \le 9 \Rightarrow \max\{3f(x)+4g(x)+10h(x)\}=?$

[353] $\triangle ABC,\ 2B=A+C \Rightarrow \min\{\cos^2 A+\cos^2 B+\cos^2 C\}=?$

[354] $n\in N \Rightarrow 3^{3^n}(3^{3^n}+1)+3^{3^n+1}-1$: 인수분해.

[355] $x,y\in R \Rightarrow \min\{x^2+6y^2-2xy+6x-16y+18\}=?$

[356] $x,y\in R,\ x^2+y^2=2 \Rightarrow \max\left\{\dfrac{15x^2}{2}+4xy\right\}=?$

[357] $x\in R,\ f(x)+f([x])+f(\{x\})=2x,\ x-\{x\}=[x]$: Gauss부호
$\Rightarrow f(x)=?$

[358] $9x^6+(x^4+x^2+1)^2=18x^5 \Rightarrow x=?$

[359] $(x^2+1)(y^2+2)(z^2+3)(t^2+4)(w^2+5)=32xyztw\sqrt{120} \Rightarrow x,y,z,t,w=?$

[360] $f\left(\frac{x-1}{x+1}\right)+f\left(\frac{1}{x}\right)+f\left(\frac{1+x}{1-x}\right)=x \Rightarrow f(x)=?$

[361] $\begin{array}{l} abcd=8!, \\ ab+a+b+1=323, \\ bc+b+c+1=399, \end{array}\quad a,b,c,d\in N \Rightarrow a,b,c,d=?$

[362] $\overline{BC}=\sqrt{7} \Rightarrow \angle EBO=?,\ \overline{DE}=?$

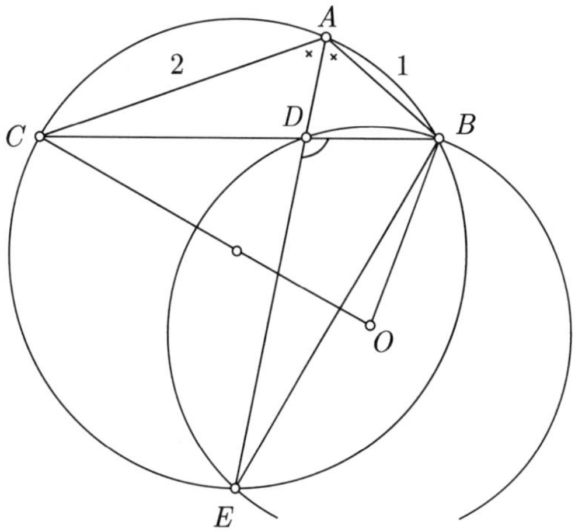

[363] $x^2+2x\sqrt{x}-x-2\sqrt{x}-24=0,\ x\in R \Rightarrow x=?$

[364] $a\neq b\neq c\neq d,\ a+\frac{1}{b}=b+\frac{1}{c}=c+\frac{1}{d}=d+\frac{1}{a}=x \Rightarrow x=?$

[365] $\min\{\tan^4 x+\cot^6 x\}=?$

[366] $A=\min\left\{\frac{a_1}{1+a_1},\frac{a_2}{1+a_1+a_2},\ldots,\frac{a_n}{1+a_1+\cdots+a_n}\right\}$
$a_i>0,\ a_1+a_2+\cdots+a_n=1 \Rightarrow \max\{A\}=?$

[367] $a,b\in Z,\ (x^2-x-1)\mid(ax^{17}+bx^{16}+1) \Rightarrow a,b=?$

[368] $x=\frac{4}{(\sqrt{5}+1)(\sqrt[4]{5}+1)(\sqrt[8]{5}+1)(\sqrt[16]{5}+1)} \Rightarrow (x+1)^{48}=?$

[369] $\max\left\{\frac{x^3y^2z}{x^6+y^6+z^6}\right\}=?$

[370] $x\in R,\ \sqrt{1-x}=2x^2-1+2x\sqrt{1-x^2} \Rightarrow x=?$

[371] $x \in R \Rightarrow \max\left\{\dfrac{(1+x)^8+16x^4}{(1+x^2)^4}\right\} = ?$

[372] $a^2+b^2=1 \Rightarrow \max\{a^3b-ab^3\} = ?$

[373] $y^3-y^2-2y+1=0 \Rightarrow y=?$

[374] $a_1=\dfrac{1}{3}, a_{n+1}=\dfrac{a_n}{\sqrt{1+13a_n^2}}, a_k<\dfrac{1}{50} \Rightarrow \max\{k\}=?$

[375] $a,b,c,d \in R,\ a^2+b^2+c^2+d^2-ab-bc-cd-d+\dfrac{2}{5}=0 \Rightarrow a=?$

[376] $\sqrt{2x^2-10x+16} \le \sqrt{x-1}+x-3 \Rightarrow x=?$

[377] $\sqrt{x-1}+\sqrt{x^3+x^2+x+1}=1+\sqrt{x^4-1} \Rightarrow x=?$

[378] $\sqrt{\dfrac{1+2x\sqrt{1-x^2}}{2}}+2x^2=1 \Rightarrow x=?$

[379] $\sqrt{x^2-3x+2}+\sqrt{x+3}=\sqrt{x-2}+\sqrt{x^2+2x-3} \Rightarrow x=?$

[380] $\sqrt{2x^2-1}+\sqrt{x^2-3x-2}=\sqrt{2x^2+2x+3}+\sqrt{x^2-x+2} \Rightarrow x=?$

[381] $2^{10}+2^{13}+2^m=n^2,\ m,n \in N \Rightarrow m,n=?$

[382] $\dfrac{x^2}{x-1}+\sqrt{x-1}+\dfrac{\sqrt{x-1}}{x^2}=\dfrac{x-1}{x^2}+\dfrac{1}{\sqrt{x-1}}+\dfrac{x^2}{\sqrt{x-1}} \Rightarrow x=?$

[383] $a,b \in N,\ a^2+a-7=b^2 \Rightarrow a,b=?$

[384] $\triangle ABC \Rightarrow \max\{\cos^2 A+\cos^2 B-\cos^2 C\}=?$

[385] $\triangle ABC \Rightarrow \min\{\cos^2 A+\cos^2 B+\cos^2 C\}=?$

[386] $\begin{cases} a^3-3ab^2=19 \\ b^3-3a^2b=98 \end{cases} \Rightarrow a^2+b^2=?,\ (a,b \in R)$

[387] $3^{x+1} - x \cdot 3^x - 4x - 1 = 0 \Rightarrow x = ?, (x \in Z)$

[388] $x^4 + 16x - 12$ 인수분해.

[389] $x^8 + 4x^2 + 4$ 인수분해.

[390] $1992^{50} + x^2 + 1 = 1992^{26} + 1992^{24} + y^2 \Rightarrow x, y = ?, (x \neq y + 1)$

[391] $\begin{cases} \dfrac{x - y\sqrt{x^2 - y^2}}{\sqrt{1 - x^2 + y^2}} = \dfrac{2\sqrt{3}}{\sqrt{5}} \\ \dfrac{y - x\sqrt{x^2 - y^2}}{\sqrt{1 - x^2 + y^2}} = \dfrac{\sqrt{2}}{\sqrt{5}} \end{cases} \Rightarrow x, y = ?$

[392] $1 + x + x^2 + \cdot\cdot + x^n = 40, (n, x \in N) \Rightarrow n, x = ?$

[393] $\dfrac{(a-b)(b-c)(c-a)}{(a+b)(b+c)(c+a)} = \dfrac{1}{11} \Rightarrow \dfrac{a}{a+b} + \dfrac{b}{b+c} + \dfrac{c}{c+a} = ?$

[394] $(x + 3\sqrt{x} + 2)(x + 9\sqrt{x} + 18) = 168x \Rightarrow x = ?$

[395] $a, b, c > 0, 2\sqrt{ab} + \sqrt{ac} = 1 \Rightarrow \min\left\{\dfrac{3bc}{a} + \dfrac{4ca}{b} + \dfrac{5ab}{c}\right\} = ?$

[396] $x^2 + y^2 = 1, P = \dfrac{2(x^2 + 6xy)}{1 + 2xy + 2y^2} \Rightarrow \begin{cases} \min\{P\} = ? \\ \max\{P\} = ? \end{cases}$

[397] $x, y \geq 0, Q = \dfrac{(x-y)(1-xy)}{(1+x)^2(1+y)^2} \Rightarrow \begin{cases} \min\{Q\} = ? \\ \max\{Q\} = ? \end{cases}$

[398] $(a^2 - b^2)\sin x + 2ab\cos x = a^2 + b^2 \Rightarrow \tan x = ?$

[399] $\triangle ABC = S, a^2 + b^2 + c^2 = 16S \Rightarrow \cot A + \cot B + \cot C = ?$

[400] $x, y, z > 0, xyz = 32 \Rightarrow \min\{x^2 + 4xy + 4y^2 + 2z^2\} = ?$

[401] $\begin{cases} 2y(x^2 - y^2) = 3x \\ x(x^2 + y^2) = 10y \end{cases} \Rightarrow x, y = ?$

[402] $\tan\frac{\pi}{7} \cdot \tan\frac{2\pi}{7} \cdot \tan\frac{3\pi}{7} = ?$

[403] $0 < x < \frac{\pi}{2} \Rightarrow \min\left\{\frac{\sin^3 x}{\cos x} + \frac{\cos^3 x}{\sin x}\right\} = ?$

[404] $x, y \neq 0, f(1) = \frac{1}{2}, f(y \cdot f(x)) \cdot f(x) = f(x+y) \Rightarrow f(x) = ?$

[405] $a = \log_{18}15,\ b = \log_{10}54 \Rightarrow \log_{\left(\frac{1}{150}\right)}45 = ?$

[406] $f\left(\frac{x-3}{x+1}\right) + f\left(\frac{x+3}{1-x}\right) = x,\ x \neq \pm 1 \Rightarrow f(x) = ?$

[407] $\sqrt{\frac{x^2-3x+2}{x^2+2x}} = 1+x,\ \ x \neq 0, -2 \Rightarrow x = ?$

[408] $2\sin\left(3x + \frac{\pi}{4}\right) = \sqrt{1 + 8\sin 2x \cos^2 2x} \Rightarrow x = ?$

[409] $\left[\log_{\frac{1}{2}}(2x-3)\right] = 1 \Rightarrow x = ?,\ [x]$:Gauss' notation

[410] $\begin{cases} y + xy^2 = 6x^2 \\ 1 + x^2y^2 = 5x^2 \end{cases} \Rightarrow x,\ y = ?$

[411] $a, b \in R,\ f(x) = a\sin x + b\sqrt[3]{x} + 4,\ f(\log\log_3 10) = 5 \Rightarrow f(\log\log 3) = ?$

[412] $f(x) = \frac{e^{x^2} + x}{1 + \cos x} \Rightarrow f^{-1}\left(\frac{1}{2}\right) = ?$

[413] $\prod_{i=1}^{n} \tan(x_i) = 1 \Rightarrow \max\left\{\prod_{i=1}^{n} \sin(x_i)\right\} = ?$

[414] $a, b, c, d \in N,\ 459 = a^2 + b^2 + c^2 + d^2 \Rightarrow a, b, c, d = ?$

[415] $\alpha \neq \beta \in R,\ x, y \geq 0,\ f(x)f(y) = x^\alpha f\left(\frac{y}{2}\right) + y^\beta f\left(\frac{x}{2}\right) \Rightarrow f(x) = ?$

[416] $\alpha \in R, x, y \geq 0, f(x)f(y) = x^\alpha f\left(\frac{y}{2}\right) + y^\alpha f\left(\frac{x}{2}\right) \Rightarrow f(x) = ?$

[417] $a,b,c \in Z^+,\ a+b+c=26,\ \dfrac{1}{a}+\dfrac{1}{b}+\dfrac{1}{c}+\dfrac{360}{abc}=1 \Rightarrow abc=?$

[418] $\dfrac{1}{2}f(xy)+\dfrac{1}{2}f(xz)-f(x)f(yz) \ge \dfrac{1}{4} \Rightarrow f(x)=?$

[419] $\begin{cases} \dfrac{1}{x}+\dfrac{1}{y+z}=\dfrac{1}{2} \\ \dfrac{1}{y}+\dfrac{1}{z+x}=\dfrac{1}{3} \\ \dfrac{1}{z}+\dfrac{1}{x+y}=\dfrac{1}{4} \end{cases} \Rightarrow x,\ y,\ z=?$

[420] $\begin{cases} (x+y)^3=3z \\ (y+z)^3=3x \\ (z+x)^3=3y \end{cases} \Rightarrow x,\ y,\ z=?$

[421] $\sin^7 x+\cos^7 x=1 \Rightarrow x=?$

[422] $\begin{cases} x(y+z)=x^2+2 \\ y(z+x)=y^2+3 \\ z(x+y)=z^2+4 \end{cases} \Rightarrow x, y, z=?$

[423] $x \in R,\ \sqrt[3]{x+1}+\sqrt[3]{3x+1}=\sqrt[3]{x-1} \Rightarrow x=?$

[424] $\triangle ABC \Rightarrow \min\left\{\dfrac{\sin A\sin B}{\sin^2\dfrac{C}{2}}+\dfrac{\sin B\sin C}{\sin^2\dfrac{A}{2}}+\dfrac{\sin C\sin A}{\sin^2\dfrac{B}{2}}\right\}=?$

[425] $x^2-2y^2=1 \Rightarrow (x,y)=?,\ x,y \in Z$

[426] $\begin{cases} x(y^2-4y+5)=6 \\ y(z^2-4z+5)=6 \\ z(x^2-4x+5)=6 \end{cases} \Rightarrow x,\ y,\ z=?$

[427] $x^2-2x-2007y^2=0 \Rightarrow (x,y)=?\ ,\ x,y \in Z$

[428] $\begin{cases} x+y-z=4 \\ x^2-y^2+z^2=-4 \\ xyz=6 \end{cases} \Rightarrow x, y, z=?$

[429] $a,b,c>0,\ a,b,c,abc \neq 1 \Rightarrow \dfrac{1}{\log_a abc}+\dfrac{1}{\log_b abc}+\dfrac{1}{\log_c abc}=?$

[430] $a, b, c \in R,\ a - 2b + 3c = 16 \Rightarrow \min\{2(a^2 + b^2 + c^2) - 4(a + b + c) + 15\} = ?$

[431] $\dfrac{x}{y-z} + \dfrac{y}{z-x} + \dfrac{z}{x-y} = 0 \Rightarrow \dfrac{x}{(y-z)^2} + \dfrac{y}{(z-x)^2} + \dfrac{z}{(x-y)^2} = ?$

[432] $\begin{cases} y^2 + (4x-1)^2 = \sqrt[3]{4x(8x+1)} \\ 40x^2 + x = y\sqrt{14x-1} \end{cases} \Rightarrow x, y = ?$

[433] $x, y, z > 0,\ x^2 + y^2 + z^2 = 3 \Rightarrow \max\{\sqrt{x+y} + \sqrt{y+z} + \sqrt{z+x}\} = ?$

[434] $\angle DBC = ?$

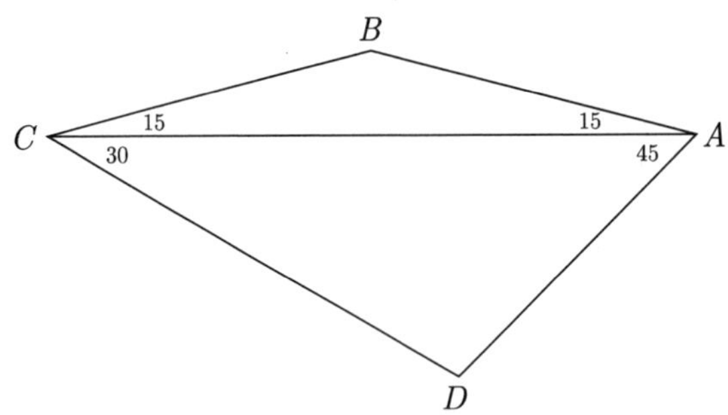

[435] $\begin{cases} 3a^3 = 3b^2 + 3b + 1 \\ 3b^3 = 3c^2 + 3c + 1 \\ 3c^3 = 3a^2 + 3a + 1 \end{cases} \Rightarrow a, b, c = ?$

[436] $\cot 80^\circ + \operatorname{cosec} 40^\circ = ?$

[437] $f(x) + f\left(\dfrac{1}{1-x}\right) = 1 + \dfrac{1}{x(1-x)} \Rightarrow f(x) = ?$

[438] $x \in R^+ \Rightarrow \max\left\{\dfrac{\sqrt{2}\,x^4 + \sqrt{21}}{\sqrt{x^8 + 7}}\right\} = ?$

[439] $x^2 + xy + y^2 = 1 \Rightarrow \begin{cases} \max\{x^2 - xy + 2y^2\} = ? \\ \min\{x^2 - xy + 2y^2\} = ? \end{cases}$

[440] $P(x) = \left(\cos\dfrac{\pi}{16} + x\sin\dfrac{\pi}{16}\right)^4,\ P(x) = (x^2 + 1)Q(x) + R(x) \Rightarrow R(x) = ?$

[441] $x, y, z > 0 \Rightarrow \min\left\{\dfrac{4x}{x+y+2z} + \dfrac{y+3z}{2x+y+z} - \dfrac{8x}{x+y+3z}\right\} = ?$

[442] $x^7 - x^2 - 2x - 1 \Rightarrow$ 인수분해?

[443] $\dfrac{1+\tan 15^\circ}{1-\tan 15^\circ} = ?$

[444] $\begin{cases} x+y+z=6 \\ xy+yz-zx=7 \\ x^2+y^2+z^2=14 \end{cases} \Rightarrow x,\ y,\ z = ?$

[445] $x - \sqrt{x^2-16} = (\sqrt{x-3} - \sqrt{x-5})^4 \Rightarrow x = ?$

[446] $\begin{cases} a+b+c=24 \\ a^2+b^2+c^2=210 \\ abc=440 \end{cases} \Rightarrow a,\ b,\ c = ?,\ (a,b,c \in Z)$

[447] $\begin{cases} x+y+z=2005 \\ 2^x+2^y=2^z \end{cases} \Rightarrow x,\ y,\ z = ?,\ (x,y,z \in Z)$

[448] 반지름:1 $\Rightarrow \overline{AB}^2 + \overline{AC}^2 + \overline{AD}^2 + \overline{AE}^2 + \overline{AF}^2 + \overline{AG}^2 = ?$

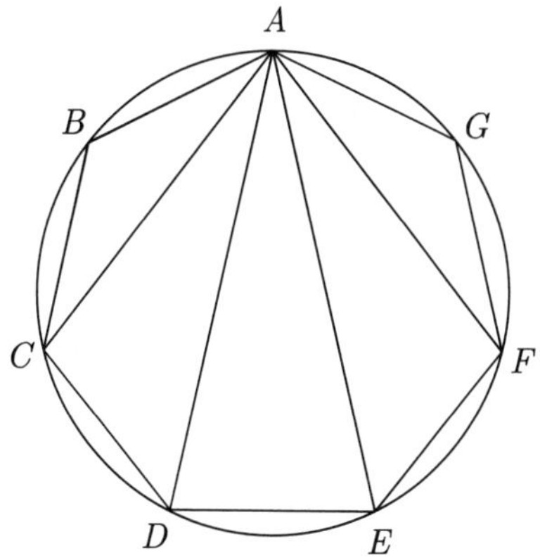

[449] $x^5 + x + 1 \Rightarrow$ 인수분해?

[450] $(4x^2+6x+4)(4y^2-12y+25) = 28 \Rightarrow x,\ y = ?$

[451] $\begin{cases} \sin x + \sin y + \sin z = \dfrac{3}{2} \\ \cos x + \cos y + \cos z = \dfrac{3\sqrt{3}}{2} \end{cases} \Rightarrow x,\ y,\ z = ?$

[452] $\sqrt[3]{x+9} - \sqrt[3]{x-9} = 3 \Rightarrow x = ?$

[453] $0 < x < 2\pi,\ 176\cos x + 64\sin x = 75\cos 2x + 80\sin 2x + 101 \Rightarrow x = ?$

[454] $(x-1)(x-2)(x-3)(x-4)+1=0 \Rightarrow x = ?$

[455] $x, y > 0,\ x^2+y^2=1 \Rightarrow \begin{cases} \min\left\{\dfrac{1}{x}+\dfrac{1}{y}\right\} = ? \\ \max\{\ xy^2\ \} \quad = ? \end{cases}$

[456] $(d-a)\left(\dfrac{a^2}{b-a}+\dfrac{b^2}{c-b}+\dfrac{c^2}{d-c}\right)=(a+b+c)^2$

$0 < a < b < c < d = 2a \Rightarrow \dfrac{bcd}{a^3} = ?$

[457] $(x-1)^3 | p(x)+1,\ (x+1)^3 | p(x)-1 \Rightarrow$ 5차 다항식 $p(x) = ?$

[458] $\sqrt{4x-7-12\sqrt{x-4}}+\sqrt{4x-16\sqrt{x-4}} = \log_{0.5}\left(x-\dfrac{25}{4}\right) \Rightarrow x = ?$

[459] $a, b \in R,\ \begin{cases} a^4+8b=4(a^3-1)-16\sqrt{3} \\ b^4+8a=4(b^3-1)+16\sqrt{3} \end{cases} \Rightarrow a^4+b^4 = ?$

[460] $6\left(x-\dfrac{1}{y}\right)=3\left(y-\dfrac{1}{z}\right)=2\left(z-\dfrac{1}{x}\right)=xyz-\dfrac{1}{xyz} \Rightarrow x, y, z = ?$

[461] $xy(x^2-y^2)=x^2+y^2,\ x \neq 0 \Rightarrow \min\{x^2+y^2\} = ?$

[462] $\begin{cases} x+y+\sqrt{xy} = 19 \\ x^2+y^2+xy = 133 \end{cases} \Rightarrow x, y = ?$

[463] $x > y > 0 \Rightarrow \min\left\{x+\dfrac{1}{xy(x-y)}\right\} = ?$

[464] $2^{(x^2-2x+2)}3^{(y^2-4y+5)}4^{(z^2-6z+10)} = 24 \Rightarrow x, y, z = ?$

[465] $i = \sqrt{-1} \Rightarrow \cos i = ?$

[466] $(x^2+1)^{100} = Q(x)(x^4+1)+R(x) \Rightarrow R(x) = ?$

[467] $\min\left\{\int_0^{\pi}(a\sin x+b\sin 2x+c\sin 3x-x)^2\,dx\right\}=?$

[468] $\begin{cases} a+b+c=0 \\ x+y+z=0 \\ \dfrac{x}{a}+\dfrac{y}{b}+\dfrac{z}{c}=0 \end{cases} \Rightarrow xa^2+yb^2+zc^2=?$

[469] $\sqrt{17+8x-2x^2}+\sqrt{4+12x-3x^2}=x^2-4x+13 \Rightarrow x=?$

[470] $x^4-(2\cdot 10^{10}+1)x^2+10^{20}+10^{10}-1=0 \Rightarrow x=?$

[471] $2f(x)+3f\left(\dfrac{2x+29}{x-2}\right)=100x+80 \Rightarrow f(3)=?$

[472] $\begin{cases} 2^x-2^y=(y-x)(xy+2) \\ x^2+y^2=2 \end{cases} \Rightarrow x,\ y=?$

[473] $\begin{cases} x^3+8y^3+27z^3=18xyz \\ x+2y+3z=36 \end{cases} \Rightarrow x,y,z=?$

[474] $x^2+\dfrac{y^2}{4}+\dfrac{z^2}{9}=1 \Rightarrow \begin{cases} \max\{x^2+y^2+z^2\}=? \\ \min\{x^2+y^2+z^2\}=? \end{cases}$

[475] $\left(\sqrt[3]{7+\sqrt{15}}\right)^x+\left(\sqrt[3]{7-\sqrt{15}}\right)^x=14 \Rightarrow x=?$

[476] $\sum_{n=1}^{k}\dfrac{1}{n}>5 \Rightarrow k=?$

[477] $f(x)+f\left(\dfrac{a^2}{a-x}\right)=x,\ x\neq a\neq 0 \Rightarrow f(x)=?$

[478] $(x+1)f(x)+2f(-x)=\sin x \Rightarrow f(x)=?$

[479] $2010f(x-1)+2009f(1-x)=x \Rightarrow f(x)=?$

[480] $\dfrac{\sin x}{\cos 3x}+\dfrac{\sin 3x}{\cos 9x}+\dfrac{\sin 9x}{\cos 27x}=0 \Rightarrow x=?$

[481] $\dfrac{1}{\sin 2x}+\dfrac{1}{\sin 4x}+\dfrac{1}{\sin 8x}=0 \Rightarrow x=?$

[482] $\dfrac{1}{\sin x\sin 2x}+\dfrac{1}{\sin 2x\sin 3x}+\dfrac{1}{\sin 3x\sin 4x}=0 \Rightarrow x=?$

[483] $\tan x+2\tan 2x+4\tan 4x=\cot x \;\Rightarrow\; x=?$

[484] $\sqrt{1+\sin^4 x}+\sqrt{2+2\cos^2 x+\cos^4 x}=1+\sqrt{5} \;\Rightarrow\; x=?$

[485] $\begin{cases} 3x+3y+3z=13 \\ \dfrac{3}{x}+\dfrac{3}{y}+\dfrac{3}{z}=13 \\ xyz=1 \end{cases} \Rightarrow x,y,z=?$

[486] $\begin{cases} x+y+z=9 \\ \dfrac{1}{x}+\dfrac{1}{y}+\dfrac{1}{z}=1 \\ xy+yz+zx=27 \end{cases} \Rightarrow x,y,z=?$

[487] $\begin{cases} x^2+y=5 \\ x^6+y^3=65 \end{cases} \Rightarrow x,\ y=?$

[488] $\begin{cases} \dfrac{x^2}{y}+\dfrac{y^2}{x}=12 \\ \dfrac{1}{x}+\dfrac{1}{y}=\dfrac{1}{3} \end{cases} \Rightarrow x,y=?$

[489] $\begin{cases} a^3=3(b^2+c^2)-25 \\ b^3=3(c^2+a^2)-25 \\ c^3=3(a^2+b^2)-25 \end{cases} \Rightarrow abc=?,\ (a\neq b\neq c)$

[490] $\begin{cases} x+y=7 \\ \dfrac{x}{y}+\dfrac{y}{x}=\dfrac{25}{12} \end{cases} \rightarrow x,\ y=?$

[491] $\begin{cases} x^2-xy+y^2=19 \\ x-xy+y=7 \end{cases} \Rightarrow x,\ y=?$

[492] $\begin{cases} x^2+y^2+x+y=32 \\ 12(x+y)=7xy \end{cases} \Rightarrow x,\ y=?$

[493]

$$\sqrt[3]{\frac{x^3-3x+(x^2-1)\sqrt{x^2-4}}{2}}+\sqrt[3]{\frac{x^3-3x-(x^2-1)\sqrt{x^2-4}}{2}}=\sqrt{x+30} \Rightarrow x=?$$

[494] $\sqrt[3]{2x-1}=x\sqrt[3]{16}-\sqrt[3]{2x+1} \Rightarrow x=?$

[495] $\begin{cases} xy+yz+zx=12 \\ xyz=2+x+y+z \end{cases} \Rightarrow x, y, z=?,\ (x,y,z>0)$

[496] $a^{\log_b c}+b^{\log_c a}=m \Rightarrow c^{\log_b a}+a^{\log_c b}=?$

[497] $(x-1)^2 \mid (ax^4+bx^3+1) \Rightarrow a, b=?$

[498] 7^{9999} : 마지막 두 자리의 숫자?

[499] $n\in N \Rightarrow 1^n-3^n-6^n+8^n$: 마지막 끝자리의 숫자?

[500] $\begin{cases} e^x+e^{-y^2}=1 \\ e^{2x}+\sqrt{e^{-y^2}}=1 \end{cases} \Rightarrow x, y=?$

[501] $1\le n\le 100,\ 73 \mid (n^4-n^2+57) \Rightarrow n=?$

[502] $\dfrac{2}{\dfrac{1}{a}+\dfrac{1}{b}} \le \sqrt{ab} \le \dfrac{a+b}{2} \le \sqrt{\dfrac{a^2+b^2}{2}}$ 반원 내부에 표시.

[503] $\cos^4\dfrac{\pi}{24}-\sin^4\dfrac{\pi}{24}=?$

[504]
$\min\left\{\sqrt{x^2+y^2}+\sqrt{x^2+y^2-2x+1}+\sqrt{x^2+y^2-2y+1}+\sqrt{x^2+y^2-6x-8y+25}\right\}=?$

[505] $\left.\begin{array}{l} \sqrt{2}\sin\left(\dfrac{2x}{3}-\dfrac{\pi}{3}\right)-\sqrt{6}\sin\left(\dfrac{2x}{3}+\dfrac{\pi}{6}\right) \\ =2\sin\left(\dfrac{3x}{2}-\dfrac{\pi}{6}\right)-2\cos\left(\dfrac{x}{6}+\dfrac{2\pi}{3}\right) \end{array}\right\} \Rightarrow x=?$

[506] $f(x)+f\left(1-\dfrac{1}{x}\right)=x \Rightarrow f(x)=?$

[507] $(x-16)f(2x)=16(x-1)f(x) \Rightarrow$ 다항식 $f(x)=?$

[508] $(x-1)(x-2)(x-3)(x-4)(x-5)(x-6)=720 \Rightarrow x=?, x\in R$

[509] $\begin{cases} x^2 + y\sqrt{xy} = 336 \\ y^2 + x\sqrt{xy} = 112 \end{cases} \Rightarrow (x+y)^2 = ?$

[510] $\begin{cases} 288a = bcde,\ 18d = abce \\ 72b = acde,\ 2e = abcd \\ 32c = abde\quad (a,b,c,d,e \in N) \end{cases} \Rightarrow a,b,c,d,e = ?$

[511] $a+b+c=0, (a,b,c \neq 0)$
$\Rightarrow \dfrac{a^2 - 2010^{2010}}{bc} + \dfrac{b^2 - 2010^{2010}}{ac} + \dfrac{c^2 - 2010^{2010}}{ab} = ?$

[512] $\tan^{-1}\left(\dfrac{1}{2}\right) + \tan^{-1}\left(\dfrac{1}{5}\right) + \tan^{-1}\left(\dfrac{1}{8}\right) = ?$

[513] $\dfrac{1}{\sin 45^\circ \sin 46^\circ} + \dfrac{1}{\sin 47^\circ \sin 48^\circ} + \cdot\cdot\cdot + \dfrac{1}{\sin 133^\circ \sin 134^\circ} = \dfrac{1}{\sin n^\circ}$
$n \in N \Rightarrow \min\{n\} = ?$

[514] $\triangle ABC$:직각 삼각형 $\Rightarrow \min\left\{\dfrac{(a+b)(b+c)(c+a)}{abc}\right\} = ?$

[515]
$a_i > 0,\quad a_1 + a_2 + \cdot\cdot\cdot + a_n = 1 \Rightarrow$
$\min\left\{\dfrac{a_1}{1+a_2+\cdot\cdot\cdot+a_n} + \dfrac{a_2}{1+a_1+a_3+\cdot\cdot\cdot+a_n} + \cdot\cdot\cdot + \dfrac{a_n}{1+a_1+\cdot\cdot\cdot+a_{n-1}}\right\} = ?$

[516] $a,b,c > 0 \Rightarrow \min\left\{(1+a)(1+b)(1+c)\left(\dfrac{1}{a^2} + \dfrac{1}{b^2} + \dfrac{1}{c^2}\right)\right\} = ?$

[517] $4\left(\dfrac{x+3}{x-1}\right)^2 + 7\left(\dfrac{x+3}{3x+2}\right) - 15\left(\dfrac{x-1}{3x+2}\right)^2 = 0 \Rightarrow x = ?$

[518] $x \in R,\ \sqrt[3]{x+6} + \sqrt{x-1} = x^2 - 1 \Rightarrow x = ?$

[519] $a,b > 0, a^2 + b^2 + ab = 12 \Rightarrow \max\left\{\dfrac{(\sqrt{3}+1)a}{2} + b\right\} = ?$

[520] $\sin 54^\circ + \cos 108^\circ = ?$

[521] $\dfrac{(x+1)(x-3)}{5(x+2)(x-4)} + \dfrac{(x+3)(x-5)}{9(x+4)(x-6)} - \dfrac{2(x+5)(x-7)}{13(x+6)(x-8)} = \dfrac{92}{585} \Rightarrow x = ?$

[522] $\sqrt{\frac{x-1977}{23}}+\sqrt{\frac{x-1978}{22}}=\sqrt{\frac{x-23}{1977}}+\sqrt{\frac{x-22}{1978}} \Rightarrow x=?$

[523] $2x^2-6x-1=\sqrt{4x+5} \Rightarrow x=?$

[524] $p(1)=1, \frac{p(2x)}{p(x+1)}=8-\frac{56}{x+7} \Rightarrow$ 다항식 $p(x)=?$

[525] $\sqrt{x}+\sqrt[4]{x(1-x)^2}+\sqrt[4]{(1-x)^3}=\sqrt{1-x}+\sqrt[4]{x^3}+\sqrt[4]{x^2(1-x)} \Rightarrow x=?$

[526] $x_n+iy_n=(1+i\sqrt{3})^n, x_{19}y_{91}+x_{91}y_{19}=2^k\sqrt{3} \Rightarrow k=?$

[527] $\min\{\sqrt{(x-1)^2+4}+\sqrt{(x-3)^2+16}\} \Rightarrow x=?$

[528] $\begin{cases} x+y=3-\cos 4\theta \\ x-y=4\sin 2\theta \end{cases} \Rightarrow \sqrt{x}+\sqrt{y}=?$

[529] 이등변 삼각형의 각A을 구하여라.

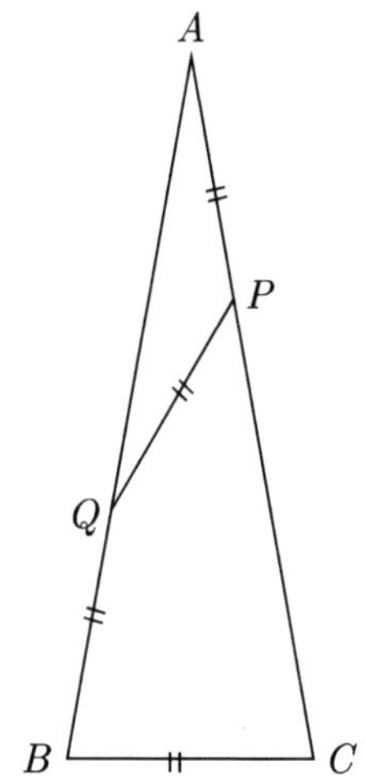

[530] $x,y\in R \Rightarrow \min\{\sqrt{(x-2)^2+(y+3)^2+9}+\sqrt{(x+3)^2+(y-1)^2+1}\}=?$

[531] $x,y,z>0, xyz=1 \Rightarrow \frac{1}{1+x+xy}+\frac{1}{1+y+yz}+\frac{1}{1+z+zx}=?$

[532] $x>0 \Rightarrow \min\left\{\frac{\left(x+\frac{1}{x}\right)^6-\left(x^6+\frac{1}{x^6}\right)-2}{\left(x+\frac{1}{x}\right)^3+\left(x^3+\frac{1}{x^3}\right)}\right\}=?$

[533] $\cos\left(\frac{2\pi}{5}\right)+\cos\left(\frac{4\pi}{5}\right)=?$

[534] $(16x^2-9)^3+(9x^2-16)^3=(25x^2-25)^3 \Rightarrow x=?$

[535] $\dfrac{\sum_{k=1}^{n}(2k-1)^3}{\sum_{k=1}^{n}(2k)^3}=\dfrac{199}{242} \Rightarrow n=?$

[536] $x^2+8xy+7y^2=225 \Rightarrow \min\{\sqrt{x^2+y^2}\}=?$

[537] $\overline{ab0ab}=n(n+1)(n+2)(n+3),\ \exists\, n\in N \Rightarrow \overline{ab0ab}=?$

[538] $x>0,\ \sqrt[3]{x+\pi}=1+\sqrt[3]{x-\pi} \Rightarrow x=?$

[539] $\begin{cases}2^{x+y^2}+2^{y+z^2}+2^{z+x^2}=6\sqrt[9]{2}\\ x+y+z=2\end{cases} \Rightarrow x,y,z=?$

[540] $\begin{cases}x^7-13y=21\\ 13x-y^7=21\end{cases},\ (x,y>0) \Rightarrow x,\ y=?$

[541] $\sqrt{1+\sqrt{1-x}}=2\sqrt{1-\sqrt{1-x}}+\sqrt[4]{x} \Rightarrow x=?$

[542] $\begin{cases}9(x_1^2+x_2^2-x_3^2)=6x_3-1\\ 9(x_2^2+x_3^2-x_4^2)=6x_4-1\\ \cdots\cdots\\ 9(x_n^2+x_1^2-x_2^2)=6x_2-1\end{cases} \Rightarrow x_i=?$

[543] $3^{x^2-x-z}+3^{y^2-y-x}+3^{z^2-z-y}=1 \Rightarrow x,y,z=?$

[544] $0<A,B,C<\frac{\pi}{2},\ \tan A\tan B+\tan B\tan C+\tan C\tan A=1$

$\Rightarrow \dfrac{\sin A}{\cos B\cos C}+\dfrac{\sin B}{\cos A\cos C}+\dfrac{\sin C}{\cos A\cos B}=?$

[545] $\sqrt{25+9x+30\sqrt{x}}-\sqrt{16+9x+30\sqrt{x-1}}=\dfrac{3}{x\sqrt{x}} \Rightarrow x=?$

[546] $\begin{cases} xy(x+y-z)=3 \\ yz(y+z-x)=1 \\ zx(z+x-y)=1 \end{cases} \Rightarrow x, y, z = ?$

[547] $40x+42\sqrt{1-x^2}=29(\sqrt{1+x}+\sqrt{1-x}) \Rightarrow x=?$
$(0<x<1)$

[548] $m,n,k \in N,\ k \cdot n!m!+m!+n!=(m+n)! \Rightarrow n,m,k=?$

[549] $x^{5020}+x^{1004}+1 \Rightarrow$ 인수분해?

[550] $0<x<\dfrac{\pi}{2} \Rightarrow \min\{\sin^4 x+\cos^4 x+\sec^4 x+\operatorname{cosec}^4 x\} = ?$

[551] $x<y<z, \begin{cases} 2x=y(1-x^2) \\ 2y=z(1-y^2) \\ 2z=x(1-z^2) \end{cases} \Rightarrow x, y, z=?$

[552] $x^{123}-1=(x^2+1)(x^2+x+1)f(x)+g(x) \Rightarrow g(x)=?$

[553] $\begin{cases} x^2-yz=3 \\ y^2-zx=5 \\ z^2-xy=7 \end{cases} \Rightarrow x, y, z=?$

[554] $0<x,y<\dfrac{\pi}{2}, \begin{cases} \sin 2x+\sin 2y=\dfrac{7}{5} \\ \cos 2x+\cos 2y=1 \end{cases} \Rightarrow \tan x+\tan y=?$

[555] $a,b,c,d>0, \begin{cases} a+b=2\pi,\ \dfrac{a-b}{c+d}=\dfrac{1}{2\pi^2+2} \\ c-d=8\pi,\ \dfrac{a}{c}-\dfrac{b}{d}=\dfrac{1}{\pi^4+1} \end{cases} \Rightarrow a,b,c,d=?$

[556] $z<0<y<x, \begin{cases} x^3=3x+y \\ y^3=3y+z \\ z^3=3z+x \end{cases} \Rightarrow x,y,z=?$

[557] $0<A,B<\dfrac{\pi}{2}, \begin{cases} \cos A+\cos 3A+\cos 5A=\dfrac{1}{2} \\ \cos B+\cos 2B+\cos 3B=-\dfrac{1}{2} \end{cases} \Rightarrow A,B=?$

[558] $z^3+az^2+bz-1=0$ 의 근: r_1, r_2, r_3, $|r_1|=|r_2|=|r_3|$

$$Re(a)\neq 0 \Rightarrow \frac{a-b}{Re(a)}=?$$

[559] $x^3+y^3=(x+1)^3 \Rightarrow x,\ y=?$

[560] F_n :Fibonacci수, $x^3+(F_{2n}+2F_{n+1})x^2+F_{2n}(1+2F_{n+1})x+F_{2n}^2=0 \Rightarrow x=?$

[561] $\frac{1}{2}\frac{5}{6}\bullet\bullet\frac{4n-3}{4n-2}\frac{4n+1}{4n+2}<\frac{1}{2009}<\frac{4}{5}\frac{8}{9}\bullet\bullet\frac{4n}{4n+1}\frac{4n+4}{4n+5}$
$\Rightarrow\ n=?,\ (n\in N)$

[562] $32x^5-40x^3+10x-1=0 \Rightarrow x=?$

[563] $x^{24}=(x^2-x-1)f(x)+g(x) \Rightarrow g(x)=?$

[564] $x,y>0, \begin{cases} x^5-5y=8 \\ y^5-5x=-8 \end{cases} \Rightarrow x,y=?$

[565] $x=\sqrt[3]{3}-\sqrt[3]{2+\sqrt{5}}-\sqrt[3]{2-\sqrt{5}} \Rightarrow x+\frac{2}{x}=?$

[566] $\begin{cases} x+y+z=6 \\ xy+yz+zx=9 \\ xyz=3 \end{cases} \Rightarrow x,\ y,\ z=?$

[567] $g(x)=\sum_{k=0}^{5}x^k,\ g(x^{12})=p(x)g(x)+r(x) \Rightarrow r(x)=?$

[568] $a^2+b^2+c^2=ab+bc+ca \Rightarrow \begin{vmatrix} a^2 & 2ab-c^2 & b^2 \\ c^2 & b^2 & 2bc-a^2 \\ 2ac-b^2 & a^2 & c^2 \end{vmatrix}=?$

[569] $\sqrt{(111,111,111,111)(1,000,000,000,005)+1}=?$

[570] $p(x)=x^2+bx+c, \begin{cases} p(x)\mid(x^4+6x^2+25) \\ p(x)\mid(3x^4+4x^2+28x+5) \end{cases} \Rightarrow p(1)=?$

[571] $a,b,c\in R,\ 2a^2+b^2+c^2=3 \Rightarrow \min\{a-2b+c\}=?$

[572] $x,y\in N,\ 2x^2+9y^2-6xy-6x-12y+9=0 \Rightarrow x,y=?$

[573] $k \in N,\ \frac{a}{b}+\frac{b}{c}+\frac{c}{a} \geq 3\sqrt[k]{\frac{a^2+b^2+c^2}{ab+bc+ca}} \ \Rightarrow\ k=?$

[574] $x, y>0, \begin{cases} x-y^2=3 \\ x^2+y^4=13 \end{cases} \ \Rightarrow\ x,\ y=?$

[575] $\begin{cases} a=\frac{b+c}{x-2}, b=\frac{c+a}{y-2}, c=\frac{a+b}{z-2} \\ xy+yz+zx=67, x+y+z=2010 \end{cases} \ \Rightarrow\ xyz=?$

[576] 각 $a=?$

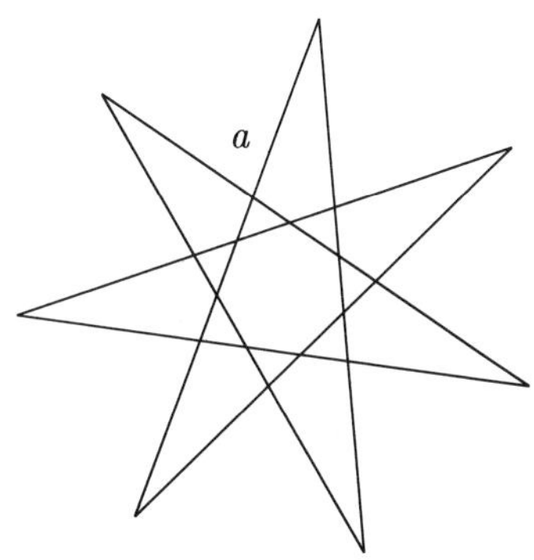

[577] $\begin{matrix} a,b,c \geq 1 \\ x,y,z>0 \end{matrix}, \begin{cases} a^x+b^y+c^z=4 \\ xa^x+yb^y+zc^z=6 \\ x^2a^x+y^2b^y+z^2c^z=9 \end{cases} \ \Rightarrow \max\{c\}=?$

[578] $\frac{2,121,212,121,210}{1,121,212,121,211}=?$

[579] $x,y,z>0 \ \Rightarrow\ \max\left\{\frac{xy+2yz}{x^2+y^2+z^2}\right\}=?$

[580] $x,y \in R \Rightarrow \max\{2\sin x\cos y+3\sin x\sin y+6\cos x\}=?$

[581] $x,y,z>0, x+y+z=1 \Rightarrow \max\left\{\frac{xy}{\sqrt{z+xy}}+\frac{yz}{\sqrt{x+yz}}+\frac{zx}{\sqrt{y+zx}}\right\}=?$

[582] $\prod_{k=0}^{n}\left(1+a^{2^k}\right)=\sum_{k=0}^{x}a^k\ , (a>0, a \neq 1) \Rightarrow x=?$

[583] $x^2+y^2-3y=1 \ \Rightarrow\ \max\{x+y\}=?$

[584] $x,y,z>0,\ x+y+z=1 \Rightarrow \max\{x^3y^2z\}=?$

[585] $2^x=x \Rightarrow x=?$

[586] $\overline{AB}=\overline{AC} \Rightarrow y=?$

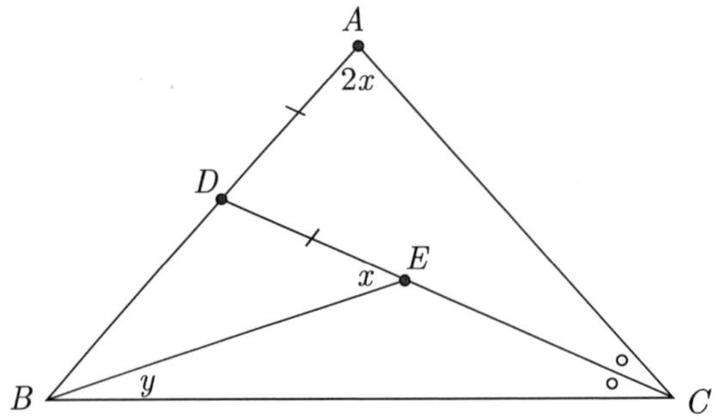

[587] $\forall x,y\in R,\ f(x)f(y)-f(xy)=x+y \Rightarrow f(x)=?$

[588] $a,b,c,d: x^4-18x^3+kx^2+200x=1984$의 근, $ab=-32 \Rightarrow k=?$

[589] $\cot^2\left(\frac{\pi}{7}\right)+\cot^2\left(\frac{2\pi}{7}\right)+\cot^2\left(\frac{3\pi}{7}\right)=?$

[590] $\sqrt{\frac{x-6}{4}}+\sqrt{\frac{x-7}{3}}+\sqrt{\frac{x-8}{2}}=\sqrt{\frac{x-4}{6}}+\sqrt{\frac{x-3}{7}}+\sqrt{\frac{x-2}{8}} \Rightarrow x=?$

[591] $\left(x+\sqrt{1+x^2}\right)\left(y+\sqrt{1+y^2}\right)=1 \Rightarrow x+y=?$

[592] $f(x)=x^{17}-12x^{16}+12x^{15}-\cdots+12x+1 \Rightarrow f(11)=?$

[593] $x,y,z>0 \Rightarrow \max\left\{\frac{x-x^2}{1-x^3}+\frac{y-y^2}{1-y^3}+\frac{z-z^2}{1-z^3}\right\}=?$

[594] $\begin{cases} a+b+c+d+e=80 \\ a+c=5(b+d),\ a+2=b \\ c+d=6(a+b),\ (a,b,c,d,e\in N) \end{cases} \Rightarrow a,b,c,d,e=?$

[595] $a,b,c>0,\ a+b+c=1 \Rightarrow \min\left\{\frac{2-a^2}{1-a}+\frac{2-b^2}{1-b}+\frac{2-c^2}{1-c}\right\}=?$

[596] $z^5 = 1 \Rightarrow \dfrac{z}{1+z^2} + \dfrac{z^2}{1+z^4} + \dfrac{z^3}{1+z} + \dfrac{z^4}{1+z^3} = ?$

[597] $z^5 = 1 \Rightarrow \dfrac{z}{1-z^2} + \dfrac{z^2}{1-z^4} + \dfrac{z^3}{1-z} + \dfrac{z^4}{1-z^3} = ?$

[598] $x, y \neq 0, (x+y)xy = x^2 + y^2 - xy \Rightarrow \max\left\{\dfrac{1}{x^3} + \dfrac{1}{y^3}\right\} = ?$

[599] $x = \dfrac{1}{3}\left(\sqrt[3]{\dfrac{23+\sqrt{513}}{4}} + \sqrt[3]{\dfrac{23-\sqrt{513}}{4}} - 1\right) \Rightarrow 2x^3 + 2x^2 + 1 = ?$

[600] $m \notin \{-1, 2\}, \left(\dfrac{x+1}{x+2}\right)^2 + \left(\dfrac{x+1}{x}\right)^2 = m(m-1) \Rightarrow x = ?$

[601] $\sqrt{x^2 + \sqrt[3]{x^4 y^2}} + \sqrt{y^2 + \sqrt[3]{x^2 y^4}} = 27 \Rightarrow \sqrt[3]{x^2} + \sqrt[3]{y^2} = ?$

[602] $a, b > 0, f\left(x - \dfrac{b}{a}\right) + 2x \leq \dfrac{a}{b}x^2 + \dfrac{2b}{a} \leq f\left(x + \dfrac{b}{a}\right) - 2x \Rightarrow f(x) = ?$

[603] $a, b, c > 0, abc = 1 \Rightarrow \min\{a + b^2 + c^3\} = ?$

[604] $x > 1 \Rightarrow \max\left\{\dfrac{x^4 - x^2}{x^6 + 2x^3 - 1}\right\} = ?$

[605] $x, y \in N, x^3 - y^3 = xy + 61 \Rightarrow x, y = ?$

[606] $\cos\dfrac{\pi}{7} - \cos\dfrac{2\pi}{7} + \cos\dfrac{3\pi}{7} = ?$

[607] $\arg(z-1) - \arg(z+1) = \dfrac{\pi}{4} \Rightarrow z$ 의 자취=?

[608] $\left(1 + \dfrac{1}{x}\right)^{x+1} = \left(1 + \dfrac{1}{2010}\right)^{2010} \Rightarrow x = ?, (x \in Z)$

[609] $f(x) = 2x^6 - 3x^4 + x^2 \Rightarrow f(\sin\theta) + f(\cos\theta) = ?$

[610] $x, y > 0, \sqrt{x} + \sqrt{y} \leq k\sqrt{x + 2y} \Rightarrow \min\{k\} = ?$

[611] $\begin{cases} x^{x+y} = y^{12} \\ y^{x+y} = x^3 \end{cases}$, $(x, y \in Z) \Rightarrow x, y = ?$

[612] $n \geq 2,\ \sqrt{(a_1 a_2 .. a_n)} - \sqrt{(a_1 a_2 .. a_{n-1})} = a_n \Rightarrow a_i = ?$

[613] $\begin{cases} 16x^4 + y^4 + 24x^2y^2 = 4 \\ 32x^3y + 8xy^3 = 1 \end{cases} \Rightarrow x, y = ?$

[614] $f(x^2) - f(y^2) + 2x + 1 = f(x+y) \cdot f(x-y) \Rightarrow f(x) = ?$

[615] $a, b, c > 0, a+b+c = 2, n \in N \Rightarrow \max\{a^n bc\} = ?$

[616] $x = (2010 + \sqrt{x})(1 - \sqrt{1 - \sqrt{x}})^2 \Rightarrow x = ?$

[617] $\dfrac{f(x)^2 - 2010}{f(x)^2\{f(x)+1\}} = \dfrac{f(x)^2 - 2010}{xf(x)\{3f(x) - 2x + 1\}} \Rightarrow f(x) = ?$

[618] $x^2 + xy + y^2 = 1 \Rightarrow \begin{cases} \max\{x^3y + xy^3\} = ? \\ \min\{x^3y + xy^3\} = ? \end{cases}$

[619] $xyz = 1 \Rightarrow \dfrac{x+1}{xy+x+1} + \dfrac{y+1}{yz+y+1} + \dfrac{z+1}{zx+z+1} = ?$

[620] $a_i > 0,\ \sum_{i=1}^{n} a_i = 17,\ s_n = \sum_{k=1}^{n} \sqrt{(2k-1)^2 + a_k^2},\ s_n \in N$
$\Rightarrow \min\{s_n\} = ?,\ n = ?$

[621] $a, b : x^2 + 6x + 1 = 0$의 근 $\Rightarrow (\sqrt{a} + \sqrt{b})^2 = ?$

[622] $a, b > 0, a+b \geq 4 \Rightarrow \min\left\{3a + 2b + \dfrac{11}{a} + \dfrac{7}{b}\right\} = ?$

[623] $\begin{cases} x + y = 3 \\ x^5 + y^5 = 33 \end{cases} \Rightarrow x, y = ?$

[624] $\sqrt{2x(y+1)} + \sqrt{(x+1)y} + \sqrt{(x-1)(y-2)} = \sqrt{4x(3y-1)} \Rightarrow x, y = ?$

[625] $\sqrt{x-y} + \sqrt{y-z} + \sqrt{z-w} + \sqrt{w+x} = x + 2 \Rightarrow x, y, z, w = ?$

[626] $x \geq 0 \Rightarrow \min\left\{\dfrac{2+x+x^3+2x^4}{(1+x)^4}\right\} = ?$

[627] $\begin{matrix} a, b, c > 0,\ a \geq b,\ a \geq c,\ b+c > a \\ b\sqrt{x^2-c^2}+c\sqrt{x^2-b^2} = ax \end{matrix} \Rightarrow x = ?$

[628] $\begin{matrix} a+b+c=2 \\ ax+by+cz=6 \end{matrix} \Rightarrow \min\{a\sqrt{16+x^2}+b\sqrt{16+y^2}+c\sqrt{16+z^2}\}= ?$ $(a, b, c > 0)$

[629] $(\sin x+\cos x)^k \leq 8(\sin^n x+\cos^n x) \Rightarrow \max\{n+k\}= ?$

[630] $\cos^2 x+\cos^2 2x+\cos^2 3x = 1 \Rightarrow x = ?, (0 < x < \pi)$

[631] $\sqrt{7x^2+9x+13}+\sqrt{7x^2-5x+13} = 7x \Rightarrow x = ?$

[632] $\triangle ABC, \angle C = 90^\circ,\ \sum_{k=1}^{3}(\tan^k A+\tan^k B) = 70 \Rightarrow A, B = ?$

[633] $x^3+4x = 8 \Rightarrow x^7+64x^2 = ?$

[634] $0 < x < \dfrac{\pi}{2}, 625 = \dfrac{81}{\sin^6 x}+\dfrac{16}{\cos^6 x} \Rightarrow \tan x = ?$

[635] $a+b+c \neq 0,\ \dfrac{a^2}{b+c}+\dfrac{b^2}{c+a}+\dfrac{c^2}{a+b} = 0 \Rightarrow \dfrac{a}{b+c}+\dfrac{b}{c+a}+\dfrac{c}{a+b} = ?$

[636] $x^3-(a+2)x+\sqrt{a+1} \Rightarrow R$ 상에서 인수분해?

[637] $\cos\dfrac{2\pi}{11}+\cos\dfrac{4\pi}{11}+\cos\dfrac{6\pi}{11}+\cos\dfrac{8\pi}{11}+\cos\dfrac{10\pi}{11} = ?$

[638] $a = x+\dfrac{1}{x}, b = y+\dfrac{1}{y}, c = xy+\dfrac{1}{xy} \Rightarrow a,b,c$ 만의 관계식?

[639] $\begin{cases} y(x+y)^2 = 9 \\ y(x^3-y^3) = 7 \end{cases} \Rightarrow x, y = ?$

[640] $a,b,c : x^3+3x^2-24x+1 = 0$의 근 $\Rightarrow \sqrt[3]{a}+\sqrt[3]{b}+\sqrt[3]{c} = ?$

[641] $a,b,c : x^3-4x^2-11x+1=0$의 근

$\Rightarrow \sqrt[3]{a}+\sqrt[3]{b}+\sqrt[3]{c}=?,\ \sqrt[3]{ab}+\sqrt[3]{bc}+\sqrt[3]{ca}=?$

[642] $7x^3-11x^2+25x-12 \Rightarrow$ 인수분해?

[643] $5^5-5^4+5^n$: 완전제곱 $\Rightarrow n=?$

[644] $x\in R \Rightarrow \max\{\sqrt{2x-3}+\sqrt{7-4x}\}=?$

[645] $ABCD$:직사각형 $\Rightarrow m,\ t=?$

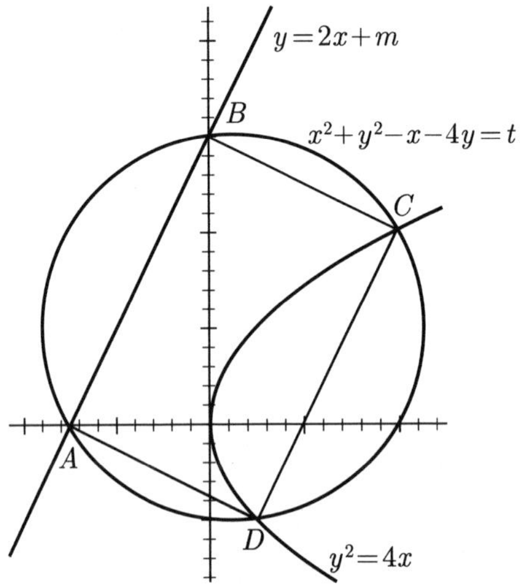

[646] $0<a,b<\dfrac{\pi}{2},\ \dfrac{\cos a}{\sin b}+\dfrac{\cos b}{\sin a}=2 \Rightarrow a+b=?$

[647] $\dfrac{w^2+1}{xy}=\dfrac{x^2+1}{yz}=\dfrac{y^2+1}{zw}=\dfrac{z^2+1}{wx}=1 \Rightarrow x,y,z,w=?$

[648] $x,y,z>0,\ x+y+z=1 \Rightarrow \begin{cases}\min\{x^3+y^3+z^3\}=?\\ \max\{x^3+y^3+z^3\}=?\end{cases}$

[649] $\sec\left\{\tan^{-1}\left(\dfrac{1}{1+e^x}\right)-\tan^{-1}(1-e^x)\right\}=\dfrac{\sqrt{5}}{2} \Rightarrow x=?$

[650] $\dfrac{\sin x+2\cos x}{\sin x-3\cos x}=2 \Rightarrow \dfrac{1}{\sin x\cos x}=?$

[651] $\dfrac{\sin^2 x - 2\cos^2 x + 1}{\sin^2 x + 2\cos^2 x - 1} = 4 \Rightarrow \tan^2 x = ?$

[652] $\sin\dfrac{\pi}{16}\left(\sin^4\dfrac{\pi}{16} - \cos^4\dfrac{\pi}{16}\right)\cos\dfrac{\pi}{16} = ?$

[653] $x^6 - 2x^5 + x^2 - x - 2 \Rightarrow$ 인수분해?

[654] $\begin{cases} x + y + \dfrac{x}{y} = 10 \\ \dfrac{x(x+y)}{y} = 20 \end{cases} \Rightarrow x, y = ?$

[655] $\dfrac{x^2 + y^2}{x^2 - y^2} + \dfrac{x^2 - y^2}{x^2 + y^2} = k \Rightarrow \dfrac{x^8 + y^8}{x^8 - y^8} - \dfrac{x^8 - y^8}{x^8 + y^8} = ?$

[656] $(x + 2007)(x + 2009)(x + 2011)(x + 2013) + 16 = 0 \Rightarrow x = ?$

[657] $(x^2 + x - 2)^3 + (2x^2 - x - 1)^3 = 27(x^2 - 1)^3 \Rightarrow x = ?$

[658] $x, y \in R,\ x^2 + y^2 = 1 \Rightarrow \max\{x^2 y\} = ?$

[659] $p \in \{(x, y, z) | x^2 - z^2 = 1\},\ \min\{x^2 + y^2 + z^2\} \Rightarrow p = ?$

[660] $p \in \{(x, y, z) | ax + by + cz = d\},\ \min\{x^2 + y^2 + z^2\} \Rightarrow p = ?$

[661] $\sqrt{3^x} + 1 = 2^x \Rightarrow x = ?$

[662] $x + x^{-1} = 1 \Rightarrow x^n + x^{-n} = ?$

[663] $\begin{cases} x + y + z = a,\ xyz = c \\ xy + yz + zx = b \\ (x - y)(y - z)(z - x) = d \end{cases} \Rightarrow x^2 y + y^2 z + z^2 x = ?$

[664] $\sqrt{\sqrt{5} - \sqrt{3 - \sqrt{29 - 12\sqrt{5}}}} = ?$

[665] $(\sqrt{2} - x)(x + \sqrt{x^2 + 4}) = 3 \Rightarrow x = ?$

[666] $\sin^3 x(1 + \cot x) + \cos^3 x(1 + \tan x) = \cos 2x \Rightarrow x = ?$

[667] $x, y > 0, x+y = A \Rightarrow \min\left\{\sqrt{\left(1+\dfrac{1}{x}\right)\left(1+\dfrac{1}{y}\right)}\right\} = ?$

[668] $\begin{cases} x^2 - 4 = (y-z)^2 \\ y^2 - 9 = (z-x)^2 \\ z^2 - 16 = (x-y)^2 \end{cases} \Rightarrow x, y, z = ?$

[669] $\sqrt{4x^2 - 4x + 2} + \sqrt{x^2 - 2x + 5} = \sqrt{9x^2 - 12x + 13} \Rightarrow x = ?$

[670] $\{(p^2+1)t^2 - 4t + p^2 + 5\}^2 + \{t^2 - 2qt + q^2 + \sqrt{3}\}^2 = 4 \Rightarrow p, q, t = ?$

[671] 이등변 삼각형에서 물음표의 각도는?

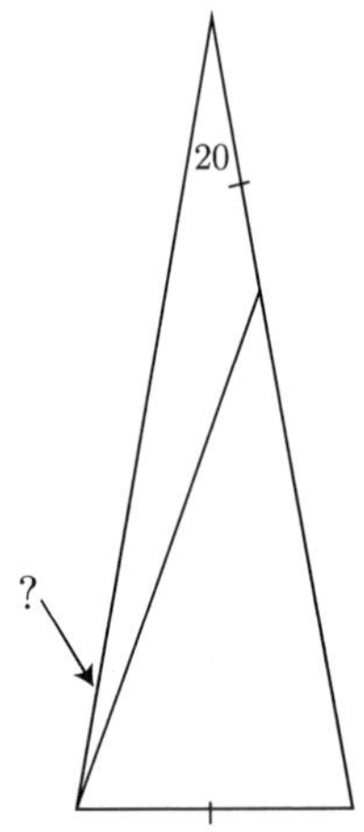

[672] $x\sqrt{1-x^2} - y\sqrt{1-y^2} = 1 \Rightarrow x, y = ?$

[673] $a, b, c > 0, a+b+c = 1 \Rightarrow \min\{(a^3+b^3+c^3)(a^{2010}+b^{2010}+c^{2010})\} = ?$

[674] $0 \le x \le \dfrac{\pi}{2}$, $2\sin 10^\circ \sin(40^\circ - x) = \sin x \Rightarrow x = ?$

[675] $z^5 = 1, z \ne 1 \Rightarrow (1+z)(1+z^2)^2(1+z^3)^3(1+z^4)^4 = ?$

[676] $f(x) : r_1, r_2, r_3$ 근을 갖는 3차 다항식, $997 = \dfrac{f\left(\dfrac{1}{2}\right) + f\left(\dfrac{-1}{2}\right)}{f(0)}$

$\Rightarrow \dfrac{1}{r_1 r_2} + \dfrac{1}{r_2 r_3} + \dfrac{1}{r_3 r_1} = ?$

[677] $\sqrt{x - 2 + \sqrt{2x-5}} + \sqrt{x - 2 + 3\sqrt{2x-5}} = 7\sqrt{2} \Rightarrow x = ?$

[678] $\cos^2\frac{\pi}{8}$: $x^2+bx+c=0$의 근 $\Rightarrow b, c=?$

[679] $\tan x = \dfrac{\cos 5\cos 20+\cos 35\cos 50-\sin 5\sin 20-\sin 35\sin 50}{\sin 5\cos 20-\sin 35\cos 50+\cos 5\sin 20-\cos 35\sin 50} \Rightarrow x=?$

[680] $\sin^{-1}\left(\frac{4}{5}\right)+\cos^{-1}\left(\frac{12}{13}\right)+\sin^{-1}\left(\frac{16}{65}\right)=?$

[681] $\cos^2 x+\cos^2 2x+\cos^2 3x=1 \Rightarrow x=?$

[682] $\begin{cases} \frac{1}{a}+\frac{1}{b}+\frac{1}{ab}=1 \\ 1+a^3+b^3=(a+b+1)^2 \end{cases} \Rightarrow a, b=?$

[683] $2^{x^2+x}+\log_2 x=2^{x+1} \Rightarrow x=?$

[684] $\begin{matrix} f(x)=x^4+ax^3+bx^2+cx+d \\ f(1)=10,\ f(2)=20,\ f(3)=30 \end{matrix} \Rightarrow f(10)+f(-6)=?$

[685] $f(x)=x^{100}+a_{99}x^{99}+\ldots+a_1x+a_0$, $f(1)=1,\ f(2)=2,\ ..,\ f(100)=100$
$\Rightarrow f(101)=?$

[686] $a,b,c: 12x^3-985x-1728=0$의 근 $\Rightarrow a^3+b^3+c^3=?$

[687] $x=\sqrt[7]{9} \Rightarrow \sum_{k=1}^{6}\frac{x^k}{x^k+3}=?$

[688] $f(x)=x^3+x+1, g(x)$:3차 함수, $g(0)=-1$, $\alpha, \beta, \gamma: f(x)$의 근,
$\alpha^2, \beta^2, \gamma^2$: $g(x)$의 근 $\Rightarrow g(9)=?$

[689] $a,b,c: x^3-9x^2+11x=1$의 근, $s=\sqrt{a}+\sqrt{b}+\sqrt{c}$
$\Rightarrow s^4-18s^2-8s=?$

[690] $\sqrt{x-1}+\sqrt{x+3}+2\sqrt{(x-1)(x+3)}=4-2x \Rightarrow x=?$

[691] $\begin{cases} x^3+y^3=13 \\ x^9+y^9=-299 \end{cases} \Rightarrow x^6+y^6=?$

[692] $x,y > 0 \Rightarrow \max\left\{\dfrac{(3x+4y)^2}{x^2+y^2}\right\} = ?$

[693] $\begin{cases} a^2+b^2=1,\ c^2+d^2=1 \\ 13(ad-bc)=5,\ (a,b,c,d>0) \end{cases} \Rightarrow ac+bd=?$

[694] $(i+1)^{3200}-(i-1)^{3200} = ?$

[695] $f(x)$:98차 다항식, $f(k)=\dfrac{1}{k},\ (k=1,\ldots,99) \Rightarrow f(100)=?$

[696] $f(x)+2f\left(\dfrac{x+1000.5}{x-1}\right)=4014-x \Rightarrow f(2004)=?$

[697] $x^2+y^2 \neq 0 \Rightarrow \max\left\{\dfrac{3x^2+16xy+15y^2}{x^2+y^2}\right\} = ?$

[698] $\begin{cases} x+y+z=2 \\ x^2+y^2+z^2=3 \\ xyz=4 \end{cases} \Rightarrow \dfrac{1}{xy+z-1}+\dfrac{1}{yz+x-1}+\dfrac{1}{zx+y-1}=?$

[699] $\begin{cases} (1+4x^2)y=4z^2 \\ (1+4y^2)z=4x^2 \\ (1+4z^2)x=4y^2 \end{cases} \Rightarrow x,\ y,\ z=?$

[700] $\begin{cases} x+\dfrac{1}{x}=1 \\ xy+\dfrac{1}{xy}=\sqrt{2} \end{cases} \Rightarrow y+\dfrac{1}{y}=?$

[701] $4x^6-6x^2+2\sqrt{2}=0 \Rightarrow x=?$

[702] $x,y,z>0,\ x^2+y^2+z^2=25 \Rightarrow \min\left\{\dfrac{xy}{z}+\dfrac{yz}{x}+\dfrac{zx}{y}\right\}=?$

[703] $\begin{cases} 3a=(b+c+d)^3,\ 3b=(c+d+e)^3 \\ 3c=(d+e+a)^3,\ 3d=(e+a+b)^3 \\ 3e=(a+b+c)^3,\ a,b,c,d,e\in R \end{cases} \Rightarrow a,b,c,d,e=?$

[704] $a,d \geq 0,\ b,c>0,\ b+c \geq a+d \Rightarrow \min\left\{\dfrac{b}{c+d}+\dfrac{c}{a+b}\right\}=?$

[705] $f(3)=1,\ (x^2-x-1)f(x^2)=f(x) \Rightarrow f(-9)=?$

[706] $\sqrt[3]{x+1}-\sqrt[3]{x-1}=\sqrt[3]{x^2-1} \Rightarrow x=?$

[707] $x^4+2x^2-x+2 \Rightarrow$ 인수분해?

[708] $x>-1 \Rightarrow \max\left\{\dfrac{8x-x^2}{x^2+8}\right\}=?$

[709] $x=\dfrac{b-c}{1+bc}, y=\dfrac{c-a}{1+ca}, z=\dfrac{a-b}{1+ab} \Rightarrow x+y+z-xyz=?$

[710] $8\sin x\cos x-\sqrt{6}(\sin x+\cos x)+1=0 \Rightarrow x=?$

[711] $\begin{cases} x\cos(a-b)+y\sin(a-b)=2m \\ x\cos(a+b)+y\sin(a+b)=4m \\ x\cos a+y\sin a=2\sqrt{3}\,m \end{cases} \Rightarrow \begin{matrix} x,y:\text{관계식} \\ (a,b:\text{제거}) \end{matrix} \ ?$

[712] $a,b,c>0 \Rightarrow \min\left\{\dfrac{a}{b+3c}+\dfrac{b}{8c+4a}+\dfrac{9c}{3a+2b}\right\}=?$

[713] $f(x^2)+2x^2+10x=2xf(x+1)+3 \Rightarrow$ 다항식 $f(x)=?$

[714] $f(x)=\prod_{k=0}^{\infty}\left(1+x^{27^k}+x^{2\cdot 27^k}\right) \Rightarrow f^{-1}\left(\dfrac{2}{f\left(\frac{1}{2}\right)f\left(\frac{1}{512}\right)}\right)=?$

[715] $\begin{cases} a+\dfrac{1}{bc}=5 \\ b+\dfrac{1}{ac}=-\dfrac{1}{15} \\ c+\dfrac{1}{ab}=\dfrac{1}{3} \end{cases} \Rightarrow \dfrac{c-b}{c-a}=?$

[716] $0<\theta<90^\circ \Rightarrow \tan^{-1}\left(\dfrac{1+\sin\theta}{\cos\theta}\right)=?$

[717] $f(x)+f\left(\dfrac{1}{\sqrt[3]{1-x^3}}\right)=x^3 \Rightarrow f(-1)=?$

[718] $\triangle ABC$:직각삼각형, $\sqrt{a^2-6a\sqrt{2}+19}+\sqrt{b^2-4b\sqrt{3}+16}\le 3$

$c>a,b \Rightarrow a^2+b^2+c^2=?$

[719] $a^3(b-c)+b^3(c-a)+c^3(a-b) \Rightarrow$ 인수분해?

[720] $k=0,1,2,3 \Rightarrow \dfrac{a^k}{(a-b)(a-c)}+\dfrac{b^k}{(b-c)(b-a)}+\dfrac{c^k}{(c-a)(c-b)}=?$

[721] $a,b,c \geq 0, a+b+c=1 \Rightarrow \max\left\{\dfrac{a^2+1}{b^2+1}+\dfrac{b^2+1}{c^2+1}+\dfrac{c^2+1}{a^2+1}\right\}=?$

[722] $(a+b+c)^3-(b+c-a)^3-(c+a-b)^3-(a+b-c)^3 \Rightarrow$ 인수분해?

[723] $x,y>0, x^2+y=1 \Rightarrow \min\left\{\sqrt{x^4+\dfrac{1}{x^4}}+\sqrt{y^2+\dfrac{1}{y^2}}\right\}=?$

[724] $\dfrac{(4 \cdot 3^4+10^4)(4 \cdot 3^4+22^4)}{(4 \cdot 3^4+4^4)(4 \cdot 3^4+16^4)}=?$

[725] $x=\sqrt{7+4\sqrt{3}} \Rightarrow x^5-4x^4+2x^3-4x^2+x-2=?$

[726] $xy+(x+1)(y+1)(xy+1) \Rightarrow$ 인수분해?

[727] $x=\dfrac{\sqrt{5}-\sqrt{3}}{\sqrt{5}+\sqrt{3}} \Rightarrow x^3+\dfrac{1}{x^3}=?$

[728] $x=2-\sqrt{3} \Rightarrow x^3-x^2-6x-1=?$

[729] $a,b,c>0, c^2-a^2-b^2=101, ab=72 \Rightarrow a+b+c=?$

[730] $\begin{cases} x=\log_c ab \\ y=\log_a bc \\ z=\log_b ac \end{cases} \Rightarrow xyz-(x+y+z)=?$

[731] $\sqrt[3]{2}=a+\cfrac{1}{b+\cfrac{1}{c+\cdots}} \Rightarrow b=?$

[732] $x,y>0, x^4+y^4=2 \Rightarrow \max\{3x^2+2\sqrt{2}xy\}=?$

[733] $(1+x)(1+y)=\dfrac{9}{4} \Rightarrow \min\{\sqrt{x^4+1}+\sqrt{y^4+1}\}=?$

[734] $x+y=3(\sqrt{x-2}+\sqrt{y+1}-1) \Rightarrow \max\{xy\}=?$

[735] $\begin{cases}\sin x+\sin y=a\\ \cos x+\cos y=b\end{cases} \Rightarrow \sin(x+y): a,b$로 표시하라.

[736] $x,y>0 \Rightarrow \min\left\{\dfrac{2x}{y}+\sqrt{\dfrac{y}{3x}}\right\}=?$

[737] $\begin{cases}\log(2000xy)-\log x\cdot\log y=4\\ \log(2yz)-\log y\cdot\log z=1\\ \log(zx)-\log z\cdot\log x=0\end{cases}$,해 : $x_i, y_i, z_i \Rightarrow y_1+y_2=?$

[738] $\min\{2x^2+2y^2+5z^2-2xy-4yz-4x-2z+15\}=?$

[739] $x^3+2010x+201=0: a,b,c$근

$\Rightarrow (a+b)^3+(b+c)^3+(c+a)^3=?$

[740] $a(b^4-c^4)+b(c^4-a^4)+c(a^4-b^4) \Rightarrow$ 인수분해?

[741] $x>y>0,\ xy=4 \Rightarrow \min\left\{\dfrac{(x+y)^2}{x-y}\right\}=?$

[742] $a,b>0 \Rightarrow \max\left\{\dfrac{a+b-\sqrt{a^2+b^2}}{\sqrt{ab}}\right\}=?$

[743] $a,b\ge 1,\ \sqrt{a}+\sqrt{b}=4 \Rightarrow \min\left\{\dfrac{1}{a}+\dfrac{1}{b}\right\}=?$

[744] $a,b>0,\ 4ab^2=1 \Rightarrow \min\{(a^3-a^2+3)(8b^3-2b+3)\}=?$

[745] $a,b\in Z,\ \gcd(a,b)=1 \Rightarrow \gcd(a+b, 3a-2b)=?$

[746] $\begin{cases}a+b+c+d=2\\ \dfrac{1}{a}+\dfrac{1}{b}+\dfrac{1}{c}+\dfrac{1}{d}=2\end{cases} \Rightarrow \dfrac{1}{1-a}+\dfrac{1}{1-b}+\dfrac{1}{1-c}+\dfrac{1}{1-d}=?$

[747] $\begin{cases}\sin x+\cos y=a\\ \cos x+\sin y=b\end{cases} \Rightarrow \tan\left(\dfrac{x-y}{2}\right)=?$

[748] 각 $x=?$

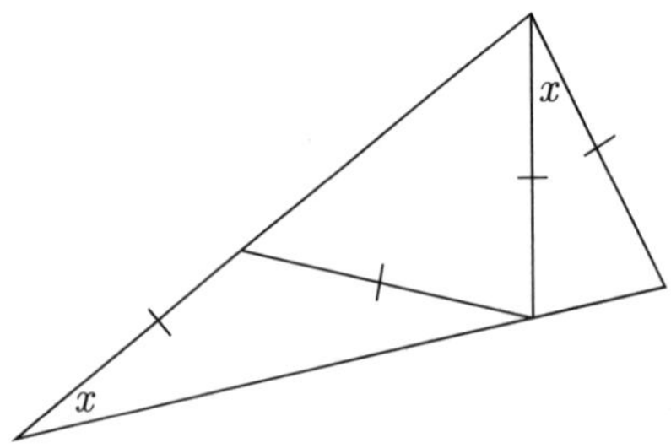

[749] $0<x<\pi \Rightarrow \min\left\{\dfrac{2-\cos x}{\sin x}\right\}=?$

[750] $\begin{cases}\sin x+\sin y=\dfrac{6}{5} \\ \cos x+\cos y=1\end{cases} \Rightarrow x, y=?$

[751] $a,b,c>0, a+b+c+2=abc \Rightarrow \min\left\{\dfrac{1}{a}+\dfrac{1}{b}+\dfrac{1}{c}\right\}=?$

[752] 단위원상에 tan, cot, sec, cos, sin, cosec을 표시하라.

[753] $\begin{cases}f(x)=(x-1)^3g(x)-2x^2+x \\ f(x)=(x-1)^2h(x)+r(x)\end{cases} \Rightarrow r(x)=?$

[754] $(1-t)\sin\theta+t\tan\theta>\theta,\ 0<\theta<\dfrac{\pi}{2} \Rightarrow range\{t\}=?$

[755] $\begin{cases}p+q+r+s+t=8 \\ p^2+q^2+r^2+s^2+t^2=16\end{cases} \Rightarrow \max\{p\}=?$

[756] $(2^x-4)^3+(4^x-2)^3=(4^x+2^x-6)^3 \Rightarrow$ 모든 해들의 합?

[757] $\sqrt{2000\times2009\times2008\times2017+1296}=?$

[758] $a,b,c>0 \Rightarrow \min\left\{\sqrt{a^2+x^2}+\sqrt{(b-x)^2+c^2}\right\}=?$

[759] $\begin{cases}x^3+y^3-z^3=96 \\ xyz=4 \\ x^2+y^2+z^2-xy+yz+zx=12\end{cases} \Rightarrow x+y-z=?$

[760] $x^2+xy+y^2=3 \Rightarrow \min\{(x+5)(y+5)\}=?$

[761] $a,b\in Q^{+},\ a+b\sqrt{7}=\sqrt{6\sqrt{28}+\dfrac{2}{8+3\sqrt{7}}}\ \Rightarrow a+b=?$

[762] $\begin{cases} x^3-3xy^2=1,\ x^4+y^4-6x^2y^2=-\dfrac{1}{2} \\ 3x^2y-y^3=0,\ 4xy^3-4x^3y=\dfrac{\sqrt{3}}{2} \end{cases} \Rightarrow x,y=?$

[763] $x^2+y^2+z^2=1 \Rightarrow \max\{x^3+y^3+z^3-3xyz\}=?$

[764] $\dfrac{\dfrac{2\sin(140)\sec(280)}{\sec(220)}+\dfrac{\sec(340)}{\operatorname{cosec}(20)}}{\dfrac{\cot(200)-\tan(280)}{\cot(200)}}=?$

[765] $\sec\dfrac{\pi}{7}+\sec\dfrac{3\pi}{7}+\sec\dfrac{5\pi}{7}=?$

[766] $\cos\dfrac{2\pi}{13}+\cos\dfrac{6\pi}{13}+\cos\dfrac{8\pi}{13}=?$

[767] $\cos\dfrac{4\pi}{13}+\cos\dfrac{10\pi}{13}+\cos\dfrac{12\pi}{13}=?$

[768] $\sqrt{4-x\sqrt{4-(x-2)\sqrt{1+(x-5)(x-7)}}}=\dfrac{5x-6-x^2}{2} \Rightarrow x=?$

[769] $\sqrt{2}+\sqrt[3]{3}$ 을 근으로 갖는 정수계수의 방정식은?

[770] $a,b\in R \Rightarrow \min\{\sqrt{a^2+9}+\sqrt{(b-a)^2+4}+\sqrt{(8-b)^2+16}\}=?$

[771] $n\in N \Rightarrow \gcd(n^2+1,4n+1)=?$

[772] $\dfrac{x}{y}=\dfrac{(x^2-y^2)\dfrac{y}{x}+1}{(x^2-y^2)\dfrac{y}{x}-1} \Rightarrow x,y=?$

[773] $(a+b+c)^3-(a^3+b^3+c^3) \Rightarrow$ 인수분해?

[774] $x\neq 0,1,\ f(x)+f\left(\dfrac{1}{1-x}\right)=\dfrac{1}{x} \Rightarrow f(x)=?$

[775] $a,b,c>0,\ a^2+b^2+c^2=12 \Rightarrow \min\left\{\frac{1}{\sqrt{1+a^3}}+\frac{1}{\sqrt{1+b^3}}+\frac{1}{\sqrt{1+c^3}}\right\}=?$

[776] $\sqrt{x^2+2x}+\sqrt{x+2}+\sqrt{x}+x=3 \ \Rightarrow\ x=?$

[777] $\sqrt{2x^2+3x+5}+\sqrt{2x^2-3x+5}=3x \ \Rightarrow\ x=?$

[778] $\begin{cases}\dfrac{4x+3y+2}{6x+4y+8}=\dfrac{2x+y+8}{4x+2y+4} \\ x+y=12,\quad x,y\in Z^+\end{cases} \Rightarrow\ x,y=?$

[779] $\begin{cases}2x+3y=5x-2z=6 \\ x,y,z\in Z\end{cases} \Rightarrow \begin{matrix}\min\{|x+y+z|\}=? \\ \min\{|xy+yz+zx|\}=?\end{matrix}$

[780] $\overbrace{(\cdot\cdot((x-2)^2-2)^2\cdot\cdot\cdot-2)^2}^{n} \Rightarrow x^2$ 의 계수?

[781] $\left.\begin{matrix}2x^2-3xy-2y^2+2x+11y-12 \\ 6x^2-5xy-6y^2-5x+14y-4\end{matrix}\right\} \Rightarrow$ 인수분해?

[782] $\begin{cases}x^2-3y-z=-8 \\ y^2-5z-x=-12 \\ z^2-x-y=6\end{cases} \Rightarrow\ x,y,z=?$

[783] $\begin{cases}a^3+b^3+c^3=9abc \\ \dfrac{b+c}{a}+\dfrac{c+a}{b}+\dfrac{a+b}{c}=\dfrac{a}{b+c}+\dfrac{b}{c+a}+\dfrac{c}{a+b}=k\end{cases} \Rightarrow k=?$

[784] $\sum_{k=1}^{250} k\cdot k! \equiv n(\mathrm{mod}\,2008),\ n>0 \ \Rightarrow\ n=?$

[785] $\begin{cases}a,b,c: x^3-x^2+3x+4=0\text{의 근} \\ \omega=\tan^{-1}a+\tan^{-1}b+\tan^{-1}c\end{cases} \Rightarrow \sec\omega=?$

[786] $\cos 24+\cos 48+\cos 96+\cos 168=?$

[787] $x\in R,\ 4^x-a2^x-a+3\le 0 \ \Rightarrow\ a=?$

[788] $\sqrt[3]{\sqrt[3]{2}+\frac{\sqrt[3]{2}+1}{3}\sqrt{\frac{8\sqrt[3]{2}-1}{3}}}+\sqrt[3]{\sqrt[3]{2}-\frac{\sqrt[3]{2}+1}{3}\sqrt{\frac{8\sqrt[3]{2}-1}{3}}}=?$

[789] $0 < \theta < \dfrac{\pi}{2}$, $a_n = \sin(n\theta)$, $a_{n+2} = pa_{n+1} + qa_n \Rightarrow p, q = ?$

[790] $0 \le a < b$, $\forall x \in R$, $a^3 + b^3 - x^3 \le (a+b-x)^3 + m \Rightarrow \min\{m\} = ?$

[791] $\begin{cases} 2a+3b+c=11 \\ 6ab+2ac+3bc=11 \\ abc=-6 \end{cases} \Rightarrow a, b, c = ?$

[792] $\begin{cases} \cos^{-1}x + \cos^{-1}2x + \cos^{-1}3x = \pi \\ ax^3 + bx^2 + cx - 1 = 0 \end{cases} \Rightarrow a, b, c = ?$

[793] $1999000 + 9999999$; 합성수로 표시하라.

[794] $\min\left\{ \dfrac{1}{\cos^2\left(\dfrac{\pi}{4}+x\right) + \sin^2\left(\dfrac{\pi}{4}-x\right)} \right\} = ?$

[795] $\begin{cases} x^2 + 12y^2 = \dfrac{9}{2x} \\ 3x^2 + 4y^2 = \dfrac{7}{4y} \end{cases} \Rightarrow x, y = ?$

[796] $f(n) \in R^+$, $f(1) = 2001$, $\displaystyle\sum_{i=1}^{n} f(i) = n^2 f(n) \Rightarrow f(2001) = ?$

[797] $0 \le x \le \pi \Rightarrow \min\{\cos 2x + 2\sqrt{2}\sin x\} = ?$

[798] $0 \le x \le \dfrac{\pi}{2} \Rightarrow \min\{\cos^2 x - 4\cos x \sin x - 3\sin^2 x\} = ?$

[799] $0 \le x < \pi \Rightarrow \min\{\sin x + \sin 2x + \cos x\} = ?$

[800] $x + 10 + 6\sqrt{3} = 3\sqrt{1 + \sqrt{3} - x} \Rightarrow x = ?$

[801] $3\sin x + 2\cos x = a\sin(x+b) \Rightarrow a, b = ?$

[802] $\forall x \in R \Rightarrow \max\left\{ \dfrac{a+x}{\sqrt{b^2+x^2}} \right\} = ?$

[803] $\left(\sqrt{\dfrac{x}{y}}-\sqrt{\dfrac{y}{x}}\right)^{-4} \Rightarrow \dfrac{y^6}{x^6}$의 계수 = ?

[804] $a,b\in Z^+,\ b<a,\ 1+2+..+b=(b+1)+..+a \Rightarrow a,b=?$

[805] $\sin(a+b+c)+4\sin\dfrac{b+c}{2}\sin\dfrac{c+a}{2}\sin\dfrac{a+b}{2}=?$

[806] $\tan a, \tan b$: $x^2+px+q=0$의 근

$\Rightarrow \sin^2(a+b)+p\sin(a+b)\cos(a+b)+\cos^2(a+b)=?$

[807] $\triangle ABC,\ \dfrac{\tan A-\tan B}{\tan A+\tan B}=\dfrac{b+c}{c} \Rightarrow A=?$

[808] $x=\dfrac{3+2\sqrt{2}}{2} \Rightarrow 4x^4-8x^3-15x^2+13x=?$

[809] $\log_{4n}40\sqrt{3}=\log_{3n}45 \Rightarrow n^3=?$

[810] $\begin{cases}(x+y)^3=z\\(y+z)^3=x\\(z+x)^3=y\end{cases} \Rightarrow (x+y)^2+(x+y)(y+z)+(y+z)^2=?$ $(x\neq z)$

[811] $x,\theta\in R,\ \tan\theta=\dfrac{x^2-3}{x^2+1} \Rightarrow \min\{|(x^2+1)\cos\theta+(x^2-3)\sin\theta|\}=?$

[812] $(3-x)^5+(x-5)^5=-32 \Rightarrow$ 모든 근들의 합?

[813] A,B,C: $y=x^3,\ y=3x+a$의 교차점. $D(a,4a)$

$\Rightarrow \max\{\overline{DA}\cdot\overline{DB}\cdot\overline{DC}\}=?$

[814] $x=2-2^{\frac{1}{3}}+2^{\frac{2}{3}} \Rightarrow x^3-6x^2+18x+11=?$

[815] $\cos\dfrac{\pi}{14}\cos\dfrac{3\pi}{14}\cos\dfrac{5\pi}{14}=?$

[816] $a,b,c\in N,\ a\le b\le c,\ \tan^{-1}\dfrac{1}{a}+\tan^{-1}\dfrac{1}{b}+\tan^{-1}\dfrac{1}{c}=\dfrac{\pi}{4}$

$\Rightarrow a,\ b,\ c=?$

[817] $\begin{cases} \sin x+\sin y+\sin z=\dfrac{1}{2}(1+\sqrt{2}+\sqrt{3}) \\ \sin^2 x+\sin^2 y+\sin^2 z=\dfrac{3}{2} \\ \sin^3 x+\sin^3 y+\sin^3 z=\dfrac{1}{8}(1+2\sqrt{2}+3\sqrt{3}) \end{cases}$

$0\le x\le y\le z\le \dfrac{\pi}{2} \Rightarrow x, y, z=?$

[818] $\dfrac{(a+b)(c+d)}{(b+c)(d+a)}=-\dfrac{5}{3} \Rightarrow \dfrac{(a-c)(b-d)}{(a+d)(b+c)}=?$

[819] $\dfrac{a}{b-c}=\dfrac{a+b}{c}=\dfrac{b}{a} \Rightarrow \dfrac{a}{b}=?$

[820] $2\cos x=2010^x+2010^{-x} \Rightarrow x=?$

[821] $\dfrac{1}{a}+\dfrac{1}{b}+\dfrac{1}{c}=1, \dfrac{a+b+c}{3}=-3\sin\dfrac{\pi x}{2} \Rightarrow x=?$

[822] $\displaystyle\sum_{i=1}^{n}\frac{1}{x_i}=1, \sum_{i=1}^{n}x_i=n^2\sin\frac{n\pi}{2} \Rightarrow n=?$

[823] $0<a,b<1, a+b=1 \Rightarrow \min\left\{\dfrac{1-b^2}{b(1+a)}+\dfrac{1-a^2}{a(1+b)}\right\}=?$

[824] $4x^2-5xy+4y^2=5 \Rightarrow \begin{cases}\min\{x^2+y^2\}=? \\ \max\{x^2+y^2\}=?\end{cases}$

[825] $(-2)^k=2 \Rightarrow k=?$

[826] $\triangle ABC, \dfrac{a^3+b^3+c^3}{\sin^3 A+\sin^3 B+\sin^3 C}=8 \Rightarrow \max\{a\}=?$

[827] $2x^4+3x^3+x^2+x+4 \Rightarrow$ 인수분해?

[828] $\alpha,\beta,\gamma,\delta$: $x^4+ax^3+bx^2+cx+d=0$의 허근,
$p+qi$:두 근의 곱, $r+si$:다른 두 근의 합 $\Rightarrow \alpha^2+\beta^2+\gamma^2+\delta^2=?$

[829] $f(x)=\dfrac{\sqrt{3}x-1}{x+\sqrt{3}} \Rightarrow f^{2006}(x)=?$

[830] $\sqrt[2003]{2\sqrt{11}-3\sqrt{5}} \cdot \sqrt[4006]{89+12\sqrt{55}} = ?$

[831] $\sqrt[3]{\cos\frac{2\pi}{7}} + \sqrt[3]{\cos\frac{4\pi}{7}} + \sqrt[3]{\cos\frac{6\pi}{7}} = ?$

[832] $\cos\frac{2\pi}{7}\cos\frac{4\pi}{7} + \cos\frac{4\pi}{7}\cos\frac{6\pi}{7} + \cos\frac{6\pi}{7}\cos\frac{2\pi}{7} = ?$

[833] $0 \le a,b,c \le 4,\ a+b+c=6 \Rightarrow \max\{a^2+b^2+c^2\} = ?$

[834] $x^{1959}-1 \equiv q(x)\left(\mathrm{mod}\,(x^2+1)(x^2+x+1)\right) \Rightarrow q(x) = ?$

[835] $\frac{(a+b)(c+d)}{(b+c)(d+a)} = -\frac{5}{3} \Rightarrow \frac{(a-c)(b-d)}{(a+b)(c+d)} = ?$

[836] $\begin{cases} 2x+3y = 30-\sqrt{2x+3y} \\ \sqrt{2x-3y} = 12-2x+3y \end{cases} \Rightarrow x, y = ?$

[837] $a(1-b^2)(1-c^2)+b(1-c^2)(1-a^2)+c(1-a^2)(1-b^2)-4abc \Rightarrow$ 인수분해.

[838] $\max\{2(4-x)(x+\sqrt{x^2+196})\} = ?$

[839] $a,b,c>0,\ a+b+c=12 \Rightarrow \max\{abc+ab+bc+ca\} = ?$

[840] $\begin{cases} a^3-b^3-c^3 = 3abc \\ a^2 = 2(b+c) \end{cases} \Rightarrow \begin{matrix} a, b, c = ? \\ (a,b,c \in N) \end{matrix}$

[841] $n \in N,\ 5^{3n}+5^{2n}+5^n+1 \equiv a\,(\mathrm{mod}\,13) \Rightarrow a = ?$

[842] $6^{555} \equiv a\,(\mathrm{mod}\,13) \Rightarrow a = ?$

[843] $0 \le x \le 1 \Rightarrow \max\{13\sqrt{x^2-x^4}+9\sqrt{x^2+x^4}\} = ?$

[844] $a,b,c>0,\ a+b+c=k>0,\ x,y,z \in N \Rightarrow \max\{a^x b^y c^z\} = ?$

[845] $x^2-3x+9 = 9\sqrt[3]{x-2} \Rightarrow x = ?$

[846] $\sqrt[3]{(5+x)^2}+4\sqrt[3]{(5-x)^2} = 5\sqrt[3]{25-x^2} \Rightarrow x = ?$

[847] $\min\{3x^2+6y^2-4xy+6x-8y+5\}=?$

[848] $\min\{(x+5-3|\cos y|)^2+(x-2|\sin y|)^2\}=?$

[849] $13x^4-19x^2-21+(6x^2+28)\sqrt{x^2-1}=0 \Rightarrow x=?$

[850] $\sin^{-1}(1-x)-2\sin^{-1}x=\frac{\pi}{2} \Rightarrow x=?$

[851] $x,y,z>0$, $xyz=1$

$$\Rightarrow \max\left\{\frac{1}{(x+1)^2+y^2+1}+\frac{1}{(y+1)^2+z^2+1}+\frac{1}{(z+1)^2+x^2+1}\right\}=?$$

[852] $x,y>0 \Rightarrow \min\left\{\frac{(x^2+x+1)(y^2+y+1)}{xy}\right\}=?$

[853] $a,b>0, a^2(1+b^2)=3 \Rightarrow \max\{4ab(a+1)\}=?$

[854] $x,y>0 \Rightarrow \min\left\{\frac{x^2+2y^2+2x-6y+5}{xy}\right\}=?$

[855] $\tan^{-1}2x+\tan^{-1}3x=\frac{\pi}{4} \Rightarrow x=?$

[856] $x,y>0, x+y+xy=1 \Rightarrow \min\left\{\frac{1}{x+y}+\frac{1}{x}+\frac{1}{y}\right\}=?$

[857] $x^2+xy+y^2=1 \Rightarrow \begin{cases}\min\{x^2+y^2\}=?\\ \max\{x^2+y^2\}=?\end{cases}$

[858] $x,y>0 \Rightarrow \min\left\{\left(\frac{x^4}{y^4}+\frac{y^4}{x^4}\right)-2\left(\frac{x^2}{y^2}+\frac{y^2}{x^2}\right)+\left(\frac{x}{y}+\frac{y}{x}\right)\right\}=?$

[859] $x,y\in R \Rightarrow$

$$\min\{\sqrt{x^2+y^2}+\sqrt{x^2+y^2-2x+1}+\sqrt{x^2+y^2-2y+1}+\sqrt{x^2+y^2-6x-8y+25}\}=?$$

[860] $x^2+y^2=1 \Rightarrow \max\{x^3+y^3\}=?$

[861] $\left[\frac{3^{31}+2^{31}}{3^{29}+2^{29}}\right]=?$, $[x]$:Gauss' notation

[862] $a,b,c \geq 0,\ a^2+b^2+c^2=1 \Rightarrow \max\{ab+bc+2ca\}=?$

[863] $\dfrac{2+x}{\sqrt{2}+\sqrt{2+x}}+\dfrac{2-x}{\sqrt{2}-\sqrt{2-x}}=\sqrt{2} \Rightarrow x=?$

[864] $\overline{abc} \in N,\ \min\left\{\dfrac{\overline{abc}}{a+b+c}\right\} \Rightarrow \overline{abc}=?$

[865] $\sin x+\cos x=1 \Rightarrow \sin^3 x+\cos^3 x=?$

[866] $\tan x+\cot x=2 \Rightarrow \tan^4 x+\cot^4 x=?$

[867] $f(x+y)=f(x)e^{f(y)-1} \Rightarrow f(x)=?$

[868] $b>1,\ x>0,\ (2x)^{\log_b 2}-(3x)^{\log_b 3}=0 \Rightarrow x=?$

[869] $\left(\displaystyle\sum_{k=0}^{2011} k!\right)^2 \equiv a \pmod{10} \Rightarrow a=?$

[870] $0<b<a \Rightarrow \min\left\{a+\dfrac{1}{(a-b)b}\right\}=?$

[871] $a^2+b^2=1 \Rightarrow \min\left\{\dfrac{1+b}{a+b-2}\right\}=?$

[872] $\cos x+\cos y=1 \Rightarrow \max\{\sin x+\sin y\}=?$

[873] $a,b>1 \Rightarrow \min\left\{\dfrac{a^2+b^2}{\sqrt{ab-a-b+1}}\right\}=?$

[874] $a,b,c \in Q,\ \sqrt[3]{\sqrt[3]{2}-1}=\sqrt[3]{a}+\sqrt[3]{b}+\sqrt[3]{c} \Rightarrow a,b,c=?$

[875] $a,b,c \in N,\ \sqrt[3]{\dfrac{17\sqrt{7}+45}{4}}=\dfrac{b+\sqrt{c}}{a} \Rightarrow a,b,c=?$

[876] $f\left(x+\dfrac{1}{2}\right)+f\left(x-\dfrac{1}{2}\right)=f(x) \Rightarrow f(x)$의 주기=?

[877] $16^{101}+8^{101}+4^{101}+2^{101}+1 \equiv a\left(\bmod 2^{100}+1\right) \Rightarrow a=?$

[878] $x^{81}+x^{49}+x^{25}+x^{9}+x \equiv a(\bmod x^{3}-x) \Rightarrow a=?$

[879] $\sec x-\tan x=2 \Rightarrow \sec x+\tan x=?$

[880] $\min\left\{\dfrac{x-y}{x^{4}+y^{4}+6}\right\}=?,\ \max\left\{\dfrac{x-y}{x^{4}+y^{4}+6}\right\}=?$

[881] $\begin{cases} x+y+z=0 \\ x^{3}+y^{3}+z^{3}=3 \\ x^{5}+y^{5}+z^{5}=15 \end{cases} \Rightarrow x^{2}+y^{2}+z^{2}=?$

[882] $f(x)=\log(\tan x+\sec x) \Rightarrow \dfrac{1}{2}(10^{f(x)}-10^{-f(x)})=?$

[883] $0<x<1, a,b>0 \Rightarrow \min\left\{\dfrac{a^{2}}{x}+\dfrac{b^{2}}{1-x}\right\}=?$

[884] $a^{2}+b^{2}=1 \Rightarrow \min\left\{\dfrac{1+3b}{3+2a}\right\}=?,\ \max\left\{\dfrac{1+3b}{3+2a}\right\}=?$

[885] $\triangle ABC, \angle C=\dfrac{\pi}{2} \Rightarrow \min\left\{\dfrac{a^{2}(b+c)+b^{2}(c+a)+c^{2}(a+b)}{abc}\right\}=?$

[886] $x,y,a,b>0, x^{2}+y^{2}=1 \Rightarrow \min\left\{\dfrac{a}{x}+\dfrac{b}{y}\right\}=?$

[887] $n>1,\ n,x,y \in N,\ x \neq y,\ \dfrac{1}{x}+\dfrac{1}{y}=\dfrac{1}{n} \Rightarrow x, y=?$

[888] $0<x<1, f(x)=\sum_{n=0}^{\infty} \dfrac{x^{2^{n}}}{1-x^{2^{n+1}}} \Rightarrow f^{-1}\left(\dfrac{8}{5f(\frac{3}{8})}\right)=?$

[889] $x^{2}+y^{2}=1 \Rightarrow \max\{x^{5}+y^{5}\}=?$

[890] $\triangle ABC \Rightarrow \min\left\{\dfrac{\sqrt{1+2\cos^{2}A}}{\sin B}+\dfrac{\sqrt{1+2\cos^{2}B}}{\sin C}+\dfrac{\sqrt{1+2\cos^{2}C}}{\sin A}\right\}=?$

[891] $\sin^{4}\dfrac{\pi}{7}+\sin^{4}\dfrac{3\pi}{7}+\sin^{4}\dfrac{5\pi}{7}+\sin^{4}\dfrac{7\pi}{7}=?$

[892] $a,b,c>0,\ a+b+c\ge 6\ \Rightarrow\ \min\left\{\sqrt{a^2+\frac{1}{b^2}}+\sqrt{b^2+\frac{1}{c^2}}+\sqrt{c^2+\frac{1}{a^2}}\right\}=?$

[893] $a,b>0,\ 0\le x\le 1\ \Rightarrow\ \max\{x^a(1-x)^b\}=?$

[894] $x>y\ge z>0\Rightarrow\min\left\{2x^7+\frac{1}{(x^7-y^7)(x^7-z^7)y^7z^7}\right\}=?$

[895] $24\sin x+7\cos x=12\ \Rightarrow\ x=?$

[896] $6x^2+y^2=1\ \Rightarrow\ \max\{(x+y)^2\}=?$

[897] $0<x<\frac{\pi}{2}\Rightarrow\min\{9\tan^2x+4\cot^2x+12(\tan x+\cot x)\}=?$

[898] $\sin^{-1}\left(\frac{2x+3}{5}\right)+2\tan^{-1}\sqrt{\frac{1-x}{4+x}}=?$

[899] $(1-x)^2+(x-y)^2+(y-z)^2+z^2=\frac{1}{4}\Rightarrow x,y,z=?$

[900] $x+y=1\Rightarrow\ \max\{(x^3+1)(y^3+1)\}=?$

[901] $a,b,c>1,\ r>0\Rightarrow\min\left\{\frac{(\log_a bc)^r+(\log_b ca)^r+(\log_c ab)^r}{2^r}\right\}=?$

[902] $\sec 70^\circ-\cot 40^\circ=?,\qquad \frac{\sqrt{3}}{\sin 20^\circ}-\frac{1}{\cos 20^\circ}=?$

[903] $\begin{cases} f(x+1)=1+f(x),\ f(-x)=-f(x) \\ f\left(\frac{1}{x}\right)=\frac{1}{x^2}f(x),\ x\ne 0\end{cases}\quad\Rightarrow\ f(x)=?$

[904] $\vec{a},\vec{b},\vec{c}$:단위 벡터 $\Rightarrow\max\{|\vec{a}-\vec{b}|^2+|\vec{b}-\vec{c}|^2+|\vec{c}-\vec{a}|^2\}=?$

[905] $\sum_{n=1}^{\infty}\frac{1}{n+n^3}-\sum_{n=1}^{N}\frac{1}{n+n^3}<\frac{1}{50}\ \Rightarrow\ \min\{N\}=?$

[906] $x^4-x^2+1=0\ \Rightarrow\ x^7+\frac{1}{x^7}=?$

[907] $a * b = ab + a + b \Rightarrow 1 * (2 * \cdots (99 * 100) \cdots) = ?$

[908] $f(x) = \dfrac{1}{\sqrt[2011]{1 - x^{2011}}} \Rightarrow \left(\overbrace{f(f(\cdots f(2011)\cdots))}^{2010}\right)^{2011} = ?$

[909] $\begin{cases} ab + bc + ca = -3 \\ (ab)^2 + (bc)^2 + (ca)^2 = 9 \\ (ab)^3 + (bc)^3 + (ca)^3 = -24 \end{cases} \Rightarrow \begin{matrix} a,\ b,\ c = ? \\ (a < b < c) \end{matrix}$

[910] $x, y \in R \Rightarrow \min\{\cos x + \cos y + 2\cos(x + y)\} = ?$

[911] $A(3,1,1),\ B(1,-3,-1),\ P \in \{(x,y,z) \mid x - y + z = 0\}$

$\Rightarrow \min\{|\overrightarrow{PA} + \overrightarrow{PB}|\} = ?$

[912] $f(x)f(2x^2 - 1) = f(x^2)f(2x - 1) \Rightarrow$ 다항식 $f(x) = ?$

[913] 물음표의 각도?

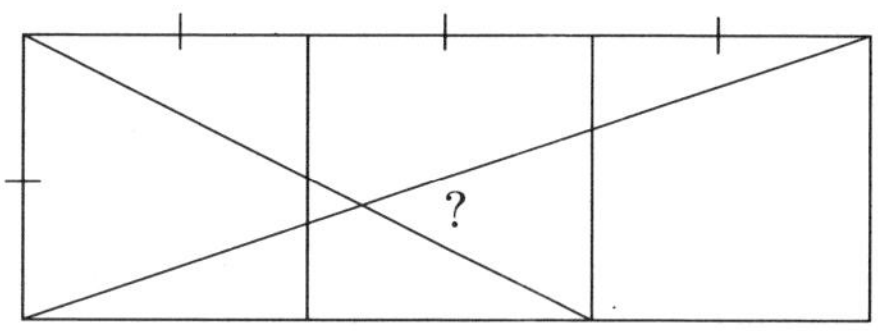

[914] $x, y \in Z,\ x(x + 2) = y^2(y^2 + 1) \Rightarrow x, y = ?$

[915] $a, b, c > 0,\ 2bc + 3ac + ab = abc \Rightarrow \min\{a + b + c\} = ?$

[916] $f(x) - 2f\left(\dfrac{x}{2}\right) + f\left(\dfrac{x}{4}\right) = x^2 \Rightarrow f(x) = ?$

[917] $a, b \neq 0,\ -1 < a, b < 1, \begin{cases} a^3 + b^3 = \dfrac{\sqrt{5}}{4} \\ \dfrac{a}{b} + \dfrac{b}{a} = 3 \end{cases} \Rightarrow \begin{matrix} \sin^{-1} a = ? \\ \sin^{-1} b = ? \end{matrix}$

[918] $\cos\dfrac{\pi}{12}\cos\dfrac{5\pi}{12}\cos\dfrac{7\pi}{12}\cos\dfrac{11\pi}{12} = ?$

[919] $a = \tan\dfrac{\pi}{12},\ b = \tan\dfrac{5\pi}{36},\ c = \tan\dfrac{5\pi}{18} \Rightarrow ab + bc + ca = ?$

[920] $\begin{cases} ac=b^2, \dfrac{1}{a}+\dfrac{1}{b}+\dfrac{1}{c}=39 \\ \dfrac{1}{a^2}+\dfrac{1}{b^2}+\dfrac{1}{c^2}=819 \end{cases} \Rightarrow a, b, c=?$

[921] $a,b>0, a^2+b^2=1 \Rightarrow \min\left\{(a+b+1)\left(\dfrac{1}{a}+\dfrac{1}{b}+1\right)\right\}=?$

[922] $a,b,c: x^3-3x^2+3x+7=0$의 근 $\Rightarrow \dfrac{a-1}{b-1}+\dfrac{b-1}{c-1}+\dfrac{c-1}{a-1}=?$

[923] $z\in C, \left|2z+\dfrac{1}{z}\right|=1, \arg(z)=\theta \Rightarrow \min\{8\sin^2\theta\}=?$

[924] $x,y>0, x^3+y^3=4x^2 \Rightarrow \max\{x+y\}=?$

[925] $x>0 \Rightarrow \min\left\{\dfrac{\sqrt{x^4+x^2+2x+1}+\sqrt{x^4-2x^3+5x^2-4x+1}}{x}\right\}=?$

[926] $a\in R, f(x+a)=\dfrac{1}{2}+\sqrt{f(x)-f(x)^2} \Rightarrow f(x)$의 주기 = ?

[927] $\triangle ABC,\ A\neq B\neq \dfrac{\pi}{2}, (\cos^2 A+\cos^2 B)(1+\tan A\tan B)=2 \Rightarrow C=?$

[928] $\begin{cases} x,\ y,\ z>0 \\ x^2+y^2+z^2=3 \end{cases} \Rightarrow \max\left\{xy+yz+zx+\dfrac{5}{x+y+z}\right\}=?$

[929] $a,b,c: x^3-x=1$의 근 $\Rightarrow a^4+b^5+c^6-c=?$

[930] $f(-x)+f(-ix)+f(ix)=x^2+x+1 \Rightarrow f(x)=?$

[931] $1-x+x^2-\cdots+x^{80} \Rightarrow$ 인수분해?

[932] $x^4+ax^3+bx^2+ax+1=0 \Rightarrow \min\{a^2+b^2\}=?$

[933] $f(x+1)+f(x-1)=\sqrt{3}f(x) \Rightarrow f(x)$의 주기?

[934] $a^5(c-b)+b^5(a-c)+c^5(b-a) \Rightarrow$ 인수분해?

[935] $x+y+z=\dfrac{\pi}{2} \Rightarrow \sin^2 x+\sin^2 y+\sin^2 z+2\sin x\sin y\sin z=?$

[936] $\sin^2 A + \sin^2 B + \sin^2 C = 2 \Rightarrow \triangle ABC$:어떤 삼각형?

[937] $(x+1)(x^2+1)(x^3+1) = 30x^3 \Rightarrow x = ?$

[938] Let $f(0)=0,\ f\left(\dfrac{x+y}{2}\right) = \dfrac{f(x)+f(y)}{2}$.

When $\min\left\{\displaystyle\int_0^{2\pi} (f(x) - \sin x)^2 dx\right\} \Rightarrow f(x) = ?$

[939] $(x+1)(x+2)\cdots(x+2011) \Rightarrow x^{2009}$ 의 계수?

[940] $1 \le x \le y \le z \le 4 \Rightarrow \min\left\{(x-1)^2 + \left(\dfrac{y}{x} - 1\right)^2 + \left(\dfrac{z}{y} - 1\right)^2 + \left(\dfrac{4}{z} - 1\right)^2\right\} = ?$

[941] $\sqrt{x - 4 - \sqrt{x-2}} + \sqrt{x - 3 - \sqrt{x-2}} = 1 \Rightarrow x = ?$

[942] $\begin{cases} \dfrac{1}{2^x} = \dfrac{25}{4} + 9\left(\dfrac{25}{36}\right)^z \\ 6\left(\dfrac{3}{4}\right)^y = \dfrac{1}{4} + \dfrac{1}{4^x} \\ 15\left(\dfrac{5}{6}\right)^z = \dfrac{9}{4} + 4\left(\dfrac{9}{16}\right)^y \end{cases} \Rightarrow x,\ y,\ z = ?$

[943] $f(x)$:단사, $f(x) > 0, f(x) f\left(f(x) + \dfrac{1}{x}\right) = \dfrac{1}{2} \Rightarrow f(x) = ?$

[944] $\cos 6^\circ \cos 42^\circ \cos 66^\circ \cos 78^\circ = ?$

[945] $\dfrac{a-b}{a+b} + \dfrac{b-c}{b+c} + \dfrac{c-a}{c+a} = 2553 \Rightarrow \dfrac{(a-b)(b-c)(c-a)}{(a+b)(b+c)(c+a)} = ?$

[946] $\dfrac{1}{a^3} + \dfrac{1}{b^3} + \dfrac{1}{c^3} = \dfrac{1}{a^3+b^3+c^3} \Rightarrow \dfrac{1}{a^{101}} + \dfrac{1}{b^{101}} + \dfrac{1}{c^{101}} - \dfrac{1}{a^{101}+b^{101}+c^{101}} = ?$

[947] $\begin{cases} x^2 + y + x^3 y + xy^2 + xy = -\dfrac{5}{4} \\ x^4 + y^2 + xy(1+2x) = -\dfrac{5}{4} \end{cases} \Rightarrow x, y = ?$

[948] $\begin{cases} x + \sqrt{x^2 - 2x + 2} = 3^{y-1} + 1 \\ y + \sqrt{y^2 - 2y + 2} = 3^{x-1} + 1 \end{cases} \Rightarrow x,\ y = ?$

[949] $\begin{cases} x^2+y^4+xy=2xy^2+7 \\ -x^2y+4xy+xy^3+11(x-y^2)=28 \end{cases} \Rightarrow x, y=?$

[950] $\begin{cases} 4xy+4(x^2+y^2)+\dfrac{3}{(x+y)^2}=\dfrac{85}{3} \\ 2x+\dfrac{1}{x+y}=\dfrac{13}{3} \end{cases} \Rightarrow x, y=?$

[951] $\begin{cases} 6x^2y+2y^3+35=0 \\ 5(x^2+y^2+x)+2xy+13y=0 \end{cases} \Rightarrow x, y=?$

[952] $\begin{cases} (8x-3)\sqrt{2x-1}-y-4y^3=0 \\ 4x^2-8x+2y^3+y^2-2y+3=0 \end{cases} \Rightarrow x, y=?$

[953] $(x^2+100)^2=(x^3-100)^3 \Rightarrow x=?$

[954] $a,b,c : x^3-3x^2-5x-1=0$의 근 $\Rightarrow \sqrt[3]{a}+\sqrt[3]{b}+\sqrt[3]{c}=?$

[955] $\min\{x^2+xy+y^2-3x-3y+56\}=?$

[956] $\left[\dfrac{8x+1}{6}\right]+\left[\dfrac{4x-1}{3}\right]=\dfrac{16x-7}{9} \Rightarrow x=?$, $[x]$:Gauss 부호

[957] $\begin{cases} (x+\sqrt{x^2+1})(y+\sqrt{y^2+1})=1 \\ y+\dfrac{y}{\sqrt{x^2-1}}+\dfrac{35}{12}=0 \end{cases} \Rightarrow x, y=?$

[958] $x^3+1=2\sqrt[3]{2x-1}$, $(x\neq 1) \Rightarrow x=?$

[959] $3x(2+\sqrt{9x^2+3})+(4x+2)(\sqrt{1+x+x^2}+1)=0 \Rightarrow x=?$

[960] $x,y,z>0, x^2+y^2+z^2=1 \Rightarrow \min\left\{\dfrac{1}{x^2}+\dfrac{1}{y^2}+\dfrac{1}{z^2}-\dfrac{2(x^3+y^3+z^3)}{xyz}\right\}=?$

[961] $x,y\in R, \begin{cases} x^2+y^2=\dfrac{1}{5} \\ 4x^2+3x-\dfrac{57}{25}=-y(3x+1) \end{cases} \Rightarrow x,y=?$

[962] $\begin{cases} \sqrt{2x+3}+\sqrt{2y+3}+\sqrt{2z+3}=9 \\ \sqrt{x-2}+\sqrt{y-2}+\sqrt{z-2}=3 \end{cases} \Rightarrow x, y, z=?$

[963] $\sqrt{8+\sqrt{32+\sqrt{768}}} = a\cos\frac{\pi}{b} \Rightarrow a, b = ?$

[964] $\tan a\pi = \left(4\cos^2\frac{\pi}{20}-3\right)\left(4\cos^2\frac{3\pi}{20}-3\right) \Rightarrow a = ?$

[965] $\begin{cases} \left(x+\sqrt{x^2+1}\right)\left(y+\sqrt{y^2+1}\right)=1 \\ y+\dfrac{y}{\sqrt{x^2-1}}=-1 \end{cases} \Rightarrow x, y = ?$

[966] $a > b > 0, 0 < x < \frac{\pi}{2} \Rightarrow \max\left\{\dfrac{ab(a^2-b^2)\sin x\cos x}{a^2\sin x+b^2\cos^2 x}\right\} = ?$

[967] $4\cos 18^\circ - 3\sec 18^\circ - 2\tan 18^\circ = ?$

[968] $\dfrac{\sin^4 x}{a}+\dfrac{\cos^4 x}{b}=\dfrac{1}{a+b} \Rightarrow \dfrac{\sin^8 x}{a^3}+\dfrac{\cos^8 x}{b^3}=?$

[969] $\begin{cases} x+y+z+t=6 \\ \sqrt{1-x^2}+\sqrt{4-y^2}+\sqrt{9-z^2}+\sqrt{16-t^2}=8 \end{cases} \Rightarrow x, y, z, t = ?$

[970] $\int_0^3 (ax-b)^2 dx \le 3 \Rightarrow \min\left\{\int_0^3 (x-3)(ax-b)dx\right\} = ?$

[971] $x, y \in R \Rightarrow \min\{x^2+2xy+3y^2-6x-2y\} = ?$

[972] $x \ne y, xy = 2 \Rightarrow \min\left\{\dfrac{((x+y)^2-6)((x-y)^2+8)}{(x-y)^2}\right\} = ?$

[973] $f(x) = \sin(\tan^{-1} x) \Rightarrow f^{30}(2) = ?$

[974] $(\sin x - 2\cos x)^4 + (\sin x - 2\cos x)(5 - 7\sin 2x + 4\cos^2 x)\cos x - \cos^4 x = 0$
$\Rightarrow \tan x = ?$

[975] $\dfrac{x-1}{2+3+4}+\dfrac{x-2}{1+3+4}+\dfrac{x-3}{1+2+4}+\dfrac{x-4}{1+2+3}=4 \Rightarrow x = ?$

[976] $a+b+c=0 \Rightarrow \dfrac{1}{b^2+c^2-a^2}+\dfrac{1}{c^2+a^2-b^2}+\dfrac{1}{a^2+b^2-c^2}=?$

[977] $\begin{cases} f(x) = x^3 + x + 1 \\ g(x) = 2x^2 - 2x + 2 \end{cases}, f(x)u(x) + g(x)v(x) = 1 \Rightarrow \begin{cases} u(x) = ? \\ v(x) = ? \end{cases}$

[978] $a, b, c \in N, \dfrac{1}{a} + \dfrac{1}{a+b} + \dfrac{1}{a+b+c} = 1 \Rightarrow a, b, c = ?$

[979] $\begin{cases} x + y + z = xyz \\ \dfrac{4\sqrt{1+x^2}}{x} = \dfrac{5\sqrt{1+y^2}}{y} = \dfrac{6\sqrt{1+z^2}}{z} \end{cases} \Rightarrow x, y, z = ?$

[980] $4x^2 + y^2 + z^2 = 5 \Rightarrow \max\{|4x + 3y - z|\} = ?$

[981] $2x^2 + 2y^2 = 5xy, 0 < x < y \Rightarrow \dfrac{x+y}{x-y} = ?$

[982] $x, y, z > 0, \dfrac{1}{1+x} + \dfrac{1}{1+y} + \dfrac{1}{1+z} \geq 2 \Rightarrow \max\{xyz\} = ?$

[983]

$$x, y, z > 0 \Rightarrow \min\left\{\frac{x^2}{(2y+z)(2z+y)} + \frac{y^2}{(2x+z)(2z+x)} + \frac{z^2}{(2x+y)(2y+x)}\right\} = ?$$

[984] $\dfrac{16}{\sqrt{x-6}} + \dfrac{4}{\sqrt{y-2}} + \dfrac{256}{\sqrt{x-1750}} + \sqrt{x-6} + \sqrt{y-2} + \sqrt{z-1750} = 44$

$\Rightarrow x, y, z = ?$

[985] $\sqrt[3]{\sqrt{50}+7} - \sqrt[3]{\sqrt{50}-7} = ?$

$\dfrac{3+\sqrt{5}}{\sqrt{2}+\sqrt{3+\sqrt{5}}} + \dfrac{3-\sqrt{5}}{\sqrt{2}-\sqrt{3-\sqrt{5}}} = ?$

[986] $x^3 - ax^2 + bx - c = 0$:양의 실근 $\Rightarrow \min\left\{\dfrac{1+a+b+c}{3+2a+b} - \dfrac{c}{b}\right\} = ?$

[987] $\max\left\{\sqrt{x^4 - 3x^2 - 6x + 13} - \sqrt{x^4 - x^2 + 1}\right\} = ?$

[988] $\begin{cases} x^5 + 3x^4 - 4x^3 - 8x^2 + 6x - 1 \\ x^5 - 3x^4 - 2x^3 + 10x^2 - 6x + 1 \end{cases} \Rightarrow$ 공통 인자 = ?

[989] $\begin{cases} x^2 + y^2 + \sqrt{2}\,xy = 32 \\ y^2 + z^2 - \sqrt{3}\,yz = 16 \\ z^2 + x^2 - \dfrac{\sqrt{6}+\sqrt{2}}{2}zx = 16(2-\sqrt{3}) \end{cases} \Rightarrow x, y, z = ?$

[990] $a, b > 0 \Rightarrow \min\left\{\dfrac{x+a}{x^2+b}\right\} = ?,\ \max\left\{\dfrac{x+a}{x^2+b}\right\} = ?$

[991] $x^2 + 3y^2 + 4xy = 4 \ \Rightarrow\ \min\{x^2+y^2\} = ?$

[992] $\min\left\{\dfrac{1+\cos x}{2+\sin x}\right\} = ?,\ \max\left\{\dfrac{1+\cos x}{2+\sin x}\right\} = ?$

[993] $0 < x < \dfrac{\pi}{2} \ \Rightarrow\ \min\left\{\cot\dfrac{x}{2} + \cot\left(\dfrac{\pi}{4} - \dfrac{x}{2}\right)\right\} = ?$

[994] $0 < x < \dfrac{\pi}{2} \Rightarrow \min\left\{\dfrac{a}{\cos x} + \dfrac{b}{\sin x}\right\} = ?$

[995] $\min\left\{x^2 + \dfrac{1}{x^2+2}\right\} = ?$

[996] $x, y, z > 0,\ x+y+z+\sqrt{xyz} = 4$
$\Rightarrow \sqrt{x(4-y)(4-z)} + \sqrt{y(4-x)(4-z)} + \sqrt{z(4-x)(4-y)} - \sqrt{xyz} = ?$

[997] $\sqrt{x-2} + \sqrt{y+1995} + \sqrt{z-1996} = \dfrac{x+y+z}{2} \Rightarrow x, y, z = ?$

[998] $\dfrac{2(x-1)\sqrt[3]{x-1}+2}{\sqrt[3]{(x-1)^2}} + \dfrac{y+1}{\sqrt{y}} = 6 \Rightarrow x, y = ?$

[999] $\begin{cases} x^2y = 3 \\ x + xy = 4 \end{cases} \ \Rightarrow\ x,\ y = ?$

[1000] $\sqrt{2^{1\cdot 2}} + \sqrt{2^{2\cdot 3}} + \cdots + \sqrt{2^{2011\cdot 2012}} \equiv a \pmod 7 \Rightarrow a = ?$

[1001] $16^{x^2+y} + 16^{x+y^2} = 1 \Rightarrow x, y = ?$

[1002] $f(x) = \dfrac{1}{\sqrt[2011]{1-x^{2011}}} \ \Rightarrow\ \Big[\underbrace{f(f\cdots(f}_{2010}(2011))\cdots)\Big]^{2011} = ?$

[1003] $x > 0, n \geq 1 \ \Rightarrow\ \max\{\tanh x \cdot \operatorname{sech}^n x\} = ?$

[1004] $\dfrac{x+1}{x-1} = \dfrac{-1}{y} \ \Rightarrow\ \dfrac{(1+x^2)(1+y^2)}{(x+y)^2} + \dfrac{(x+y)^2}{(1+x^2)(1+y^2)} = ?$

[1005] $\dfrac{x-z}{z-y}+\dfrac{z^2}{(x+y)(z-y)}=1 \Rightarrow \left(\dfrac{z-x}{y}\right)^2+\left(\dfrac{z-y}{x}\right)^2+\left(\dfrac{x+y}{z}\right)^2=?$

[1006] $x^3+\dfrac{1}{y^3}=y^3+\dfrac{1}{z^3}=1 \Rightarrow (xyz)^{102}-1=?$

[1007]

$$(a+b+c)^2=3(ab+bc+ca-x^2-y^2-z^2) \Rightarrow \frac{(x^3+y^3+z^3+3^3)(a^7+b^7+c^7)}{(a^2+b^2+c^2)(a^5+b^5+c^5)}=?$$

[1008] $a^2+bc+bd+cd=0 \Rightarrow \dfrac{(a+b)(a+c)(a+d)}{(c+b)(b+d)(c+d)}=?$

[1009] $f(x)=x^6-3x^5+6x^4-7x^3+6x^2-3x+1,\ x \ge 1 \Rightarrow f^{-1}(x)=?$

[1010] $\min\left\{\dfrac{x}{x^2+3x+4}\right\}=?,\ \max\left\{\dfrac{x}{x^2+3x+4}\right\}=?$

[1011] $x^2+y^2+xy=1 \Rightarrow \min\{x^3y+xy^3+1\}=?$

[1012] $\forall x \in R,\ -1 \le \dfrac{ax+b}{x^2+1} \le 4 \Rightarrow a, b=?$

[1013] $f(-1)=1,\ f(x)=f(0)+f(1)x+f(2)x^2 \Rightarrow f(x)=?$

[1014] $\begin{cases} x^2+y^2=1,\ x,y \ge 0 \\ (3x-4x^3)(3y-4y^3)=-\dfrac{1}{2} \end{cases} \Rightarrow x+y=?$

[1015] $\begin{cases} z_1(z_1^2 \quad 3z_2^2)=2\ ,\ z_1, z_2 \in C \\ z_2(3z_1^2-z_2^2)=11\ ,\ z_1^2+z_2^2 \in R \end{cases} \Rightarrow z_1^2+z_2^2=?$

[1016] $\dfrac{1}{4}< x_i < 1 \Rightarrow \min\left\{\log_{x_1}\left(x_2-\dfrac{1}{4}\right)+\log_{x_2}\left(x_3-\dfrac{1}{4}\right)+\cdots+\log_{x_n}\left(x_1-\dfrac{1}{4}\right)\right\}=?$

[1017] $a,b,c \ge 0,\ a+b+c=30 \Rightarrow \max\{3ab+4bc\}=?$

[1018] $f(x)=\dfrac{\cos x}{1-\sin x} \Rightarrow f(x)$: 주기?

[1019] 변이 1인 정사면체 $\Rightarrow \overrightarrow{AC} \cdot \overrightarrow{DE} = ?$

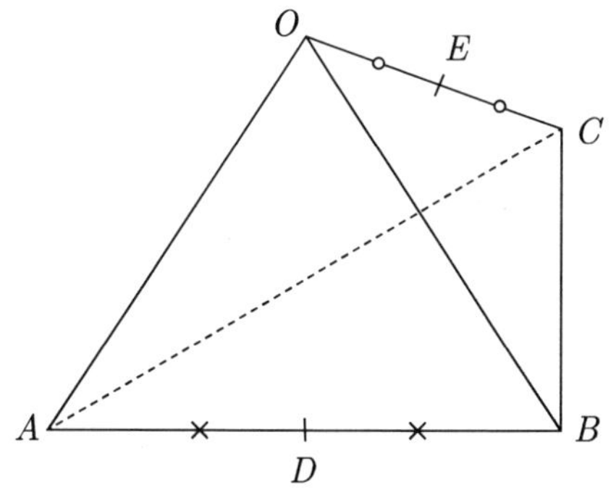

[1020] $4\cos\theta - 3\sin\theta = \dfrac{13}{3} \Rightarrow 7\cos 2\theta - 24\sin 2\theta = ?$

[1021] $x \geq 0 \Rightarrow \min\left\{\dfrac{4x^2 + 8x + 13}{6 + 6x}\right\} = ?$

[1022] $0 \leq x \leq 4 \Rightarrow \max\{x^3(4-x)\} = ?$(미분 사용 불가)

[1023] $x + y + \dfrac{1}{x} + \dfrac{1}{y} + 4 = 2(\sqrt{2x+1} + \sqrt{2y+1}) \Rightarrow x, y = ?$

[1024] $2^{200} - 31 \cdot 2^{192} + 2^n$:완전 제곱 $\Rightarrow n = ?$

[1025] $a, b \in C, |a-b| = |a| = |b| > 0 \Rightarrow \left(\dfrac{a}{b}\right)^4 + \left(\dfrac{b}{a}\right)^4 = ?$

[1026] $x + y = 1 \Rightarrow \min\left\{\dfrac{1}{x^3 + xy + y^3} + \dfrac{4x^2y^2 + 2}{xy}\right\} = ?$

[1027] $x, y \in Z, \begin{cases} 3x \geq 2y - 3 \\ 4y \geq x + 12 \end{cases} \Rightarrow \min\left\{\dfrac{x}{y}\right\} = ?$

04 미분과 증명

❑ 다음 등식을 증명하거나, 도함수를 구하여라.

[1] $e^{ix} = \cos x + i\sin x, \quad (i = \sqrt{-1})$

[2] $f'(f^{-1}(x)) \neq 0 \Rightarrow (f^{-1})''(x) = \dfrac{-f''(f^{-1}(x))}{[f'(f^{-1}(x))]^3}$

[3] $\tan^{-1}\dfrac{x}{\sqrt{1-x^2}} = \sin^{-1}x$, $(-1 < x < 1)$

[4] $\displaystyle\int_0^x\int_0^x F(x)\,dx^2 = \int_0^x (x-u)F(u)\,du$

[5] $1+2^3+3^3+\cdot\cdot\cdot+n^3 = \left[\dfrac{n(n+1)}{2}\right]^2$, (귀납법 불사용)

[6] $\dfrac{d}{dx}\displaystyle\int_x^{x^2}\frac{\sin x\theta}{\theta}\,d\theta = ?$

[7] $\dfrac{d}{dx}\displaystyle\int_0^{x^2}\tan^{-1}\left(\frac{\theta}{x}\right)d\theta = ?$

[8] $\cosh x + \sinh x = e^x$

[9] $\cosh x - \sinh x = e^{-x}$

[10] $\tanh(x \pm y) = \dfrac{\tanh x \pm \tanh y}{1 \pm \tanh x \tanh y}$

[11] $\mathrm{sech}^{-1}x = \ln\left(\dfrac{1+\sqrt{1-x^2}}{x}\right)$, $(0 < x \le 1)$

[12] $\displaystyle\lim_{x\to 2}(2x+1) = 5$ 임을 증명.

[13] $\lim_{x\to\infty}\left(1+\frac{1}{x}\right)^x = e$ 임을 증명.

[14] $\frac{d^n}{dx^n}\sin x = ?$

[15] $\frac{d^n}{dx^n}\left(\frac{1}{a^2-x^2}\right) = ?\ ,\ (a \neq 0)$

[16] $\frac{d^n}{dx^n}x^2e^{kx} = ?$

[17] $\frac{d^n}{dx^n}\cos ax = ?$

[18] $\frac{d}{dx}(\cos x^{\cos x}) = ?$

[19] $\frac{d}{dx}(\sin x)^x = ?$

[20] $\frac{d^n}{dx^n}(e^x \sin x) = ?$

[21] $\tan^{-1}\left(\frac{1}{2}\right)+\tan^{-1}\left(-\frac{1}{3}\right) = ?$

[22] $2 \cdot \tan^{-1}\left(\frac{1}{3}\right)+\tan^{-1}\left(\frac{1}{7}\right) = ?$

[23] $\frac{d^n}{dx^n}(x^2 \sin x) = ?$

[24] $\tan^{-1}(a)-\tan^{-1}(b) = \cot^{-1}(b)-\cot^{-1}(a)$ 임을 증명.

[25] $\sin^{-1}\left(\sqrt{\frac{x}{6}}\right)+\sin^{-1}\left(\sqrt{1-\frac{x}{6}}\right) = \frac{\pi}{2}$ 임을 증명.

[26] $\frac{d}{dx}\left(\frac{f(x)}{g(x)}\right) = \frac{f'(x)}{g'(x)} \Rightarrow f(x) = ?\ ,\ g(x) = ?$

[27] $(\cosh x+\sinh x)^n = \cosh(nx)+\sinh(nx)$ 임을 증명.

[28] $f(f(x)) = x^4 - 4x^3 + 8x + 2 \Rightarrow f(x) = ?$

[29] 데카르트 엽선의 점 P의 좌표를 구하여라.

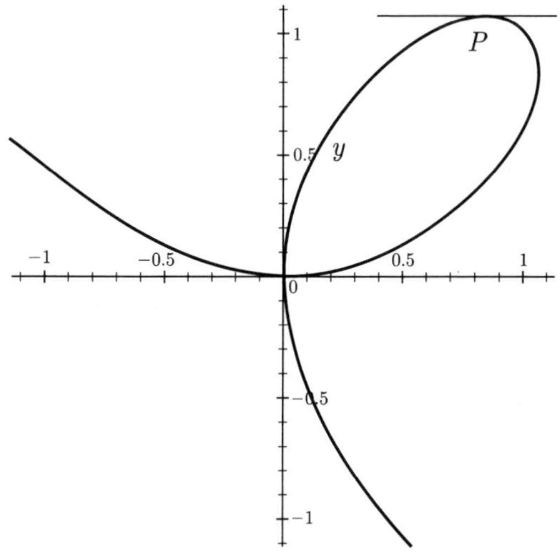

[30] $f(x) = \int_0^x \sqrt{1+t^4}\,dt,\ c = f(1) \Rightarrow (f^{-1})'(c) = ?$

[31] $4\tan^{-1}\left(\frac{1}{5}\right) - \tan^{-1}\left(\frac{1}{239}\right) = ?$

[32] $f(x) = x^7 + 8x^3 + 4x - 2, \Rightarrow (f^{-1})'(11) = ?$

[33] $\sinh^{-1}\sqrt{x^2-1} = \cosh^{-1}x,\ (x \geq 1)$

[34] $\cosh^{-1}\sqrt{x^2+1} = \sinh^{-1}x,\ (x \geq 0)$

[35] $(\cosh x - \sinh x)^n = \cosh(nx) - \sinh(nx)$임을 증명.

[36] $\frac{1}{x} \cdot f(-x) + f\left(\frac{1}{x}\right) = x,\ (x \neq 0) \Rightarrow f(x) = ?$

[37] $f(x) = \tan^{-1}(2x) \Rightarrow f^{(99)}(0) = ?$

[38] $(x_1 + x_2 + \cdot\cdot + x_k)^{nk} \Rightarrow x_1^n x_2^n \cdot\cdot\, x_k^n$의 계수 : k배

[39] $\sum_{n=0}^{\infty} 2^{-n} = \sum_{n=0}^{\infty} n \cdot 2^{-n}$

[40] $ax^2+2hxy+by^2+2gx+2fy+c=0$ (두 축의 각 : 60°)

$a'X^2+2h'XY+b'Y^2+2g'X+2f'Y+c'=0$ (두 축의 각 : 90°)

$$\Rightarrow \begin{vmatrix} a' & h' & g' \\ h' & b' & f' \\ g' & f' & c' \end{vmatrix} = \frac{4}{3}\begin{vmatrix} a & h & g \\ h & b & f \\ g & f & c \end{vmatrix}$$

[41] $l: ax+by+c=0,\ l': a'x+b'y+c'=0$ (두 축의 각 : ω)

$\Rightarrow l \perp l'$일 조건은?

[42] 두 직선의 방향여현 $(l_1, m_1, n_1); (l_2, m_2, n_2)$, 두 직선 사이 각: θ

$\Rightarrow \sin\theta = ?$

[43] 세 직선의 방향여현 $(l, m, n); (l', m', n'); (l-l', m-m', n-n')$

$\Rightarrow$ 각각 직선들의 사이 각은?

[44] $P(r_1, \theta_1, \phi_1),\ Q(r_2, \theta_2, \phi_2),\ O,\ \angle POQ = \psi \Rightarrow \cos\psi = ?$

[45] 방정식 $2x^2+\lambda y^2+2z^2-yz+5zx+xy=0$이 두 평면을 만들 때 두 평면의 사이 각과 λ을 구하여라.

[46] $(1+x)(1+x^2)(1+x^4)\cdot\cdot\left(1+x^{2^{n-1}}\right)=1+x+x^2+\cdot\cdot\cdot+x^{2^n-1}$증명

[47] $\cos^4 k+\cos^4 2k+\cdot\cdot\cdot+\cos^4 nk=\dfrac{3n}{8}-\dfrac{5}{16},\left(k=\dfrac{\pi}{2n+1}\right)$

[48] $S_n=1+\dfrac{1}{2}+\cdot\cdot\cdot+\dfrac{1}{n}\Rightarrow S_1+S_2+\cdot\cdot\cdot+S_{n-1}=nS_n-n$ 증명

[49] $x=\left(1+\dfrac{1}{n}\right)^n, y=\left(1+\dfrac{1}{n}\right)^{n+1}\Rightarrow x^y=y^x$ 증명

[50] $f(x)=\dfrac{1}{x^k-1}, p(x)=(x^k-1)^{n+1}f^{(n)}(x)\Rightarrow p(1)=?, (k, n\in Z^+)$

[51] $f\left(\dfrac{1}{n}\right)=\dfrac{n^2}{n^2+1}\Rightarrow f^{(k)}(0)=?, (k, n\in N)$

[52] $f(\alpha)^2=2008+\displaystyle\int_0^\alpha f(x)^2+f'(x)^2\,dx\Rightarrow f(x)=?$

[53] 현의 길이 2, 3, 4에 대응되는 중심각 $\alpha, \beta, \alpha+\beta$일 때 $\cos\alpha = ?$

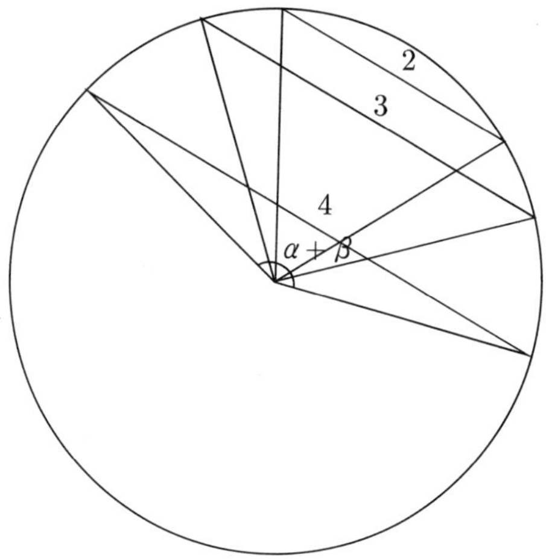

[54] $(n+10)\mid(n^3+100),\ n\in N \Rightarrow \max\{n\} = ?$

[55] $\tan\theta = ?$

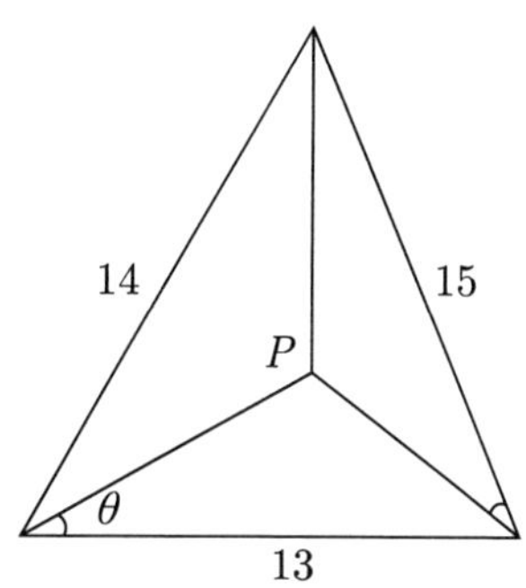

[56] $\pentagon ABCDE = 451 \Rightarrow A = ?,\ (y < x \in N)$

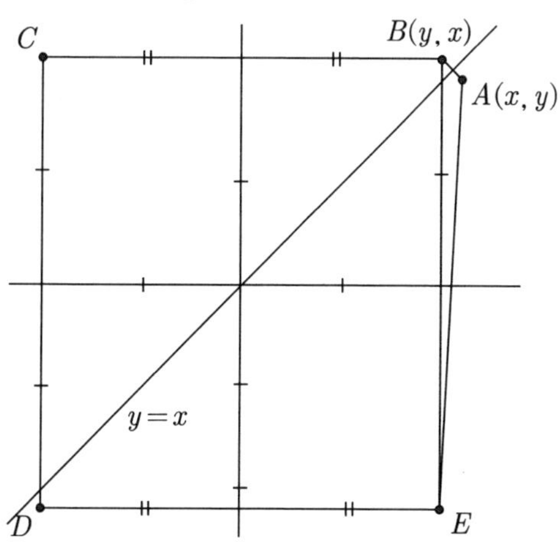

[57] $y=x^3+x+16$에서 물음표의 직선 식은?

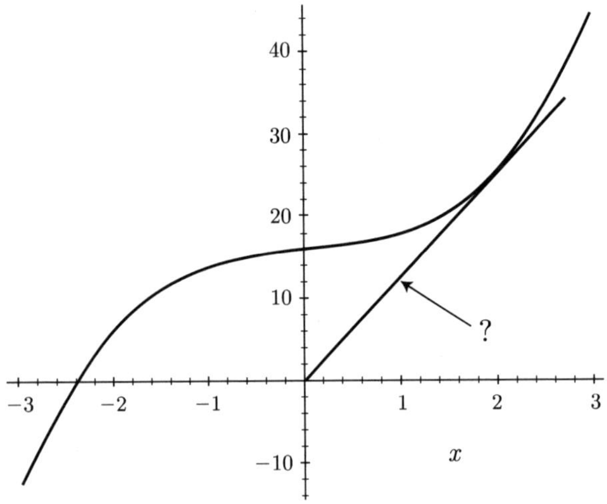

[58] $\displaystyle\int_1^y x\ln x\,dx=\frac{1}{4}\Rightarrow y=\ ?,\ (y>1)$

[59] $f(x)=\sin^6\left(\dfrac{x}{4}\right)+\cos^6\left(\dfrac{x}{4}\right)\Rightarrow f^{(2008)}(0)=\ ?$

[60] $\angle AXB$가 최대가 되는 X의 좌표는?

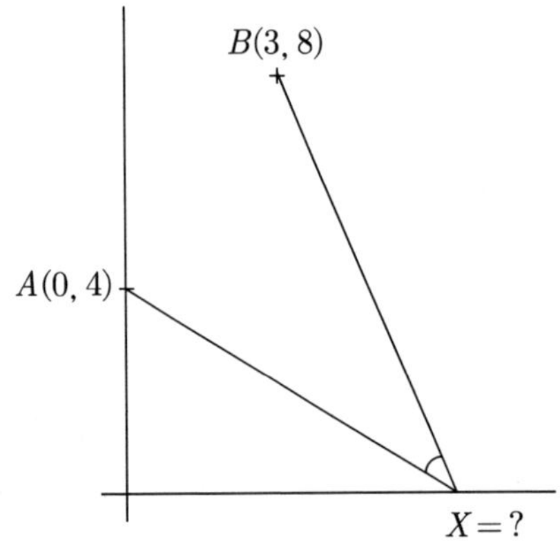

[61] $\dfrac{1}{{}_nC_0}+\dfrac{1}{{}_nC_1}+\cdots+\dfrac{1}{{}_nC_n}=\left(\dfrac{n+1}{2^{n+1}}\right)\left(\dfrac{2}{1}+\dfrac{2^2}{2}+\cdots+\dfrac{2^{n+1}}{n+1}\right)$증명.

[62] $\dfrac{\displaystyle\sum_{n=1}^{90}(2n)\sin(2n^\circ)}{90}=\cot(1^\circ)$임을 증명.

[63] $z=\cos\dfrac{2\pi}{n}+i\sin\dfrac{2\pi}{n}\Rightarrow\dfrac{1}{1+z}+\dfrac{1}{1+z^2}+\cdots+\dfrac{1}{1+z^n}=\dfrac{n}{2}$증명.

[64] $f_0(x)=1,\ f_n(0)=0,\ \dfrac{d}{dx}f_{n+1}(x)=(n+1)f_n(x+1)$

$\Rightarrow f_n(x)=\ ?,\ (n \geq 1)$

[65] 물음표는 몇 도가 되는가?

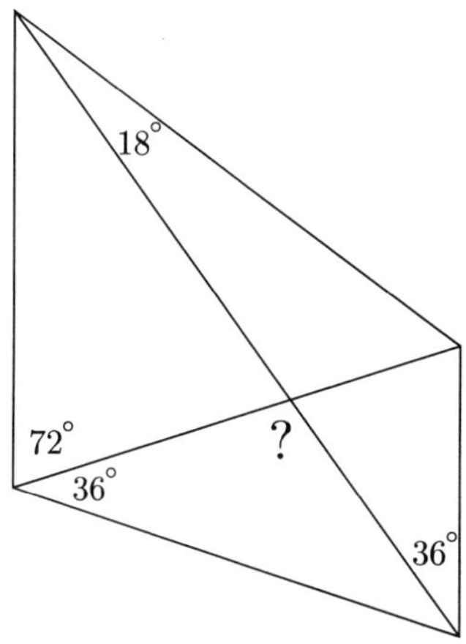

[66] $\triangle DEF$가 정삼각형임을 증명.

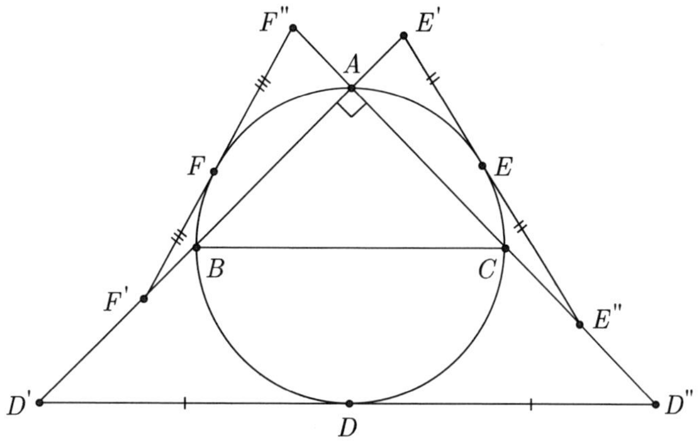

[67] $h < \dfrac{\sqrt{3}}{2}a \Rightarrow b$각의 범위는?

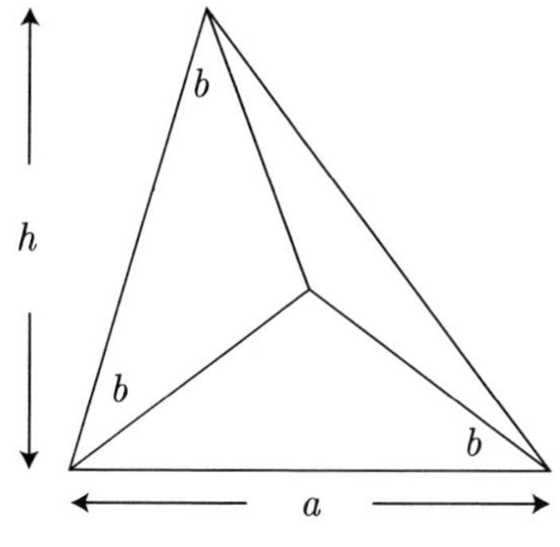

[68] $\angle BDF = \angle BAC$ 임을 증명.

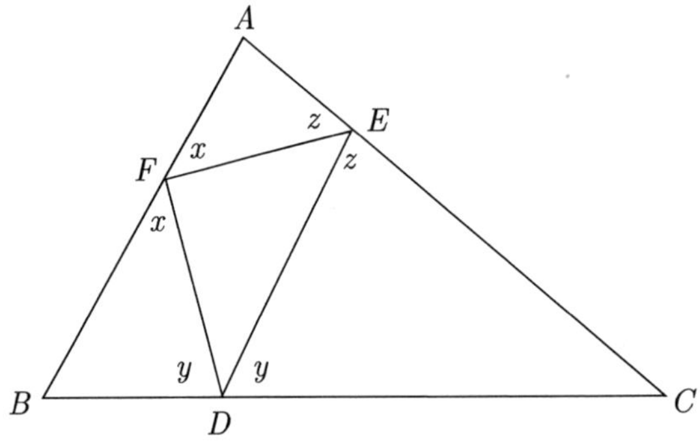

[69] $\angle PDO = \angle EDO \Rightarrow \angle DOP = ?$

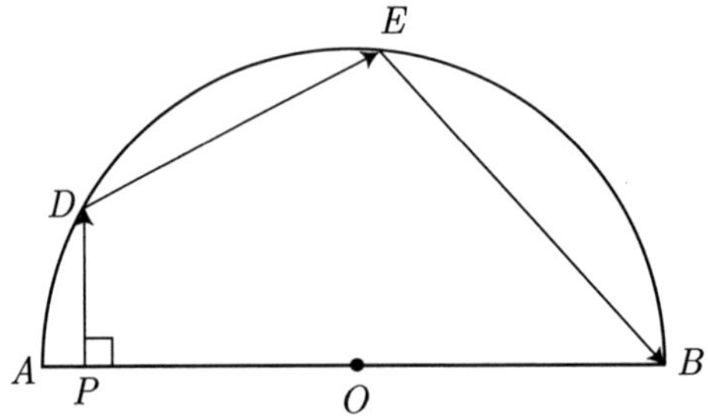

[70] ${}_{3n}C_n = \sum_{k=0}^{n} {}_{2n}C_k \cdot {}_nC_k$ 임을 증명.

[71] $\triangle ABC$ 둘레의 2등분하는 점 K, L 임을 증명.

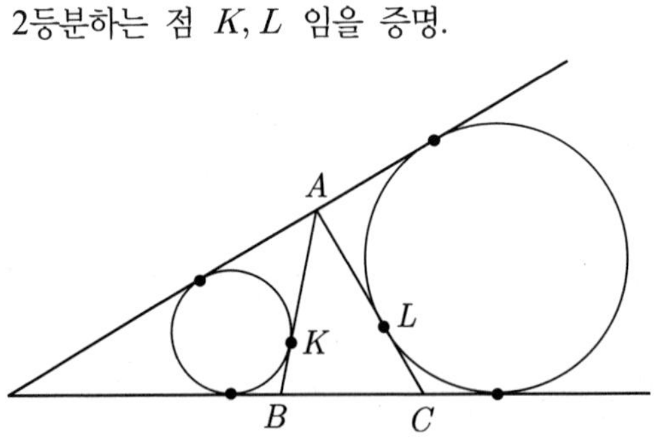

[72] $\triangle ABC = sr_1 + vr_2$임을 증명.

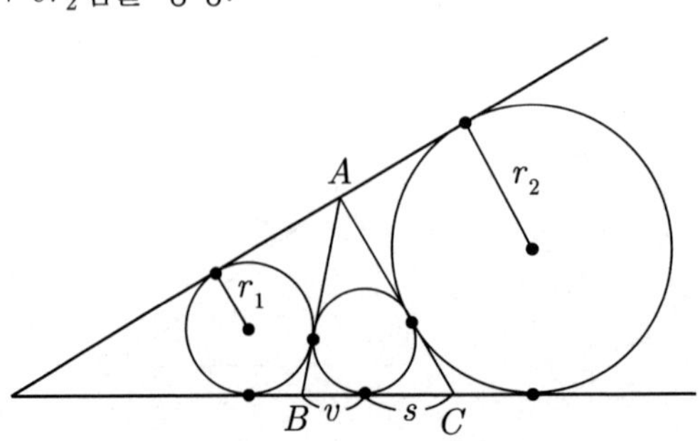

[73] $BD+AD=BC$ 임을 증명.

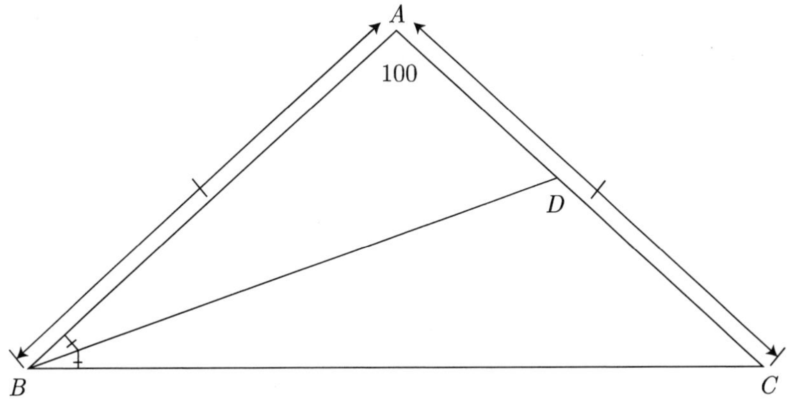

[74] 선분 BC, AD의 사이각 : $\alpha \Rightarrow \cos\alpha = \dfrac{\sin(B-C)}{\sin(B+C)}$ 임을 증명.

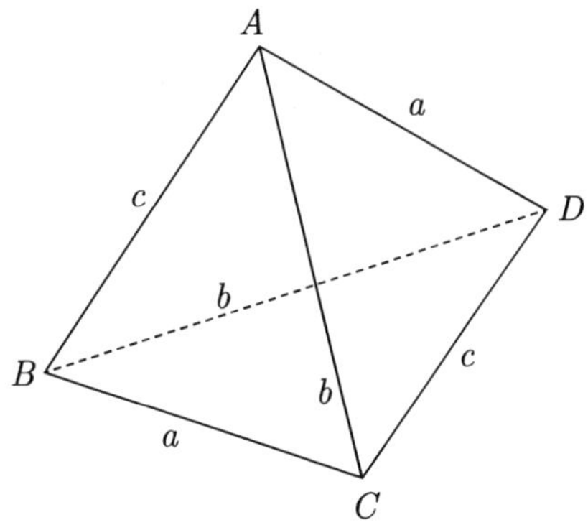

[75] $(AM+AN) : AC = (AP+AQ) : AB$ 임을 증명.

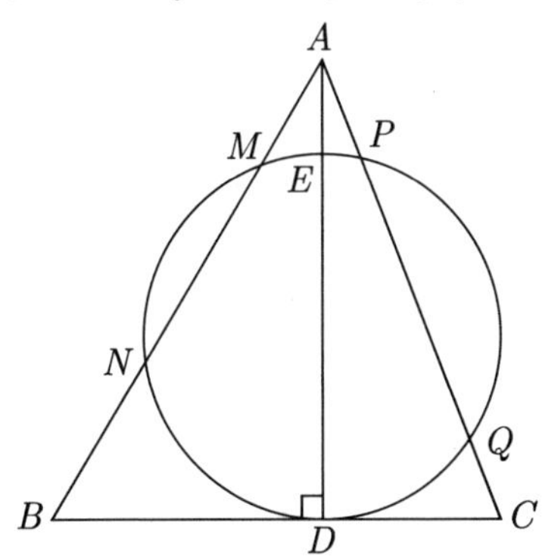

[76] $(3-2\sqrt{2})(17+12\sqrt{2})^n+(3+2\sqrt{2})(17-12\sqrt{2})^n-2$는 자연수의 제곱임을 증명.

[77] $a,b,c : \triangle ABC$ 세변의 길이, a^2, b^2, c^2 : 등차수열

$\Rightarrow \cot A,\ \cot B,\ \cot C$: 등차수열임을 증명.

[78] $a_k = 1 + \frac{1}{2} + \cdot\cdot\cdot + \frac{1}{k}$, $k \in N$

$\Rightarrow 3a_1 + 5a_2 + \cdot\cdot\cdot + (2n+1)a_n = (n+1)^2 a_n - \frac{n(n+1)}{2}$

[79] $\theta = \frac{\pi}{2n+1}$, ${}_{2n+1}C_1 x^n - {}_{2n+1}C_2 x^{n-1} + {}_{2n+1}C_3 x^{n-2} - \cdot\cdot\cdot = 0$

$\Rightarrow \cot^2\theta,\ \cot^2 2\theta, \ldots, \cot^2 n\theta$: 방정식의 근임을 증명.

[80] $\sum_{k=1}^{n} \frac{1}{a_k} > \frac{2\pi}{a}$ 임을 증명.

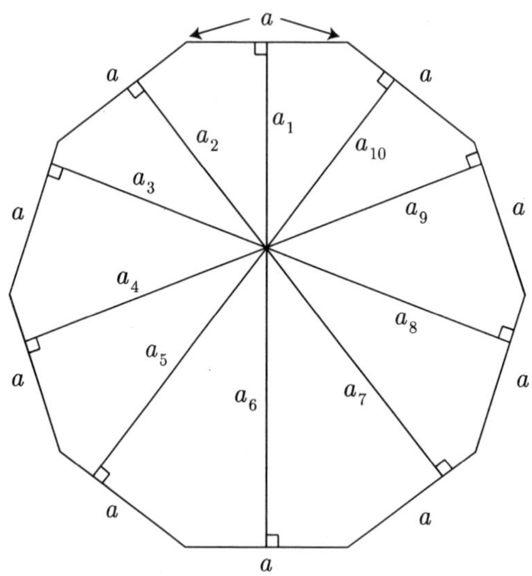

[81] 삼각형의 내심: $D \Rightarrow \overline{AG} \perp \overline{EF}$ 임을 증명.

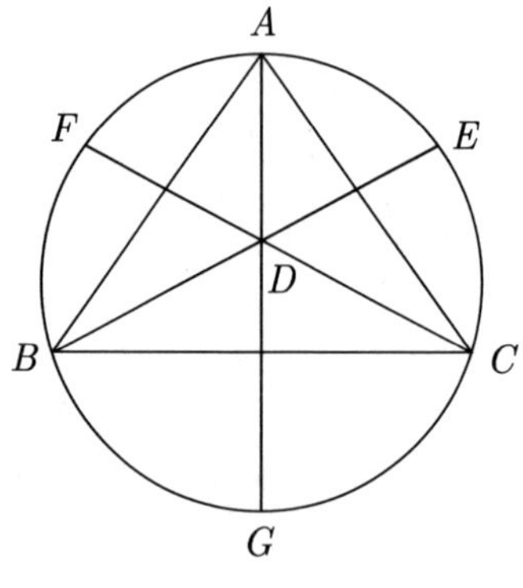

[82] $\frac{\cos\alpha}{\cos\beta} + \frac{\sin\alpha}{\sin\beta} = -1 \Rightarrow \frac{\cos^3\beta}{\cos\alpha} + \frac{\sin^3\beta}{\sin\alpha} = 1$ 임을 증명.

[83] $\triangle ABC$ 는 직각 이등변 삼각형임을 증명.

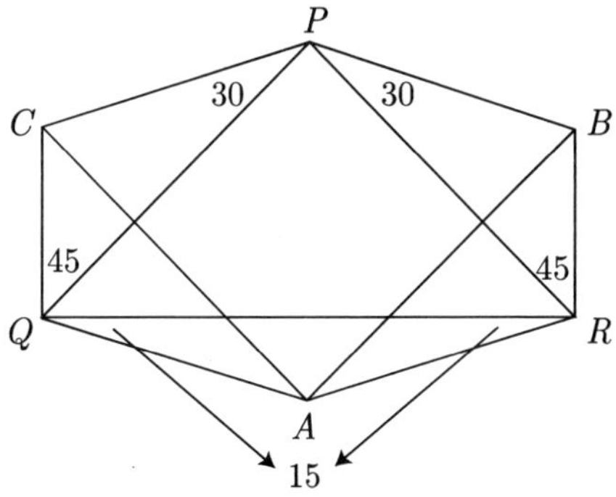

[84] 물음표는 몇 도가 되는가?

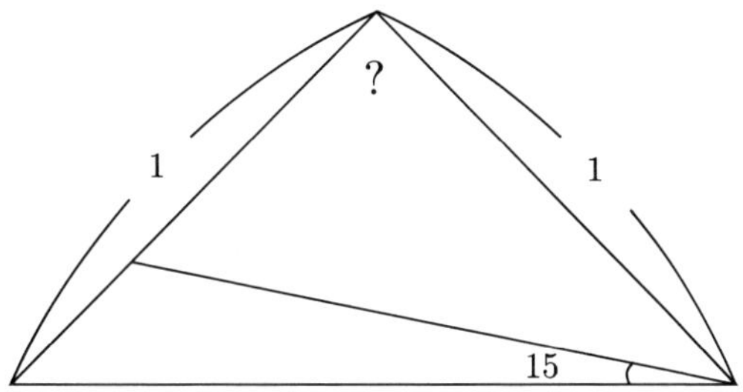

[85] $\alpha+\beta+\gamma=90^\circ \Rightarrow P$점의 자취는?

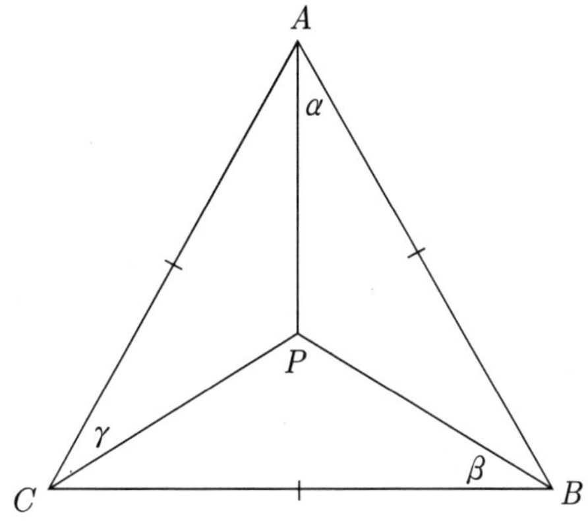

[86] $xf(x)-\int_0^x f(t)dt = x+\ln\left(\sqrt{x^2+1}-x\right), f(0)=\ln2 \Rightarrow f(x)=?$

[87] $\triangle ABC \Rightarrow \tan A+\tan B+\tan C=\tan A\tan B\tan C$ 임을 증명.

[88] $f(x)=\sin(x^3) \Rightarrow \dfrac{d^{15}f(0)}{dx^{15}}=?$

[89]. $f(1)=\dfrac{1}{2}, f(x)>0, \int_0^x f(t)dt = x\sqrt{f(x)} \Rightarrow f(x)=?$

[90] $f(x) \in R, f(x) = x^2 - x\left(2\int_0^1 |f(t)|dt\right)^{1/2} \Rightarrow f(x) = ?$

[91] $\int_0^\infty \ln\left(x + \frac{1}{x}\right)\frac{dx}{(1+x^2)} = \int_0^{\frac{\pi}{2}}\left(\frac{x}{\sin x}\right)^2 dx$ 임을 증명.

[92] $\begin{cases} x(t) = 1 + \int_0^t e^{-2(t-s)}x(s)\,ds \\ y(t) = \int_0^t e^{-2(t-s)}\{2x(s) + 3y(s)\}\,ds \end{cases} \Rightarrow x(t), y(t) = ?$

[93] $\{f(x)\}^{2006} = \int_0^x f(t)dt + 1 \Rightarrow \{f(2006)\}^{2005} = ?$

[94] $\int_0^a \frac{dx}{e^x + 4e^{-x} + 5} = \ln\sqrt[3]{2} \Rightarrow a = ?$

[95] $\int_0^x f(t)dt = e^x - ae^{2x}\int_0^1 f(t)e^{-t}dt \Rightarrow a = ?$

[96] $0 < x < 1,\ f(x) = \int_0^x \frac{dt}{\sqrt{1-t^2}}$

$\Rightarrow \frac{d}{dx}f\left(\sqrt{1-x^2}\right) = ?,\ f\left(\frac{1}{\sqrt{2}}\right) = ?,\ f(x) + f\left(\sqrt{1-x^2}\right) = ?$

[97] $0 < x < \frac{\pi}{2}, f(x) = \int_0^x \frac{d\theta}{\cos\theta} + \int_x^{\frac{\pi}{2}} \frac{d\theta}{\sin\theta} \Rightarrow \min\{f(x)\} = ?$

[98] $\lim_{x\to 0}\frac{\sin nx}{mx} = \frac{n}{m}$ 임을 증명.

[99] $y(x) + \int_1^x y(t)dt = x^2 \Rightarrow y(x) = ?$

[100] $\frac{2}{\pi} = \sqrt{\frac{1}{2}}\sqrt{\frac{1}{2} + \frac{1}{2}\sqrt{\frac{1}{2}}}\sqrt{\frac{1}{2} + \frac{1}{2}\sqrt{\frac{1}{2} + \frac{1}{2}\sqrt{\frac{1}{2}}}} \cdot\cdot$ 증명.

[101] $\pi = \sqrt{12}\left(1 - \frac{1}{3 \cdot 3} + \frac{1}{5 \cdot 3^2} - \frac{1}{7 \cdot 3^3} + \cdot\cdot\right)$ 임을 증명.

[102] $\displaystyle\sum_{k=0}^{\infty} \frac{2}{2k+1}\left(\frac{a}{2b+a}\right)^{2k+1} = \ln\left(1+\frac{a}{b}\right)$임을 증명.

[103] $\displaystyle\int_1^{xy} f(t)dt = y\int_1^{x} f(t)dt + x\int_1^{y} f(t)dt,\ f(1)=3$

$\Rightarrow f(x) = \ ?,\ (x, y > 0)$

[104] $f(x) = \tan^{-1}(e^x) - \dfrac{\pi}{4} \Rightarrow f(x)$: 기함수임을 증명.

[105] $\displaystyle\int_0^{\infty} \frac{dx}{a^2e^x + b^2e^{-x}} = \frac{1}{ab}\tan^{-1}\left(\frac{b}{a}\right)$임을 증명.

[106] $\dfrac{d^n}{dx^n}\left(\dfrac{x^n}{1-x}\right) = \ ?$

[107] (1). $\displaystyle\frac{d}{dx}\int_x^{x^2} t \cdot f(t)\,dt = \ ?$

(2). $\displaystyle\frac{d}{dx}\int_x^{x^2} x \cdot f(t)\,dt = \ ?$

(3). $\displaystyle\frac{d}{dx}\int_x^{x^2} x \cdot f(x)\,dt = \ ?$

[108] $\displaystyle\frac{d^2}{dx^2}\int_0^{x}\int_1^{\sin t} \sqrt{1+u^4}\,du\,dt = \ ?$

[109] $f(x) = \dfrac{1-e^{-x}}{x},\ (x \neq 0) \Rightarrow f'''(0) = \ ?$

[110] $\dfrac{d}{dx}\left(x^{x^{\cdot^{\cdot}}}\right) = \ ?$

[111] $\displaystyle\sum_{k=1}^{n} \frac{1}{k}\left({}_nC_k + 1\right) = \sum_{k=1}^{n} \frac{2^k}{k}$ 임을 증명.

[112] $\{a_n\}$: 양항 수열 $\Rightarrow \displaystyle\lim_{n\to\infty} \frac{a_{n+1}}{a_n} = \lim_{n\to\infty} \sqrt[n]{a_n}$ 임을 증명.

[113] $MN = \dfrac{1}{2}(WA + KD) \Rightarrow WA \,//\, KD$임을 증명.

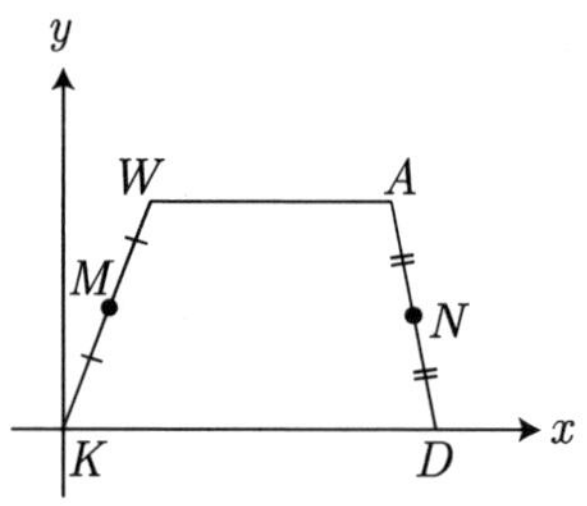

[114] $\dfrac{d^n}{dx^n}\left(\tan^{-1}x\right) = \ ?$

[115] $f(x) = \left(x^n - 1\right)^n \Rightarrow f^{(n)}(1) = \ ?$

[116] $a, b, d \in N,\ a \neq b \Rightarrow d$: 소수가 아님을 증명.

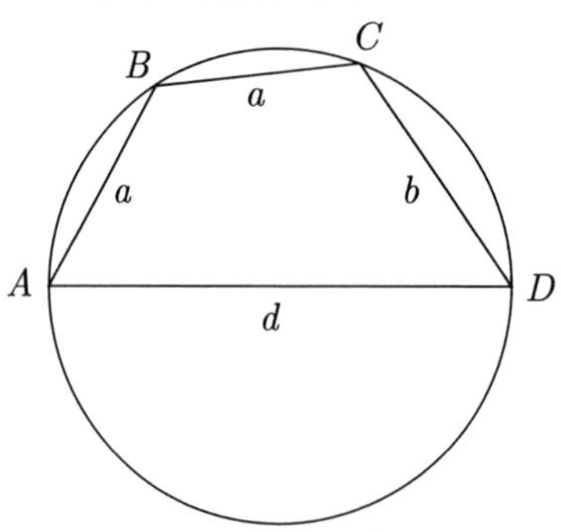

[117] 한 변이 2인 정삼각형 ABC 에서 점 P, Q, R은 각각 선분AB, BC, CA에서만 움직일 때, 정사각형$PQRS$ 점S의 자취는 BC에 평행함을 증명하여라.

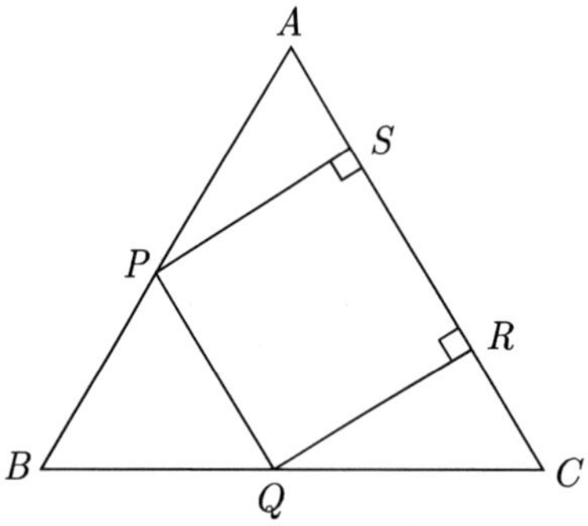

[118] $\overline{AC} \,//\, \overline{MQ}$ 임을 증명.

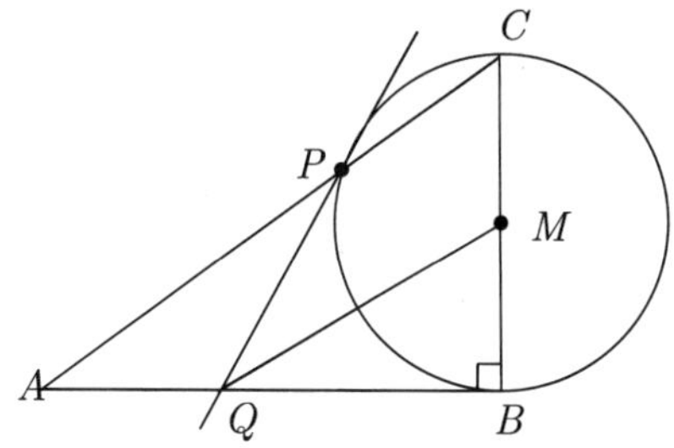

[119] $x = \cos\angle ABC,\ \cos\angle BAD = -\dfrac{1}{3} \Rightarrow BC$: 지름임을 증명.

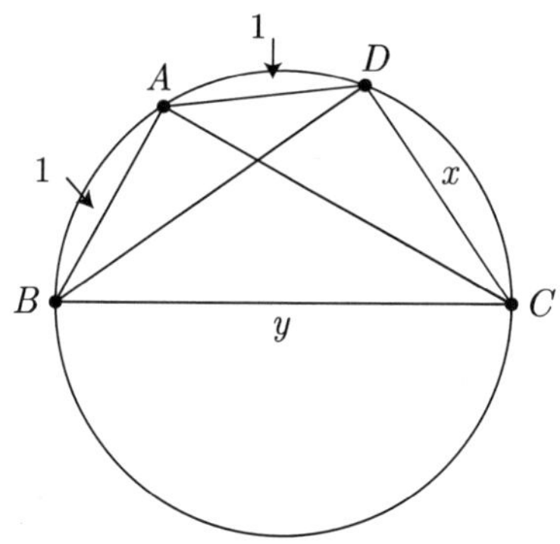

[120] $\dfrac{(-1)^n}{n!}\displaystyle\int_1^2 (\ln x)^n\,dx = 2\sum_{k=1}^{n}\frac{(-\ln 2)^k}{k!} + 1$ 임을 증명.

[121] $f(x) = x^2 + |x| \Rightarrow \displaystyle\int_0^{\pi} f(\cos x)\,dx = 2\int_0^{\frac{\pi}{2}} f(\sin x)\,dx$ 임을 증명.

[122] $f'(x) = f(x) + 1 - x^2,\ f(0) = 2 \Rightarrow f(x) = ?$

[123] $\dfrac{d^{1000}}{dx^{1000}}(xe^{-x}) = ?$

[124] $f(x) = \sin(-2x) \Rightarrow \dfrac{f^{(2009)}(2\pi)}{256^{250}} = ?$

[125] $\displaystyle\lim_{n\to\infty}\left(1 + \frac{1}{2} + \cdot\cdot\cdot + \frac{1}{n}\right) = \infty$ 임을 증명.

[126] $\dfrac{d^n}{dx^n}(x^2 - x)\sin(x-1) = ?$

[127] $x^n + y^n = (x+y)(x^{n-1} - x^{n-2}y + \cdot\cdot\cdot - xy^{n-2} + y^{n-1})$증명.(n:홀수)

[128] $n(n+1)(n+2)(n+3)+1$ 완전제곱임을 증명.

[129] $4S(\cot A+\cot B+\cot C)=a^2+b^2+c^2$ 임을 증명.

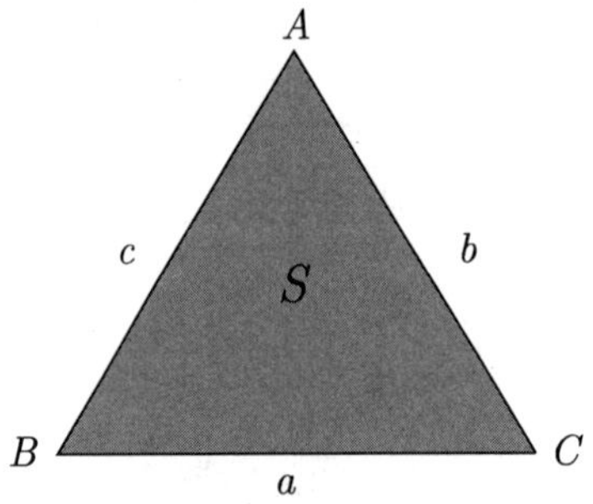

[130] $y''+2y'+4y=e^{2x}, y(0)=0, y'(0)=\dfrac{3-\sqrt{3}}{12} \Rightarrow y=?$

[131] $\displaystyle\sum_{n=1}^{\infty}\frac{1}{n^n}=\int_0^1 x^{-x}\,dx$ 증명.

[132] 정사각형 ABCD에서 $M\in\overline{BD}$임을 증명하고 $\varphi=?$.

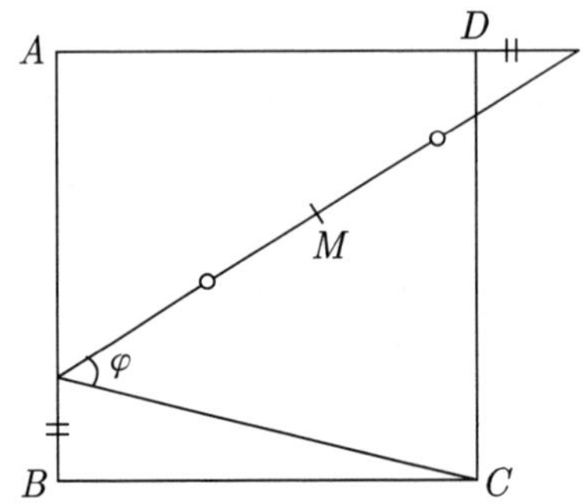

[133] $(p,q)=1, \dfrac{p}{q}=1-\dfrac{1}{2}+\dfrac{1}{3}-\cdots+\dfrac{1}{1319} \Rightarrow 1979|p$ 증명.

[134] $1+\dfrac{1}{2}+\cdots+\dfrac{1}{n}=\displaystyle\sum_{k=1}^{n}\frac{(-1)^{k-1}}{k}\cdot {}_nC_k$ 임을 증명.

[135] $y''-y'=\dfrac{e^x+e^{-x}}{2}, y(0)=1, y'(0)=0 \Rightarrow y=?$

[136] $x\cdot\dfrac{dy}{dx}+y=x\ln x \Rightarrow y=?$

[137] $(x^2\cos x-y)dx+xdy=0 \Rightarrow y=?$

[138] $y'' + y' + y = \sin 2x \Rightarrow y = ?$

[139] $y'' + y = \cos x + 3\sin 2x \Rightarrow y = ?$

[140] $y'' - 6y' + 13y = e^{3x}\sin x \Rightarrow y = ?$

[141] $y' + \dfrac{y}{x} = x^2y^3 \Rightarrow y = ?$

[142] $y'' + 2y' + 2y = xe^{-2x} \Rightarrow y = ?$

[143] $y'' - 2y' + 5y = e^x\cos 2x \Rightarrow y = ?$

[144] $\begin{cases} \dfrac{dx}{dt} = 3y \\ \dfrac{dy}{dt} = x - z \\ \dfrac{dz}{dt} = -y \end{cases} \Rightarrow x(t) = ?,\ y(t) = ?,\ z(t) = ?$

[145] $xg(f(x))f'(g(x))g'(x) = f(g(x))g'(f(x))f'(x)$,
$\displaystyle\int_0^a f(g(x))dx = 1 - \frac{e^{-2a}}{2}$, $g(f(0)) = 1 \Rightarrow g(f(4)) = ?$

[146] $\min\left\{\displaystyle\int_a^{a^2} \frac{1}{x+\sqrt{x}}\,dx\right\} \Rightarrow a = ?, (a > 0)$

[147] ${}_{2n}C_{n+1} + {}_{2n}C_n = \left(\dfrac{1}{2}\right) \cdot {}_{2n+2}C_{n+1}$ 증명.

[148] $\sin^2 20^\circ \sin 40^\circ = \sin 10^\circ \sin 30^\circ \sin 60^\circ$ 증명.

[149] $\dfrac{1+\sin x - \cos x}{1+\sin x + \cos x} = \tan\left(\dfrac{x}{2}\right)$ 증명.

[150] $xy^2y' = y + 1 \Rightarrow y = ?$

[151] $xyz = 1 \Rightarrow \dfrac{x}{xy+x+1} + \dfrac{y}{yz+y+1} + \dfrac{z}{zx+z+1} = 1$ 증명.

[152] $z=\tan\left(\frac{x}{2}\right) \Rightarrow \cos x=\frac{1-z^2}{1+z^2}$ 증명.

[153] $\overline{MN}=\frac{\overline{AB}+\overline{BC}+\overline{CD}+\overline{DA}}{2}$ 증명.

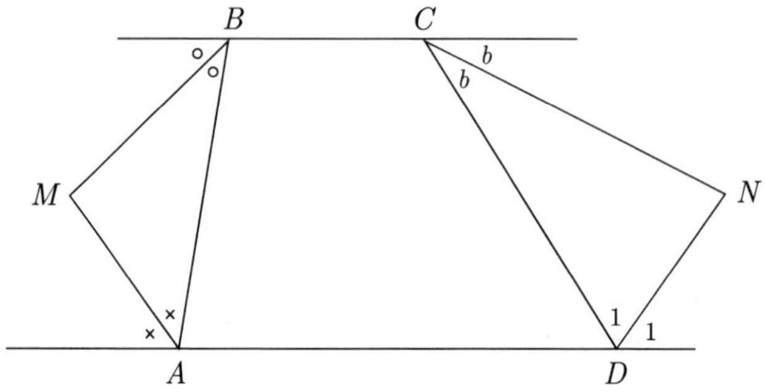

[154] $\frac{\tan x}{1-\cot x}+\frac{\cot x}{1-\tan x}=1+\sec x\operatorname{cosec} x$ 임을 증명.

[155] $a+b+c=\pi \Rightarrow 4\sin a\sin b\sin c=\sin 2a+\sin 2b+\sin 2c$ 증명.

[156] $\frac{1+\sin x}{\cos x}=\frac{\tan x+\sec x-1}{\tan x-\sec x+1}$ 증명.

[157] $S, 2p$: $\triangle ABC$의 넓이, 둘레 $\Rightarrow \tan\left(\frac{A}{2}\right)\tan\left(\frac{B}{2}\right)\tan\left(\frac{C}{2}\right)=\frac{S}{p^2}$ 증명.

[158] $a, b, c, d>0,\ d=a+b+c+2\sqrt{ab+bc+ca}$

$\Rightarrow a=b+c+d-2\sqrt{bc+cd+db}$: 증명.

[159] F_n :Fibonacci 수열, $F_0=0, F_1=1 \Rightarrow \begin{bmatrix} 1 & 1 \\ 1 & 0 \end{bmatrix}^n=\begin{bmatrix} F_{n+1} & F_n \\ F_n & F_{n-1} \end{bmatrix}$ 증명.

[160] F_n :Fibonacci 수열, $F_{n+1}F_{n-1}-F_n^2=(-1)^n$ 증명.

[161] F_n :Fibonacci 수열, $F_n^2+F_{n+1}^2=F_{2n+1}$ 증명.

[162] F_n :Fibonacci 수열, $F_{2n}=F_n(F_{n+1}+F_{n-1})$ 증명.

[163] F_n :Fibonacci 수열, $F_1+F_2+\cdot\cdot+F_n=F_{n+2}-1$ 증명.

[164] $x+y+z=0,\ |x|=|y|=|z|=1$

$\Rightarrow |x-y| = |y-z| = |z-x| = \sqrt{3}$: 증명

[165] ${}_{n+m}C_k = \sum_{j=0}^{k} {}_nC_j \cdot {}_mC_{k-j}$ 증명.

[166] $\ln n! = \int_1^n \frac{n-[x]}{x}\,dx$ 증명.

[167] $\sqrt[3]{60},\ 2+\sqrt[3]{7}$: 대소 관계를 증명.

[168] $\sqrt[3]{63}+\sqrt[3]{65}+4$, 12 : 대소 관계를 증명.

[169] $\sum_{x_1=1}^{s}\sum_{x_2=1}^{x_1}\sum_{x_3=1}^{x_2}\cdot\cdot\sum_{x_j=1}^{x_{j-1}} 1 = \frac{1}{j!}\prod_{i=0}^{j-1}(s+i)$ 증명.

[170] $100!^{\frac{1}{100}}$, $99!^{\frac{1}{99}}$: 대소 관계를 증명.

[171] $\frac{1}{a}=\frac{1}{b}+\frac{1}{c}$ 증명.

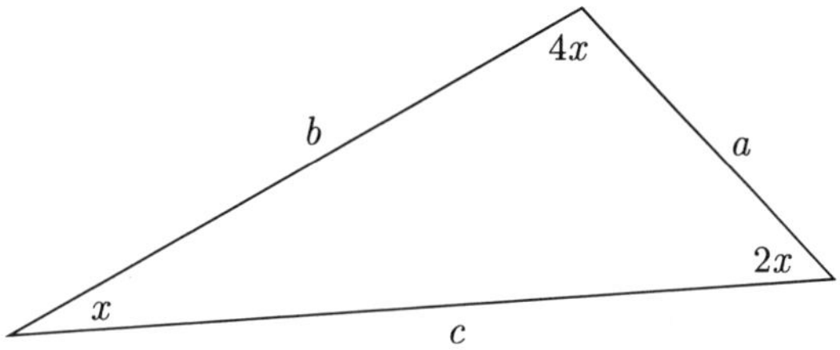

[172] F_n :Fibonacci 수열, L_n :Lucas 수열 ⇒ 서로 연결되는 식은?

[173] $2^{n+1}\cos\frac{2n\pi}{3} = (-1+\sqrt{3}i)^n + (-1-\sqrt{3}i)^n$ 증명.

[174] ${}_nC_1 + {}_nC_3 + \cdot\ \cdot + {}_nC_{n-1} = 2^{n-1}$ 증명.

[175] $a+b+c=\frac{\pi}{2} \Rightarrow \cos a\cos b\cos c$: 싸인의 합으로 표시.

[176] $\tan a + \tan b + \tan c = \tan a\tan b\tan c \Rightarrow a+b+c = k\pi,\ (k\in Z)$증명.

[177] $1-\frac{1}{2}+\frac{1}{3}-\frac{1}{4}+\cdot\cdot\cdot+\frac{1}{2n-1}-\frac{1}{2n}=\frac{1}{n+1}+\frac{1}{n+2}+\cdot\cdot\cdot+\frac{1}{2n}$ 증명.

[178] $\tan\left(\frac{x}{2}+\frac{\pi}{4}\right)=\tan x+\sec x$ 증명.

[179] 근 $\alpha,\beta,\gamma,\delta$: $x^4+ax^3+bx^2+cx+d=0$, $\alpha\beta=\gamma\delta \Rightarrow a^2d=c^2$ 증명.

[180] $f(x)+f'(x)=2x \Rightarrow f(x)=?$

[181] $a_1=\frac{1}{2}, a_na_{n-1}-2a_n+1=0 \Rightarrow a_n=?$ (귀납법 사용 불가)

[182] $\pi=\cfrac{4}{1+\cfrac{1}{2+\cfrac{9}{2+\cfrac{25}{2+\cdot\cdot}}}}$ 증명.

[183] $e=\cfrac{1}{1-\cfrac{1}{2-\cfrac{1}{3-\cfrac{2}{4-\cfrac{3}{\cdot\cdot}}}}}$ 증명.

[184] $\alpha=?$

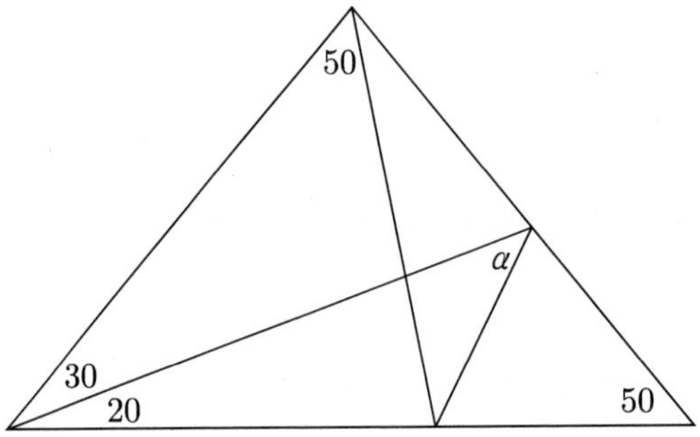

[185] $s=a+b+c \Rightarrow$ 증명.

$(s-3a)^2+(s-3b)^2+(s-3c)^2=3\{(a-b)^2+(b-c)^2+(c-a)^2\}$

[186] 각도 $\alpha = ?$

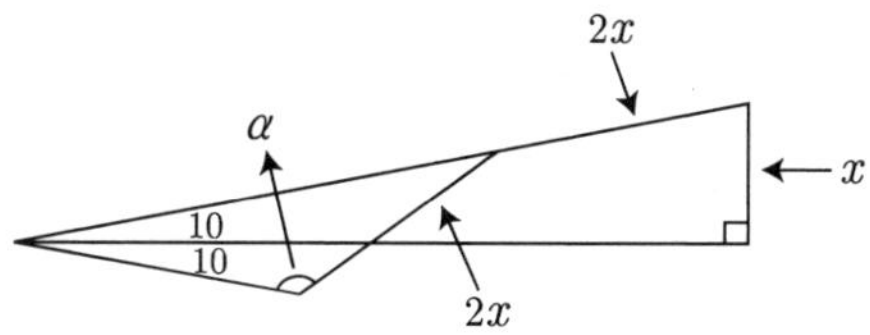

[187] $x + \frac{1}{x} = 2\cos\theta \Rightarrow x^n + \frac{1}{x^n} = 2\cos(n\theta)$ 증명.

[188] $\triangle ABC : \triangle DEF = ?$

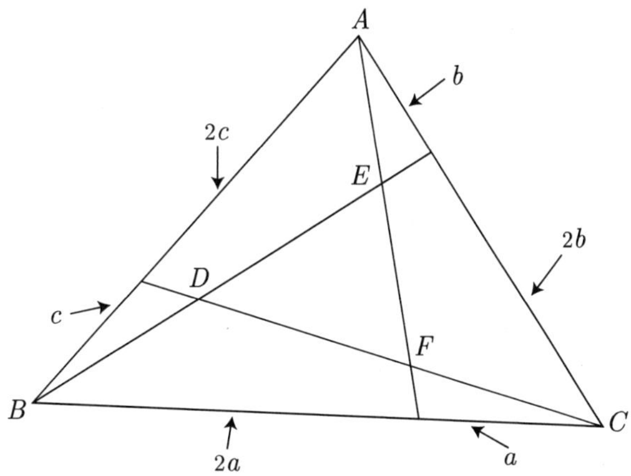

[189] $\overline{DE} : \overline{AB} = ?$

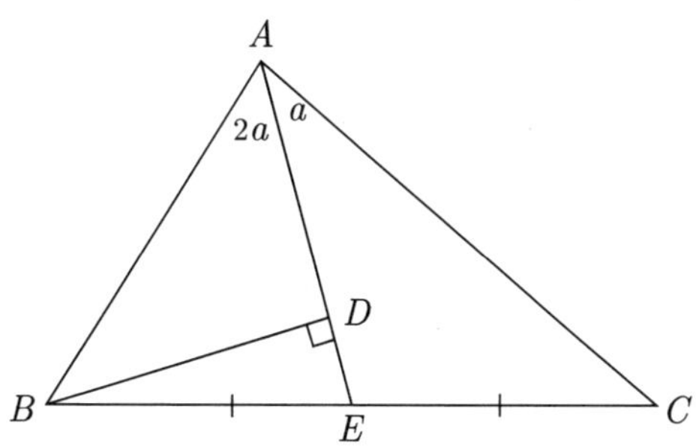

[190] $1 + \frac{1}{3} - \frac{1}{5} - \frac{1}{7} + \frac{1}{9} + \frac{1}{11} - \cdot\cdot = \sqrt{2}\left(1 - \frac{1}{3} + \frac{1}{5} - \frac{1}{7} + \frac{1}{9} - \cdot\cdot\right)$

[191] $\int_0^x \int_0^x \cdot\cdot \int_0^x F(x)dx^n = \frac{1}{(n-1)!}\int_0^x (x-u)^{n-1}F(u)du$ 증명.

[192] 각도 $\alpha = ?$

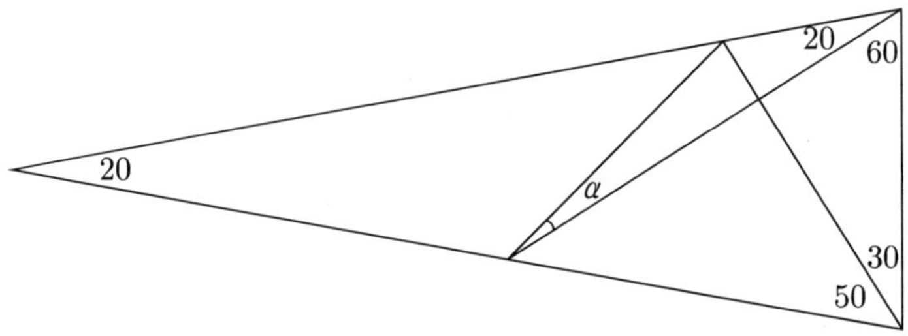

[193] $|x| < 1 \Rightarrow \sum_{n=0}^{\infty} \frac{x^n}{n!} \int_1^{\infty} t^n e^{-t} dt = \frac{e^{x-1}}{1-x}$ 증명.

[194] $\lim_{\theta \to \infty} \sqrt{\theta} \int_0^1 e^{i\theta x^2} dx = \sqrt{\frac{\pi}{8}}(1+i)$ 증명.

[195] $xdy - ydx = (x^2 + y^2)dx \Rightarrow y = ?$

[196] $\frac{\pi}{4} = \tan^{-1}x + \tan^{-1}\left(\frac{1-x}{1+x}\right)$ 증명.

[197] $s_n = \sum_{k=1}^{n} \frac{1}{k} \Rightarrow \sum_{k=2}^{n} \frac{s_k}{k(k-1)} = 2 - \frac{1}{n} - \frac{s_n}{n}$ 증명.

[198] $\overline{AB} + \overline{BD} = \overline{AC} + \overline{CD}$ 증명.

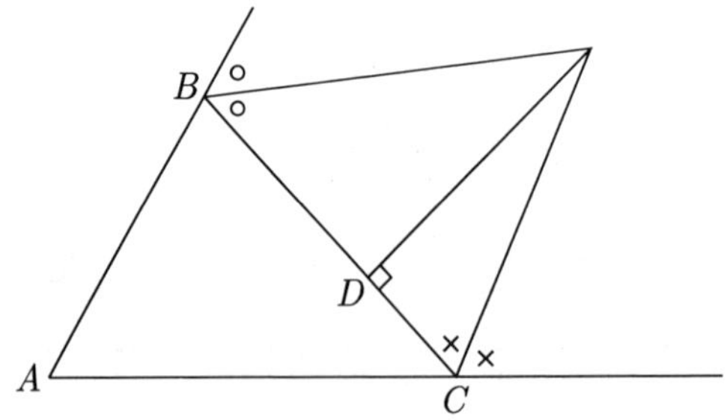

[199] $\sum_{k=1}^{n} \sin(2k-1)\theta = \frac{\sin^2 n\theta}{\sin\theta}$ 증명.

[200] $\sum_{k=1}^{n} \sin^2(2k-1)\theta = \frac{n}{2} - \frac{\sin 4n\theta}{4\sin 2\theta}$ 증명.

[201] $2000!,\ 1000^{2000}$: 대소 관계를 증명.

[202] $y+\dfrac{dy}{dx}=5x^4+4x^3+3x^2+2x+1 \Rightarrow y=?$

[203] $(\underbrace{3\cdots\cdots\cdots3}_{n}5)^2=\underbrace{1\cdots\cdots\cdots1}_{n}\underbrace{2\cdots\cdots\cdots2}_{n+1}5$ 증명.

[204] $\cot 10^\circ \cdot \cot 30^\circ \cdot \cot 50^\circ \cdot \cot 70^\circ = 3$ 증명.

[205] $a+b+c=0 \Rightarrow 2(a^4+b^4+c^4)=(a^2+b^2+c^2)^2$ 증명.

[206] $\overline{CD}=\overline{CP}=\overline{DQ} \Rightarrow \alpha=?$

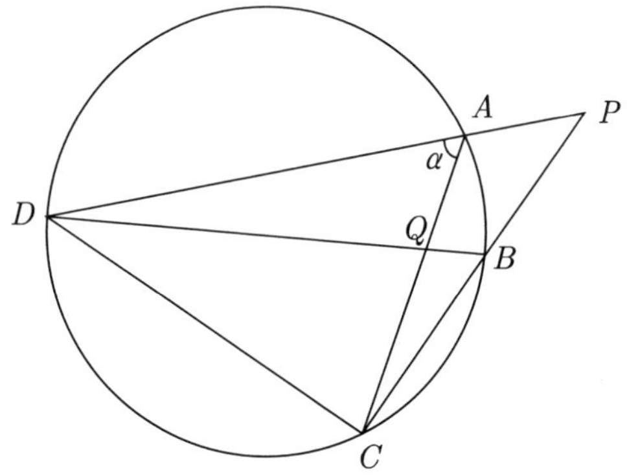

[207] $(1+x+x^2)^n=a_0+a_1x+a_2x^2+\cdots+a_{2n}x^{2n}$

$\Rightarrow a_0+a_3+\cdots=a_1+a_4+\cdots=a_2+a_5+\cdots=3^{n-1}$ 증명.

[208] $\dfrac{dy}{dx}=\dfrac{a^2}{(x+y)^2},\ a\in R \Rightarrow y=?$

[209] $\dfrac{dy}{dx}=\dfrac{2x-y+1}{x-2y+1} \Rightarrow y=?$

[210] $\dfrac{dy}{dx}=\dfrac{x-y+3}{2x-2y+5} \Rightarrow y=?$

[211] $\dfrac{1}{a}+\dfrac{1}{b}=\dfrac{\sqrt{2}}{c}$ 증명.

[212] $\dfrac{d}{dx}\left\{\left(\int_0^x e^{-t^2}dt\right)^2+\int_0^1 \dfrac{e^{-x^2(1+t^2)}}{1+t^2}dt\right\}=?$

[213] $\dfrac{dy}{dx}=-\dfrac{2xy}{x^2+\cos y} \Rightarrow y=?$

[214] $\dfrac{dy}{dx}=\dfrac{x^2+y^2}{2xy} \Rightarrow y=?$

[215] $f(x)=\displaystyle\int \frac{(x-1)^2}{x^2+1}f(x)\,dx \Rightarrow f(x)=?$

[216] $\dfrac{dy}{dx}=\dfrac{y}{x}\left(\dfrac{1+xy}{1-3xy}\right) \Rightarrow y=?$

[217] F_n : Fibonacci 수열, $2^n-F_{n+3}+1=\displaystyle\sum_{k=3}^{n}(F_k-1)2^{n-k}$ 증명.

[218] $2\tan^{-1}\left(\dfrac{1}{x}\right)=\sin^{-1}\left(\dfrac{2x}{1+x^2}\right)$ 증명.

[219] 원의 반경: $r \Rightarrow \dfrac{1}{a}+\dfrac{1}{b}+\dfrac{1}{c}=\dfrac{1}{r}$ 증명.

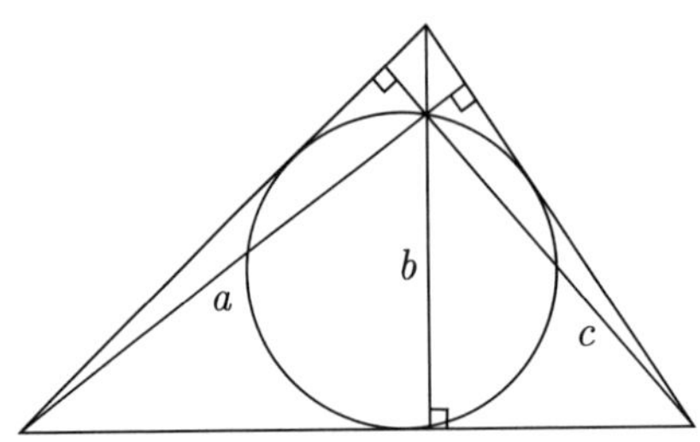

[220] $\overline{AB}=\overline{PQ}$ 증명.

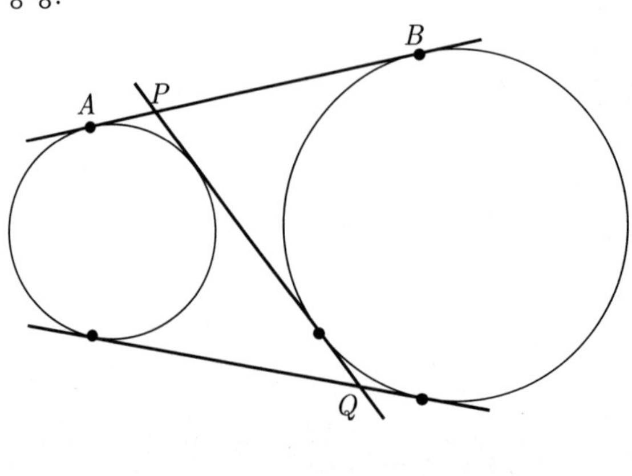

[221] $f(x)$: 다항식, $c\in R$, $\displaystyle\int_0^x f(y)dy+\int_0^1 (x+y)^2 f(y)\,dy=x^2+c$

$\Rightarrow f(x)=?,\ c=?$

[222] L_n : Lucas수, F_n : Fibonacci수 $\Rightarrow L_n = F_{n-1} + F_{n+1}$ 증명.

[223] L_n : Lucas수, F_n : Fibonacci수 $\Rightarrow F_n = \dfrac{L_{n-1} + L_{n+1}}{5}$ 증명.

[224] P_n :Pell수, $P_0 = 0, P_1 = 1 \Rightarrow \begin{bmatrix} 2 & 1 \\ 1 & 0 \end{bmatrix}^n = \begin{bmatrix} P_{n+1} & P_n \\ P_n & P_{n-1} \end{bmatrix}$ 증명.

[225] P_n :Pell수, $P_{n+1} \cdot P_{n-1} - P_n^2 = (-1)^n$ 증명.

[226] $\dfrac{{}_nC_1 \tan\theta - {}_nC_3 \tan^3\theta + {}_nC_5 \tan^5\theta - \cdot\cdot}{{}_nC_0 - {}_nC_2 \tan^2\theta + {}_nC_4 \tan^4\theta - \cdot\cdot} = \tan(n\theta)$ 증명.

[227] $f(x) = x + \int_0^1 (x^2 y + y^2 x) f(y)\, dy \Rightarrow f(x) = ?$

[228] $I_n = n\int_0^n f(x)dx,\ \sum_{k=1}^{5} I_k = 450, f(x+y) = f(x) + f(y) \Rightarrow f(x) = ?$

[229] $\dfrac{dy}{dx} = \dfrac{(x+y)^2}{(x+2)(y-2)} \Rightarrow y = ?$

[230] $0 \le x \le a, g(x) = \int_x^a \dfrac{f(t)}{t} dt \Rightarrow \int_0^a g(x)dx = \int_0^a f(x)dx$ 증명.

[231] $\int_0^x f(u)(x-u)du = \int_0^x \int_0^u f(t)dt\,du$ 증명.

[232] $f(0) = 0 \Rightarrow \lim_{x\to 0} \dfrac{1}{x} \sum_{n=1}^{k} f\left(\dfrac{x}{n}\right) = f'(0) \sum_{n=1}^{k} \dfrac{1}{n}$ 증명.

[233] $a_0 = \dfrac{1}{3}, a_n = \sqrt{\dfrac{1 + a_{n-1}}{2}} \Rightarrow \{a_n\}$:단조 증가 수열임을 증명.

[234] $x^2 y - x^3 \dfrac{dy}{dx} = y^4 \cos x \Rightarrow y = ?$

[235] $f(x) = \int_1^x \dfrac{\ln t}{1+t} dt \Rightarrow f(x) + f\left(\dfrac{1}{x}\right) = ?$

[236] $\sqrt[3]{\sqrt[3]{2}-1}=\sqrt[3]{\frac{1}{9}}-\sqrt[3]{\frac{2}{9}}+\sqrt[3]{\frac{4}{9}}$ 임을 증명.

[237] $\cos 2y \cdot \frac{dy}{dx}+\frac{\sin 2y}{x}=e^{x} \Rightarrow y=?$

[238] $xy\left\{\left(\frac{dy}{dx}\right)^{2}-1\right\}=\left(x^{2}-y^{2}\right)\frac{dy}{dx} \Rightarrow y=?$

[239] $\coth x=\sum_{n=0}^{\infty}\frac{A_{2n}(2x)^{2n}}{(2n)!x},\ A_{n}=b^{n},\ (b+1)^{n}-b^{n}=0$ 증명.

[240] $\cot x=\sum_{n=0}^{\infty}(-1)^{n}\frac{A_{2n}(2x)^{2n}}{(2n)!\,x}$ 증명.

[241] $\tan x=\sum_{n=0}^{\infty}(-1)^{n+1}2(2^{2n}-1)\frac{A_{2n}(2x)^{2n-1}}{(2n)!}$ 증명.

[242] $\operatorname{cosec} x=\sum_{n=0}^{\infty}\frac{(-1)^{n+1}2\left(2^{2n-1}-1\right)A_{2n}x^{2n-1}}{(2n)!}$ 증명.

[243] $f(x)=\int_{1}^{x}\frac{\ln t}{1+t+t^{2}}dt \Rightarrow f\left(\frac{1}{x}\right)=f(x)$ 증명.

[244] $\int_{0}^{\pi}\theta^{3}\ln(\sin\theta)\,d\theta=\frac{3\pi}{2}\int_{0}^{\pi}\theta^{2}\ln(\sqrt{2}\sin\theta)d\theta$ 증명.

[245] $\frac{xdx+ydy}{xdy-ydx}=\frac{1-x^{2}-y^{2}}{x^{2}+y^{2}} \Rightarrow y=\ ?$

[246] $\int\frac{9e^{x}-4e^{-x}}{9e^{x}+6e^{-x}}dx=Ax+B\ln\left(9e^{2x}+6\right) \Rightarrow A,\ B=?$

[247] $\operatorname{sech} x=\sum_{n=0}^{\infty}2^{2n}E_{2n}\frac{x^{2n}}{(2n)!},\ E_{2n}=2^{1-2n}-(b+1)^{2n},\ b^{n}=E_{n}$ 증명.

[248] $\sec x=\sum_{n=0}^{\infty}(-1)^{n}2^{2n}E_{2n}\frac{x^{2n}}{(2n)!}$ 증명.

[249] $\left(\frac{x+y-a}{x+y-b}\right)\frac{dy}{dx}=\left(\frac{x+y+a}{x+y+b}\right) \Rightarrow y=\ ?$

[250] $\sqrt{1+x^2+y^2+x^2y^2}+xy\dfrac{dy}{dx}=0 \Rightarrow y=?$

[251] $\dfrac{dy}{dx}=\dfrac{y(y^3+x)}{x(y^3-x)} \Rightarrow y=?$

[252] $\sin\left(\dfrac{dy}{dx}\right)=a,\ y(0)=1 \Rightarrow y=?$

[253] a_n :등비수열, A_n : $y^2=4a_nx,\ y^2+4a_n(x-a_n)=0$ 둘러싸인 넓이.
$\Rightarrow A_n$:등비수열임을 증명.

[254] $f^2(x)=\displaystyle\int_0^x f(t)\frac{\cos t}{2+\sin t}\,dt \Rightarrow f(x)=?$

[255] $\displaystyle\int_0^{n^2}[\sqrt{x}]\,dx=\frac{n(n-1)(4n+1)}{6},\ n\in N$ 증명.

[256] $xy'=y\ln(xy) \Rightarrow y=?$

[257] $(2x^2y-2y^4)dx+(2x^3+3xy^3)dy=0 \Rightarrow y=?$

[258] $(xy+x)dx=(x^2+y^2+x^2y^2+1)dy \Rightarrow y=?$

[259] $x^2\left(\dfrac{dy}{dx}\right)-xy=1+\cos\left(\dfrac{y}{x}\right) \Rightarrow y=?$

[260] $(\tan^{-1}x)^y+y^{\cot x}=1 \Rightarrow y'=?$

[261] $f(x)=\cot^{-1}\left(\dfrac{x^x-x^{-x}}{2}\right) \Rightarrow f'(1)=?$

[262] $f(x+y)=f(x)+f(y),\ f(5)=2,\ f'(0)=3 \Rightarrow f'(5)=?$

[263] $x\dfrac{dy}{dx}=y(\ln y-\ln x) \Rightarrow y=?$

[264] $\displaystyle\int_{-4}^{-5}e^{(x+5)^2}dx+3\int_{1/3}^{2/3}e^{9(x-2/3)^2}dx=0$ 증명.

[265] $x\dfrac{dy}{dx}=y-\cos\left(\dfrac{1}{x}\right)\Rightarrow y=?$

[266] $\dfrac{d}{dx}F(x)=\dfrac{e^{\sin x}}{x},\ \displaystyle\int_1^4\dfrac{3e^{\sin x^3}}{x}dx=F(k)-F(1)\Rightarrow k=?$

[267] $x^py^q=(x+y)^{p+q}\ \Rightarrow\ \dfrac{dy}{dx}=\dfrac{y}{x}$ 증명.

[268] $xdy-ydx=\sqrt{x^2-y^2}\,dx\Rightarrow y=?$

[269] $x\left(\dfrac{dy}{dx}+1\right)+\tan(x+y)=0\ \Rightarrow y=?$

[270] $(1+xy)y\,dx+(1-xy)x\,dy=0\Rightarrow y=?$

[271] $ye^{\frac{x}{y}}dx=\left(xe^{\frac{x}{y}}+y^2\right)dy\Rightarrow y=?$

[272] $\displaystyle\int\dfrac{\operatorname{cosec}^2x-2009}{\cos^{2009}x}dx=-\dfrac{f(x)}{g(x)^{2009}}\Rightarrow f(x),g(x)=?$

[273] $xdy+ydx-\sqrt{1-x^2y^2}\,dx=0\Rightarrow y=?$

[274] $\dfrac{dy}{dx}=\dfrac{y(x\ln y-y)}{x(y\ln x-x)}\Rightarrow y=?$

[275] $2(x-y\sin 2x)dx+(3y^2+\cos 2x)dy=0\Rightarrow y=?$

[276] $(2x-10y^3)dy+ydx=0\Rightarrow y=?$

[277] $(3x^2y^4+2xy)\,dx+(2x^3y^3-x^2)\,dy=0\Rightarrow y=?$

[278] $(x+y)(dx-dy)=dx+dy\ \Rightarrow\ y=?$

[279] $a\left(x\dfrac{dy}{dx}+2y\right)=xy\dfrac{dy}{dx}\ \Rightarrow y=?$

[280] $(1+y^2)+\left(x-e^{\tan^{-1}y}\right)\dfrac{dy}{dx}=0\Rightarrow y=?$

[281] $x\dfrac{dy}{dx}+y\ln x=x\,e^{x}\,x^{-\frac{1}{2}\ln x} \Rightarrow y=?$

[282] $f(x)=\displaystyle\int_0^{\frac{\pi}{2}}\sin(x+y)f(y)\,dy \Rightarrow f(x)=?$

[283] $f(n)=\displaystyle\int_0^1 x^n\tan^{-1}x\,dx \Rightarrow$ 점화식 $f(n)=?$

[284] $f(x)=x^2+\displaystyle\int_0^x e^{-t}f(x-t)\,dt \Rightarrow f(x)=?$

[285] $g(x)=f^{-1}(x),\ f(x)=\displaystyle\int_0^x\frac{dt}{\sqrt{1+t^3}} \Rightarrow \frac{g''(x)}{\{g(x)\}^2}=?$

[286] $\dfrac{dy}{dx}+\dfrac{\tan y}{x}=\dfrac{\tan y\sin y}{x^2} \Rightarrow y=?$

[287] $\dfrac{dy}{dx}=\dfrac{1+x^2+y^2}{2xy} \Rightarrow y=?$

[288] $(xdy+ydx)\sin(xy)+\left(x^2ydy+y^2xdx\right)\cos(xy)=0 \Rightarrow y=?$

[289] $(xdx+ydy)+\dfrac{xdy-ydx}{x^2+y^2}=0 \Rightarrow y=?$

[290] $\dfrac{dy}{dx}=\sin(x+y)+\cos(x+y) \Rightarrow y=?$

[291] $f''(x)\{1-f'(f(x))\}=f''(f(x))\{f'(x)\}^2 \Rightarrow f(x)=?$

[292] $0\le x\le 1 \Rightarrow \dfrac{d}{dx}\left\{\sin^{-1}\left(x\sqrt{1-x}-\sqrt{x\left(1-x^2\right)}\right)\right\}=?$

[293] $0\le x\le 1 \Rightarrow \dfrac{d}{dx}\left\{\cos^{-1}\left(x^{4/3}-\sqrt{\left(1-x^2\right)\left(1-x^{2/3}\right)}\right)\right\}=?$

[294] $\cos 20\cos 40\cos 80=(\cos 24+\cos 48+\cos 96+\cos 168)^3$ 증명.

[295] $T=\dfrac{p+q+r+s}{2}$

$\Rightarrow S=\sqrt{(T-p)(T-q)(T-r)(T-s)-pqrs\cos^2\left(\dfrac{A+C}{2}\right)}$ 증명.

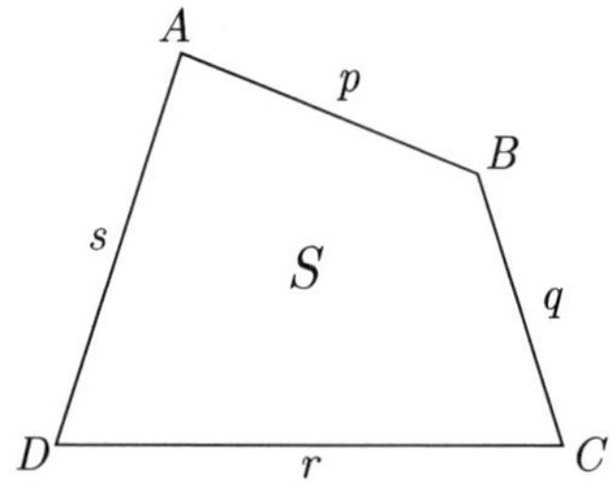

[296] $\dfrac{5^{125}-1}{5^{25}-1}$ 합성수임을 증명.

[297] $\triangle ABC \Rightarrow \cos A+\cos B+\cos C=4\sin\dfrac{A}{2}\sin\dfrac{B}{2}\sin\dfrac{C}{2}+1$ 증명.

[298] $\triangle ABC \Rightarrow \dfrac{a^2-b^2}{a^2+b^2}=\dfrac{\sin(A-B)\sin C}{1+\cos(A-B)\cos C}$ 증명.

[299] $\triangle ABC \Rightarrow (b+c)\sin C=2c\cos\dfrac{A}{2}\sin\left(\dfrac{A}{2}+C\right)$ 증명.

[300] $\triangle ABC \Rightarrow (b+c)\sin\dfrac{A}{2}=a\sin\left(\dfrac{A}{2}+C\right)$ 증명.

[301] $T=\dfrac{p+q+r+s}{2} \Rightarrow S=\sqrt{(T-p)(T-q)(T-r)(T-s)}$ 증명.

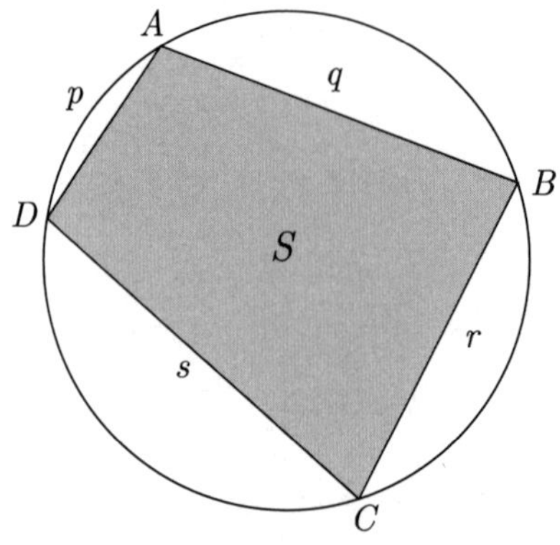

[302] $\sin B = \tan A \cdot \cos C$ 증명.

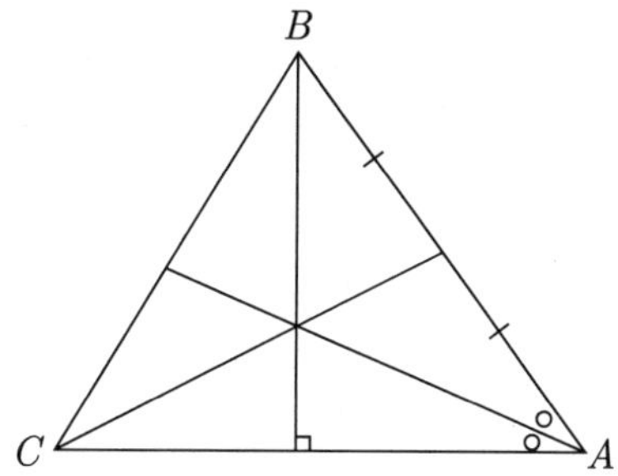

[303] $\cot x - \tan x - 2\tan 2x - 4\tan 4x = 8\cot 8x$ 증명.

[304] $2^n \cot(2^n x) + \sum_{k=0}^{n-1} 2^k \tan(2^k x) = \cot x$ 증명.

[305] $x+y+z=(2n+1)\pi \Rightarrow \sin x + \sin y + \sin z = (-1)^n 4\cos\frac{x}{2}\cos\frac{y}{2}\cos\frac{z}{2}$

[306] $x+y+z=2n\pi \Rightarrow \sin x + \sin y + \sin z = (-1)^{n-1} 4\sin\frac{x}{2}\sin\frac{y}{2}\sin\frac{z}{2}$ 증명.

[307] $\frac{dy}{dx} = \frac{y\phi'(x) - y^2}{\phi(x)} \Rightarrow y = ?$

[308] $\frac{d^2y}{dx^2}(x^2+1) = 2x\frac{dy}{dx} \Rightarrow y = ?$

[309] $x\left(\frac{dy}{dx}\right)^2 + (y-x)\frac{dy}{dx} - y = 0 \Rightarrow y = ?$

[310] $\sin y \frac{dy}{dx} = \cos x(2\cos y - \sin^2 x) \Rightarrow y = ?$

[311] $\left(1 + x\sqrt{x^2+y^2}\right)dx + \left(-1 + \sqrt{x^2+y^2}\right)y\,dy = 0 \Rightarrow y = ?$

[312] $(2x^2+3y^2-7)x\,dx + (3x^2+2y^2-8)y\,dy = 0 \Rightarrow y = ?$

[313] $\forall\, x, y \in R,\ (x-m)^2 + (x-m)(y-n) + (y-n)^2 \le \frac{1}{3} \Rightarrow \exists\, m, n \in Z$ 증명.

[314] $a,b,c\in N$

$$\Rightarrow \frac{(a^2+bc)(b^2+ac)}{(a+c)(b+c)}+\frac{(a^2+bc)(c^2+ab)}{(a+b)(b+c)}+\frac{(b^2+ac)(c^2+ab)}{(a+b)(a+c)}\in N$$ 증명.

[315] $\sqrt[100]{\sqrt{2}+1}+\sqrt[100]{\sqrt{2}-1}$: 무리수임을 증명.

[316] $\forall n\in N \Rightarrow \sqrt{5+\sqrt{(n+1)(n+3)(n+5)(n+7)+16}}\in N$ 증명.

[317] $ab\neq 1, \dfrac{\sin^4 x}{a}+\dfrac{\cos^4 x}{b}=\dfrac{1}{a+b}\Rightarrow \dfrac{\sin^{2n}x}{a^{n-1}}+\dfrac{\cos^{2n}x}{b^{n-1}}=\dfrac{1}{(a+b)^{n-1}}, (n\geq 2)$

[318] $s=\dfrac{a+b+c}{2}\Rightarrow \begin{array}{l}(s-a)^2(1-\cos A)^2+r^2\cos^2 A\\=(s-b)^2(1-\cos B)^2+r^2\cos^2 B\end{array}$ 증명.

[319] $n\in N\Rightarrow \left[(2+\sqrt{3})^n\right]$: 홀수임을 증명. $[x]$:Gauss' notation

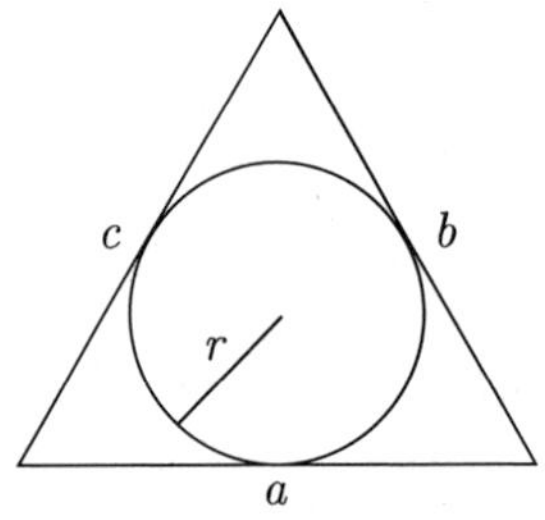

[320] $x\in R\Rightarrow \displaystyle\sum_{k=-3}^{2}\left[\frac{3x+k}{6}\right]=[3x-3]$ 증명. $[x]$:Gauss' notation

[321] $\triangle ABC\Rightarrow a^3\cos(B-C)+b^3\cos(C-A)+c^3\cos(A-B)=3abc$

[322] $\overline{PM}=\overline{QM}\Rightarrow \overline{XM}=\overline{YM}$ 증명.

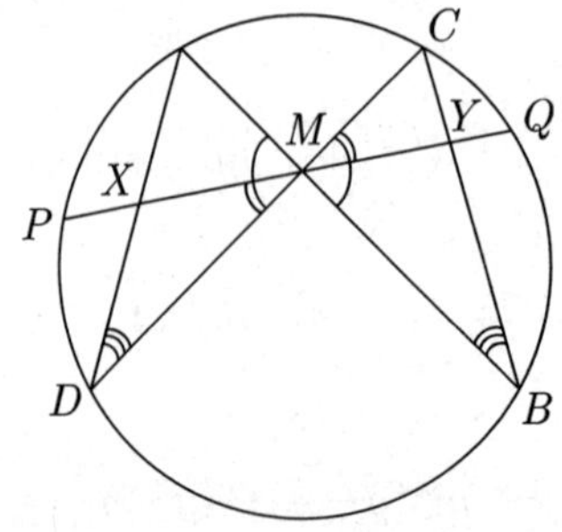

[323] $\dfrac{dy}{dx}+\dfrac{4x}{2x^2-x}-\dfrac{1+4x}{2x^2-x}y+\dfrac{1}{2x^2-x}y^2=0\Rightarrow y=?$

[324] $x+\frac{1}{y}=y+\frac{1}{z}=z+\frac{1}{x} \Rightarrow x=y=z$ or $(xyz)^2=1$ 증명.

[325] $0<a_1 \le a_2 \le .. \Rightarrow \lim_{n\to\infty} \sqrt[n]{a_1^n+a_2^n+\cdot\cdot\, a_n^n}=\lim_{n\to\infty} a_n$ 증명.

[326] $\lim_{x\to 0} f(x)=0, f(x+y)=f(x)+f(y) \Rightarrow f$:연속함수임을 증명.

[327] $x=cy+bz, y=az+cx, z=bx+ay \Rightarrow \frac{x^2}{1-a^2}=\frac{y^2}{1-b^2}=\frac{z^2}{1-c^2}$ 증명

[328] n^5+n^4+1: 합성수임을 증명.

[329] $m,n\in Z, (m-n)^2=\frac{4mn}{m+n-1} \Rightarrow (m+n)$:완전제곱 증명.

[330] $1+2\cos\frac{2\pi}{5}+3\cos\frac{4\pi}{5}+4\cos\frac{6\pi}{5}+5\cos\frac{8\pi}{5}=-\frac{5}{2}$ 증명.

[331] $\sum_{i=1}^{m} {}_mC_i \cdot {}_{n-1}C_{n-i}={}_{n+m-1}C_n$ 증명.

[332] $\sum_{k=1}^{n} k^3=\left(\sum_{k=1}^{n} k\right)^2$ 증명.

[333] $\begin{cases} ay+bx+\sqrt{3}(ab-xy)=0, & \Rightarrow a+b=c \\ a^2+x^2=b^2+y^2=(x-y)^2+c^2, & (a,b,c,x,y>0) \end{cases}$ 증명.

[334] $a,b,c: x^3-3x+1=0$의 근, $(a<b<c)$

$\Rightarrow \frac{a}{b+1}+\frac{b}{c+1}+\frac{c}{a+1}=-3$ 임을 증명.

[335] $\triangle ABC \Rightarrow \sin A+\sin B+\sin C=4\cos\frac{A}{2}\cos\frac{B}{2}\cos\frac{C}{2}$ 증명.

[336] $s=\frac{a+b+c}{2} \Rightarrow \cos^2\frac{A}{2}+\cos^2\frac{B}{2}+\cos^2\frac{C}{2}=2+\frac{r}{2R}$ 증명.

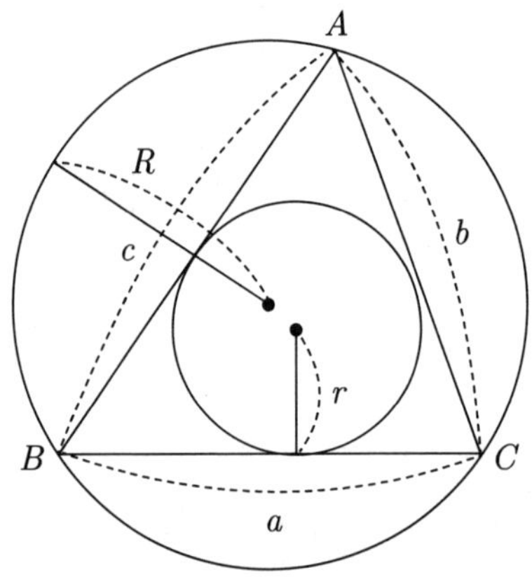

[337] $\triangle ABC \Rightarrow \dfrac{\cos B-\cos C}{s-a}+\dfrac{\cos C-\cos A}{s-b}+\dfrac{\cos A-\cos B}{s-c}=0$ 증명.

[338] $\triangle ABC \Rightarrow (b+c)\tan\dfrac{B-C}{2}+(c+a)\tan\dfrac{C-A}{2}+(a+b)\tan\dfrac{A-B}{2}=0$ 증명

[339] $\triangle ABC=\overline{S} \Rightarrow \dfrac{(\sin A+\sin B+\sin C)^2}{\sin 2A+\sin 2B+\sin 2C}=\dfrac{\overline{S}}{2r^2}$ 증명.

[340] $\dfrac{dy}{dx}=\dfrac{x^2y}{x^3+y^3} \Rightarrow y=?$

[341] $xy\dfrac{dy}{dx}-y^2=(x+y)^2e^{-\frac{y}{x}} \Rightarrow y=?$

[342] $(2x\ln y)dx+\left(\dfrac{x^2}{y}+3y^2\right)dy=0 \Rightarrow y=?$

[343] $\triangle ABC, a+b-c=2, 2ab-c^2=4 \Rightarrow \triangle ABC$:정삼각형 증명.

[344] $\dfrac{2009}{2008}, \sqrt[2008]{2008}$; 대소 관계를 증명.

[345] $1 \neq x_1, x_2, .., x_{n-1} : x^n=1$의 근 $\Rightarrow \displaystyle\sum_{k=1}^{n-1}\frac{1}{1-x_k}=\frac{n-1}{2}$ 증명.

[346] $\dfrac{x}{a}+\dfrac{y}{b}+\dfrac{z}{c}=1, \dfrac{a}{x}+\dfrac{b}{y}+\dfrac{c}{z}=0 \Rightarrow \dfrac{x^2}{a^2}+\dfrac{y^2}{b^2}+\dfrac{z^2}{c^2}=1$ 증명.

[347] n :홀수 $\Rightarrow 128 \mid (n^6 - n^4 - n^2 + 1)$ 증명.

[348] $\forall n \in N \Rightarrow \dfrac{(n^2)!}{(n!)^n} \in N$ 증명.

[349] $n \in N \Rightarrow \dfrac{\sin x}{\cos x} + \dfrac{\sin 2x}{\cos^2 x} + \cdot \cdot \cdot + \dfrac{\sin nx}{\cos^n x} = \cot x - \dfrac{\cos(n+1)x}{\sin x \cos^n x}$ 증명

[350] $f\left(\dfrac{x}{y}\right) = \dfrac{f(x)}{f(y)}$, $f'(1) = 2 \Rightarrow f(x) = ?$

[351] $f'(x) = \lim\limits_{h \to 0} \dfrac{f(x+h) - f(x-h)}{2h}$ 증명.

[352] $f'(x) = \lim\limits_{h \to 0} \dfrac{f(x+2h) - f(x+h)}{h}$ 증명.

[353] $|a_{n+1} - a_n| \leq 1, b_n = \dfrac{a_1 + a_2 + \cdot \cdot \cdot + a_n}{n} \Rightarrow |b_{n+1} - b_n| \leq \dfrac{1}{2}$ 증명.

[354] $\tan 10° = \tan 20° \tan 30° \tan 40°$ 증명.

[355] $\underbrace{22 \cdot \cdot \cdot 2}_{n}\underbrace{11 \cdot \cdot \cdot 1}_{n}$: 삼각수임을 증명.

[356] F_n :Fibonacci 수 $\Rightarrow \sum\limits_{k=0}^{n} {}_nC_k \cdot F_k = F_{2n}$ 증명.

[357] $a \geq 2,\ m, n \in Z^+ \Rightarrow \gcd(a^m - 1, a^n - 1) = a^{\gcd(m,n)} - 1$ 증명.

[358] $\lim\limits_{h \to 0} a^{kh} - 1 = k\left(\lim\limits_{h \to 0} a^h - 1\right)$ 증명.

[359] $a \in C,\ |a^2 + 1| = |4a + 3| \Rightarrow |a| \leq \sqrt{9 + 5\sqrt{5}}$ 증명.

[360] $a \in C,\ \dfrac{a^2 - a + 1}{a^2 + a + 1} \in R \Rightarrow a \in R,\ |a| = 1$ 증명.

[361] $\overline{AC} \cdot \overline{BD} = \overline{AB} \cdot \overline{CD} + \overline{BC} \cdot \overline{AD}$ 증명.

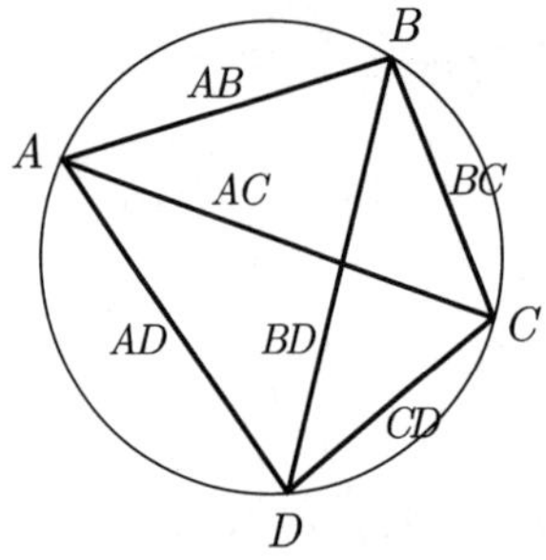

[362] $(1+2x)(1+2y)=3 \Rightarrow \dfrac{(1+8x^3)}{x(1-x^3)} = \dfrac{(1+8y^3)}{y(1-y^3)}$ 증명.

[363] $7 \mid (2222^{5555} + 5555^{2222})$ 증명.

[364] $a_i \in Z \Rightarrow a_1^2 + a_2^2 + \cdots + a_n^2 \equiv a_1 + a_2 + \cdots + a_n \pmod{2}$ 증명.

[365] $\sin 25 \sin 35 \sin 60 \sin 85 = \sin 20 \sin 40 \sin 75 \sin 80$ 증명.

[366] $x \in R^+, f(x) + 2x^3 f'(x) + x^4 f''(x) = 0, \lim_{x \to \infty} x f(x) = 1$

$f(\alpha) = \dfrac{1}{2}, 1 < \alpha \Rightarrow \alpha = ?$

[367] $f(x) = x^2 + x^2 \int_{-1}^{1} t f(t) dt + x^3 \int_{-1}^{1} f(t) dt \Rightarrow f(x) = ?$

[368] $(12)(13) \cdots (21) \equiv (-1) \pmod{11}$ 증명.

[369] $70! \equiv 1277 \pmod{5183}$ 증명.

[370] $50^{250} \equiv 17 \pmod{83}$ 증명.

[371] For some $n \in N$, $m = 2 + 2\sqrt{28n^2+1} \Rightarrow m$:완전수임을 증명.

[372] $\left(y\dfrac{dy}{dx} + 2x\right)^2 = (y^2 + 2x^2)\left(1 + \dfrac{dy}{dx}\right)^2 \Rightarrow y = ?$

[373] $2^{n+1} \mid (3+\sqrt{5})^{2n} + (3-\sqrt{5})^{2n}$ 증명.

[374] $\frac{i+z}{i-z}-\frac{i-z}{i+z}=-2i \Rightarrow z\in R$ 증명.

[375] $a_0=0,\ a_1=1,\ a_{n+1}+a_{n-1}=\frac{4a_n}{a_n^2+1}$

$\Rightarrow (a_na_{n+1}-1)^2+(a_n-a_{n+1})^2=2$ 증명.

[376] $n\in N \Rightarrow 17^n\equiv 1\pmod 8$ 증명.

[377] $\begin{matrix} f(x)=f(a-x) \\ g(x)+g(a-x)=4 \end{matrix} \Rightarrow 2\int_0^a f(x)dx=\int_0^a f(x)g(x)\,dx$ 증명.

[378] $y^y=e^{y'} \Rightarrow y=?$

[379] $y'=y\ln y+ye^x \Rightarrow y=?$

[380] $y''=y\cdot y' \Rightarrow y=?$

[381] $f(x)=\int_0^x \sin(t^2-t+x)\,dt \Rightarrow f''(x)+f(x)=?$

[382] $y'=\frac{1}{e^y-x} \Rightarrow y=?$

[383] $(e^y+x)y'+(e^x+y)=0 \Rightarrow y=?$

[384] $y'=(x-y)^2 \Rightarrow y=?$

[385] $y'=\cos^2x\cos^2 2y \Rightarrow y=?$

[386] $a_0=1, a_1=3, a_n=a_{n-1}-a_{n-2} \Rightarrow a_{n+6}=a_n$ 증명.

[387] $\tan 70=\tan 20+2\tan 40+4\tan 10$ 증명.

[388] $\frac{z_1-z_2}{z_3-z_1}=-\frac{1}{2}+\frac{\sqrt{3}}{2}i \Rightarrow |z_2-z_3|=|z_3-z_1|$ 증명.

[389] 1280000401 : 합성수임을 증명.

[390] $n \in N \Rightarrow (n+1)(n+2) \cdot\cdot (2n) = 2^n \prod_{k=1}^{n}(2k-1)$ 증명.

[391] $n > 1 \Rightarrow (n-1)^2 \mid (n^n - n^2 + n - 1)$ 증명.

[392] $\sec B = \sin A + \cos A \Rightarrow \cos 2B = \tan^2\left(\frac{\pi}{4} - A\right)$ 증명.

[393] $4\cos 36° + \cot 7.5° = 1 + \sqrt{2} + \sqrt{3} + \sqrt{4} + \sqrt{5} + \sqrt{6}$ 증명.

[394] $1{,}000{,}000^{1{,}000{,}000} : 999{,}999^{1{,}000{,}001} : 1{,}000{,}001^{999{,}999}$ 대소 관계.

[395] $yy'' - (y')^2 + (y')^3 = 0 \Rightarrow y = ?$

[396] $a+b+c+d=0 \Rightarrow a^3+b^3+c^3+d^3 = 3(a+d)(b+d)(c+d)$ 증명.

[397] $a,b,c,d > 0,\ ac = bd$
$\Rightarrow \sqrt{(a^2+b^2)(c^2+d^2)} + \sqrt{(a^2+d^2)(b^2+c^2)} = (a+c)(b+d)$ 증명.

[398] $\triangle ABC \Rightarrow 1 + \frac{r}{R} = \cos A + \cos B + \cos C$ 증명.

[399] $\cos A + \cos B + \cos C = 1 \Rightarrow \triangle ABC$:존재하지 않음을 증명.

[400] $a,b,c > 0,\ a,b,c \neq 1,\ a^b b^a = c^b b^c = c^a a^c$
$\Rightarrow \frac{a(b+c-a)}{\log a} = \frac{b(a+c-b)}{\log b} = \frac{c(a+b-c)}{\log c}$ 증명.

[401] $\overbrace{44 \cdot\cdot 4}^{m} + \overbrace{111 \cdot\cdot 1}^{2m} + 1$: 완전 제곱임을 증명.

[402] $\lim_{x \to 0} \frac{e^x - 1}{x} = 1$ 증명. (without derivatives)

[403] $i(p-1)(p-2) \cdot\cdot (p-i+1) \equiv (-1)^{i-1} i! \pmod{p}$ 증명.

[404] $a > 0 \Rightarrow \frac{1}{\sqrt[4]{a} + \sqrt[8]{a} + 1} + \frac{1}{\sqrt[4]{a} - \sqrt[8]{a} + 1} - \frac{2(\sqrt[4]{a} - 1)}{\sqrt{a} - \sqrt[4]{a} + 1} = \frac{4}{a + \sqrt{a} + 1}$

[405] $\dfrac{d}{dx}(\tan^{-1}f(x))=\dfrac{d}{dx}(\tan^{-1}x) \Rightarrow f(x)=?$

[406] $x^3+x^2=1 \Rightarrow x^5+x=1$ 증명.

[407] a_n :등차수열 $\Rightarrow \displaystyle\sum_{k=1}^{n}\frac{1}{a_k a_{k+1}}=\frac{n}{a_1 a_{n+1}}$ 증명.

[408] $\dfrac{\sin^2 A+\sin^2 B+\sin^2 C}{\cos^2 A+\cos^2 B+\cos^2 C}=2 \Rightarrow \triangle ABC$: 직각삼각형 증명.

[409] $a_i \neq a_j, r: \displaystyle\prod_{k=1}^{2n}(x-a_k)+(-1)^{n-1}(n!)^2=0$의 근, $a_k \in Z$

$\Rightarrow r=\dfrac{a_1+a_2+\cdots+a_{2n}}{2n}$ 증명.

[410] $\left(1+\sin\frac{\pi}{5}+i\cos\frac{\pi}{5}\right)^5+i\left(1+\sin\frac{\pi}{5}-i\cos\frac{\pi}{5}\right)^5=0$ 증명.

[411] $a_1=1, a_2=2, a_n=3a_{n-1}-a_{n-2}, n \geq 3 \Rightarrow a_n=\dfrac{a_{n-1}^2+1}{a_{n-2}}$ 증명.

[412] $x+y+z=\dfrac{1}{x}+\dfrac{1}{y}+\dfrac{1}{z}=0 \Rightarrow \dfrac{x^6+y^6+z^6}{x^3+y^3+z^3}=xyz$ 증명.

[413] $\triangle ABC=S \Rightarrow \tan\dfrac{A}{2}+\tan\dfrac{B}{2}+\tan\dfrac{C}{2}=\dfrac{2(ab+bc+ca)-(a^2+b^2+c^2)}{4s}$

[414] $n \in N \Rightarrow 169 \mid (3^{3n+3}-26n-27)$ 증명.

[415] $n \in N \Rightarrow 19 \mid (5^{2n+1}2^{n+2}+3^{n+2}2^{2n+1})$ 증명.

[416] $n \in N \Rightarrow 31 \mid (6^{2n+1}+5^{n+2})$ 증명.

[417] $n=3^k,\ k \in N \Rightarrow n \mid (2^n+1)$ 증명.

[418] $k \in Z, n=\sqrt[3]{k+\sqrt{k^2-1}}+\sqrt[3]{k-\sqrt{k^2-1}}+1 \Rightarrow n^3-3n^2 \in Z$

[419] $\sqrt{999999}+\sqrt{1000001}$, 2000 :대소 관계 증명.

[420] $a_0 = 2, a_1 = 5, a_{n+2} = 5a_{n+1} - 6a_n \Rightarrow a_n^2 - 4 \cdot 6^n$:완전제곱 증명.

[421] $\cos\frac{A}{2}\cos\frac{B}{2}\cos\frac{C}{2} - \sin\frac{A}{2}\sin\frac{B}{2}\sin\frac{C}{2} = \frac{1}{2} \Leftrightarrow \triangle ABC$: 직각삼각형

[422] $f(x) = \frac{f(x+y)+f(x-y)}{2} \Rightarrow \int_a^b f(x)dx = \left(\frac{b-a}{2}\right)\{f(a)+f(b)\}$ 증명.

[423] $x \equiv y \pmod 4 \Rightarrow 2^x \equiv 2^y \pmod 5$ 증명.

[424] $(a+b+c)^3 = a^3+b^3+c^3 \Rightarrow (a+b+c)^5 = a^5+b^5+c^5$ 증명

[425] $e = 2.71828\ldots$: 무리수임을 증명.

[426] $\triangle ABC \Rightarrow \tan\frac{A}{2}\tan\frac{B}{2} + \tan\frac{B}{2}\tan\frac{C}{2} + \tan\frac{C}{2}\tan\frac{A}{2} = 1$ 증명.

[427] $\triangle ABC \Rightarrow \sin 2A + \sin 2B + \sin 2C = 4\sin A\sin B\sin C$ 증명.

[428] $n > 1, n \in N \Rightarrow n^4 + 4$: 소수가 아님을 증명.

[429] $\frac{x(y+z-x)}{\ln x} = \frac{y(x+z-y)}{\ln y} = \frac{z(x+y-z)}{\ln z} \Rightarrow y^z z^y = z^x x^z = x^y y^x$

[430] $\triangle ABC$, $\cos B + \cos C = 4\sin^2\frac{A}{2} \Rightarrow b + c = 2a$ 증명.

[431] $a > 2$:홀수 $\Rightarrow a \mid \left(1^{a^n} + 2^{a^n} + 3^{a^n} + \cdots + (a-1)^{a^n}\right)$ 증명.

[432] $\left(\sum_{k=0}^{9} x^k\right) \mid \left(\sum_{k=0}^{9} x^{1111k}\right)$, $(x \neq 1)$ 증명.

[433] $a,b,c \in N$, $a^2b^2 - 4b(b+1) = c^2 \Rightarrow a,b,c$: 많은 해가 존재함.

[434] $\triangle ABC$, $\angle A = \frac{\pi}{4} \Rightarrow a^4 = (b^2-a^2)^2 + (c^2-a^2)^2$ 증명.

[435]

$$x,y > 0, x+y < \frac{\pi}{2} \Rightarrow \frac{\cos^2(x+y)}{\cos^2(x-y)} = \frac{(\sin 2x - \sin 2y)^2}{\sin^2 2x + \sin^2 2y - 2\sin 2x\sin 2y\cos(2x-2y)}$$

[436] $\overline{DA} = \overline{AE}$ 증명.

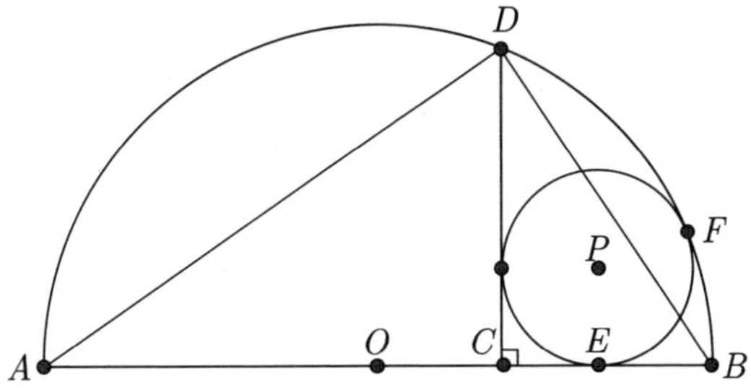

[437] $\triangle ABC, a+b=2c \Rightarrow \cot\frac{A}{2}+\cot\frac{B}{2}=2\cot\frac{C}{2}$ 증명.

[438] $\triangle ABC \Rightarrow \frac{a-b}{a+b}=\tan\left(\frac{A-B}{2}\right)\tan\left(\frac{C}{2}\right)$ 증명.

[439] $\overline{PS}=\frac{2\overline{PQ}\cdot\overline{PR}}{\overline{PQ}+\overline{PR}}$ 증명.

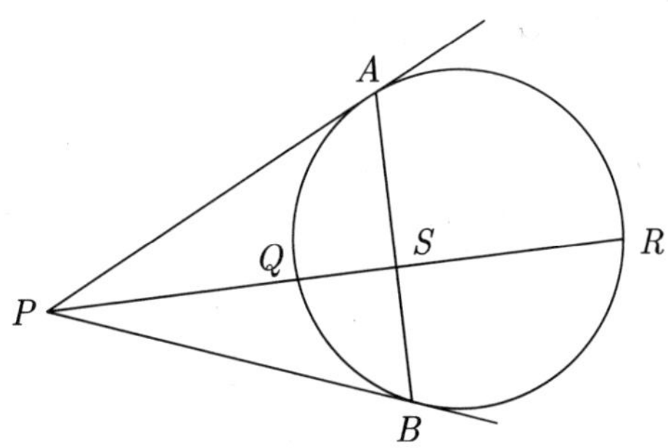

[440] k :홀수, $k\in N \Rightarrow (1+2+\cdot\cdot+n) \mid (1^k+2^k+\cdot\cdot+n^k)$ 증명.

[441] $\begin{cases} 0\le x\le a,\ 0\le y\le b \\ x^2+b^2=2(ax+by)=y^2+a^2 \end{cases} \Rightarrow ab+xy=2(bx+ay)$

[442] $\int_0^x u^3 f(u)\,du = x^4+f(x) \Rightarrow f(x)=?$

[443] $n, k\in N, (n-1)\mid k \Rightarrow (n-1)^2 \mid (n^k-1)$ 증명.

[444] $\tan\frac{3\pi}{11}+4\sin\frac{2\pi}{11} = \sqrt{11}$ 증명.

[445] $a,b\in N \Rightarrow \frac{a}{b}\le\sqrt{2}\le\frac{a+2b}{a+b}$ 또는 $\frac{a+2b}{a+b}\le\sqrt{2}\le\frac{a}{b}$ 증명.

[446] n:홀수 $\Rightarrow n^4+4^n$: 합성수임을 증명.

[447] 물음표의 각도는?

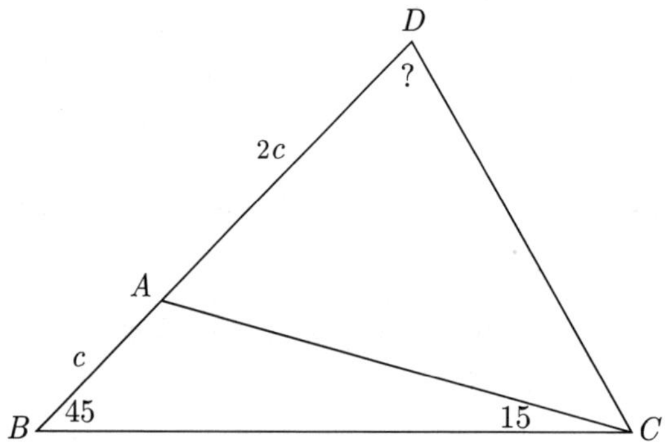

[448] $f(x)=\left(1+\frac{1}{x}\right)\left(1+\frac{2}{x}\right)\cdot\cdot\left(1+\frac{n}{x}\right) \Rightarrow f'(-1)=?$

[449] $n\in N\Rightarrow \sqrt{4^n+\left(\sum_{k=0}^{n-1}3^{\frac{2k+1}{2}}\cdot {}_{2n}C_{2k+1}\right)^2}\in Z$ 증명.

[450] $\frac{1}{4}\sin x=\sin\left(\frac{x}{3}\right)\sin\left(\frac{\pi+x}{3}\right)\sin\left(\frac{2\pi+x}{3}\right)$ 증명.

[451] $0<a<b,\ cf(c)=\dfrac{\int_a^b f(t)\,dt}{\ln b-\ln a} \Rightarrow \exists\, c\in(a,b)$ 증명.

[452] $a,b,m\in N,\ b_{n+2}=mb_{n+1}+b_n,\ b_0=a,\ b_1=b$ 증명.
$a_n=b_n^2+b_{n+1}^2 \Rightarrow a_{n+2}=(m^2+2)a_{n+1}-a_n$

[453] $t>0,\ \alpha,\beta: x^2+t^2x-2t=0$의 근
$\Rightarrow \min\left\{\int_{-1}^{2}\left(x+\frac{1}{\alpha^2}\right)\left(x+\frac{1}{\beta^2}\right)+\frac{1}{\alpha\beta}\,dx\right\}=?$

[454] $a,b,c,d\in N, a<b<c<d, (a+b+c+d)^2=2(a^2+b^2+c^2+d^2)$
$\Rightarrow \dfrac{\sqrt{ab+ac+ad+bc+bd+cd}-\sqrt{bc+bd+cd}}{\sqrt{ab+ac+ad+bc+bd+cd}+\sqrt{bc+bd+cd}}=\dfrac{a}{b+c+d}$

[455] $L_0=2, L_1=1, L_n$:Lucas number
$\Rightarrow 17+\sqrt{2}\sum_{k=1}^{n}\sqrt{L_k^4+L_{k+1}^4+L_{k+2}^4}=L_n^2+3L_{n+1}^2+5L_nL_{n+1}$

[456] $\triangle ABC \Rightarrow \dfrac{a}{c\sin B} + \cot A = \dfrac{b}{a\sin C} + \cot B = \dfrac{c}{b\sin A} + \cot C$

[457] $0 < a < b, f(x) : [a,b]$ 연속, 미분가능

$$f'(c) = \frac{1}{c\sqrt{ab}} \frac{\ln\left(\frac{ab}{c^2}\right)}{\ln\left(\frac{c}{a}\right)\ln\left(\frac{c}{b}\right)} \Rightarrow \exists c \in (a,b) \text{ 증명.}$$

[458] $a_0 = a_1 = 2, a_n = 2a_{n-1} - \dfrac{1}{2}a_{n-2}, p \le q$ 증명.

$\Rightarrow 2^p a_{p+q} + a_{q-p} = 2^p a_p a_q$

[459] $F_{l-1}F_m - F_l F_{m-1} = (-1)^l F_{m-l}, (1 \le l \le m), F_n$: Fibonacci수

[460] $a + b + c = 1$, $\triangle ABC$:예각삼각형

$\Rightarrow \sqrt{a\sin A} + \sqrt{b\sin B} + \sqrt{c\sin C} = \sqrt{\sin A + \sin B + \sin C}$ 증명.

[461] $\forall x, y \in R, f(y) \ge f\left(\dfrac{x+y}{2}\right) + |x-y| \Rightarrow f(x)$:존재하지 않음을 증명.

[462] $a = \sqrt[3]{2 + \sqrt{5}} \Rightarrow \dfrac{a^2 - 1}{a} = 1$ 증명.

[463] $0 < a < b < c, \left(\dfrac{ab + bc + ca}{a + b + c}\right)^3 = abc \Leftrightarrow \left(\dfrac{b}{a}\right)^2 + \left(\dfrac{c}{b}\right)^2 = \dfrac{2c}{a}$ 증명.

[464] F_n :Fibonacci 수 $\Rightarrow F_{n+m-1} = F_n F_m + F_{n-1} F_{m-1}$ 증명.

[465] $\forall a, b \in Q, a < c < b \Rightarrow \exists c$:초월수. 증명.

[466] $f(x)$:다항식, $f(x) - f'(x) = x^2 + 2x + 1 \Rightarrow f(5) = ?$

[467] $f(0) = 1, f'(0) = 2, f''(t) = 4f'(t) - 3f(t) + 1 \Rightarrow f^{(4)}(0) = ?$

[468] $f(\alpha, x) = \dfrac{\left(\frac{x}{2}\right)^\alpha}{x - 1}, g(\alpha) = f^{(4)}(x)\big|_{x=2} \Rightarrow$leading Coe. of $g(\alpha) = ?$

[469] $y(0) = y'(0) = \sqrt{\dfrac{2}{5}}, (y + y')^2 + yy'' = \cos x \Rightarrow y\left(\dfrac{\pi}{4}\right) = ?$

[470] $x \geq y, z,\ x+y+z=1,\ xy+yz+zx=\dfrac{1}{4} \Rightarrow \sqrt{x}=\sqrt{y}+\sqrt{z}$ 증명.

[471] L_n :Lucas 수, F_n :Fibonacci 수 $\Rightarrow$

$L_k+L_{k+3}+L_{k+4}+L_{k+7}+L_{k+8}+\cdot\cdot+L_{k+4n-4}+L_{k+4n-1}=2F_{k+4n}-2F_k$

증명.

[472] $a_0=0, a_1=a_2=1, \dfrac{a_{n+1}-3a_n+a_{n-1}}{2}=(-1)^n \Rightarrow a_n$:완전제곱임을 증명.

[473] $z \in C, |1+z+z^2+\cdot\cdot+z^9|=1, |z|=1 \Rightarrow z^9=1, z^{11}=1$ 증명.

[474] $a_1=2, a_2=8, a_{n+2}=4a_{n+1}-a_n \Rightarrow a_{n+1}^2-a_{n+2}a_n=4$ 증명.

[475] $\forall n \in N \Rightarrow 3|(n^3+2n)$ 증명.

[476] $\forall n \in N \Rightarrow 2^n|(3+\sqrt{5})^n+(3-\sqrt{5})^n$ 증명.

[477] $p \in N \Rightarrow \displaystyle\sum_{i=1}^{n}\left(\prod_{k=i}^{p+i-1} k\right)=\dfrac{n(n+1)(n+2)\cdot\cdot(n+p)}{p+1}$ 증명.

[478] $4m(m+1)=n(n+1) \Rightarrow m, n \in N$:존재하지 않음을 증명.

[479] $\forall n \in N \Rightarrow 133|(11^{n+2}+12^{2n+1})$ 증명.

[480] $\dfrac{1}{1006}+\dfrac{3}{1007}+\cdot\cdot+\dfrac{2009}{2010}=\dfrac{2009}{2}-\dfrac{2008}{3}+\cdot\cdot+\dfrac{1}{2010}$ 증명.

[481] $\left(4-\dfrac{2}{1}\right)\left(4-\dfrac{2}{2}\right)\left(4-\dfrac{2}{3}\right)\cdot\cdot\left(4-\dfrac{2}{n}\right) \in N$ 증명.

[482] $m, n \in N, (m, n>3), x_1, x_2: x^2-mx+n=0$의 근 $\Rightarrow$

$x_1, x_2 \in N \Leftrightarrow [mx_1]+[mx_2]$:완전제곱 증명, $[x]$:Gauss 부호.

[483] $(1+x+x^2+x^3)^n \Rightarrow x^{2m}$의 계수: $\displaystyle\sum_{k=0}^{m} {}_nC_k \cdot {}_nC_{2(m-k)}$ 증명.

[484] 49, 4489, 444889, 44448889,... : 완전제곱임을 증명.

[485] $\tan\frac{\pi}{36}=\tan\frac{3\pi}{36}\tan\frac{5\pi}{36}\tan\frac{7\pi}{36}$ 증명.

[486] $\triangle ABC,\begin{cases} x=\tan\left(\frac{B-C}{2}\right)\tan\frac{A}{2} \\ y=\tan\left(\frac{C-A}{2}\right)\tan\frac{B}{2} \\ z=\tan\left(\frac{A-B}{2}\right)\tan\frac{C}{2} \end{cases} \Rightarrow x+y+z+xyz=0$ 증명.

[487] $a+b+c=0 \Rightarrow$

$$\frac{a^7+b^7+c^7}{7}=\left(\frac{a^3+b^3+c^3}{3}\right)\left(\frac{a^4+b^4+c^4}{2}\right)=\left(\frac{a^2+b^2+c^2}{2}\right)\left(\frac{a^5+b^5+c^5}{5}\right)$$

[488] $0<a<b<c<1 \Rightarrow \frac{c-a}{1-ac}, \frac{c-b}{1-bc}, \frac{b-a}{1-ab}$:삼각형의 세변 증명.

[489] $ab \neq 0,\ ax^n-ax^{n-1}+a_2x^{n-2}+a_3x^{n-3}+\cdot\cdot+a_{n-2}x^2-n^2bx+b=0$

$\forall \alpha_i>0, \alpha_i$:방정식의 근 $\Rightarrow \alpha_1=\alpha_2=\ldots=\alpha_n$ 증명.

[490] $a,b,c\in R, \sin a+\sin b+\sin c=\cos a+\cos b+\cos c=0$

$\Rightarrow \begin{cases} 3\cos(a+b+c)=\cos 3a+\cos 3b+\cos 3c \\ 3\sin(a+b+c)=\sin 3a+\sin 3b+\sin 3c \end{cases}$ 증명.

[491] $n,p\in N, pn+1$:완전제곱 $\Rightarrow n+1=\sum_{i=1}^{p}a_i^2, (a_i\in N)$ 증명.

[492] $2a_{n+1}^2=a_n+1, a_n\geq 0, a_1\neq 1 \Rightarrow \prod_{k=1}^{n}a_k=2^{1-n}\sqrt{\frac{a_1^2(1-a_1^2)}{1-a_n^2}}$ 증명

[493] $|a|\geq|b+c|, |b|\geq|c+a|, |c|\geq|a+b| \Rightarrow a+b+c=0$ 증명.

[494] $641 \mid (2^{2^5}+1)$ 증명.

[495] $4\sin\frac{2\pi}{5}+\tan\frac{2\pi}{5}=5\cot\frac{\pi}{5}$ 증명.

[496] $2\cos\frac{2\pi}{7}=4\cos\frac{2\pi}{7}\cos\frac{\pi}{7}-1$ 증명.

[497] $A+B+C=\pi \Rightarrow \cot\frac{A}{2}+\cot\frac{B}{2}+\cot\frac{C}{2}=\cot\frac{A}{2}\cot\frac{B}{2}\cot\frac{C}{2}$ 증명.

[498] $\triangle ABC \Rightarrow$
$\sin^2 A(1+\cot B\cot C)+\sin^2 B(1+\cot C\cot A)+\sin^2 C(1+\cot A\cot B)=3$

[499] 점 (0,0)에서 함수 $f(x,y)=e^x(\cos y+\sin y)$의 최대 증가하는 기울기는?

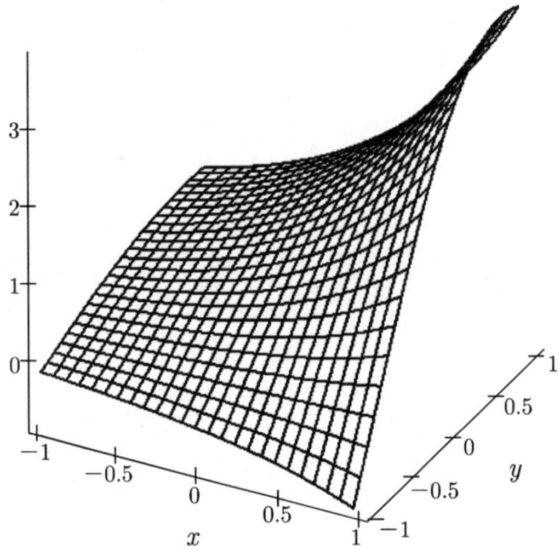

[500] 점 $\left(\dfrac{1}{2},\dfrac{2}{3}\right)$에서 함수 $f(x,y)=\sin(\pi xy)$의 최소 기울기는?

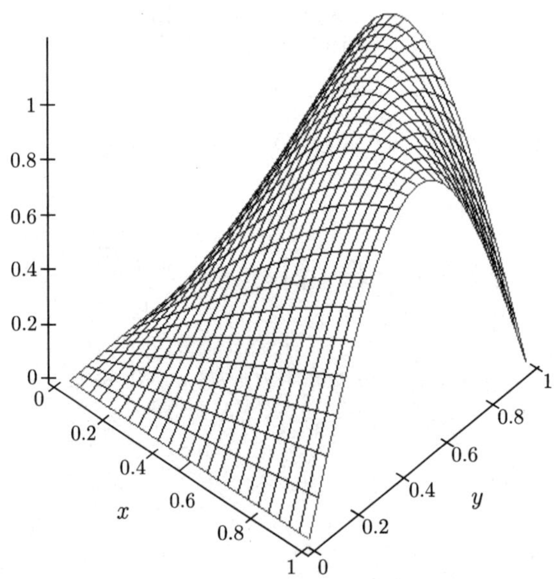

[501] $\left(\displaystyle\sum_{n=0}^{\infty}\frac{(-1)^n x^{2n+1}}{2^{2n+1}(2n+1)!}\right)^2=-\frac{1}{2}\sum_{n=1}^{\infty}\frac{(-1)^n x^{2n}}{(2n)!}$ 증명.

[502] $x^2+y^2+z^2=a^2, x^2+y^2-z^2=0$: 서로 직교함을 증명.

[503] $F(x)=\int_{x}^{x+1}\int_{x}^{y} f(z)dzdy \Rightarrow F''(x)=?$

[504] $\frac{d}{dx}\left(\tanh^{-1}(\tan x)\right) = ?$

[505] $\int_{0}^{x} e^{x-t} f(t)\,dt = x \Rightarrow f(x)=?$

[506] $A=\overbrace{4\cdot\cdot 4}^{2n}, B=\overbrace{8\cdot\cdot 8}^{n} \Rightarrow A+2B+4$: 완전제곱 증명.

[507] $\bigcirc ABCD, \angle A+\angle C=\frac{\pi}{2} \Rightarrow (\overline{AC}\cdot\overline{BD})^2=(\overline{AB}\cdot\overline{CD})^2+(\overline{AD}\cdot\overline{BC})^2$ 증명.

[508] A, B:행렬, $A^3=B^3, A^2B=B^2A \Rightarrow A^2+B^2=0$ 증명.

[509] $a+b+c=0 \Rightarrow \frac{a^5+b^5+c^5}{5}=\left(\frac{a^3+b^3+c^3}{3}\right)\left(\frac{a^2+b^2+c^2}{2}\right)$증명.

[510] $a,b,c\in Q, \frac{1}{a}+\frac{1}{b}=\frac{1}{c} \Rightarrow \sqrt{a^2+b^2+c^2}\in Q$ 증명.

[511] $\begin{cases} a_{n+1}=7a_n+6b_n-3, a_0=1 \\ b_{n+1}=8a_n+7b_n-4, b_0=0 \end{cases} \Rightarrow a_n$: 완전제곱 증명.

[512] $a^3+b^3+c^3+d^3=6e, \exists a,b,c,d\in Z, \forall e\in Z \Rightarrow$ 증명.

[513] $\cot\left(\sum_{k=1}^{n}\cot^{-1}(1+k+k^2)\right)=\frac{n+2}{n}$ 증명.

[514] $\frac{1}{(2n+1)_{2n}C_k}=\frac{1}{2n+2}\left(\frac{1}{_{2n+1}C_k}+\frac{1}{_{2n+1}C_{k+1}}\right)$ 증명.

[515] $a,b\in Z, 13|(2a+3b) \Rightarrow 13|(2b-3a)$ 증명.

[516] $a,b\in Z, 13|(a^2+b^2) \Rightarrow 13|(2a+3b)(2b+3a)$증명.

[517] AB, BC, CA, AP, BP, CP의 이등분한 점에서 연결한 직선들이 만난 Q점은 그 직선들을 이등분함을 증명하라.

[518] $x \geq 2 \Rightarrow \log_x(x+3),\ \log_{x+1}(x+4)$: 대소 관계 증명.

[519] $\triangle ABC,\ p = \dfrac{a+b+c}{2}$, r :내접원의 반지름

$\Rightarrow \tan\dfrac{A}{2}\tan\dfrac{B}{2}\tan\dfrac{C}{2} = \dfrac{r}{p}$ 증명.

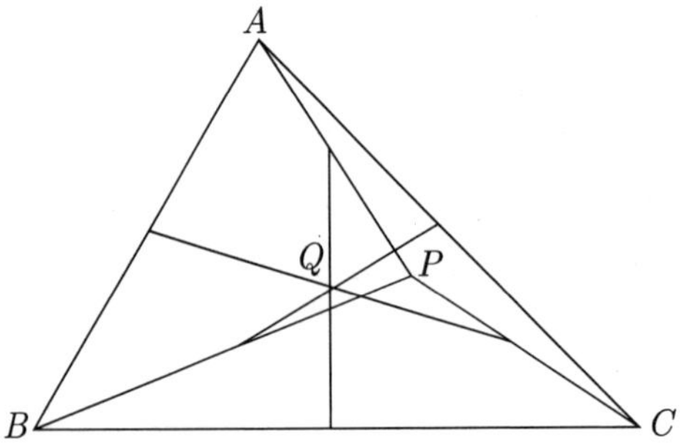

[520] $\triangle ABC \Rightarrow a\cos A + b\cos B = c\cos(A-B)$ 증명.

[521] $\triangle ABC,\ \angle A = \dfrac{\pi}{2}$

$\Rightarrow (\sqrt{a+b} + \sqrt{a-b})(\sqrt{a+c} + \sqrt{a-c}) = \sqrt{2}(a+b+c)$

[522] $f : [0,1] \to (0,\infty)$ 연속, 미분가능, $\displaystyle\int_0^1 \frac{1}{f(x)^2} + f'(x)^2\,dx \leq 2$,

$\dfrac{f(1)}{f(0)} = e \Rightarrow f(x) = ?$

[523] $\begin{cases} 1 \in A,\ x \in A \to x^2 \in A \\ (x-2)^2 \in A \to x \in A \end{cases} \Rightarrow 2010 + \sqrt{2011} \in A$ 증명.

[524] $0 < a < b \Rightarrow \exists\, c \in (a,b),\ \displaystyle\prod_{k=1}^{n} \frac{e^{kb} - e^{ka}}{b-a} = n!e^{\frac{n(n+1)}{2}c}$ 증명.

[525] $a_i \in R,\ a_0 + \dfrac{a_1}{2} + \cdots + \dfrac{a_n}{n+1} = 0$, 방정식 $\displaystyle\sum_{k=0}^{n} a_k x^k = 0$

$\Rightarrow (0,1)$사이에 해가 존재함을 증명.

[526] $\overline{CF} = \overline{FB}$ 증명.

[527] $\begin{cases} a\sec 200 - c\tan 200 = d \\ b\sec 200 + d\tan 200 = c \end{cases} \Rightarrow \dfrac{a^2+b^2+c^2+d^2}{ac-bd} = 2\,\mathrm{cosec}\,200$

[528] $\int_0^x f(t)\,dt + \int_0^x t \cdot f(x-t)\,dt = e^{-x} - 1 \Rightarrow f(x) = ?$

[529] $\sum_{k=1}^{n} 2(k-1) \cdot {}_{k+1}C_2 = \left({}_{n+1}C_2\right)^2 - {}_{n+1}C_2$ 증명. (귀납법 불가)

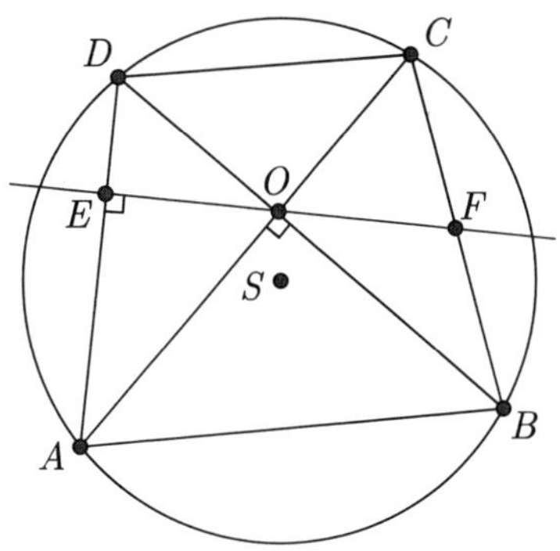

[530] $S = \dfrac{a+b+c}{2} \Rightarrow \begin{cases} \tan\dfrac{A}{4} + \tan\dfrac{B}{4} + \tan\dfrac{C}{4} = \dfrac{AO+BO+CO-S}{r} \\ \cot\dfrac{A}{4} + \cot\dfrac{B}{4} + \cot\dfrac{C}{4} = \dfrac{AO+BO+CO+S}{r} \end{cases}$

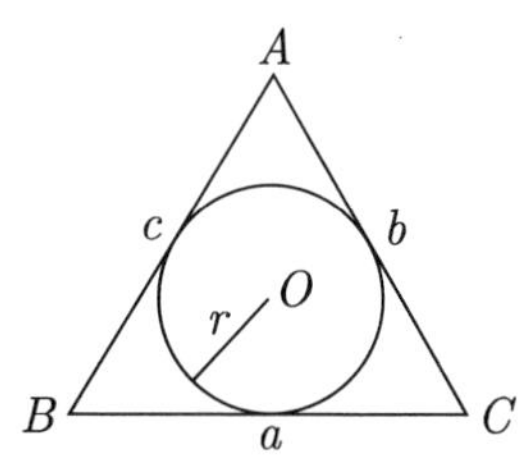

[531] $f_n(x) = \begin{cases} \dfrac{1}{x}, (n=0) \\ f_{n-1}\left(1 + \dfrac{1}{x}\right), \end{cases}$, F_n : *Fibonacci*수, L_n : *Lucas*수

$\Rightarrow \int_0^\infty \{f_n(x) - f_n(\infty)\}^2\,dx = \dfrac{8}{F_n(F_n + L_n)^3}$ 증명.

[532] $a \in R, f(x+a) = \dfrac{1}{2} + \sqrt{f(x) - f^2(x)} \Rightarrow f(x)$:주기함수증명

[533] $\triangle ABC \Rightarrow \tan\left(\dfrac{B-C}{2}\right)\cot\left(\dfrac{B+C}{2}\right) = \dfrac{b-c}{b+c}$ 증명.

[534] $\sum_{k=0}^{n} \{n(2n+1)+k\}^2 = \sum_{k=1}^{n} \{2n(n+1)+k\}^2$ 증명.

[535] $p\tan\theta=\tan p\theta \Rightarrow \dfrac{\sin^2 p\theta}{\sin^2\theta}=\dfrac{p^2}{1+(p^2-1)\sin^2\theta}$ 증명.

[536] $n\in N \Rightarrow 7\,|\,(3^{2n+1}+2^{n+2})$ 증명.

[537] $n\in N \Rightarrow 120\,|\,(n^5-5n^3+60n^2-56n)$ 증명.

[538] $\dfrac{d^2x}{dy^2}+(y+\sin x)\left(\dfrac{dx}{dy}\right)^3=0 \Rightarrow y=?$

[539] $\dfrac{\sin 2t}{2}-4\displaystyle\int_0^t uf(t-u)du=f(t) \Rightarrow f(t)=?$

[540] $y''+4y=\cos 2x \Rightarrow y=?$

[541] $c^2=a^2-b \Rightarrow \sqrt{a\pm\sqrt{b}}=\sqrt{\dfrac{a+c}{2}}\pm\sqrt{\dfrac{a-c}{2}}$ 증명.

[542] ${}_{2(n+1)}C_{n+1}={}_{2n}C_{n+1}+2{}_{2n}C_n+{}_{2n}C_{n-1}$ 증명.

[543] $a^2=b(b+c)$ 증명.

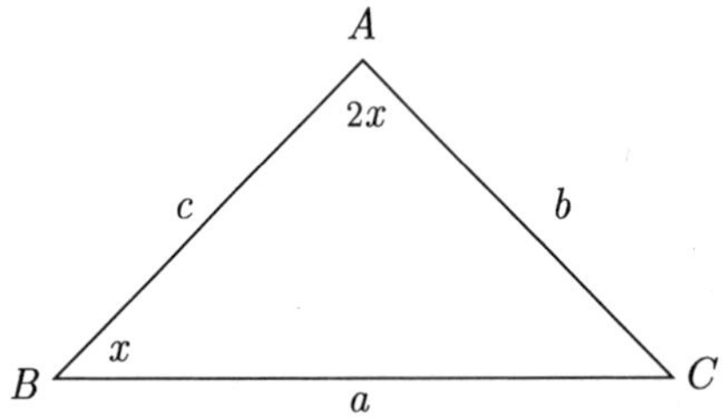

[544] $a>0,\ \dfrac{1}{b}-\dfrac{1}{a}=1 \Rightarrow \sqrt{1+a},\ \dfrac{1}{1-\dfrac{b}{2}},\ 1+\dfrac{a}{2},\ \dfrac{1}{\sqrt{1-b}}$; 대소 관계.

[545] $\triangle ABC \Rightarrow \sin A+\sin B+\sin C$
$=\cos\dfrac{A}{2}\cos\dfrac{B-C}{2}+\cos\dfrac{B}{2}\cos\dfrac{C-A}{2}+\cos\dfrac{C}{2}\cos\dfrac{A-B}{2}$ 증명.

[546] $\triangle ABC \Rightarrow (a^2-b^2-c^2)\tan A+(a^2-b^2+c^2)\tan B=0$ 증명.

[547] $\triangle ABC \Rightarrow \dfrac{\sin B+\sin C-\sin A}{\sin B+\sin C+\sin A}=\tan\dfrac{B}{2}\cdot\tan\dfrac{C}{2}$ 증명.

[548] $\cot 30^\circ \cot 40^\circ = 1 + \sec 20^\circ$ 증명.

[549] $\overline{AB} = \overline{AC}, \overline{AD} = \overline{AE} \Rightarrow \angle DAF = \angle FAE$ 증명.

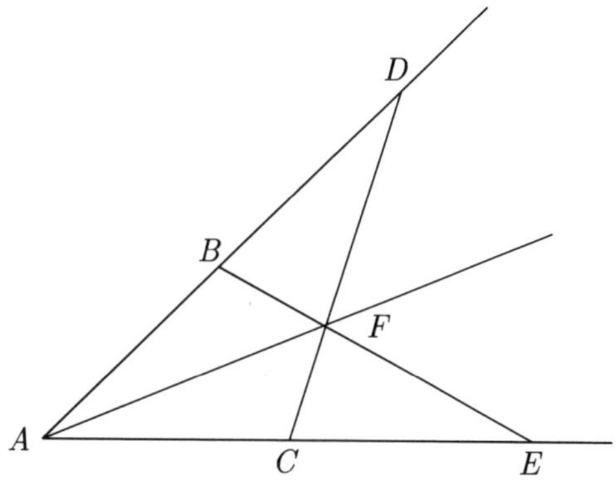

[550] $a, b, c \in N,\ a \neq c,\ \dfrac{a}{c} = \dfrac{a^2 + b^2}{c^2 + b^2} \Rightarrow a^2 + b^2 + c^2$:합성수 증명.

[551] $\forall n \in N \Rightarrow 9 \mid (5^{2n} - 6n + 8)$ 증명.

[552] $d^2 + mn = bc$ 증명.

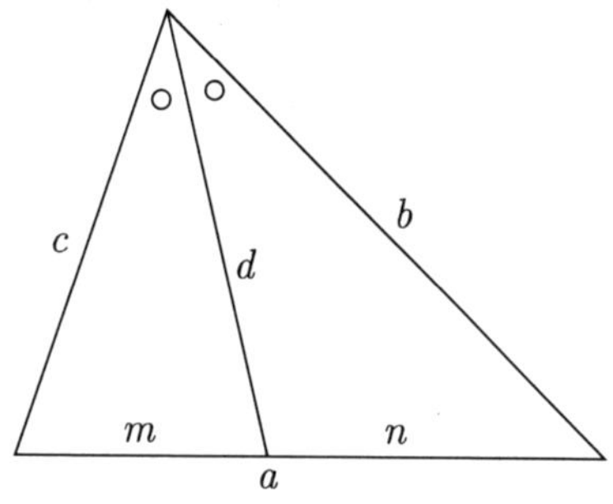

[553] $r_a, r_b, r_c, r : \triangle ABC$ 방접원의 반지름, 내접원의 반지름
$\Rightarrow \dfrac{1}{r_a} + \dfrac{1}{r_b} + \dfrac{1}{r_c} = \dfrac{1}{r}$ 증명.

[554] $a, b, c \neq 0,\ a^2(b+c), b^2(c+a), c^2(a+b)$:등차수열
$\Rightarrow a, b, c$: 등차수열임을 증명.

[555] $r_a, r_b, r_c, r : \triangle ABC$ 방접원의 반지름, 내접원의 반지름,
R:외접원의 반지름, $s = \dfrac{a+b+c}{2}$
$\Rightarrow r_a + r_b + r_c = \dfrac{abc}{4R}\left(\dfrac{1}{s-a} + \dfrac{1}{s-b} + \dfrac{1}{s-c}\right)$ 증명.

[556] $x+\dfrac{1}{x}\in Z \Rightarrow x^n+\dfrac{1}{x^n}\in Z$ 증명.

[557] $n\in N \ \Rightarrow\ 3^{n+1}\,|\,\left(2^{3^n}+1\right)$ 증명.

[558] $a,b,c,d>0,\ cd=1\Rightarrow$ 폐구간$[ab,\ (a+c)(b+d)]$:완전제곱인 수를 포함함을 증명.

[559] a,b,c:원에 내접하는 정오각형, 정육각형, 정십각형의 변 $\Rightarrow a^2=b^2+c^2$ 임을 증명.

[560] $\sin 3x=4\sin x\sin(60^\circ-x)\sin(60^\circ+x)$ 증명.

[561] $\triangle ABC\Rightarrow a\cot A+b\cot B+c\cot C=2(r+R)$ 증명.

[562] F_n :Fibonacci수,$F_0=F_1=1,\ a^2=a+1\Rightarrow a^n=F_{n-1}a+F_{n-2}$증명

[563] $a_1,a_2>0,\ a_n$:등비수열

$$\Rightarrow 4\left(\sum_{k=1}^{n-1}\sqrt{a_ka_{k+1}}\right)^2+(a_n-a_1)^2=\left(a_1+a_n+2\sum_{k=2}^{n-1}a_k\right)^2$$ 증명.

[564] $\displaystyle\sum_{n=0}^{\infty}\frac{n!}{2(2n+1)!}=\int_0^{0.5}e^{-x^2+\frac{1}{4}}dx$ 증명.

[565] $\triangle ABC,\ \dfrac{a^3+b^3+c^3}{a+b+c}=a^2,\ R$: 외접원의 반지름 $\Rightarrow a=R\sqrt{3}$

[566] $\displaystyle\int_0^\infty\int_0^\infty\int_0^\infty f(xy)f(yz)f(zx)\,dz\,dy\,dx=4\left(\int_0^\infty f(u^2)du\right)^3$ 증명.

[567] $n\in N\Rightarrow 11\,|\,(2^{6n-5}+3^{2n})$ 증명.

[568] $a,b>0\Rightarrow\displaystyle\int_0^\infty f\left((ax-bx^{-1})^2\right)dx=\frac{1}{a}\int_0^\infty f(y^2)dy$ 증명.

[569] $\triangle ABC$의 넓이 $=\dfrac{a^2\sin B\sin C}{2\sin(B+C)}$ 임을 증명.

[570] $\sqrt{2}+\sqrt{3}+\sqrt{5}$: 무리수임을 증명.

[571] $\tan^{-1}\left(\dfrac{7}{17}\right)+2\tan^{-1}\left(\dfrac{1}{5}\right)=\dfrac{\pi}{4}$ 증명.

[572] $3\tan^{-1}\left(\frac{1}{4}\right)+\tan^{-1}\left(\frac{1}{20}\right)+\tan^{-1}\left(\frac{1}{1985}\right)=\frac{\pi}{4}$ 증명.

[573] 균형을 이루는 힘: $A, B, C \Rightarrow \frac{A}{\sin\alpha}=\frac{B}{\sin\beta}=\frac{C}{\sin\gamma}$ 증명.

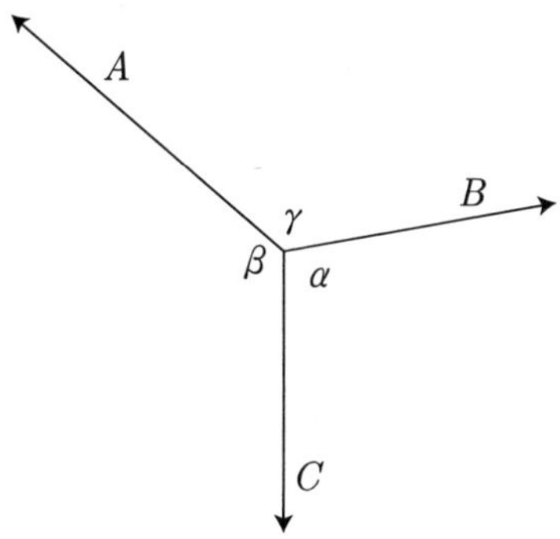

[574] $f(x)$: $\deg(f(x)) \le 2$인 다항식, $-1<p<q<r<1$
$\int_{-1}^{p} f(x)dx - \int_{p}^{q} f(x)dx + \int_{q}^{r} f(x)dx - \int_{r}^{1} f(x)dx = 0 \Rightarrow p,q,r=?$

[575] $\overline{PA}^2+\overline{PB}^2+\overline{PC}^2+\overline{PD}^2=4R^2$ 증명.

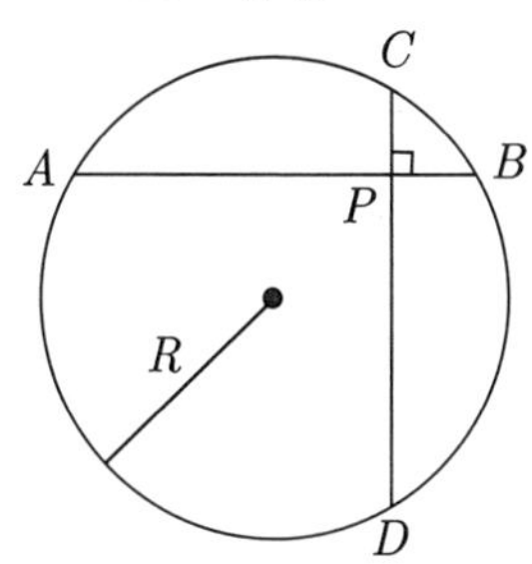

[576] $\sum_{n=1}^{\infty}\frac{1}{n^s}=\prod_{p:\text{소수}}\frac{1}{1-p^{-s}}$ 증명.

[577] $\sum_{i=1}^{n} {}_nC_i \cdot {}_nC_{i-1}=\frac{1}{2}\,{}_{2n+2}C_{n+1}-{}_{2n}C_n$ 증명.

[578] $\begin{cases} ax^3=by^3=cz^3 \\ \frac{1}{x}+\frac{1}{y}+\frac{1}{z}=1 \end{cases} \Rightarrow \sqrt[3]{ax^2+by^2+cz^2}=\sqrt[3]{a}+\sqrt[3]{b}+\sqrt[3]{c}$

[579] $x \in Z \Rightarrow x^4+2x^3+3x^2+2x+1$: 완전제곱임을 증명.

[580] $y''(1+y)+\frac{1}{2}(y')^2=0 \Rightarrow y=?$

[581] $\int_0^{\frac{\pi}{2}} e^x \cos(x+a)\,dx = 0,\ (0 \le a < 2\pi) \Rightarrow a = ?$

[582] $a, b : x^4 + x^3 = 1$ 근 $\Rightarrow ab : x^6 + x^4 + x^3 - x^2 = 1$의 근 증명.

[583] $2\sum_{k=1}^{n} \frac{(-\ln 2)^k}{k!} + 1 = \frac{(-1)^n}{n!}\int_1^2 (\ln x)^n\,dx$ 증명.

[584] $x = ?$

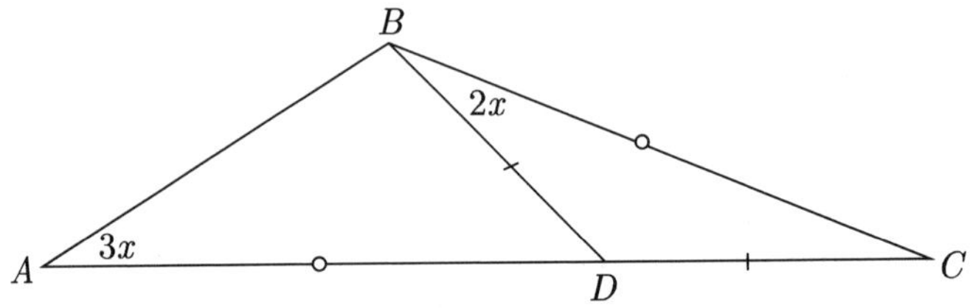

[585] $z \in C,\ |2z+3| = |3z+4| \Rightarrow |z| \in \left[1, \frac{7}{5}\right]$ 증명.

[586] $xdx + ydy = 3y^2\sqrt{x^2+y^2}\,dy \Rightarrow y = ?$

[587] p :소수 $\Rightarrow \left(1^p + 2^p + 3^p + \cdots + (p-1)^p\right) \equiv 0 (\mathrm{mod}\, p)$ 증명.

[588] $g(x+1) = g(x) \Rightarrow \lim_{n\to\infty}\int_0^1 f(x)g(nx)dx = \int_0^1 f(x)dx \int_0^1 g(x)dx$

[589] $2x - y\sin(xy) = \left(x\sin(xy) - 3y^2\right)y' \Rightarrow y = ?$

[590] $(x\cos y - y\sin y)dx - (x\sin y + y\cos y)dy = 0 \Rightarrow y = ?$

[591] $y' = \frac{3x^2 - 4xy + y^2 - 3y}{2x^2 - 2xy - 6y^2 + 3x} \Rightarrow y = ?$

[592] $\sum_{i=1}^{\infty}\sum_{j=1}^{\infty} \frac{1}{ij(i+j)} = 2\zeta(3),\ \zeta(3)$:Apéry's constant. 증명.

[593] $x \not\in \{0,1\}, p \in N,\ A_m(x) = \sum_{k=1}^{n} k^m x^k$

$\Rightarrow \sum_{k=1}^{n} k^p x^k = \frac{x}{x-1}\left\{(n+1)^p x^n - 1 - \sum_{m=0}^{p-1} {}_pC_m A_m(x)\right\}$ 증명.

[594] $\lim_{n\to\infty}\int_0^1 n f(x^n)\,dx = \int_0^1 \frac{f(x)}{x}\,dx$ 증명.

[595] $\int_0^1 f(x)(4x^2 - f(x))\,dx = \frac{4}{5} \Rightarrow f(x) = ?$

[596] $f(x+y) = e^x f(y) + e^y f(x),\ f'(0) = 3 \Rightarrow f(x) = ?$

[597] $\frac{22}{7}$, π : 대소 관계를 증명.

[598] 적분만 이용하여 $\sum_{n=1}^{\infty} \frac{1}{n^2} = \frac{\pi^2}{6}$ 증명.

[599] 적분만 이용하여 $\sum_{n=0}^{\infty} \frac{1}{(2n+1)^2} = \frac{\pi^2}{8}$ 증명.

[600] p, q:다른 서로소 $\Rightarrow p^{q-1} + q^{p-1} \equiv 1 (\mathrm{mod}\, pq)$ 증명.

[601] $n \ge 2 \Rightarrow 8 \mid \left[1 + (\sqrt[3]{n} + \sqrt[3]{n+2})^3\right]$ 증명, $[x]$:Gauss부호

[602] $0 \le a \le 2 \Rightarrow \min\left\{\int_0^2 \left|\frac{1}{1+e^x} - \frac{1}{1+e^a}\right| dx\right\} = ?$

[603] $\int_0^x \sin t \cdot f(x-t)\,dt = f(x) - \sin x \Rightarrow f(x) = ?$

[604] $\int_0^\pi x f(\sin x)\,dx = \frac{\pi}{2}\int_0^\pi f(\sin x)\,dx$ 증명.

[605] $a_n : 0,1,1,2,2,3,3,4,4,\ldots,\ f(n) = \sum_{k=1}^{n} a_k$ 증명.

$\Rightarrow f(s+t) - f(s-t) = st,\ (s > t)$

[606] $\sum_{k=1}^{n} \frac{k}{(k+1)(k+2)(k+3)} = \frac{1}{4} + \frac{1}{2}\left(\frac{1}{n+2} - \frac{3}{n+3}\right)$ 증명.

[607] $xy' = y + \frac{y}{x} \Rightarrow y = ?$

[608] $xy' = y + \tan\left(\frac{y}{x}\right) \Rightarrow y = ?$

[609] $y' = 3 + \frac{1}{3x-y} + 3x - y \Rightarrow y = ?$

[610] $x^2 y' \sin\left(\frac{1}{x}\right) + y\cos\left(\frac{1}{x}\right) = 1 \Rightarrow y = ?$

[611] $\frac{BM}{MC} \cdot \frac{BN}{NC} = \frac{AB^2}{AC^2}$ 증명.

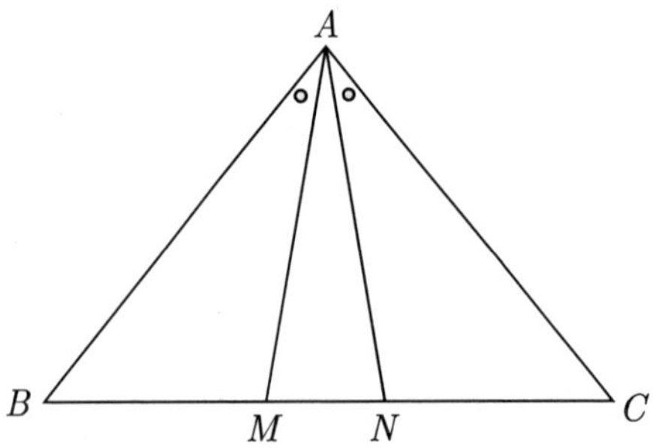

[612] $\alpha + \beta + \gamma = \pi \Rightarrow$

$\tan(\alpha+\beta-\gamma) + \tan(\beta+\gamma-\alpha) + \tan(\gamma+\alpha-\beta)$ 증명.
$= \tan(\alpha+\beta-\gamma) \cdot \tan(\beta+\gamma-\alpha) \cdot \tan(\gamma+\alpha-\beta)$

[613] $\triangle ABC,\ \frac{A}{4} = \frac{B}{2} = C \Rightarrow \frac{1}{c} = \frac{1}{a} + \frac{1}{b}$ 증명.

[614] $\begin{cases} a^2 = b(b+c) \\ b^2 = c(c+a) \end{cases}, abc \neq 0 \Rightarrow \frac{1}{c} = \frac{1}{a} + \frac{1}{b}$ 증명.

[615] $f\left(\frac{\pi}{6}\right) = 0,\ f'(x)\tan x = \int_{\frac{\pi}{6}}^{x} \frac{2\cos t}{\sin t}\,dt \Rightarrow f(x) = ?$

[616] $ab + bc + ca = 1 \Rightarrow (1+a^2)(1+b^2)(1+c^2)$: 완전제곱임을 증명.

[617] $\sqrt{2008}+\sqrt{2009}+\sqrt{2010}$, $\sqrt{2005}+\sqrt{2007}+\sqrt{2015}$: 대소 관계.

[618] $\int_0^1 \frac{ax+b}{(x^2+3x+2)^2}dx=\frac{5}{2} \Rightarrow a, b=?$

[619] $\begin{vmatrix} -bc & b^2+bc & c^2+bc \\ a^2+ac & -ac & c^2+ac \\ a^2+ab & b^2+ab & -ab \end{vmatrix}=(ab+bc+ca)^3$ 증명.

[620] $x>0 \Rightarrow \tan\left(\frac{\tan^{-1}\sqrt{x}}{2}\right)=\frac{\sqrt{x}}{1+\sqrt{1+x}}$ 증명.

[621] $-1 \le x < 1, f(x)=\int_0^x \frac{dt}{1+t^2} \Rightarrow \cos\left\{2f\left(\sqrt{\frac{1+x}{1-x}}\right)\right\}=?$

[622] $\frac{1}{2}\int_0^{\frac{\pi}{2}} \frac{x}{\sin x}dx = \sum_{n=0}^{\infty}\frac{(-1)^n}{(2n+1)^2}$ 증명.

[623] $n\in N, [x]$: Gauss 부호 $\Rightarrow [\sqrt{n}+\sqrt{n+1}]=[\sqrt{4n+1}]$ 증명.

[624] $e^y(e^x-e^y)y'+e^x(e^y+e^x)=0 \Rightarrow y=?$

[625] $\triangle ABC \Rightarrow a\cos A+b\cos B+c\cos C=\frac{2S}{R}$ 증명.

[626] $\int_0^x \frac{f(t)(x-t)^n}{n!}dt = \int_0^x\int_0^{t_n}\cdots\int_0^{t_1} f(u)du\,dt_1\cdots dt_n$ 증명

[627] $(\sin^{-1}x)^2=\sum_{n=1}^{\infty}\left(2^{2n-1}\frac{\{(n-1)!\}^2}{(2n)!}x^{2n}\right), (0<x<1)$ 증명.

[628] $\sin\left(\frac{\sin^{-1}x}{3}\right)=\frac{1}{3}\sum_{n=0}^{\infty}\frac{(3n)!}{n!(2n)!}\left(\frac{4}{27}\right)^n\frac{x^{2n+1}}{2n+1}, (0<x<1)$ 증명.

[629] $\int_1^x [u]\,[u+1]f(u)du=2\sum_{k=1}^{[x]}k\int_k^x f(u)du$, $[x]$:Gauss 부호.

[630] $e^x\sin x = \sum_{n=1}^{\infty}\frac{\sqrt{2^n}\sin\frac{n\pi}{4}}{n!}x^n$ 증명.

[631] $k \in N, f(x) = \dfrac{e^x}{3} + \dfrac{2}{3} e^{-\frac{x}{2}} \sqrt{\dfrac{1}{2} + \dfrac{1}{2}\sqrt{\dfrac{1}{2} + \cdots + \dfrac{1}{2}\sqrt{\dfrac{1}{2} + \dfrac{\cos\left(x 2^k \sqrt{3}\right)}{2}}}}$
$\Rightarrow f^{(n)}(0) = ?$

[632] $f(x) = ax^3 + bx^2 + cx + d, f(1) = 1, f(-1) = -1, \displaystyle\int_{-1}^{1} (bx^2 + cx + d)\, dx = 1$

if $I = \min\left\{ \displaystyle\int_{-1}^{\frac{1}{2}} (f''(x))^2 \, dx \right\} \Rightarrow f(x) = ?, I = ?$

[633] $f(x) = e^x(\sin x + \cos x), g(x) = \displaystyle\sum_{k=1}^{72} f^{(k)}(x) \Rightarrow g\left(\dfrac{\pi}{2}\right) = ?$

[634] $k \in N \Rightarrow \left(\dfrac{3+\sqrt{5}}{2}\right)^{1997} + \left(\dfrac{3-\sqrt{5}}{2}\right)^{1997} - 2 = k^2$ 증명.

[635] $\displaystyle\int_0^{y'} \dfrac{\cos z}{16 + 9\sin^2 z} dz = \dfrac{1}{12} \tan^{-1} x \Rightarrow y = ?$

[636] $\dfrac{\overline{PA}}{\overline{PC}} = \dfrac{\cot x + \cot y}{\cot z + \cot t}$ 증명.

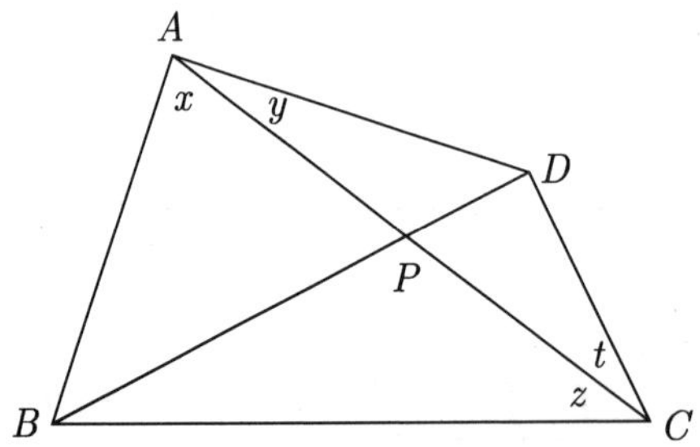

[637] $f(x) = \displaystyle\int_0^x \sin(t^2 - t + x)\, dt \Rightarrow f(x) + f''(x) = ?$

[638] $x^3 y' = xy + x + 1 \Rightarrow y = ?$

[639] $\cot 4\theta = \dfrac{1 - 6\tan^2\theta + \tan^4\theta}{4\tan\theta - 4\tan^3\theta}$ 증명.

[640] $\max\left\{ \displaystyle\int_0^1 t \sin(x + \pi t)\, dt \right\} = ?$

[641] $x^3(y' - x) = y^2, y(1) = 2 \Rightarrow y = ?$

[642] $3y^2y' + 2xy^3 = e^{-x^2} \Rightarrow y = ?$

[643] $\Gamma(z)\Gamma\left(z+\frac{1}{2}\right) = 2^{1-2z}\sqrt{\pi}\,\Gamma(2z)$ 증명. $\Gamma(x)$:Gamma 함수

[644] $\exists n \in N, 1987 \mid \overbrace{1\cdots1}^{n} \Rightarrow 1987 \mid \overbrace{1\cdots1}^{n+1}\overbrace{9\cdots9}^{n+1}\overbrace{8\cdots8}^{n+1}\overbrace{7\cdots7}^{n+1}$ 증명.

[645] $\frac{d^n}{dx^n}\left(\frac{\ln x}{x}\right) = \frac{(-1)^n n!}{x^{n+1}}\left(\ln x - 1 - \frac{1}{2} - \frac{1}{3} - \cdots - \frac{1}{n}\right)$ 증명.

[646] $\triangle ABC \Rightarrow \cos\frac{A}{2} + \cos\frac{B}{2} + \cos\frac{C}{2} = 4\sin\frac{\pi+A}{4}\sin\frac{\pi+B}{4}\sin\frac{\pi+C}{4}$ 증명.

[647] $\tan A + \tan B = 2\cot\frac{C}{2} \Rightarrow \triangle ABC$: 이등변 삼각형임을 증명.

[648] $\begin{cases} x\sinh u + y\cosh u = 1 \\ x\cosh u - y\sinh u = 1 \end{cases} \Rightarrow 4xy = (x^2+y^2)^2$ 증명.

[649] $f(x)$:smooth function on $[a,b]$

$$\Rightarrow \exists c \in (a,b),\ f'(c) = \frac{f(b) - f(a) + c - \frac{1}{2}(a+b)}{b-a}$$ 증명.

[650] $\begin{cases} f(x)f'(x) + g(x)g'(x) + h(x)h'(x) = 3\sin x\cos x \\ f(x)g'(x) + g(x)h'(x) + h(x)f'(x) = 2\cos x - \sin x\cos x \\ f(x)h'(x) + g(x)f'(x) + h(x)g'(x) = -\sin x\cos x \\ f(x) = g(x) + 1,\ f(0) + g(0) + h(0) = 2 \end{cases} \Rightarrow \begin{matrix} f(x) = ? \\ g(x) = ? \\ h(x) = ? \end{matrix}$

[651] $\sum_{n=0}^{\infty}\frac{\sin(2n+1)y}{(2n+1)e^{(2n+1)x}} = \frac{1}{2}\tan^{-1}\left(\frac{\sin y}{\sinh x}\right)$ 증명.

[652] $x, y, z \in C,\ |x| = |y| = |z| = 1 \Rightarrow |x+y+z| = |xy+yz+zx|$증명.

[653] $|x| < 1 \Rightarrow \sum_{n=0}^{\infty} x^n \frac{1+x^{2n+2}}{(1-x^{2n+2})^2} = \sum_{n=0}^{\infty}\frac{(-x)^n}{(1-x^{n+1})^2}$ 증명.

[654] $(f'(x))^2 = 2f(x)f''(x) \Rightarrow f(x) = ?$

[655] $f'(a) = f'(b) = 0 \Rightarrow \exists c \in (a,b),\ \frac{f(c) - f(a)}{c-a} = f'(c)$증명.

[656] $f'(a)=f'(b) \Rightarrow \exists c \in (a,b),\ \dfrac{f(c)-f(a)}{c-a}=f'(c)$ 증명.

[657] ${}_{-0.5}C_k = (-1)^k \dfrac{{}_{2k}C_k}{2^{2k}}$ 증명.

[658] $\begin{cases} \sin\alpha+\sin\beta+\sin\gamma=0 \\ \cos\alpha+\cos\beta+\cos\gamma=0 \end{cases} \Rightarrow \begin{cases} \sin(\alpha+\beta)+\sin(\beta+\gamma)+\sin(\gamma+\alpha)=0 \\ \cos(\alpha+\beta)+\cos(\beta+\gamma)+\cos(\gamma+\alpha)=0 \end{cases}$

[659] $f(xy)=x^3+y^3+2 \Rightarrow y'=?$

[660] $f(y)^2=x^2y-3 \Rightarrow y'=?$

[661] $\begin{cases} f'=2f^2gh+\dfrac{1}{gh},\ f(0)=1 \\ g'=fg^2h+\dfrac{4}{fh},\ g(0)=1 \\ h'=3fgh^2+\dfrac{1}{fg},\ h(0)=1 \end{cases} \Rightarrow f(x)=?$

[662] $f(x)$: smooth function on $[a,b]$, $0<a$

$\Rightarrow \exists c \in (a,b)\ s.t.\ \dfrac{bf(a)-af(b)}{b-a}=f(c)-cf'(c)$ 증명.

[663] $f(x)=\dfrac{x^2+1}{x^4+1} \Rightarrow f^{(22)}(0)=?,\ f^{(23)}(0)=?,\ f^{(24)}(0)=?$

[664] $(4\cos^2 9^\circ-3)(4\cos^2 27^\circ-3)=\tan 9^\circ$ 증명.

[665] $x>0,\ f(1)=-6,\ xf'(x)-2f(x)=x^4f^2(x) \Rightarrow f(x)=?$

[666] $f(x)=1+\dfrac{1}{x}\displaystyle\int_1^x f(t)dt,\ x>0 \Rightarrow f(x)=?$

[667] $f(x+y)=f(x)f'(y)+f'(x)f(y),\ f(0)\neq 0 \Rightarrow f(x)=?$

[668] $a\neq 1,\ \displaystyle\int_0^x (e^{-x}-ae^{-t})f(t)dt=0 \Rightarrow f(x)=?$

[669] $\displaystyle\int_0^x f(t)\left(\int_0^t f(t)dt\right)dt=f(x)+\frac{1}{2} \Rightarrow f(x)=?$

[670] $B(m,n)$:Beta 함수 $\Rightarrow B(a,a)=\dfrac{1}{2^{2a-1}}B\left(\dfrac{1}{2},a\right)$ 증명.

[671] $x>0,\ \displaystyle\int_1^{f(x)} f^{-1}(t)\,dt=\frac{1}{3}\left(\sqrt{x^3}-8\right)\ \Rightarrow\ f(x)=?$

[672] $f(x)=\displaystyle\int_0^x \frac{dt}{1+t^2},\ -1\le x<1 \Rightarrow \cos\left\{2f\left(\sqrt{\frac{1+x}{1-x}}\right)\right\}=?$

[673] $\displaystyle\int_0^\infty \frac{1}{(x^n+1)^n}\,dx=1\ \Rightarrow\ n=?$

[674] $t>0,\ f(x)+f(x+t)=0,\ g(x)=\displaystyle\int_0^x f(t)dt-\frac{1}{2}\int_0^t f(x)dx$
$\Rightarrow g(x)+g(x+t)=0$:증명.

[675] $\sin^{-1}(ix)=i\sinh^{-1}x,\ i=\sqrt{-1}$:증명.

[676] $f(x)=f(x+\pi)\Rightarrow \displaystyle\int_{-\infty}^{\infty} f(x)\frac{\tan x}{x}dx=\int_{-\frac{\pi}{2}}^{\frac{\pi}{2}} f(x)dx$ 증명

[677] $f(x)=f(x+\pi)\Rightarrow \displaystyle\int_{-\infty}^{\infty} f(x)\frac{\sin x}{x}dx=\int_0^{\pi} f(x)dx$ 증명.

[678] $n\in N, f(x)=\displaystyle\int_0^{\frac{\pi}{2}} \frac{1-\cos 2nx}{1-\cos 2x}dx\ \Rightarrow\ \frac{f(n+1)-f(n-1)}{f(n)}=?$

[679] $f(x)=\dfrac{2x-1}{(x+2)(x+2^2)\cdots(x+2^{2011})}\ \Rightarrow f'(0)=?$

[680] $\ln(2-2\cos\theta)=-2\displaystyle\sum_{n=1}^{\infty}\frac{\cos n\theta}{n}$ 증명.

[681] $\tan\dfrac{\pi}{7}-4\sin\dfrac{2\pi}{7}=-\sqrt{7}$ 증명.

[682] $\tan\dfrac{2\pi}{7}+4\sin\dfrac{2\pi}{7}-4\sin\dfrac{\pi}{7}=\sqrt{7}$ 증명.

[683] $\tan\dfrac{4\pi}{19}+4\sin\dfrac{5\pi}{19}-4\sin\dfrac{6\pi}{19}+4\sin\dfrac{9\pi}{19}=\sqrt{19}$ 증명.

[684] $\tan\frac{\pi}{9}+2\sin\frac{\pi}{9}-2\sin\frac{2\pi}{9}+2\sin\frac{4\pi}{9}=\sqrt{3}$ 증명.

[685] $\tan\frac{2\pi}{7}-4\sin\frac{3\pi}{7}=-\sqrt{7}$ 증명.

[686] $\tan\frac{3\pi}{7}-4\sin\frac{\pi}{7}=\sqrt{7}$ 증명.

[687] $\begin{cases} a\sec x+b\tan x+c=0 \\ p\sec x+q\tan x+r=0 \end{cases} \Rightarrow (br-qc)^2-(pc-ar)^2=(aq-bp)^2$ 증명

[688] F_n :Fibonacci 수 $\Rightarrow F_n^2+2F_{n+1}F_{n+2}=F_{2n+3}$ 증명.

[689] $\ln e=1$ 임을 증명.

[690] $\frac{1}{{}_nC_k}=(n+1)\int_0^\infty \frac{x^k}{(1+x)^{n+2}}dx$ 증명.

[691] $a,b: x^2+px+q=0$의 근, $f(n)=a^n+b^n$
$\Rightarrow f(n+1)+pf(n)+qf(n-1)=0$ 증명.

[692] $f_1(x)=x, f_n(x)=\int_0^x tf_{n-1}(x-t)dt \Rightarrow f_n(x)=?$

[693] $x\tan^{-1}x-\frac{\ln(1+x^2)}{2}=\sum_{n=0}^{\infty}\frac{(-1)^n x^{2n+2}}{(2n+1)(2n+2)}$ 증명.

[694] $x,y>0, x\neq y$
$\Rightarrow (\sqrt{x}-\sqrt{y})^{-2}\left(\frac{1}{x}+\frac{1}{y}\right)+2\left(\frac{1}{\sqrt{x}}+\frac{1}{\sqrt{y}}\right)(\sqrt{x}-\sqrt{y})^{-3}=\frac{1}{xy}$

[695] $\tan x=n\tan y \Rightarrow \max\{\sec^2(x-y)\}=?$

[696] $\sin x=b\sin(a-x)\Rightarrow \tan\left(x-\frac{a}{2}\right)=\frac{(b-1)\tan\frac{a}{2}}{b+1}$ 증명.

[697] $f(x)=\sin(x^2) \Rightarrow f^{(10)}(0)=?$

[698] $f(x)=\cos(x^2) \Rightarrow f^{(16)}(0)=?$

[699] $\tan\frac{\pi}{9}+4\sin\frac{\pi}{9}=\sqrt{3}$ 증명.

[700] $\tan\frac{2\pi}{9}-4\sin\frac{2\pi}{9}=-\sqrt{3}$ 증명.

[701] $\tan\frac{4\pi}{9}-4\sin\frac{4\pi}{9}=\sqrt{3}$ 증명.

[702] $\tan\frac{6\pi}{9}+4\sin\frac{6\pi}{9}=\sqrt{3}$ 증명.

[703] $\tan\frac{\pi}{11}+4\sin\frac{3\pi}{11}=\sqrt{11}$ 증명.

[704] $\tan\frac{2\pi}{11}-4\sin\frac{5\pi}{11}=-\sqrt{11}$ 증명.

[705] $\tan\frac{4\pi}{11}+4\sin\frac{\pi}{11}=\sqrt{11}$ 증명.

[706] $\tan\frac{5\pi}{11}-4\sin\frac{4\pi}{11}=\sqrt{11}$ 증명.

[707] $y=\frac{2x}{\pi},\left(0\le x\le\frac{\pi}{2}\right), y=2-\frac{2x}{\pi},\left(\frac{\pi}{2}\le x\le\pi\right), y=a\sin x,\left(\frac{2}{\pi}\le a\le 1\right)$
둘러싸인 최소 면적이 되게 $a=?$

[708] $\cos\frac{2\pi}{7}+\cos\frac{4\pi}{7}+\cos\frac{6\pi}{7}=-\frac{1}{2}$ 증명.

[709] $n\in N\Rightarrow\left[\frac{n+2-\left[\frac{n}{25}\right]}{3}\right]=\left[\frac{8n+24}{25}\right]$ 증명,($[x]$:Gauss 부호)

[710] $\forall n\in N,\ \exists\,(a_n,b_n)\in N^2\cup\{0\}\Rightarrow\left(\frac{1+\sqrt{5}}{2}\right)^n=a_n\left(\frac{1+\sqrt{5}}{2}\right)+b_n$ 증명.

[711] $0<\alpha<\pi, F(\theta)=\frac{\sin\theta+\sin(\theta+\alpha)}{\cos\theta-\cos(\theta+\alpha)}\Rightarrow F(\theta)$:상수임을 증명.

[712] $a,b,c\in Z$, $6\,|\,(a^3+b^3+c^3)\Leftrightarrow 6\,|\,(a+b+c)$ 증명.

[713] $f(x)=\cos x+\int_0^{2\pi} f(y)\sin(x-y)dy \Rightarrow f(x)=?$

[714] $\frac{n}{n+1}\sin\left(\frac{n+2}{n+3}\right)\le \int_0^1 x\sin\left(x^2-x+1\right)dx \Rightarrow \exists\, n\in N$증명.

[715] $\left[x^{n-1}f\left(\frac{1}{x}\right)\right]^{(n)}=\frac{(-1)^n}{x^{n+1}}f^{(n)}\left(\frac{1}{x}\right)$ 증명.

[716] $f(0)=0, f(1)=1 \Rightarrow \min\left\{\int_0^1 f'(x)^2\,dx\right\}=?$

[717] $[A, B, C, D]=[A', B', C', D']$ 증명.

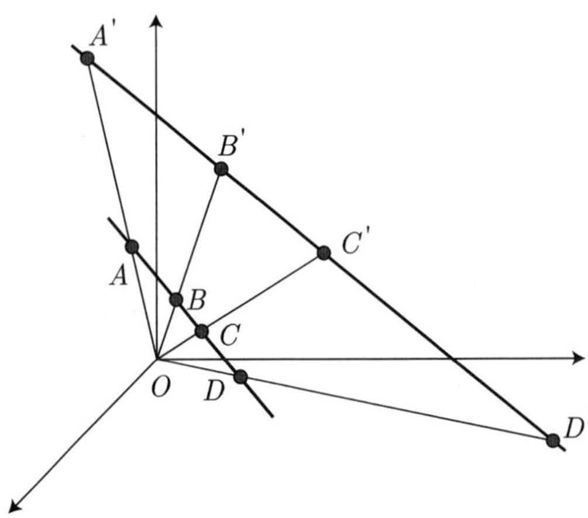

[718] $f(x)=t\sin x+(1-t)\cos x,\ (0\le t\le 1)$

$$\Rightarrow\begin{cases}\max\left\{\left(\int_0^{\frac{\pi}{2}} e^x f(x)dx\right)\left(\int_0^{\frac{\pi}{2}} e^{-x} f(x)dx\right)\right\}=?\\ \min\left\{\left(\int_0^{\frac{\pi}{2}} e^x f(x)dx\right)\left(\int_0^{\frac{\pi}{2}} e^{-x} f(x)dx\right)\right\}=?\end{cases}$$

[719] $f(y)f(x-y)=f(x), f'(0)=p, f'(5)=q \Rightarrow f'(-5)=?$

[720] $f(x), g(x): [a,b]$ 미분가능, $\forall x\in[a,b], g'(x)\neq 0, \frac{f'(a)}{g'(a)}=\frac{f'(b)}{g'(b)}$

$\Rightarrow \exists\, c\in[a,b]\ , \frac{f(c)-f(a)}{g(c)-g(a)}=\frac{f'(c)}{g'(c)}$ 증명.

[721] $-7f'(x)+\sec x\, f(x)=\frac{f(x)^8}{\cos x(1+\sin x)}, f(0)=\frac{1}{2} \Rightarrow f(x)=?$

[722] $f'(a)=f'(b)=0 \Rightarrow \exists\, c\in(a,b),\ |f''(c)|\ge \dfrac{4}{(b-a)^2}|f(b)-f(a)|$

[723] $\dfrac{\sin\theta-\cos\theta+1}{\sin\theta+\cos\theta-1}=\tan\theta+\sec\theta$ 증명.

[724] $a>-1 \Rightarrow \displaystyle\int_0^1 x^a \frac{\ln x}{1-x}dx=\sum_{n=1}^{\infty}\frac{-1}{(a+n)^2}$ 증명.

[725] $f_n(x)=\dfrac{1}{e^{nx}}-\dfrac{2}{e^{2nx}} \Rightarrow \displaystyle\sum_{n=1}^{\infty}\int_0^{\infty} f_n(x)dx \neq \int_0^{\infty}\sum_{n=1}^{\infty} f_n(x)dx$ 증명.

[726] $f_n(x)=\dfrac{1}{e^{nx}}-\dfrac{2}{e^{2nx}} \Rightarrow \displaystyle\sum_{n=1}^{\infty}\lim_{x\to 0} f_n(x) \neq \lim_{x\to 0}\sum_{n=1}^{\infty} f_n(x)$ 증명.

[727] $z_1+z_2z_3,\ z_2+z_3z_1,\ z_3+z_1z_2\in R \Rightarrow z_1z_2z_3=1$ 증명.

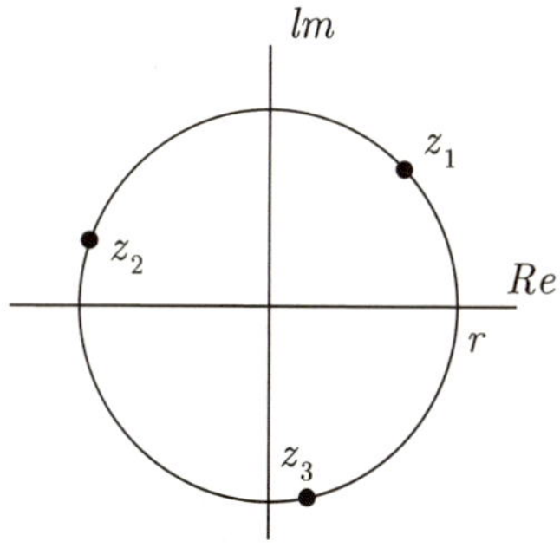

[728] 16, 1156, 111556, 11115556, ... : 완전제곱임을 증명.

[729] $f(x)=\dfrac{|\sec x|}{\sqrt{2}}\left(\sqrt{-2-4\cos x}+\sqrt{16+24\cos 2x}\right) \Rightarrow f(x)$: 극값?

[730] $\displaystyle\lim_{h\to 0}\frac{f(x+3h)-3f(x+2h)+3f(x+h)-f(x)}{h^3}=f'''(x)$

[731] $a,b\neq 0,\ f: R\to\left[-\sqrt{a^2+b^2},\ \sqrt{a^2+b^2}\right],\ f(x)=a\cos x+b\sin x$
$\Rightarrow f$: surjection 증명.

[732] $f(x)f(1-x)=f(ax+b),\ f$: injection $\Rightarrow a=0$ 증명.

[733] $\begin{cases} x'=-2x+y+e^{-t}, & x(0)=1 \\ y'=-x+te^{-t}, & y(0)=0 \end{cases} \Rightarrow \begin{matrix} x(t)=? \\ y(t)=? \end{matrix}$

[734] $f(x)=x^{x^{x^{\cdots}}} \Rightarrow f'(1)=?$

[735] $-1 \le x \le 1 \Rightarrow \cos\left(\dfrac{\sin^{-1}x}{2}\right)+\sin\left(\dfrac{\sin^{-1}x}{2}\right)=\sqrt{1+x}$ 증명.

[736] $f(x)=-\displaystyle\int_0^x \ln(\cos y)dy \Rightarrow f(x)+x\ln 2=2\left(f\left(\dfrac{\pi}{4}+\dfrac{x}{2}\right)-f\left(\dfrac{\pi}{4}-\dfrac{x}{2}\right)\right)$ 증명.

[737] $f(2)=-1, f'(2)=4, \displaystyle\int_2^3 (3-x)f''(x)dx=7 \Rightarrow f(3)=?$

[738] $\tan^{-1}x+\tan^{-1}y+\tan^{-1}xy=\dfrac{11\pi}{12} \Rightarrow y'(1)=?$

[739] $\tan^{-1}a+\tan^{-1}x=k\pi+\tan^{-1}\dfrac{a+x}{1-ax}, (k\in Z)$ 증명.

[740] $2\tan^{-1}x=k\pi+\tan^{-1}\left(\dfrac{2x}{1-x^2}\right), (k\in Z)$ 증명.

[741] $\begin{cases} f'(t)=3g(t), f(1)=3 \\ g'(t)=-3f(t), g(1)=7 \end{cases} \Rightarrow f(t)=?, g(t)=?$

[742] $x\sin(\pi x)=\displaystyle\int_0^{x^2} f(t)dt \Rightarrow f(0)=?$

[743] $\begin{matrix} f(x)f'(x) \ge x\sqrt{1-f^4(x)} \\ f(a)=1, f(b)=\dfrac{1}{\sqrt{2}}, a<b \end{matrix} \Rightarrow \min\{a^2-b^2\}=?$

[744] $f(0)\neq 0, f'(0)=2, f(a+b)=f(a)f(b) \Rightarrow f'(x)=2f(x)$

[745] $f(1)=1, \displaystyle\int_0^x f(t)^3 dt=\dfrac{1}{x^2}\left(\int_0^x f(t)dt\right)^3, g(x)=\int_0^x f(t)dt,$

$f(x)$:non-decreasing, $f(x)>0 \Rightarrow \dfrac{xg'(x)}{g(x)}=?$

[746] $\tan^2 65^\circ-2\tan 65^\circ\tan 40^\circ-1=0$ 증명.

[747] $\begin{cases} f''(x)=-f(x), f'(x)=g(x), h(0)=2 \\ h'(x)=f(x)^2+g(x)^2, h(1)=8 \end{cases} \Rightarrow h(x)=?$

[748] $\tan\left(\frac{\pi}{4}+x\right) \Rightarrow$ 다항식 전개식에서 x^3의 계수는?

[749] $\sec\left(\frac{\pi}{3}+x\right) \Rightarrow$ 다항식 전개식에서 x^3의 계수는?

[750] $\sqrt{9+x} \Rightarrow$ 다항식 전개식에서 x^3의 계수는?

[751] $x \geq 0,\ \min\left\{\int_0^x 3^t(3^t-4)(x-t)dt\right\} \Rightarrow x=?$

[752] $\begin{cases} f(a+b-x)=f(x) & ,a<b \\ g(a+b-x)=-g(x) & ,c>1 \end{cases} \Rightarrow \int_a^b \frac{f(x)}{c^{g(x)}+1}dx = \frac{1}{2}\int_a^b f(x)dx$

[753] $\int_{\frac{a}{2}}^{\frac{t}{2}} f(x)dx = t^2+3t-4,\ (a<0) \Rightarrow a=?$

[754] $r=\sqrt{r_1r_2}+\sqrt{r_2r_3}+\sqrt{r_3r_1}$ 증명.

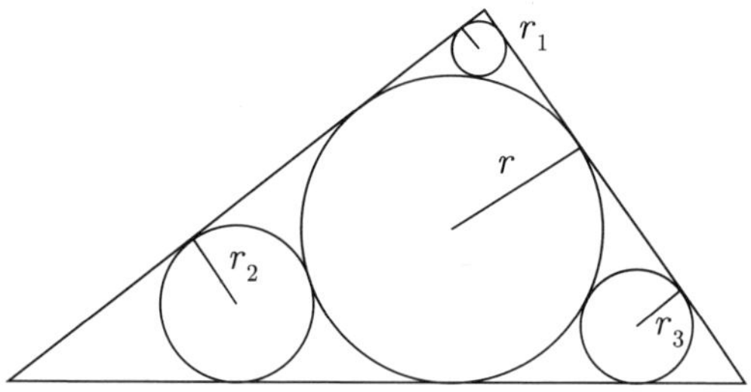

[755] $y\,dy - x(1-x^2+y^2)\,dx = 0 \Rightarrow y=?$

[756] $f(0)\neq 0, f(x+y)=f(x)f(y) \Rightarrow f'(x)=f'(0)f(x)$ 증명.

[757] $f(x)-e^{-x}f'(x)=1+e^x \Rightarrow f(x)=?$

[758] $I(n)=\int_0^\infty \frac{\ln x}{x^2+nx+n^2}dx,\ n\,I(n)-I(1)=\frac{\pi}{3},\ n>0 \Rightarrow n=?$

[759] $xy'\sin 2y = 4x^2+\sin^2 y \Rightarrow y=?$

[760] $f(x)>0,\ \int_0^1 \ln f(x)\,dx = \ln\left(\int_0^1 f(x)dx\right) \Rightarrow f(x)=?$

[761] $A=\int_0^1 x^k(2-x)^k dx,\ B=\int_0^1 x^k(1-x)^k dx \Rightarrow A=2^{2k}B$

[762] $f(x)=e^{-x}+\int_0^x e^{-t}f(x-t)\,dt \Rightarrow f(x)=?$

[763] $f(x)=x^2-\int_0^1 (f(t)+x)^2\,dt \Rightarrow f(x)=?,\ (f(x)\neq c)$

[764] $\int_0^1 x^n e^{-x}dx=n!\left[1-\frac{1}{e}\left(\sum_{k=0}^{n}\frac{1}{k!}\right)\right]$ 증명.

[765] $\int_1^\infty \frac{2x^2+bx+a}{x(2x+a)}-1\,dx=1 \Rightarrow a,\ b=?$

[766] $f(1)=e,\ f'(x)=f(x)+\frac{f(x)}{x}+e^x,\ x>0 \Rightarrow f(x)=?$

[767] $A=120^\circ,\ r$: 내접원의 반지름 $\Rightarrow \frac{1}{l_a}+\frac{\sqrt{3}}{2h_a}=\frac{\sqrt{3}}{2r}$ 증명.

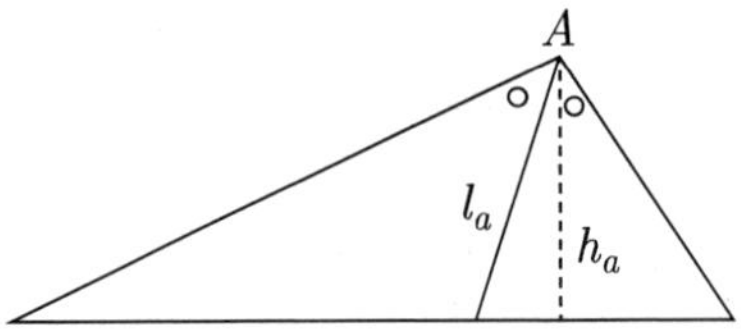

[768] $\sin^2x+\sin^2y+\sin^2z+2\sin x\sin y\sin z=1 \Rightarrow x+y+z=\frac{\pi}{2}$ 증명.

[769] $x+y+z=\pi \Rightarrow \cos^2x+\cos^2y+\cos^2z+2\cos x\cos y\cos z=1$ 증명.

[770] $\frac{2}{\pi}\sum_{n=1}^{\infty}(-1)^n\frac{n\sin n}{x^2-n^2}=\frac{\sin x}{\sin\pi x}$ 증명.

[771] $|m|>|n|,\ \frac{\sin b}{\sin(2a+b)}=\frac{n}{m} \Rightarrow \frac{1+\frac{\tan b}{\tan a}}{m+n}=\frac{1-\tan a\tan b}{m-n}$

[772] $A=\frac{\sin a}{\sin(a+b)} \Rightarrow \tan(a+b)=\frac{\sin b}{\cos b-A}$ 증명.

[773] $a > 0 \Rightarrow \min\left\{\int_1^e |\ln(ax)|\, dx\right\} = ?$

[774] $n \in N, f'(x) = n\left[f\left(x + \frac{1}{n}\right) - f(x)\right] \Rightarrow f(x) = ?$

[775] $n \in N, f'(x) = \frac{1}{n}[f(x+n) - f(x)] \Rightarrow f(x) = ?$

[776] $f(0) = 1, \lim_{y \to 0} \sqrt[y]{\frac{f(x+y)}{f(x)}} = e^{f(-x)\tan x} \Rightarrow f'(0) = ?$

[777] $f(x) = xe^x + 2x\int_0^2 |g(t)|\, dt - 1$, $g(x) = x^2 - x\int_0^1 f(t)dt \Rightarrow \int_0^2 |g(t)|\, dt = ?$

[778] $\begin{cases} f'(x) = g(x), f(0) = 0 \\ g'(x) = -f(x), g(0) = 1 \end{cases} \Rightarrow f^2(x) + g^2(x) = ?$

[779] $\int_a^{\frac{a+b}{2}} f(x)dx \le \int_{\frac{a+b}{2}}^b f(x)dx \Rightarrow f(x)$: 증가함수 증명.

[780] $F'(x) = f(x), \int_1^x t^2 f(t)dt = (x^2+1)F(x) - 2 \Rightarrow f(x) = ?$

[781] $\vec{a} \times [\vec{a} \times (\vec{a} \times \vec{b})] \cdot \vec{c} = -|\vec{a}|^2(\vec{a} \cdot \vec{b} \times \vec{c})$ 증명.

[782] $f(x)$: $[a,b]$ 연속, 미분가능, $f(a) = f(b)$
$\Rightarrow \exists\, c, d\, (a < c < d < b),\quad c(c-a)f'(c) = a(b-c)f'(d)$

[783] $f'(0) = -1, f(0) = 1, f\left(\frac{x+y}{2}\right) = \frac{f(x) + f(y)}{2} \Rightarrow f(2) = ?$

[784] $\lim_{x \to -\infty} \left(\sqrt{x^2+2} - ax - b\right) = 1 \Rightarrow a, b = ?$

[785] $\dfrac{MB}{MC}=m, \dfrac{NC}{NA}=n, \dfrac{PA}{PB}=o \Rightarrow \dfrac{\triangle MNP}{\triangle ABC}=\dfrac{1+mno}{(1+m)(1+n)(1+o)}$ 증명.

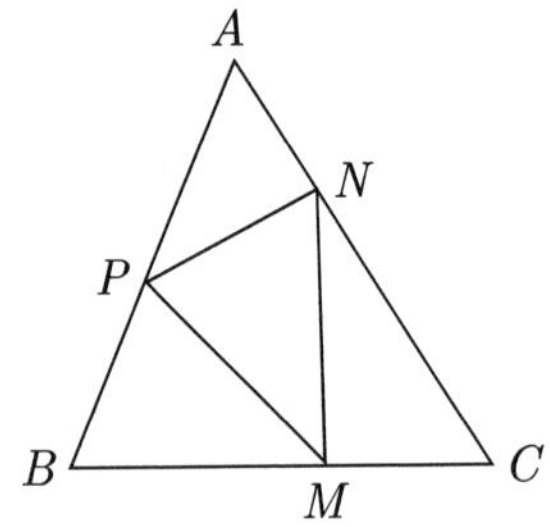

[786] $f(x)=\dfrac{\ln x}{x}, (x>0) \Rightarrow f^{(n)}(1)=(-1)^{n+1}n!\left(\sum_{k=1}^{n}\dfrac{1}{k}\right)$증명.

[787] $f'(x)=f(-x), f(0)=5 \Rightarrow f(x)=?$

[788] $m \le n \Rightarrow \sum_{k=0}^{m} {}_nC_k \cdot {}_{n-k}C_{m-k} = 2^m \cdot {}_nC_m$ 증명.

[789] $\begin{vmatrix} ac & ab & bc \\ 1 & 1 & 1 \\ b & c & a \end{vmatrix}=(c-a)(b-c)(a-b)$ 증명.

[790] $(y')^2-yy''+y^2=0 \Rightarrow y=?$

[791] $\int_0^x f(t)\cos(x-t)\,dt=xe^{2x} \Rightarrow f(x)=?$

□ 해답

01 | 부등식 증명

[1] Jensen 부등식, [2] 산술, 기하평균, [3] Jensen 부등식, [4] 정적분, [5] 평균치 정리, [6] 평균치 정리, [7] Jensen부등식, [8] Jensen 부등식, [9] 정적분, [10] 미분, [11] 평균치 정리, [12] 평균치 정리, [13] sandwich 정리, [14] 대소비교, [15] 평균치 정리, [16] 정적분, [17] 이항전개, [18] 미분, [19] 미분, [20] 멱급수, [21] 치환, [22] Tayler 정리, [23] 대소비교

02 | 수열과 급수

[1] $\frac{1}{4}$, [2] $\dfrac{\sin\frac{(n+1)x}{2}\sin\frac{nx}{2}}{\sin\frac{x}{2}}$, [3] $\frac{5+(4n-1)5^{n+1}}{16}$, [4] $\dfrac{\sin\left(n+\frac{1}{2}\right)x}{2\sin\frac{x}{2}}-\frac{1}{2}$,

[5] $\frac{10}{9}(10^n-1)-n$, [6] $5\left(\frac{10^{n+1}-10-9n}{81}\right)$, [7] $\frac{\pi}{4}$, [8] 2, [9] $\frac{\pi^2}{8}$, [10] $\frac{\pi^3}{32}$, [11] $\frac{\pi^2-8}{16}$,

[12] $\frac{\pi^2}{6}$, [13] $\frac{\pi^2}{12}$, [14] $\frac{\pi^4}{90}$, [15] $-\frac{3}{4}$, [16] $\frac{17\pi^2}{48}$, [17] $\frac{\pi}{2}$, [18] ln2, [19] $1-\frac{1}{e}$, [20] $\sqrt{e}$,

[21] ∞, [22] $\ln(1+\sqrt{3})$, [23] $\frac{2}{3}\ln\left(\frac{3}{2}\right)$, [24] $\frac{(\ln 2)^2+1}{2}$, [25] $\sin^{-1}1$, [26] $\frac{\pi}{4}-\frac{39}{16}$,

[27] $\sin\frac{1}{2}$, [28] $\cos 1$, [29] $\sqrt{e}$, [30] $\ln\frac{3}{2}$, [31] $\ln\sqrt{3}$, [32] $\tan^{-1}\frac{1}{2}$, [33] coth1,

[34] $2+\cot(-1)$, [35] tan1, [36] cosec1, [37] $e^{\cos 1}$, [38] ln2, [39] $\sin\frac{1}{2}+\cos\frac{1}{2}$, [40] $\cos^2 1$,

[41] sec1, [42] $\sin^2 1$, [43] $e\sin 1$, [44] $e\cos 1$, [45] $\frac{n}{2^{n-1}}$, [46] 0, [47] -1, [48] $\frac{2\sin x}{5-4\cos x}$,

[49] $\frac{4-2\cos x}{5-4\cos x}$, [50] $2\ln 2-1$, [51] $(\sin^{-1}1)^2$, [52] $-3\sin\frac{1}{2}$, [53] $\sin\left(x+\frac{n\theta}{2}\right)\sin\left(\frac{(n+1)\theta}{2}\right)$,

[54] $\sin\left(\frac{(n+1)\theta}{2}\right)\cos\left(x+\frac{n\theta}{2}\right)$, [55] 1, [56] 21375, 38798, 34162, 40223, 79154는 19의 배수임.

[57] $\begin{pmatrix} \frac{1}{6}+\frac{3^n}{2}+\frac{4^n}{3} & \frac{1-4^n}{3} & \frac{1}{6}-\frac{3^n}{2}+\frac{4^n}{3} \\ \frac{1}{3}-\frac{4^n}{3} & \frac{2+4^n}{3} & \frac{1}{3}-\frac{4^n}{3} \\ \frac{1}{6}-\frac{3^n}{2}+\frac{4^n}{3} & \frac{1-4^n}{3} & \frac{1}{6}+\frac{3^n}{2}+\frac{4^n}{3} \end{pmatrix}$, [58] $7-2^n$, [59] $\frac{3n}{2}$,

[60] $\frac{(1+\sqrt{5})^{n+1}-(1-\sqrt{5})^{n+1}}{2(1+\sqrt{5})^n-2(1-\sqrt{5})^n}$, [61] $1+\cfrac{1}{1+\cfrac{1}{2+\cfrac{1}{1+\cfrac{1}{2+\cdots}}}}$, [62] 2, [63] 3.141620932,

[64] $\dfrac{2 \cdot 3^n+(-1)^{n+2}}{2 \cdot 3^{n-1}+(-1)^{n+1}}$, [65] e, [66] $\left(a\sum_{i=1}^{n}\dfrac{1}{\sqrt{2^{i-1}}}\sin(i-1)\dfrac{\pi}{4}, a\sum_{i=1}^{n}\dfrac{1}{\sqrt{2^{i-1}}}\cos(i-1)\dfrac{\pi}{4}\right)$,

[67] $\left(a\sum_{i=1}^{n}\left(\dfrac{2}{3}\right)^{i-1}\cos(i-1)\dfrac{\pi}{3}, a\sum_{i=1}^{n}\left(\dfrac{2}{3}\right)^{i-1}\sin(i-1)\dfrac{\pi}{3}\right)$, [68] $\dfrac{\pi}{\sqrt{3}}$, [69] $\begin{bmatrix}\cos\dfrac{1}{\sqrt{2}} & \sin\dfrac{1}{\sqrt{2}} \\ -\sin\dfrac{1}{\sqrt{2}} & \cos\dfrac{1}{\sqrt{2}}\end{bmatrix}$,

[70] $\dfrac{\sqrt{3}\pi}{9}$, [71] $2\left(\sqrt[2^n]{2}+\dfrac{1}{\sqrt[2^n]{2}}\right)^{-1}$, [72] $\sec\dfrac{\pi}{6 \cdot 2^n}$, [73] $\dfrac{\sin^{-1}x}{\sqrt{1-x^2}}$, [74] $n(n+1)2^{n-2}$,

[75] $\dfrac{1}{\sin 1^\circ}$, [76] 12, [77] $\dfrac{\sqrt{2n^2+2}}{\sqrt{n^2+2n+2}}$, [78] $\dfrac{1+x+y}{xy}$, [79] $(n+1)!-1$, [80] 4561, [81] 312,

[82] 850, [83] 40, [84] $\dfrac{175^\circ}{2}$, [85] $\dfrac{2^{18}-20}{19!}$, [86] 495, [87] $m=28, n=811$, [88] $274i+1$,

[89] $2n+2$, [90] $\dfrac{\pi}{2}$, [91] $\sqrt[3]{3}$, [92] 93, [93] 373, [94] 169, [95] 20, [96] 142, [97] $1+\sqrt{2}$,

[98] 130, [99] 898, [101] $\dfrac{4}{9}$, [102] $\dfrac{2007}{2008}$, [103] $\dfrac{3}{8}$, [104] $\dfrac{1}{2^{4016}}$,

[105] $1-\ln(1-x)+\dfrac{\ln(1-x)}{x}$, [106] $\dfrac{\pi^2}{12}-\dfrac{(\ln 2)^2}{2}$, [107] $\dfrac{n(n-1)(n+1)(3n+2)}{24}$, [108] 6,

[109] e^e, [110] $\dfrac{\pi}{2\sqrt{2}}$, [111] $\dfrac{1}{2^n}$, [112] $\sqrt{118}$, [113] $\dfrac{3\pi}{4}$, [114] $\dfrac{1}{313}$, [115] $\dfrac{125250}{1001}$,

[116] $\dfrac{1}{3 \cdot 2^{n-1}-1}$, [117] $\dfrac{m!n!}{(m+n)!}$, [118] $\sqrt{\dfrac{2009}{2010}}$, [119] $\dfrac{\ln 3}{2}$, [120] $\dfrac{1}{2\pi}$, [121] $\sqrt{2009}\pi$,

[122] $\dfrac{x}{(1-x)^2}-\dfrac{(n+1)x^{n+1}+x^{n+2}}{(1-x)^2}$, [123] -1, [124] $10-\pi^2$, [125] $52e$, [126] $6(\pi-3)$,

[127] $\dfrac{2\sin 1}{5-4\cos 1}$, [128] $\operatorname{cosec}^2 x-\dfrac{1}{x^2}$, [129] $\dfrac{1}{24}\left(4\ln 2-1-\dfrac{\pi}{2}\right)$, [130] $\dfrac{8}{9}-\dfrac{2}{3}\ln 2$, [131] $\dfrac{5}{2}$,

[132] $\ln 3$, [133] $\dfrac{1}{2}-\dfrac{\pi}{8}$, [134] $\dfrac{\pi}{\sqrt{3}}-2\ln 2$, [135] $\dfrac{1}{6}-\dfrac{1}{9}\ln 2$, [136] $\dfrac{\pi}{4\sqrt{3}}-\dfrac{\ln 3}{4}$, [137] 1,

[138] $\sqrt{e}$, [139] $\dfrac{1}{(\pi-1)^2}$, [140] $\tan^{-1}(k+1)-\dfrac{\pi}{4}$, [141] 3, [142] $\dfrac{2x}{(1-x)^3}$, [143] $\dfrac{\pi-1}{2}$,

[144] $\dfrac{\pi}{6}$, [145] $\dfrac{\pi}{2}$, [146] $\dfrac{1}{2x}\ln\dfrac{x+1}{x-1}$, [147] $\dfrac{\ln(3+2\sqrt{2})}{4\sqrt{2}}+\dfrac{\pi}{4\sqrt{2}}$, [148] 3, [149] $\dfrac{\pi^2}{12}-\dfrac{1}{4}$,

[150] $\sin^{-1}1$, [151] $\dfrac{\pi}{2}+1$, [152] $e^{\cos 1}\sin(\sin 1)$, [153] $\dfrac{7}{4}$, [154] $\dfrac{11}{12}$, [155] $\dfrac{13}{30}-\dfrac{\pi}{8}$,

[156] $\left(\dfrac{x}{x-1}\right)^3$, [157] $2\sqrt{2}-2$, [158] 1, [159] $2+2^{n+1}-2^{n+1+\frac{1}{2^n}}$, [160] $\dfrac{1}{3}\left(\dfrac{\pi}{\sqrt{3}}+\ln 2\right)$,

[161] $\dfrac{n^2-1}{3}$, [162] $x^2\left(1-e^{-x^2}\right)$, [163] $\dfrac{n}{3}\left(\dfrac{2^n+1}{2^n-1}\right)$, [164] $2009 \cdot 2^{2008}$, [165] 44.5, [166] 2,

[167] $\dfrac{nx^{n+1}-(n+1)x^n+1}{(1-x)^2}$, [168] 620, [169] $\dfrac{9}{32}$, [170] $\sqrt{\dfrac{15\pm 5\sqrt{5}}{2}}$, [171] $\dfrac{3 \cdot 2009}{2011}$,

[172] 1, [173] 3^n, [174] $\dfrac{1}{12}$, [175] $\dfrac{\cos 1}{(\sin 1)^2}$, [176] 1, [177] 7, [178] $\dfrac{2}{n}$, [179] 5, [180] $2n$,

[181] $1+9 \cdot 2^{20}$, [182] $52e$, [183] $\sqrt{5}$, [184] $3-e$, [185] 1, [186] 34, [187] $\dfrac{n+1}{n+2}$,

[188] $-\dfrac{1000}{3}$, [189] $\dfrac{6}{19}$, [190] 1, [191] $\dfrac{(-1)^n}{(n-1)!}$, [192] $\dfrac{10}{89}$, [193] 2, [194] $15+\dfrac{n(n^2-19)}{2}$,

[195] $\dfrac{n(16n^2-3n-1)}{6}$, [196] 9, [197] 4005, [198] $\dfrac{1573}{1000}$, [199] 1, [200] $-\ln 2$, [201] $\dfrac{1}{3}(2+2^{90})$

[202] $\dfrac{(2n+1)\sin\dfrac{(2n+1)x}{2}-\sin\dfrac{x}{2}}{8\sin^2\left(\dfrac{x}{2}\right)}$, [203] $\dfrac{n^2-n+4}{2}$, [204] 2^{e-1}, [205] $-\dfrac{1}{2}$, [206] $\dfrac{3}{8}$,

[207] $\dfrac{3\sin x}{4}$, [208] $\dfrac{2^{2003}}{2004!}$, [209] $\dfrac{5}{4}\left(3^n-\dfrac{2n}{5}-1\right)$, [210] $n2^{2n-1}$, [211] $\dfrac{4}{5}$, [212] $4-\dfrac{n+2}{2^{n-1}}$,

[213] $\dfrac{2^{n+1}}{1-x^{2^{n+1}}}-\dfrac{1}{1-x}$, [214] $1+(m-1)2^m$, [215] 44.5, [216] $\dfrac{9}{2}+\dfrac{\sqrt[3]{999}}{2}$,

[217] $\dfrac{\tan 2007^\circ}{\tan 1^\circ}-2007$, [218] $\dfrac{r(1+r)}{(1-r)^3}$, [219] $2+\sqrt{3}$, [220] 0, [221] 2, [222] $\dfrac{2^{n+1}-1}{n+1}$,

[223] $-\sum_{k=1}^{n}\dfrac{1}{k}$, [224] $\dfrac{3^{n+1}-1}{n+1}$, [225] $\dfrac{n(n+1)(n+2)(n+3)}{4}$, [226] $\dfrac{2(-4)^n+16^n}{4}$,

[227] $2^n\cos^n\left(\dfrac{x}{2}\right)\sin\left(x+\dfrac{nx}{2}\right)i$, [228] $\dfrac{100}{99}-\dfrac{1}{9\cdot 10^{n-1}}+\dfrac{10}{99\cdot 10^{2n}}$, [229] $\dfrac{12}{11}-0.1^n-\dfrac{0.01^n}{11}$,

[230] $\cot x-2^{n+1}\cot 2^{n+1}x$, [231] $\dfrac{2}{7}$, [232] $\dfrac{n(2n+1)(4n+1)}{3}-1$, [233] ${}_{2n}C_n$, [234] 1,

[235] $\dfrac{20}{27}$, [236] 334, [237] $\dfrac{3+\dfrac{1}{2}\left(-\dfrac{4}{3}\right)^n}{1-\left(-\dfrac{4}{3}\right)^n}$, [238] $(n-1)(n-1)!$, [239] $3^n+2^n-n^2$,

[240] $2^n(2n^2-15n+11)$, [241] $\dfrac{1}{n^2-2n+3}$, [242] $10^{2-\frac{1}{2^{n-2}}}$, [243] $\dfrac{(a+1)^{2^{n-1}}+(a-1)^{2^{n-1}}}{(a+1)^{2^{n-1}}-(a-1)^{2^{n-1}}}$,

[244] $n^2+2^{n-1}+1, -2^{n-1}-n-1$, [245] $\dfrac{2(-1)^n+3\cdot 4^n}{5}, \dfrac{-3(-1)^n+3\cdot 4^n}{5}$, [246] $\dfrac{2}{n(n-1)}$,

[247] $\dfrac{n}{3(n+1)}$, [248] $2n-1$, [249] $1-(1-a_1)^{2^{n-1}}$, [250] $-\dfrac{1004}{3}$, [251] $\dfrac{2}{n^2}-\dfrac{1}{2^{n-1}}$,

[252] $\dfrac{1}{n(n+1)}$, [253] $\dfrac{n^2-1}{3n^2}$, [254] $n^2-2^{n-1}+1$, [255] $\sqrt{\dfrac{16}{5}+\dfrac{44}{5}\left(-\dfrac{1}{4}\right)^n}$,

[256] $n+2, 2n+3, 7\cdot 2^n-3$, [257] $(n-2)2^n+3$, [258] $2-\dfrac{2}{n+1}$, [259] $\dfrac{1}{2\cdot 3^{n-1}-1}$,

[260] $2^{2^{n-1}-1}$, [261] $n^2(2^{n-1}+1)$, [262] $2^{n+1}-n-1$, [263] $(n-1)2^n+1$, [264] $2\cdot(n-1)!-1$,

[265] $\dfrac{n(n+1)}{2}+\dfrac{5}{6}-\dfrac{2n+5}{(n+2)(n+3)}$, [266] n, [267] $\dfrac{2n(n+1)}{2n+1}$, [268] 2^{98},

[269] $n:even\Rightarrow n\pi+2-\dfrac{2}{n+1}, n:odd\Rightarrow n\pi+2-\dfrac{2}{n}$, [270] $\dfrac{k^a}{(k^a-1)^2}$, [271] $\sqrt{2}-1$,

[272] $\dfrac{6-\pi}{32}$, [273] $49\ln\dfrac{2}{\sqrt{3}}-7$, [274] $\dfrac{n(n+1)}{2(2n+1)^2}$, [275] $2^n\cos^n\dfrac{\theta}{2}\sin\dfrac{n\theta}{2}$,

[276] $2^n\cos^n\dfrac{\theta}{2}\cos\dfrac{n\theta}{2}$, [277] 1005, [278] e, [279] $n+\dfrac{(a-1)(2^n-1)}{2^n}$, [280] n^2,

[281] $\frac{1}{\sqrt{4n-3}}$, [282] x^2, [283] 6, [284] 2, [285] n, [286] n, [288] $\frac{n^3}{3}-\frac{3n^2}{2}+\frac{19n}{6}-1$,

[289] $\sqrt{2}-1$, [290] $-\frac{3}{2}-\frac{n^2-n-3}{(n+1)!}$, [291] $\frac{a!b!}{(a+b+1)!}$,

[292] $\frac{5-\sqrt{5}}{10}\left(\frac{3+\sqrt{5}}{2}\right)^n+\frac{5+\sqrt{5}}{10}\left(\frac{3-\sqrt{5}}{2}\right)^n$, [293] $e\int_0^1\frac{t^n}{e^t}dt$, [294] $\frac{1}{24}\left[\left(\frac{1}{2^{n-2}}+3\right)^2-1\right]$,

[295] 1004, [296] $2^{\frac{2}{3}+\frac{4}{3}\left(-\frac{1}{2}\right)^n}$, [297] $2^n-3^{n-1}+\frac{7}{2}$, [298] 5, [299] $\frac{2^n-2}{n!}$, [300] $\frac{n!}{\left(\frac{n}{2}!\right)^2}$, [301] 0,

[302] $\frac{(2n)!}{n!n!}$, [303] $\frac{2}{n(n+1)}$, [304] $5+\frac{6}{\sqrt{2}}$, [305] $2\ln 2$, [306] $\tan 2^{n+1}-\tan 1$,

[307] $\frac{n}{2}\cdot {}_{2n}C_n$, [308] $\frac{{}_{4n}C_{2n}+(-1)^n_{2n}C_n}{2}$, [309] $\sqrt{2^{n(n-1)}}\prod_{k=1}^{n-1}(2^k-1)$, [310] $\frac{n(n+1)}{2}$,

[311] $\frac{63}{51}$, [312] $\frac{(\sqrt{5}+1)^{2n+1}+(\sqrt{5}-1)^{2n+1}}{2\sqrt{5}}$, [313] $1+2007\cdot 2^{2008}$, [314] $1-\frac{1}{1000^3}$,

[315] 2^{2n}, [316] $\frac{9}{16}\left(1+\frac{403}{(-3)^{101}}\right)$, [317] $\left[\frac{n+1}{2}\right]$, [318] $\left[\sqrt{n}+n+\frac{1}{2}\right]$, [319] $33e-5$,

[320] 2^{23}, [321] $2^{n+1}-(n+2)$, [322] $\frac{14}{\sqrt{e}}-8$, [323] $e^{\cos x}\cos(\sin x)$, [324] 999.999, [325] $2n$,

[326] 197, [327] -2^n, [328] $\frac{\cot n-\cot(m+1)n}{\sin n}$, [329] $\tan^{-1}\frac{n}{n+1}$, [330] ${}_{n+3}C_4$,

[331] $\frac{(p-2)(p-1)^2}{4}$, [332] $2n+5\left[\frac{n}{2}\right]$, [333] $\frac{23}{2}$, [334] $n(n+1)!$, [335] $\frac{1}{2}\left(1-\frac{1}{100^2-99}\right)$,

[336] $\frac{(-1)^{k+1}}{k+1}$, [337] $\sqrt{2}\left(\frac{(\sqrt{2}+1)^{2^{n-1}}+(\sqrt{2}-1)^{2^{n-1}}}{(\sqrt{2}+1)^{2^{n-1}}-(\sqrt{2}-1)^{2^{n-1}}}\right)$, [338] 6059144,

[339] $\mathrm{cosec}^2 a-\frac{\mathrm{cosec}^2 a2^{-n}}{4^n}$, [340] $-2\cot 2a+\frac{\cot a2^{-n}}{2^n}$, [341] $\frac{\tan 2^{n-1}a}{\tan a2^{-1}}$, [342] 2^{-7}, [343] $\frac{2n}{n+1}$,

[344] 3, [345] $\sqrt[4]{n+1}-1$, [346] $\frac{\sqrt{n}+\sqrt{n+1}-1}{\sqrt{2}}$, [347] $\frac{2011}{2}$, [348] $\frac{2a}{n(n+1)}$, [349] $\frac{1}{n+1}$,

[350] $a_0\geq 3$, [351] $(n-1)2^{n+1}+(n-2)(n-5)2^n-8$, [352] $\frac{n^2+2n}{n^2+2n+1}$, [353] 101,

[354] $30\left(\frac{9}{5}\right)^{29}$, [355] $\frac{15931}{3}$, [356] $\frac{(2n-3)3^{n+1}+9}{4}$, [357] $\frac{1}{2(n+3)(n+4)}$,

[358] $\frac{2^{3n}+2(-1)^{3n}}{3}$, [359] $\frac{n}{n+2}$, [360] $\frac{2^{2n-1}}{(2n)!}+\frac{1}{2(n!)^2}$, [361] $\cot\frac{\pi}{2n}$, [362] $\frac{13}{8}$,

[363] $\frac{17\cdot 2^{n-1}-7\cdot 4^{n-1}}{60n}$, [364] $\frac{3-\sqrt{5}}{2}$, [365] $\sqrt{5}-2$, [366] $\frac{5^n-1}{2}$,

[367] $-\frac{1}{8}\left[(4-3\sqrt{2})(17+12\sqrt{2})^n+(4+3\sqrt{2})(17-12\sqrt{2})^n\right]$, [368] 2010, [369] $\frac{2^{2n+1}+1}{3}$,

[370] $\frac{1}{m}\left(\frac{1}{m!}-\frac{1}{(n+1)(n+2)\cdots(n+m)}\right)$, [371] $\frac{5^{n+1}-2^{n+1}-3^{n+1}}{6}$, [372] 2006, [373] $\frac{7}{48}$,

[374] $\frac{3^{n+1}-(n^2+3n+3)}{3^n}$, [375] $\sqrt[3]{2}$, [376] $2-\frac{2}{1+\sqrt{5}}$, [377] 2, [378] $2n-5$,

[379] $n(n-1)2^{n-2}$, [380] 0, [381] $\frac{1}{n+1}$, [382] $\frac{-1}{n+2}$, [383] $\sqrt{n}$, [384] $3-e$,

[385] $1-\frac{\sin^2(2^{2011}x)}{4^{2011}\sin^2 x}$, [386] $2^{n-2}(3+\sqrt{5})+\frac{1}{2^{n-2}(3+\sqrt{5})}$, [387] $2^{2-2^{1-n}}$,

[388] $-\tan^n\theta\cos\frac{n\pi}{2}$, [389] $-\sin^n\theta\cos n\left(\theta-\frac{\pi}{2}\right)$, [390] $\frac{n(2n-1)}{3}$,

[391] $\frac{1}{2}\left(n+\frac{1}{2}\right)-\frac{\sin(2n+1)x\,\mathrm{cosec}x}{4}$, [392] $2\sin\frac{\pi}{2^{n+2}}$, [393] $\frac{6n-1}{9}+\frac{1}{9}\left(-\frac{1}{2}\right)^{n-3}$,

[394] $\frac{n(n+1)}{2}, \frac{(n+1)^2}{2}$, [395] $\frac{1}{3}+\frac{1}{2^{n+1}}+\frac{1}{6\cdot 2^{2n}}$, [396] $\frac{n-1}{2}$,

[397] $\frac{n(n-1)(n+1)(3n+2)}{12}, \frac{n(n-1)(n+1)(3n+2)}{24}$, [398] $(n+1)!-1$, [399] $\frac{1-11^n}{10}$,

[400] $\frac{2^{n+1}-2^{1-n}}{3}$, [401] $\frac{n(4n^2-3n+5)}{6}$, [402] $({}_{2n}C_n)^2$, [403] $2^n+n!$,

[404] $\frac{(5+2\sqrt{6})^n-(5-2\sqrt{6})^n}{4\sqrt{6}}$, [405] $\frac{2010^2}{2}$, [406] [407] $\frac{2}{1-4(n-1)^2}$, [408] $\frac{n^2+3n+5}{2}$,

[409] $\frac{4^n-(-3)^n}{7}$, [410] $\frac{3\cdot 4^n+47\cdot 3^{n-1}}{21}$, [411] $\frac{n^2+n}{2(n^2+n+1)}$, [412] $(n+1)\sqrt{n+1}-1$,

[413] $2^n\cos\frac{n\pi}{2}$, [414] $(n+1)2^{n-2}$, [415] $\frac{a^{2^{101}}-1}{a^{2^{100}}(a-1)}$, [416] $\frac{1}{11}$, [417] $\frac{2}{3}$, [418] $\frac{1}{2}-\frac{1}{1001!}$,

[419] $\frac{1}{12}-\frac{1}{2(n+2)(n+3)}$, [420] $\frac{999500}{2001}$, [421] $\frac{11}{4}3^{n-1}-\frac{2n+5}{4}$, [422] 1005,

[423] $\frac{n(n+5)}{2}$, [424] 192, [425] $\left(-\frac{1}{2}\right)^{n+2}$, [426] $4\sqrt{2}-5$, [427] $n2^{n+1}$,

[428] $\frac{73}{1080}-\frac{1}{6}\left(\frac{1}{(n+1)(n+4)}+\frac{1}{(n+2)(n+5)}+\frac{1}{(n+3)(n+6)}\right)$, [429] 2500, [430] $\frac{\pi k^2}{4}$,

[431] $\frac{m+1}{m-n+1}$, [432] $\frac{2}{n^2}-\left(\frac{1}{2}\right)^{n-1}$, [433] $\frac{(n^2+n)(n+2)(3n^2+6n+1)}{15}$, [434] $\frac{1}{96}$,

[435] $\frac{3(n+1)}{n+3}$, [436] $2^{n-1}(n+2)$, [437] $2^{n-m}{}_nC_m$, [438] $\frac{\pi^2}{8}-1$, [439] $\frac{\ln 2}{4}$, [440] $\frac{14}{9}$,

[441] $2^{2^n-1}-\frac{1}{2}$, [442] $\frac{2\sin 20^\circ}{9}$, [443] $\frac{n(n+1)(n+2)}{3}$, [444] $\frac{n(n+1)(n+2)(3n-7)}{12}$,

[445] $\frac{10}{9}$, [446] $\frac{\pi^2}{6}-2\ln 2$, [447] $\frac{\pi^2}{32}-\frac{\pi}{16}$, [448] 0, [449] $1+3^{3^n}+3^{2\cdot 3^n}$, [450] 2^n, [451] 54,

[452] 94, [453] $\frac{2(n^2+n+1)}{3n(n+1)}$, [454] $\frac{9}{79}$, [455] 1, [456] $\frac{\tan(n+1)x-\tan x}{2\sin x}$, [457] 48,

[458] $\frac{187465}{6744582}$, [459] $\frac{(-1)^{n-1}n(n+1)}{2}$, [460] $\frac{3}{4}$, [461] $(n+1)(n+1)!-1$, [462] $2-\frac{1}{2^{m-1}}$,

[463] $\frac{3\ln 3-2\ln 2}{4}$, [464] 2, [465] n, [466] $\frac{n(2n-1)(4n^2+10n-9)}{45}$, [467] $90\cot 1^\circ$,

[468] $\frac{n}{(1+x)[1+(n+1)x]}$, [469] $\frac{1}{18}$, [470] $1-\frac{1}{\prod_{i=1}^{n}(1+a_i)}$, [471] $\frac{1}{2^6}$, [472] $\frac{2i-1}{4}$,

[473] $\frac{a_0}{2}\left(1+\left(-\frac{1}{3}\right)^n\right)+\frac{b_0}{2}\left(1-\left(-\frac{1}{3}\right)^n\right), \frac{a_0}{2}\left(1-\left(-\frac{1}{3}\right)^n\right)+\frac{b_0}{2}\left(1+\left(-\frac{1}{3}\right)^n\right)$, [474] ∞, [475] 1,

[476] $\frac{(-1)^{n+1}}{n+1}$, [477] $2\tan^{-1}2+\tan^{-1}\frac{1}{2}$, [478] $\frac{\pi^2}{6}$, [479] $\frac{e^2-1}{2}$, [480] $\frac{1}{6}+\frac{\pi}{12\sqrt{3}}-\frac{\ln 3}{4}$,

[481] $10-\pi^2$, [482] $\frac{e^x}{3}+e^{-\frac{\pi}{2}}\left(\frac{1}{\sqrt{3}}\sin\frac{\sqrt{3}x}{2}-\frac{1}{3}\cos\frac{\sqrt{3}x}{2}\right)$, [483] $\frac{1}{1-x}$, [484] $\frac{1}{1-x-y}$,

[485] $\frac{1}{1-x-y-z}$, [486] $2e$, [487] $3-\frac{e}{3}$, [488] $2-\frac{\pi^2}{6}$, [489] $\frac{a}{2\sqrt{(1-a)^3}}$,

[490] $\frac{-a}{2\sqrt{(1+a)^3}}$, [491] 1, [492] $\sqrt{e^x}\left(\frac{x^2}{4}+\frac{x}{2}+1\right)-1$, [493] $\frac{\ln 3}{2}+\frac{\pi}{6\sqrt{3}}$, [494] $\frac{2^{2n+1}}{(2n+2)!}$,

[495] $\frac{1}{5}\left(\frac{24}{5}-\ln 2-\frac{\pi}{2}\right)$, [496] $\frac{2}{\pi}$, [497] $\frac{1}{6}\left(\ln 2-\frac{1}{4}\right)$, [498] $\frac{x-\sin x}{4}$, [499] $\frac{\pi}{3\sqrt{3}}$, [500] $\frac{1}{e}$,

[501] $\ln\sqrt{\frac{1+a}{1-a}}$, [502] $\frac{e-e^{-1}+2\sin 1}{4}$, [503] π, [504] $\frac{3(e-2)}{2e}$, [505] $2+\frac{(\sqrt{2}-1)\ln 2}{2}$,

[506] $\frac{\pi^2}{6}$, [507] $13e$, [508] 2, [509] $\frac{1}{2}-\frac{n+1}{(n+2)!}$, [510] $\cos\frac{\pi}{12}\tan\frac{(n+1)\pi}{12}$, [511] 2008,

[512] 2009, [513] $e+\frac{1}{e}+2\cos 1$, [514] $5\ln 2-3\ln 3$, [515] $\frac{n}{2}$, [516] ${}_{n+1}C_{r+1}$,

[517] $n-\frac{1}{4}-\frac{1}{2}\left(\frac{1}{n+1}+\frac{1}{n+2}\right)+\frac{(n+1)(n+2)(2n+3)}{6}$, [518] $\frac{2^{n+2}-(n+3)}{3}$,

[519] $2011-\frac{1}{2011}$, [520] $\frac{n(n+1)}{4(n+2)(n+3)}$, [521] $\frac{1}{3}+\frac{2\pi}{9\sqrt{3}}$, [522] $\frac{6\ln 2-\pi}{24}$, [523] $\frac{1}{2n+1}$,

[524] $\frac{\pi^2}{16}$, [525] $\frac{x-\sin x}{x^3}$, [526] $\frac{1-\ln 2}{2}$, [527] $\frac{4}{9}$, [528] 29269, [529] $9e-24$, [530] $2\ln 2$,

[531] $\frac{3}{4n^2+6n+3}$, [532] $13e$, [533] $\frac{(n^2+5n-2)2^n+n+4}{(n+1)(n+2)}$, [534] $\frac{\pi}{\sin a}$, [535] $\frac{\pi}{4}$, [536] $\frac{7\pi}{4}$,

[537] $\frac{3}{8}\left(\frac{\tan 3^n x}{3^n}-\tan x\right)$, [538] $\frac{2e}{e^2-1}$, [539] $\frac{4^n(n!)^2}{(2n+1)!}$, [540] $\frac{1296}{5}$, [541] $9n^3+18n^2+11n$,

[542] $\pi\cot\pi x$, [543] $\frac{\pi}{x}\coth(\pi x)$, [544] $\frac{\pi^2}{18}$, [545] $4\sqrt{\frac{2}{5}}\cos\left(\frac{1}{3}\sin^{-1}\frac{3\sqrt{6}}{8}\right)$,

[546] $\frac{\pi-\theta}{2}\sin\theta-\cos\theta\ln\left(2\sin\frac{\theta}{2}\right)$, [547] $\frac{3e^x}{(3-e^x)^2}$, [548] $\frac{n}{n+1}$, [549] 16, [550] $\frac{1}{e-1}$,

[551] 0, [552] $\frac{x(e^x-e^{-x})}{2}$, [553] $2^{\frac{2^n}{3^{n-1}}-\frac{1}{2^{n-1}}}$, [554] $\left(\frac{\pi}{n}\right)^3\cot\frac{\pi}{n^3}\operatorname{cosec}^2\left(\frac{\pi}{n^3}\right)$,

[555] $\frac{1}{2}\frac{(1+\sqrt{5})^{n+1}-(1-\sqrt{5})^{n+1}}{(1+\sqrt{5})^n-(1-\sqrt{5})^n}$, [556] $\frac{-1}{\sqrt{2011}+\sqrt{2012}}$, [557] $\frac{2^n a a_0}{a+(2^n-1)a_0}$, [558] $\frac{\pi}{2}$,

[559] $\frac{x^{2k}}{(1-x)^k(1-x^k)}$, [560] 13, [561] $\frac{1}{4}+\ln 2$, [562] $\frac{1}{72}$, [563] $\frac{1}{3}$, [564] $\frac{19}{75}$, [565] $\ln 2$,

[566] 50, [567] 4, [568] 16, [569] $\frac{1}{4}$, [570] π, [571] $\left\{(a+1)^{2^{n-1}}-1\right\}^2$, [572] $\frac{3}{128}$, [573] ∞,

[574] $\ln 2$, [575] $\frac{2\sin\left(\frac{x}{2}\right)}{x}$, [576] $\sqrt[3]{50}$, [577] $k!$, [578] $\frac{\pi}{2}\ln 2$, [579] n,

[580] $nx(nx+y)(x+y)^{n-2}$, [581] $(n^2x^2+(3n-1)xy+y^2)nx(x+y)^{n-3}$, [582] $\cot x$,

[583] $-\ln 2-\ln|\sin ax|$, [584] $\frac{5+2\sqrt{5}}{10}(3+\sqrt{5})^n+\frac{5-2\sqrt{5}}{10}(3-\sqrt{5})^n$[585] $6e+4$, [586] $\frac{4}{3}$,

[587] $\frac{2025}{1997}$, [588] $\frac{1}{\sqrt{1-4x}}$, [589] $\frac{\pi}{2}\coth(a\pi)-\frac{1}{2a}$, [590] $\frac{\pi}{8\sqrt{2}}$, [591] $18-24\ln 2$,

[592] $\frac{4\pi^2}{3}-12$, [593] $\frac{2}{\sqrt{5}}\ln\left(\frac{1+\sqrt{5}}{2}\right)$, [594] $5n+2^{n+1}-2$, [595] $\frac{\pi^4}{5!}$, [596] $\frac{\pi^6}{7!}$,

[597] $\frac{1}{8}\left(\frac{1}{\theta}-\frac{1}{\tan\theta}\right)$, [598] $\frac{25}{512}$, [599] $1+\frac{\pi}{2}$, [600] $\frac{4}{5}-\frac{4}{5\sqrt{5}}\ln\frac{1+\sqrt{5}}{2}$, [601] $\frac{1-\cos 100}{2}$,

[602] $\frac{2-2^{1-2^n}}{1-i}$, [603] $-\left(1+\frac{2012}{2011!}\right)$, [604] $\frac{2}{1+\sqrt{5}}$, [605] $2\left[\ln\left(\frac{\sqrt{5}-1}{2}\right)\right]^2$, [606] $\cot\frac{\pi}{2^{n+1}}$,

[607] $\frac{1}{2}$, [608] $\frac{12}{\pi^2}$, [609] $\frac{3\pi}{4}$, [610] $\sqrt{\frac{2}{2-x^2}}$, [611] 1, [612] $-\tan^{-1}\left(\frac{\sin 1}{1+\cos 1}\right)$, [613] $\frac{k}{k-1}$,

[614] $\cot x$, [615] $\operatorname{cosec} x$, [616] $\frac{1}{n}$, [617] $\frac{1}{6}$, [618] $\frac{n(n+1)\cdots(n+k)}{(k+1)}$, [619] $\sqrt{8}$,

[620] $\frac{4-2\cos 1}{5-4\cos 1}$, [621] $\frac{m}{2}$, [622] 1, [623] $\frac{6!2^6}{15!}$, [624] $\left(5+4\cos\frac{2\pi}{7}\right)\left(5+4\cos\frac{4\pi}{7}\right)\left(5+4\cos\frac{6\pi}{7}\right)$,

[625] $\frac{n}{2}+\frac{\sin(nx)\cos(n+1)x}{2\sin x}$, [626] $52e$, [627] $203e$, [628] 7, [629] $\frac{1}{t\,\Gamma(1+t)}$,

[630] $\frac{3^{n+1}-2^{n+1}}{n+1}$, [631] $\frac{1}{6}$, [632] $f(2012!-1)$, [633] 4, [634] $\frac{2009(2^{2010})+1}{2011!}$, [635] $\frac{1}{2^{n-1}}$,

[636] $5e$, [637] $101!-1$, [638] 0, [639] $\frac{5}{3}$, [640] $\frac{\pi-\sqrt{3}\ln 2}{3\sqrt{3}}$, [641] $\frac{4}{3}$, [642] $-\ln\left(2\sin\frac{1}{2}\right)$,

[643] $-\ln\left(2\sin\frac{3}{2}\right)$, [644] $\frac{\pi-3}{2}$, [645] $1-\frac{1}{n^2}$, [646] 1,

[647] $a^{\frac{1}{2}(1+3^{-n})}b^{\frac{1}{2}(1-3^{-n})}, a^{\frac{1}{2}(1-3^{-n})}b^{\frac{1}{2}(1+3^{-n})}$, [648] $\frac{-2^n+\sqrt{2^{2n}+2^{n+3}}}{2}$, $\frac{-2^n-\sqrt{2^{2n}+2^{n+3}}}{2}$,

[649] $\frac{\pi}{2}-\tan^{-1}\frac{a}{b}$, [650] $\frac{1}{2\ln 2}$, [651] $\frac{n}{2}$, [652] $\frac{\pi x\cot(\pi x)-1}{2x^2}$, [653] $-\frac{\sin(\sqrt{2}\pi)}{\sqrt{2}\pi}$,

[654] $\cos(\sqrt{2}\pi)$, [655] $\frac{1}{3}(\ln 2)^3$, [656] $\frac{n(n+1)(2n+1)}{24}+\frac{n}{16}+\frac{1}{2}-\frac{1}{2(2n+1)}$, [657] $\frac{n}{2}$,

[658] $\frac{1}{7}+\frac{8\sqrt{7}}{49}\tan^{-1}\left(\frac{1}{\sqrt{7}}\right)$, [659] $6^{2^n}-1$, [660] $\frac{(m+1)^n}{{}_{m+n}C_m}$, [661] $\frac{5}{n-3}$, [662] e, [663] 7,

[664] $\frac{5}{2}$, [665] $\frac{\pi}{2}-\tan^{-1}(a+b)$, [666] $\frac{\pi}{4}$, [667] $\frac{\pi}{2}$, [668] $\frac{\pi}{2}-\tan^{-1}\left(\frac{a}{2}\right)$, [669] $\frac{\pi}{2}$,

[670] $\tan^{-1}a+\tan^{-1}\frac{1}{a}$, [671] $\frac{\pi}{2}+\tan^{-1}2$, [672] $2^{n-3}n^2(n+3)$, [673] $\frac{1}{2}-\ln 2$, [674] $\frac{\pi}{3}$,

[675] $\frac{\pi}{4}$, [676] $\frac{\pi^2}{\sin^2\pi x}$, [677] $-\frac{1}{2}$, [678] $5\cdot n!$, [679] $\frac{\pi^2}{3}-3$, [680] 1

03 | 함수와 수식

[1] $(a-1)(a+1)(a-2)\neq 0$, [2] $2abc(a+b+c)^3\neq 0$, [3] $2(a+b+c)^3\neq 0$,
[4] $(a+b+c)(b-a)(c-a)(c-b)\neq 0$, [5] $1+a+b+c+d\neq 0$,

[6] $a^4+b^4+c^4-2a^2b^2-2b^2c^2-2c^2a^2\neq 0$, [7] $(a-b)(b-c)(c-a)\neq 0$,
[8] $(b-a)(c-a)(d-a)(c-b)(d-b)(d-c)\neq 0$, [9] $2(a+b+c)(a-b)(a-c)(b-c)\neq 0$
[10] $abcd\left(1+\frac{1}{a}+\frac{1}{b}+\frac{1}{c}+\frac{1}{d}\right)\neq 0$, [11] $(b-a)(c-a)(c-b)\neq 0$, [12] $1+a^2+b^2+c^2\neq 0$
[13] 많은 해, [14] 많은 해, [15] $4abc\neq 0$, [16] $(a^3+b^3+c^3-3abc)(a^3+b^3+c^3+abc)\neq 0$,
[17] $4(abc)^2\neq 0$, [18] $(a^3+b^3+c^3-3abc)^2\neq 0$, [19] $(a^3-c^3+b^3+3abc)(a^3+c^3-b^3+3abc)\neq 0$,
[20] $(a+b+c)(a-b+c)(a-b-c)(a+b-c)\neq 0$, [21] $(3abc-a^3-b^3-c^3)^2\neq 0$,
[22] $1+a_1^2+a_2^2+\cdots+a_n^2\neq 0$, [23] $(1+a^2+b^2+c^2)^3\neq 0$, [24] $(p-1)^2r+(q-r)^2=0$,
[25] $1,\pm i,\frac{-1\pm\sqrt{3}i}{2}$, [26] $-1,\frac{3+\sqrt{5}\pm\sqrt{(3+\sqrt{5})^2-16}}{4},\frac{3-\sqrt{5}\pm\sqrt{(3-\sqrt{5})^2-16}}{4}$,
[27] [28] $\pm 1,2,\frac{1}{2},\frac{3\pm\sqrt{5}}{2}$, [29] $\frac{1+\sqrt{13}}{2}$, [30] 14.52, [31] $\sqrt[e]{e}$,
[32] $2\cos\frac{\pi}{9},2\cos\frac{10\pi}{9},2\cos\frac{13\pi}{9}$, [33] $\frac{\sqrt{2}\pm\sqrt{2+4\sqrt{2}}\,i}{2},\frac{-\sqrt{2}\pm\sqrt{4\sqrt{2}-2}}{2}$, [34] 30, [35] 4,
[36] n, [37] c, [38] 15, [39] 280, [40] $b=a$, or $c=a$ 삼각형, [41] 1, [42] 1,1, [43] $\frac{x^3+x^2-1}{2x(x-1)}$,
[44] $n\pi+\frac{\pi}{4}$, [45] $\frac{4x^3}{9}$, [46] $(x^4-10x^2+1)(x^6-6x^4-6x^3+12x^2-36x+1)$,
[47] 최소 : 1, 최대 : 3, [48] $x_1=\frac{2}{n}-1, x_2=\cdots=x_n=\frac{2}{n}$, [49] $(1,2,-2),(1,-2,2),(-1,2,2)$,
$(-1,-2,-2),(2,1,-2),(2,-1,2),(-2,-1,-2),(-2,1,2),(2,2,-1)$,
$(2,-2,1),(-2,2,1),(-2,-2,-1)$,
[50] x^2+x+1, [51] 150, [52] 816, [53] 869, [54] 334, [55] 828, [56] 13,−3, [57] 20, [58] 146,
[59] $\frac{29}{15}$, [60] 763, [61] $2008^{1+\frac{1}{\sqrt{2}}},2008^{1-\frac{1}{\sqrt{2}}}$, [62] $\frac{13}{4}-\sqrt{10}$, [63] 6π, [64] 159,
[65] [66] $(1,5,1),(100,20,100)$, [67] $\frac{4}{7}$, [68] $\frac{1}{6}$, [69] 0, [70] $\frac{\sqrt{3}}{2}x+\frac{y}{2}=e^{-\frac{x}{2}+\frac{\sqrt{3}y}{2}+8}$, [71] 12,
[72] 6, [73] $2\sqrt{2}-1$, [74] $x=\frac{1}{2}(1+\sqrt[5]{3})$, $y=\frac{1}{2}(\sqrt[5]{3}-1)$, [75] 12, [76] 997, [77] 15, [78] 36,
[79] 588, [80] 364, [81] 163, [82] 850, [83] 89, [84] 42, [85] 233, [86] $\frac{99}{19}$, [87] 1,9,10,18,
[88] $\frac{1}{4}$, [89] $\frac{-1\pm\sqrt{161}}{40}$, [90] $-\frac{x}{3},-\frac{x}{2}$, [91] $\frac{x+2}{3x}$, [92] −49, [93] 899, [94] 25°, [95] 25,
[96] $\frac{2\sqrt{2}}{3}$, [97] $2007+\frac{\pi}{2}$, [98] 9°, [99] 8개, [101] $0,\frac{\pi}{4}$, [102] −1, [103] 2, [104] $2\cos\frac{8\pi}{27}$,
[105] 256,
[106] (1). $(x-z)(y-z)(y-x)(xy+yz+zx)$, (2). $(x^2+y^2+z^2-2xy)(x+y-z)(x+y+z)$,
(3). $3xyz(x+y)(x+z)(y+z)$, (4). $-(y^2-xz)(z^2-xy)(x^2-yz)$,
(5). $(x+y+z+w)(x+y-z-w)(x-y+z-w)(x-y-z+w)$, (6). $3(a-b)(b-c)(c-a)$,
(7). $3(a+2b-3c)(b+2c-3a)(c+2a-3b)$,
[107] $\sqrt[3]{\left(\frac{y}{x}\right)^2}+\sqrt[3]{\left(\frac{1}{x^2y}\right)^2}=1$, [108] 2, [109] $A=45°, B=75°, C=60°$,

[110] $2k\pi+\frac{\pi}{2}, 2k\pi+\frac{\pi}{6}$, $2k\pi+\frac{5\pi}{6}$, $(k\in Z)$, [111] 2, [112] 6, [113] 10,

[114] $k\pi\pm\frac{\pi}{6}, \frac{k\pi}{3}+\frac{\pi}{12}, (k\in Z)$, [115] -1, [116] $\frac{1}{8}$, [117] $\sqrt{2}$, [118] $\frac{k^4+24k^2+16}{4k(k^2+4)}$,

[119] $\sqrt{3}$, [120] $\frac{\pi}{9}, \frac{\pi}{3}, \frac{2\pi}{7}$, [121] $-1998\pm\sqrt{5}$, [122] $ce^{\pm x}$, [123] $\frac{-e^{n\pi}}{4n^2+1}$, [124] $a=1, b=-1$,

[125] $a_{n+2}=\frac{2(n+1)}{n+2}a_n+\frac{2}{n+2}$, [126] $a_{n+2}=\frac{2n+3}{n+2}a_{n+1}+\frac{n+1}{n+2}a_n+\frac{2^{n+2}}{n+2}$,

[127] $a_{n+1}=a_n+2\cdot 4^n$, [128] 4π, [130] $e-\frac{1}{e}$, [132] 15°, [133] $f(2)=\frac{1}{2}$,

[134] $\frac{2\sqrt{2}}{\pi}\cos\frac{\pi}{2\sqrt{2}}$, [135] $\frac{c}{3}, c, 3c$, [136] $a=\frac{-1}{\sqrt{\pi+\sqrt{3}}}, b=\frac{-\sqrt{3}}{\sqrt{\pi+\sqrt{3}}}$, [137] $r=2, \alpha=1$,

[138] $a=-2, b=8$, [139] $2x^2$, [140] 1, [141] $\frac{1}{16}$,

[142] $1+\sqrt{2}+\sqrt{3}+\sqrt{4}+\sqrt{5}+\sqrt{6}$, $\frac{\sqrt{5}-1}{4^5}$, [143] $\frac{\sqrt{5}-1}{4}$, [144] 383, [145] $\frac{\sqrt{3}}{2-\sqrt{3}}$,

[146] $\cos^{-1}\frac{24\sqrt{2}-1}{35}$, [147] $-\frac{5}{99}$, [148] 2, [149] $\sqrt{130}$, [150] 4, [151] $-9\pm\sqrt{61}$, [152] $\frac{1}{8}$,

[155] 936, [156] 1, [157] $\begin{pmatrix}2&4\\1&2\end{pmatrix}$, [158] -3, [159] $\pm\sqrt{2}$, [160] 743, [161] 2, [162] 70,

[163] $\pm\sqrt{\frac{2-n^2}{m^2}+\frac{2(n^2m^2-1)}{m^2(m^2n^2+1)}+\left(\frac{n(m^2n^2-1)}{m(m^2n^2+1)}\right)^2}$, [164] $f(x)=x-1, g(x)=2$,

[165] $x=1, y=9, z=7, t=8$, [166] $x=4, y=-1, z=4$, [167] $x=-1, y=1$,

[168] $\cos\frac{5\pi}{18}, \cos\frac{7\pi}{18}, \cos\frac{17\pi}{18}$, [169] 2308, [170] 1, [171] $\sqrt{\frac{4+\sqrt{2}+\sqrt{6}}{4-\sqrt{2}-\sqrt{6}}}$, [172] 1004,

[173] $\frac{67}{20}$, [174] 21, [175] 1, [176] $\frac{x}{y}=\frac{-48\pm\sqrt{48^2+117\cdot 165}}{117}$,

[177] $\sin\frac{\pi}{7}=\frac{1}{2i}\left(e^{\frac{\pi}{7}i}-e^{-\frac{\pi}{7}i}\right)$, $\cos\frac{\pi}{7}=\frac{1}{2}\left(e^{\frac{\pi i}{7}}+e^{-\frac{\pi i}{7}}\right)$, [178] $[-1,0)\cup[1,2)$, [179] $\frac{5}{3}$,

[180] 2006, [181] $\ln\frac{2007}{2006}$, [182] $\sqrt[3]{4}-\sqrt[3]{2}$, [183] $-\frac{i}{8}(99+70\sqrt{2})$, [184] $\frac{1}{3}$,

[185] $x=2, y=2\sqrt{3}, z=2$, [186] $2k\pi+\frac{\pi}{2}$, [187] $k\pi+\frac{\pi}{4}$, [188] 2, [189] $k\pi\pm\frac{\pi}{8}$, [190] $k\pi+\frac{\pi}{4}$,

[191] $\frac{2k\pi}{7}+\frac{\pi}{7}$, [192] $k\pi+\frac{\pi}{4}$, [193] $\frac{1}{2}$, [194] 4, [195] $\sqrt{3}$, [196] $x=\pm 5, y=\pm 6, z=\pm 4$,

[197] $e^{\frac{\pi}{5}i}, e^{\frac{2\pi}{5}i}, e^{\frac{3\pi}{5}i}, e^{\frac{4\pi}{5}i}, e^{\frac{\pi}{3}i}, e^{\frac{5\pi}{3}i}$, [198] $\frac{1}{8032}$, [199] $\frac{1}{\sqrt{5+2\sqrt{5}}}$, [200] $2k\pi+\frac{\pi}{2}$, [201] 1,4,5,

[202] 3, [203] 1, [204] $2k\pi+\frac{\pi}{6}$, [205] $\frac{4\sqrt{6}}{3}$, [206] $\frac{1}{2^{4016}}$, [207] $-\frac{1}{8}$, [208] $\frac{75}{4}$,

[209] $4-4\sqrt{2}$, [210] $4\sqrt{6}$, [211] -2, [212] 13, [213] $\frac{3}{2}, \frac{2}{5}, \frac{5}{3}$, [214] 5°, [215] 866, [216] 26,

[217] $22.5^\circ, 67.5^\circ$, [218] 20, [219] $\frac{1+\sqrt{5}}{2}$, [220] 25°, [221] 194, [222] $a+c+d$,

[223] $\frac{169}{9}, \frac{196}{9}$, [224] $\frac{(x-1)^2}{\sqrt{x}}$, [225] $\sqrt{x^2+2}\,(x^2+x+2)^2$, [226] $36, 54, 27$,

[227] $7xy(x+y)(x^2+xy+y^2)^2$, [228] $3+2\sqrt{3}$, [229] 1, [230] $94.65, 105.45, 84.35$, [231] $\sqrt{3}$,

[232] 11, [233] $\frac{25}{6}$, [234] 724, [235] $(x+y)(2x+y)(4x+3)$, [236] $\frac{19}{10}$, [237] $\sin^2\theta$,

[238] $-\frac{1}{2}$, [239] -8, [240] $\sqrt[3]{2}$, [241] $\frac{34}{3}$, [242] $\frac{25}{6}$, [243] 2, [244] 3,

[245] $(a-b)(b-c)(c-a)(a+b+c)$, [246] $\frac{3}{2}$, [247] 4, [248] $\frac{2}{3}$, [249] $3\sqrt[3]{\frac{1}{4}}$,

[250] $(1+x+x^2+x^3+x^4)(x^8-x^7+x^5-x^4+x^3-x+1)$, [251] $\frac{1}{2}, \frac{1}{2}\cot\frac{\pi}{22}$, [252] $2(2^n-n)$,

[253] $\frac{5}{4}, \frac{5}{16}$, [254] -36, [255] $2(\sqrt{2}-1)$, [256] $\frac{2k\pi}{5}, k\pi+\frac{\pi}{2}, 2k\pi+\pi$,

[257] $(x^4+4x^3+8x^2-4x+1)(x^4-4x^3+8x^2+4x+1)$, [258] $\sqrt{3}$, [259] $\sin^{-1}x+\sin^{-1}y$,

[260] $5+\frac{k\pi}{2}, 10+\frac{k\pi}{2}$, [261] $\frac{9}{2}$, [262] $\frac{n+1}{\sqrt[n+1]{n^n}}$, [263] 3, [264] -10,

[265] $\frac{1}{4}\left[(\sqrt{2}-\sqrt{3})\sqrt{2+\sqrt{2+\sqrt{3}}}-(\sqrt{2}-1)\sqrt{2-\sqrt{2+\sqrt{3}}}\,\right]$,

[266] $(x-y+3)(x^2+xy+y^2+3x+3)$, [267] 8, [268] 2, [269] $\frac{n!}{2}$, [270] $12\sqrt[6]{2 \cdot 3^5 \cdot 5^3}$,

[271] 6, [272] $6+4\sqrt{2}$, [273] 3, [274] $(3-2x)(1+x^2)$, [275] $\frac{3}{4}$, [276] $\frac{1}{1-x}$, [277] $\log 2$,

[278] $2+\sqrt{3}$, [279] $\frac{7}{3}$, [280] $(a-b)(b-c)(c-a)$, [281] -1, [282] $\frac{4i-2}{1001}$, [283] 40, [284] $\frac{1}{16}$,

[285] 14, [286] ± 9, [287] $\frac{\sqrt{5}-1}{4}$, [288] $\frac{1}{3}$, [289] 0, [290] $\frac{\sqrt{2+\sqrt{2}}}{2}+i\frac{\sqrt{2-\sqrt{2}}}{2}$,

[291] $\sqrt[3]{7}$, [292] $\frac{-32}{7}$, [293] $e^{\frac{2k\pi}{12}}, (1 \le k \le 11, k \ne 4, 8)$, [294] 36, [295] 36, [296] $\frac{\pi}{6}+k\pi$,

[297] $\frac{\pi}{6}$, [298] $x(x^2-1)(x^2-4)(x^2-9)$, [299] -2, [300] 4, [301] -1, [302] $C=\frac{\pi}{2}$,

[303] 54,24,6, [304] $\frac{1}{2}$, [305] 2009, [306] 2, [307] $\frac{3}{2}$, [308] $2\pm\sqrt{3}-i, 2+2i$,

[309] $2k\pi\pm\frac{\pi}{6}, 2k\pi\pm\frac{5\pi}{6}$, [310] $\sqrt{2}$, [311] 2,7, [312] $\sqrt{3}$, [313] $\frac{1}{2}$,

[314] $e^{\frac{2k\pi i}{2008}}, (1 \le k \le 2008, k \ne 1506)$, [315] 1, [316] $\frac{n^3-145n}{3}$, [317] $\sqrt{29}$, [318] $\frac{b}{\sqrt{n}}$,

[319] $\frac{3\sqrt{3}-\pi}{12}, \frac{\pi}{4}$, [320] $\frac{1}{16}$, [321] 1, [322] $\frac{x^2+1}{x^2+2}$, [323] 3281, [324] $3^{3^{2010}}-2^{3^{2010}}$,

[325] $\sqrt{2}, \sqrt{\frac{8}{3}}$, [326] 0, [327] 3π, [328] -1, [329] $\sqrt{3}$, [330] 36, [331] $\frac{10}{3}$, [332] 1,

[333] $\sqrt{3}$, [334] $\sqrt{\sqrt{n}-1}$, [335] $\frac{1}{4}+\frac{\sqrt{3}}{6}+\frac{\sqrt{5}}{10}$, [336] 177, [337] $17\pm\sqrt{257}$, [338] 2^{10},

[339] 2^n, [340] $\sqrt{e^\pi}$, [341] 20, [342] 6, [343] 1, [344] 20°, [345] 106, [346] 42, [347] 1,

[348] 23, [349] $\frac{1}{2}$, [350] $\frac{3}{2}$, [351] ± 3, [352] $15\sqrt{5}$, [353] $\frac{3}{4}$,

[354] $\left(3^{2\cdot 3^{n-1}}+3^{3^{n-1}}-1\right)\left(3^{4\cdot 3^{n-1}}+2\cdot 3^{2\cdot 3^{n-1}}-3^{3^n}+3^{3^{n-1}}+1\right)$, [355] 4, [356] 16, [357] x,

[358] 1, [359] $1, \sqrt{2}, \sqrt{3}, 2, \sqrt{5}$, [360] $\dfrac{2x^4-5x^2-1}{3x(x^2-1)}$, [361] 16,18,20,7, [362] $\tan^{-1}\dfrac{1}{3\sqrt{3}}, \dfrac{7}{3}$,

[363] 4, [364] $0, \pm 2, \pm\sqrt{2}$, [365] $\dfrac{5}{3}\sqrt[5]{\dfrac{9}{4}}$, [366] $1-\dfrac{1}{\sqrt[n]{2}}$, [367] $-610, 987$, [368] 125,

[369] $\dfrac{\sqrt{3}\sqrt[3]{2}}{6}$, [370] $\cos\dfrac{3\pi}{10}$, [371] 17, [372] $\dfrac{1}{4}$, [373] $-2\cos\dfrac{2\pi}{7}, -2\cos\dfrac{4\pi}{7}, -2\cos\dfrac{6\pi}{7}$,

[374] 193, [375] $\dfrac{1}{5}$, [376] 5, [377] 2, [378] $\pm\sqrt{\dfrac{2+\sqrt{3}}{4}}, \pm\dfrac{1}{\sqrt{2}}$, [379] 2, [380] not solution,

[381] 14, 160, [382] 2, [383] 7,7, [384] $\dfrac{5}{4}$, [385] $\dfrac{3}{4}$, [386] $\sqrt[3]{9965}$, [387] 2,

[388] $(x^2-2x+6)(x^2+2x-2)$, [389] $(x^4+2x^3+2x^2+2x+2)(x^4-2x^3+2x^2-2x+2)$,

[390] $\dfrac{1992^{26}-1992^{24}}{2}, \dfrac{1992^{26}+1992^{24}}{2}-1$, [391] $\dfrac{-2i(1+\sqrt{2})}{\sqrt{5}}, \dfrac{-\sqrt{10}\,i(1+2\sqrt{3})}{5}$,

[392] $(1,39), (39,1), (3,3)$, [393] $\dfrac{16}{11}$, [394] 1,36, [395] 4, [396] $-6, 3$, [397] $-\dfrac{1}{4}, \dfrac{1}{4}$,

[398] $\dfrac{a^2-b^2}{2ab}$, [399] 4, [400] 96, [401] $x=\pm 2y, x=\pm\sqrt{\dfrac{5}{3}}\,y$, [402] $\sqrt{7}$, [403] 1, [404] $\dfrac{1}{1+x}$,

[405] $\dfrac{1-a-b-4ab}{2a+3ab+4}$, [406] $\dfrac{1}{2}\left(\dfrac{x-3}{x+1}-\dfrac{x+3}{x-1}-x\right)$, [407] $\dfrac{-3\pm\sqrt{13}}{2}$, [408] $\dfrac{\pi}{12}+n\pi$,

[409] $\dfrac{13}{8}<x\le\dfrac{7}{4}$, [410] $(1,2), \left(\dfrac{1}{2}, 1\right)$, [411] 3, [412] 0, [413] $\dfrac{1}{\sqrt{2^n}}$, [414] 3,9,12,15, [415] 0,

[416] $\dfrac{x^\alpha}{2^{\alpha-1}}$, [417] 480, [418] $\dfrac{1}{2}$, [419] $\dfrac{23}{10}, \dfrac{23}{6}, \dfrac{23}{2}$, [420] $(0,0,0), \left(\pm\sqrt{\dfrac{3}{8}}, \pm\sqrt{\dfrac{3}{8}}, \pm\sqrt{\dfrac{3}{8}}\right)$,

[421] $2n\pi, 2n\pi+\dfrac{\pi}{2}$, [422] $\pm\dfrac{2\sqrt{15}}{3}, \pm\dfrac{3\sqrt{15}}{5}, \pm\dfrac{4\sqrt{15}}{15}$, [423] -1, [424] 9,

[425] $\dfrac{(3+2\sqrt{2})^n+(3-2\sqrt{2})^n}{2}, \dfrac{(3+2\sqrt{2})^n-(3-2\sqrt{2})^n}{2\sqrt{2}}$, [426] 3,3,3,

[427] $1+\dfrac{(5\sqrt{2007}+224)^n+(224-5\sqrt{2007})^n}{2}, \dfrac{(224+5\sqrt{2007})^n-(224-5\sqrt{2007})^n}{2\sqrt{2007}}$,

[428] $(-1,3,-2), (2,3,1)$, [429] 1, [430] 37, [431] 0, [432] $\dfrac{1}{8}, \dfrac{\sqrt{3}}{2}$, [433] $3\sqrt{2}$, [434] $\dfrac{\pi}{2}$,

[435] $\dfrac{1}{\sqrt[3]{4}-1}$, [436] $\sqrt{3}$, [437] $x+\dfrac{1}{x}$, [438] $\sqrt{5}$, [439] $\dfrac{7+2\sqrt{7}}{3}, \dfrac{7-2\sqrt{7}}{3}$, [440] $\dfrac{x+1}{\sqrt{2}}$,

[441] -4, [442] $(1+x+x^2)(x^5-x^4+x^2-x-1)$, [443] $\sqrt{3}$, [444] $(1,3,2), (2,3,1)$,

[445] $\dfrac{65+\sqrt{257}}{16}$, [446] 5,8,11, [447] 668,668,669, [448] 14, [449] $(1+x+x^2)(x^3-x^2+1)$,

[450] $-\dfrac{3}{4}, \dfrac{3}{2}$, [451] $\dfrac{\pi}{6}+2n\pi$, [452] $\pm 4\sqrt{5}$, [453] $0, \cos^{-1}\dfrac{3}{5}, \cos^{-1}\left(\dfrac{-5}{13}\right), \cos^{-1}\dfrac{57}{185}$,

[454] $\dfrac{5\pm\sqrt{5}}{2}$, [455] $2\sqrt{2}, \dfrac{2\sqrt{3}}{9}$, [456] 4,

[457] $1-\dfrac{(x+1)^3}{4}+\dfrac{3(x-1)(x+1)^3}{8}-\dfrac{3(x-1)^2(x+1)^3}{8}$, [458] $\dfrac{27}{4}$, [459] 56, [460] ± 1,

[461] 4, [462] (4,9),(9,4), [463] $\frac{\sqrt{2^5}}{\sqrt[4]{3^3}}$, [464] 1,2,3, [465] cosh1, [466] -2^{50}, [467] $\frac{6\pi^3-49\pi}{18}$,

[468] 0, [469] 2, [470] $\pm\sqrt{10^{10}+\frac{1\pm\sqrt{5}}{2}}$, [471] 1996, [472] ± 1, [473] 12,6,4, [474] 9,1,

[475] 3, [476] 256, [477] $\frac{1}{2}\left(x-\frac{a^2}{a-x}+\frac{ax-a^2}{x}\right)$, [478] $\left(\frac{x-3}{x^2+3}\right)\sin x$, [479] $x+\frac{1}{4019}$,

[480] $\frac{n\pi}{26}$, [481] $\frac{n\pi}{7}$, [482] $\frac{n\pi}{3}$, [483] $\frac{(1+2n)\pi}{16}$, [484] $n\pi$, [485] $1,3,\frac{1}{3}$, [486] 3,

[487] $(\pm 1,4),(\pm 2,1)$, [488] $\left(\frac{-3\pm 3\sqrt{5}}{2},\frac{-3\mp 3\sqrt{5}}{2}\right)$, [489] 2, [490] (4,3),(3,4),

[491] $(1\pm\sqrt{6},1\mp\sqrt{6})$, [492] $(3,4),(4,3),\left(\frac{-16\pm 8\sqrt{10}}{7},\frac{-16\mp 8\sqrt{10}}{7}\right)$, [493] 6,

[494] $0,\pm\frac{1}{2},\pm\sqrt{\frac{1\pm\frac{3}{2}\sqrt{3}}{4}}$, [495] 2, [496] m, [497] 3,−4, [498] 43, [499] 0,

[500] $\ln\frac{\sqrt{5}-1}{2},\pm\sqrt{\ln\frac{3+\sqrt{5}}{2}}$, [501] 5,7,66,68,78,80, [503] $\frac{\sqrt{2}+\sqrt{6}}{4}$, [504] $5+\sqrt{2}$,

[505] $(3n+1)\pi,\frac{(12n+9)\pi}{5}\pm\frac{3\pi}{10}$, [506] $\frac{1-x-x^3}{2x(1-x)}$, [507] $c(x-2)(x-4)(x-8)(x-16)$,

[508] 0,7, [509] 400 [510] 1,2,3,4,12, [511] 3, [512] $\frac{\pi}{4}$, [513] 1, [514] $4+3\sqrt{2}$, [515] $\frac{n}{2n-1}$,

[516] $\frac{81}{4}$, [517] $\frac{-27\pm 2\sqrt{149}}{7}$, [518] 2, [519] $2\sqrt{6}$, [520] $\frac{1}{2}$, [521] $1\pm\sqrt{19}$, [522] 2000,

[523] $1\pm\sqrt{2},2\pm\sqrt{3}$, [524] $\frac{x(x+6)(x+2)}{21}$, [525] $0,\frac{1}{2},1$, [526] 109, [527] $\frac{5}{3}$, [528] 2,

[529] 20°, [530] $\sqrt{57}$, [531] 1, [532] 6, [533] $-\frac{1}{2}$, [534] $\pm 1,\pm\frac{3}{4},\pm\frac{4}{3}$, [535] 10, [536] 5,

[537] 24024, [538] $\sqrt{\pi^2+\left(\frac{2\pi-1}{3}\right)^3}$, [539] $\frac{2}{3}$, [540] $\frac{1+\sqrt{5}}{2},\frac{\sqrt{5}-1}{2}$, [541] $\left(\frac{8}{17}\right)^2$, [542] $\frac{1}{3}$,

[543] 1, [544] 2, [545] $1,\frac{1+\sqrt{5}}{2}$, [546] $(1,1,-1),\left(\sqrt[3]{\frac{9}{4}},\sqrt[3]{\frac{9}{4}},\sqrt[3]{\frac{2}{3}}\right)$,

[547] $\frac{840}{841},\cos\left(\frac{\pi}{6}+\frac{2}{3}\cos^{-1}\frac{20}{29}\right)$, [548] 2,2,5, [549] $(x^{2008}+x^{1004}+1)\times(x^{3012}-x^{2008}+1)$,

[550] $\frac{17}{2}$, [551] $-\tan\frac{3\pi}{7},\tan\frac{\pi}{7},\tan\frac{2\pi}{7}$, [552] x^3-1, [553] $\pm\frac{26}{6\sqrt{5}},\mp\frac{4}{6\sqrt{5}},\mp\frac{34}{6\sqrt{5}}$,

[554] $\frac{35}{31}$, [555] $\sqrt{2}+\pi,\pi-\sqrt{2},4\pi+2\sqrt{2}(\pi^2+1),2\sqrt{2}(\pi^2+1)-4\pi$,

[556] $\left(2\cos\frac{\pi}{13},2\cos\frac{3\pi}{13},2\cos\frac{9\pi}{13}\right),\left(2\cos\frac{2\pi}{13},2\cos\frac{6\pi}{13},2\cos\frac{18\pi}{13}\right),\left(2\cos\frac{\pi}{14},2\cos\frac{3\pi}{14},2\cos\frac{9\pi}{14}\right)$,

$\left(2\cos\frac{2\pi}{14},2\cos\frac{6\pi}{14},2\cos\frac{18\pi}{14}\right)$, [557] $A=\frac{\pi}{7},\frac{3\pi}{7},\frac{2\pi}{5},B=\frac{2\pi}{7}$, [558] 2,

[559] $\frac{(2+\sqrt{3})^n-(2-\sqrt{3})^n-2\sqrt{3}}{4\sqrt{3}},\frac{(2+\sqrt{3})^n+(2-\sqrt{3})^n}{4}$, [560] $-F_n,-F_{2n},-F_n-2F_{n-1}$,

[561] $\frac{2009^4-5}{4}$, [562] $\sin\frac{\pi}{30},\sin\frac{13\pi}{30},\sin\frac{5\pi}{6},-\sin\frac{11\pi}{30},-\sin\frac{23\pi}{30}$, [563] $46368x+28657$,

[564] $\frac{1+\sqrt{5}}{2}, \frac{\sqrt{5}-1}{2}$, [565] $2\sqrt[3]{3}+\sqrt[3]{9}$, [566] $2+2\cos\frac{\pi}{9}, 2+2\cos\frac{7\pi}{9}, 2+2\cos\frac{13\pi}{9}$, [567] 6,

[568] 0, [569] 333,333,333,334, [570] 4, [571] $-\sqrt{\frac{33}{2}}$, [572] 9,3, [573] $k \geq 3$,

[574] $\frac{3+\sqrt{17}}{2}, \sqrt{\frac{\sqrt{17}-3}{2}}$, [575] -5892, [576] $\frac{3\pi}{7}$, [577] $\sqrt[3]{4}$, [578] $\frac{70}{37}$, [579] $\frac{\sqrt{5}}{2}$,

[580] 7, [581] $\frac{1}{2}$, [582] $2^{n+1}-1$, [583] $\frac{3+\sqrt{26}}{2}$, [584] $\frac{1}{432}$, [585] $-\frac{\ln(\ln 2)}{\ln 2}$, [586] 18°,

[587] $x+1$, [588] 86, [589] 5, [590] 10, [591] 0, [592] 12, [593] 1, [594] 2,4,33,3,38, [595] $\frac{17}{2}$,

[596] 2, [597] 0, [598] 16, [599] 2, [600] $-1\pm\sqrt{\frac{m-1}{m+1}}, -1\pm\sqrt{\frac{m}{m-2}}$, [601] 9,

[602] $\frac{ax^2}{b}+\frac{b}{a}$, [603] $\frac{11}{\sqrt[11]{6^6 3^3 2^2}}$, [604] $\frac{1}{6}$, [605] 6,5, [606] $\frac{1}{2}$, [607] $x^2+(y-1)^2=2$,

[608] -2011, [609] 0, [610] $\sqrt{\frac{3}{2}}$, [611] $(4,2),(9,-3)$, [612] 1,6,9,

[613] $\pm\frac{\sqrt[4]{5}+\sqrt[4]{3}}{4}, \pm\frac{\sqrt[4]{5}-\sqrt[4]{3}}{2}$, [614] $\pm(x+1)$, [615] $n^n\left(\frac{2}{n+2}\right)^{n+2}$, [616] 0, [617] $x, 2x-1$,

[618] $\frac{2}{9}, -2$, [619] 2, [620] 145, 12, [621] -8, [622] 19, [623] $\left(\frac{3\pm\sqrt{19}i}{2}, \frac{3\mp\sqrt{19}i}{2}\right)$,

[624] 2,3, [625] 2,1,0,-1, [626] $\frac{3}{8}$, [627] $\frac{2abc}{\sqrt{(a+b+c)(a-b+c)(a+b-c)(b-a+c)}}$, [628] 10,

[629] 8, [630] $\frac{\pi}{6}, \frac{\pi}{4}, \frac{\pi}{2}, \frac{3\pi}{4}, \frac{5\pi}{6}$, [631] $\frac{12}{7}$, [632] $75^\circ, 15^\circ$, [633] 128, [634] $\sqrt{\frac{3}{2}}$, [635] 1,

[636] $(x-\sqrt{a+1})\left(x+\frac{\sqrt{a+1}-\sqrt{a+5}}{2}\right)\left(x+\frac{\sqrt{a+1}+\sqrt{a+5}}{2}\right)$, [637] $-\frac{1}{2}$,

[638] $abc=a^2+b^2+c^2-4$, [639] 2,1, [640] 0, [641] 1,-2, [642] $(7x-4)(x^2-x+3)$, [643] 5,

[644] $\sqrt{\frac{3}{2}}$, [645] 6,12, [646] $\frac{\pi}{2}$, [647] 없음. [648] $\frac{1}{9}$,1, [649] 0, [650] $\frac{65}{8}$, [651] $\frac{5}{2}$,

[652] $-\frac{\sqrt{2}}{8}$, [653] $(x-2)(x^2+x+1)(x^3-x^2+1)$, [654] $\frac{120-20\sqrt{5}}{31}, \frac{35+11\sqrt{5}}{31}$,

[655] $\frac{(k^2-4)^2}{4k(k^2+4)}$, [656] $-2010\pm\sqrt{5}$, [657] $\pm 1, -2, -\frac{1}{2}$, [658] $\frac{2}{3\sqrt{3}}$, [659] $(\pm 1,0,0)$,

[660] $\left(\frac{ad}{a^2+b^2+c^2}, \frac{bd}{a^2+b^2+c^2}, \frac{cd}{a^2+b^2+c^2}\right)$, [661] 2, [662] $2\cos\frac{n\pi}{3}$, [663] $\frac{ab-3c-d}{2}$, [664] 1,

[665] $\frac{-1}{\sqrt{2}}$, [666] $\frac{3\pi}{4}+n\pi$, [667] $1+\frac{2}{A}$, [668] $\pm\left(\frac{25}{12}, \frac{15}{4}, \frac{13}{3}\right)$, [669] $\frac{1}{3}$, [670] 0,2,2,

[671] 10°, [672] $\frac{1}{\sqrt{2}}, -\frac{1}{\sqrt{2}}$, [673] $\frac{1}{3^{2011}}$, [674] 10°, [675] -1, [676] 1990, [677] $\frac{521}{32}$,

[678] $-1, \frac{1}{8}$, [679] $n\pi-\frac{\pi}{3}$, [680] $2n\pi+\frac{\pi}{2}$, [681] $n\pi\pm\frac{\pi}{6}, \left(n+\frac{1}{2}\right)\pi, \left(n+\frac{1}{2}\right)\pi\pm\frac{\pi}{4}$,

[682] $(3,2),(2,3)$, [683] 1, [684] 8104, [685] $101+100!$, [686] 432, [687] 3, [688] 899,

[689] -37, [690] 1, [691] 41, [692] 25, [693] $\frac{12}{13}$, [694] 0, [695] $\frac{1}{50}$, [696] 2005, [697] 19,

[698] $-\frac{2}{9}$, [699] $(0,0,0),\left(\frac{1}{2},\frac{1}{2},\frac{1}{2}\right)$, [700] $2\cos\left(2n\pi\pm\frac{\pi}{12}\right)$, [701] $\pm\frac{1}{\sqrt[4]{2}},\pm\sqrt[4]{2}i$, [702] $\sqrt{75}$,

[703] $\frac{1}{3}$, [704] $\sqrt{2}-\frac{1}{2}$, [705] $\frac{89}{355}$, [706] $\pm\sqrt{6\sqrt{3}-9}$, [707] $(x^2-x+1)(x^2+x+2)$, [708] 1,

[709] 0, [710] $n\pi+\frac{\pi}{12},n\pi+\frac{5\pi}{12},n\pi-\frac{1}{2}\sin^{-1}\frac{5}{8}$, [711] $x^2+y^2=16m^2$, [712] $\frac{47}{48}$, [713] $2x+3$,

[714] $\frac{1}{8}$, [715] $\frac{-6}{70}$, [716] $\frac{\pi+2\theta}{4}$, [717] $\frac{1}{4}$, [718] 60, [719] $(a-b)(b-c)(a-c)(a+b+c)$,

[720] $0,0,1,a+b+c$, [721] $\frac{7}{2}$, [722] $24abc$, [723] $\sqrt{17}$, [724] 63.4, [725] -2,

[726] $(xy+x+1)(xy+y+1)$, [727] 488, [728] $6-5\sqrt{3}$, [729] 43, [730] 2, [731] 3,

[732] $2\sqrt{10}$, [733] $\frac{9\sqrt{2}}{8}$, [734] $\frac{81}{4}$, [735] $\frac{2ab}{a^2+b^2}$, [736] $\frac{3}{\sqrt[3]{6}}$, [737] 25, [738] 10, [739] 603,

[740] $(a-b)(b-c)(c-a)(a^2+b^2+c^2+ab+bc+ca)$, [741] 8, [742] $\frac{2}{2+\sqrt{2}}$, [743] $\frac{1}{2}$,

[744] 9, [745] 1,5, [746] 2, [747] $\frac{b-a}{a+b}$, [748] $\frac{\pi}{7}$, [749] $\sqrt{3}$, [750] $\tan^{-1}\frac{6}{5}+\cos^{-1}\frac{\sqrt{61}}{10}$,

$\tan^{-1}\frac{6}{5}-\cos^{-1}\frac{\sqrt{61}}{10}$, [751] $\frac{3}{2}$, [753] $2-3x$, [754] $t\geq\frac{1}{3}$, [755] $\frac{16}{5}$, [756] $\frac{7}{2}$, [757] 4034036,

[758] $\sqrt{b^2+(a+c)^2}$, [759] 9, [760] $\frac{63}{4}$, [761] 4, [762] $-\frac{1}{2},-\frac{\sqrt{3}}{2}$, [763] 1, [764] $-\sqrt{3}$,

[765] 4, [766] $\frac{\sqrt{13}-1}{4}$, [767] $-\frac{1+\sqrt{13}}{4}$, [768] 2, [769] $x^6-6x^4-6x^3+12x^2-36x=-1$,

[770] $\sqrt{145}$, [771] 1,17, [772] $k,-k$, [773] $3(a+b)(b+c)(c+a)$, [774] $\frac{1}{2}\left(x-1+\frac{x}{x-1}-\frac{1}{x}\right)$,

[775] 1, [776] $\frac{1}{4}$, [777] 4, [778] 7,5, [779] 1,6, [780] $\frac{4^{2n-1}-4^{n-1}}{3}$,

[781] $(2x+y-4)(x-2y+3),(2x-3y+1)(3x+2y-4)$, [782] 1,2,3, [783] $3,-4$, [784] 2007,

[785] $\frac{\sqrt{29}}{2}$, [786] $\frac{1}{2}$, [787] $a\geq 2$, [788] 1, [789] $2\cos\theta,-1$, [790] $\frac{3(a+b)(a-b)^2}{4}$,

[791] $\frac{5+2\sqrt{6}}{2},\frac{5-2\sqrt{6}}{2},1$, [792] 12,14,0, [793] 2999 • 4001, [794] $\frac{1}{2}$, [795] $\frac{3}{2},\frac{1}{4}$,

[796] $\frac{1}{1001}$, [797] 1, [798] $-(1+2\sqrt{2})$, [799] $\frac{-5}{4}$, [800] $\frac{-(29+12\sqrt{3})\pm3\sqrt{45+20\sqrt{3}}}{2}$,

[801] $\sqrt{13},\tan^{-1}\frac{2}{3}$, [802] $\frac{\sqrt{a^2+b^2}}{b}$, [803] 35, [804] 3,2, [805] $\sin a+\sin b+\sin c$,

[806] $\frac{p^2q+(q-1)^2}{p^2+(q-1)^2}$, [807] $\frac{2\pi}{3}$, [808] 1, [809] 75, [810] -1, [811] $\sqrt{8}$, [812] 16,

[813] $\frac{160\sqrt{30}}{9}$, [814] 33, [815] $\frac{\sqrt{7}}{8}$, [816] (2,5,8),(2,4,13),(3,3,7), [817] $\frac{\pi}{6},\frac{\pi}{4},\frac{\pi}{3}$, [818] $\frac{8}{3}$,

[819] $\frac{1}{2},-1$, [820] 0, [821] $4n-1$, [822] $4k+1$, [823] 2, [824] $\frac{10}{13},\frac{10}{3}$, [825] $\frac{\ln 2}{\ln 2+i(2n+1)\pi}$,

[826] 2, [827] $(x^2-x+1)(2x^2+5x+4)$, [828] $2r^2-2s^2-4p$, [829] $\frac{x-\sqrt{3}}{1+\sqrt{3}x}$, [830] -1,

[831] $\sqrt[3]{\dfrac{5-3\sqrt[3]{7}}{2}}$, [832] $-\dfrac{1}{2}$, [833] 36, [834] x^3-1, [835] $-\dfrac{8}{5}$, [836] $\dfrac{17}{2},\dfrac{8}{3}$, [837] $(1-ab-bc-ca)(a+b+c-abc)$, [838] 212, [839] 112, [840] 2,1,1, [841] 0,4, [842] 8, [843] 16, [844] $x^xy^yz^z\left(\dfrac{k}{x+y+z}\right)^{x+y+z}$, [845] 3, [846] $0,\dfrac{63}{13}$, [847] $\dfrac{8}{7}$, [848] $19-5\sqrt{13}$, [849] $\pm\sqrt{\dfrac{5-\sqrt{5}}{2}}$, [850] 0, [851] $\dfrac{1}{2}$, [852] 9 [853] $8\sqrt{2}$, [854] 2 , [855] $\dfrac{1}{6}$, [856] $\dfrac{5}{2}(1+\sqrt{2})$, [857] $\dfrac{2}{3}$,2, [858] 0, [859] $5+\sqrt{2}$, [860] 1, [861] 8, [862] $\dfrac{1+\sqrt{3}}{2}$, [863] $\sqrt{3}$, [864] 199, [865] 1, [866] 2, [867] 1, [868] $\dfrac{1}{6}$, [869] 6, [870] 3, [871] -3, [872] $\sqrt{3}$, [873] 8, [874] $\dfrac{4}{9},-\dfrac{2}{9},\dfrac{1}{9}$, [875] 8,3,7, [876] 3, [877] 11, [878] $5x$, [879] $\dfrac{1}{2}$, [880] $-\dfrac{1}{4},\dfrac{1}{4}$, [881] 6, [882] $\tan x$, [883] $(a+b)^2$, [884] $-\dfrac{4}{5}$,2, [885] 6, [886] $(\sqrt[3]{a^2}+\sqrt[3]{b^2})^{\frac{3}{2}}$, [887] $n+1, n(n+1)$, [888] $\dfrac{8}{11}$, [889] 1, [890] $3\sqrt{6}$, [891] $\dfrac{21}{16}$, [892] $\dfrac{3\sqrt{17}}{2}$, [893] $\dfrac{a^ab^b}{(a+b)^{a+b}}$, [894] 5, [895] $2n\pi+2\tan^{-1}\dfrac{24\pm\sqrt{481}}{19}$, [896] $\dfrac{7}{6}$, [897] $9\sqrt[3]{12}+6\sqrt[3]{18}$, [898] $\dfrac{\pi}{2}$, [899] $\dfrac{3}{4},\dfrac{1}{2},\dfrac{1}{4}$, [900] 4, [901] 3, [902] $\sqrt{3}$, 4, [903] x, [904] 9, [905] 5, [906] $\pm\sqrt{3}$, [907] $101!-1$, [908] 2011^{2011}, [909] $\left(2\cos\dfrac{7\pi}{9}, 2\cos\dfrac{5\pi}{9}, 2\cos\dfrac{\pi}{9}\right)$, $\left(2\cos\dfrac{8\pi}{9}, 2\cos\dfrac{4\pi}{9}, 2\cos\dfrac{2\pi}{9}\right)$, [910] $-\dfrac{9}{4}$, [911] $2\sqrt{3}$, [912] $a(x-1)^n$, [913] $\dfrac{\pi}{4}$, [914] no solution, [915] $(1+\sqrt{2}+\sqrt{3})^2$, [916] $\dfrac{16}{9}x^2+f(0)$, [917] $54^\circ, 18^\circ$, [918] $\dfrac{1}{16}$, [919] 1, [920] $\left(\dfrac{1}{27},\dfrac{1}{9},\dfrac{1}{3}\right),\left(\dfrac{1}{3},\dfrac{1}{9},\dfrac{1}{27}\right)$, [921] $5+3\sqrt{2}$, [922] $-\dfrac{3}{2}(1+\sqrt{3}i)$, [923] 7, [924] $\dfrac{16}{3}$, [925] $\sqrt{10}$, [926] $2a$, [927] $\dfrac{\pi}{2}$, [928] $\dfrac{14}{3}$, [929] 4, [930] $-x^2-x+\dfrac{1}{3}$, [931] $(1-x+x^2)(1-x^3+x^6)(1-x^9+x^{18})(1-x^{27}+x^{54})$, [932] $\dfrac{4}{5}$, [933] 12, [934] $(a-b)(b-c)(c-a)(a^3+b^3+c^3+a^2b+a^2c+b^2c+b^2a+c^2a+c^2b+abc)$, [935] 1, [936] 직각삼각형, [937] $\dfrac{3\pm\sqrt{5}}{2}$, [938] $-\dfrac{3x}{4\pi^2}$, [939] 2,045,041,554,425, [940] $12-8\sqrt{2}$, [941] 6, [942] 1,1,1, [943] $\dfrac{1}{x}$, [944] $\dfrac{1}{16}$, [945] -2553, [946] 0, [947] $\left(1,\dfrac{-3}{2}\right),\left(\sqrt[3]{\dfrac{5}{4}},-\sqrt[3]{\dfrac{25}{16}}\right)$, [948] $x=y=1$, [949] $(3,1),(\sqrt[3]{49},\sqrt[3]{7})$, [950] $(2,1),\left(\dfrac{2}{3},-\dfrac{1}{3}\right)$, [951] $\left(\dfrac{1}{2},-\dfrac{5}{2}\right),\left(-\dfrac{1}{2},-\dfrac{5}{2}\right)$, [952] $\left(\dfrac{1}{2},0\right),(1,1)$, [953] 5, [954] 0, [955] 53, [956] $-\dfrac{1}{8},\dfrac{7}{16}$, [957] $\left(\dfrac{5}{3},-\dfrac{5}{3}\right),\left(\dfrac{5}{4},-\dfrac{5}{4}\right)$, [958] $\dfrac{-1\pm\sqrt{5}}{2}$, [959] $\dfrac{-1}{5}$, [960] 3, [961] $\left(\dfrac{11}{25},\dfrac{2}{25}\right),\left(\dfrac{2}{5},\dfrac{1}{5}\right)$, [962] 3,3,3, [963] 4, 24, [964] $\dfrac{1}{20}$,

[965] $\left(\frac{1\pm\sqrt{5}}{2}, \frac{-1\mp\sqrt{5}}{2}\right)$, [966] $\frac{a^2-b^2}{2}$, [967] 0, [968] $\frac{1}{(a+b)^3}$, [969] $\frac{3}{5}, \frac{6}{5}, \frac{9}{5}, \frac{12}{5}$,

[970] $-3\sqrt{3}$, [971] -11, [972] 18, [973] $\frac{2}{11}$, [974] $1, \frac{1\pm\sqrt{13}}{2}$, [975] 10, [976] 0,

[977] $u(x)=1-x, v(x)=\frac{x^2}{2}$, [978] 2,1,3, [979] $\frac{\sqrt{7}}{3}, \frac{5\sqrt{7}}{9}, 3\sqrt{7}$, [980] $\sqrt{70}$, [981] -3,

[982] $\frac{1}{8}$, [983] $\frac{1}{3}$, [984] 22,6,2006, [985] $2, 2\sqrt{2}$, [986] $\frac{1}{3}$, [987] $\sqrt{10}$, [988] x^3-3x+1,

[989] $\pm 4, \pm 2(\sqrt{6}-\sqrt{2}), \pm 4\sqrt{2}$, [990] $\frac{a-\sqrt{a^2+b}}{2b}, \frac{a+\sqrt{a^2+b}}{2b}$, [991] $4\sqrt{5}-8$, [992] $0, \frac{4}{3}$,

[993] $2(\sqrt{2}+1)$, [994] $\frac{(\sqrt{a}+\sqrt{b})^2}{\sqrt{2}}$, [995] $\frac{1}{2}$, [996] 8, [997] $3, -1994, 1997$, [998] 2,1,

[999] $(1,3), \left(3, \frac{1}{3}\right)$, [1000] 1, [1001] $-\frac{1}{2}, -\frac{1}{2}$, [1002] 2011^{2011}, [1003] $\frac{\sqrt{n^n}}{\sqrt{(n+1)^{n+1}}}$, [1004] $\frac{5}{2}$,

[1005] 3, [1006] 0, [1007] 9, [1008] -1, [1009] $\frac{1}{2}+\sqrt{\sqrt[3]{x}-\frac{3}{4}}, (x \geq 1)$, [1010] $-1, \frac{1}{7}$,

[1011] 2, [1012] $\pm 4, 3$, [1013] x^2-x-1, [1014] $\frac{\sqrt{6}}{2}$, [1015] 5, [1016] $2n$, [1017] 900,

[1018] $\frac{\pi}{2}$, [1019] $\frac{1}{2}$, [1020] $\frac{113}{9}$, [1021] 2, [1022] 27, [1023] $1+\sqrt{2}=x=y$, [1024] 198,

[1025] -1, [1026] 11, [1027] $\frac{1}{2}$

04 미분과 증명

[1] Euler 이용, [2] 음함수 미분 이용, [3] 직각삼각형 이용, [6] $\frac{3\sin x^3-2\sin x^2}{x}$,

[7] $2x\tan^{-1}x-\frac{\ln(x^2+1)}{2}$, [14] $\sin\left(x+\frac{n\pi}{2}\right)$, [15] $\frac{(-1)^n n!}{2a(a+x)^{n+1}}+\frac{n!}{2a(a-x)^{n+1}}$,

[16] $x^2k^ne^{kx}+{}_nC_{n-1}(2x)k^{n-1}e^{kx}+{}_nC_{n-2}2k^{n-2}e^{kx}$, [17] $a^n\cos\left(\frac{n\pi}{2}+ax\right)$,

[18] $\sin x\cos x^{\cos x}(1+\ln\cos x)$, [19] $(\sin x)^x(x\cot x+\ln\sin x)$, [20] $\sum_{k=0}^{n}{}_nC_k\, e^x\sin\left(x+\frac{k\pi}{2}\right)$,

[21] $\tan^{-1}\frac{1}{7}$, [22] $\frac{\pi}{4}$, [23] $x^2\sin\left(\frac{n\pi}{2}+x\right)+2nx\sin\left(\frac{(n-1)\pi}{2}+x\right)+n(n-1)\sin\left(\frac{(n-2)\pi}{2}+x\right)$,

[26] $f(x)=e^{-\frac{x}{2}}, g(x)=e^{\frac{x}{2}}$, [28] x^2-2x-1, [29] $\left(\frac{\sqrt[3]{2^4}}{3}, \frac{\sqrt[3]{2^5}}{3}\right)$, [36] $\frac{1}{2}\left(x^2+\frac{1}{x}\right)$,

[37] $-2^{99}\cdot 98!$, [38] [41] $aa'+bb'-(ab'-a'b)\cos\omega=0$, [42] $\sqrt{\begin{vmatrix} l_1 & m_1 \\ l_2 & m_2 \end{vmatrix}^2+\begin{vmatrix} m_1 & n_1 \\ m_2 & n_2 \end{vmatrix}^2+\begin{vmatrix} n_1 & l_1 \\ n_2 & l_2 \end{vmatrix}^2}$,

[43] $\frac{\pi}{3}, \frac{\pi}{3}, \frac{2\pi}{3}$, [44] $\cos\theta_1\cos\theta_2+\sin\theta_1\sin\theta_2\cos(\phi_2-\phi_1)$, [45] $\frac{\pi}{3}, \frac{2\pi}{3}$, [46] [50] $(-1)^n n! k^n$,

[51] $0, (k:$ 홀수$)$, $(-1)^n(2n)!, (k:$ 짝수$)$, [52] $2008e^x$, [53] $\frac{17}{32}$, [54] 890, [55] $\frac{168}{295}$,

[56] $(11,10)$, [57] $y=13x$, [58] $\sqrt{e}$, [59] $\frac{3}{8}$, [60] $-3+5\sqrt{2}$, [64] $x(x+n)^{n-1}$, [65] $108°$,

[67] $0<b<30°$, [69] $36°$, [84] $90°$, [85] [86] $\ln\left(1+\sqrt{1+x^2}\right)$, [88] $\frac{15!}{5!}$,

[89] $\frac{1}{(1+(\sqrt{2}-1)x)^2}$, [90] $x^2-\frac{x}{2}$, [92] $x=2-e^{-t}$, $y=3e^t+e^{-t}-4$, [93] 2006, [94] $\ln 11$,

[95] $\frac{1}{3-2e}$, [96] $-\frac{1}{\sqrt{1-x^2}}, \frac{\pi}{4}, \frac{\pi}{2}$, [97] $\ln(2\sqrt{2}+3)$, [99] $2x-2+e^{1-x}$, [103] $3\ln x+3$,

[106] $\frac{n!}{(1-x)^{n+1}}$, [107] $2x^3f(x^2)-xf(x)$, $F(x^2)-F(x)+2x^2f(x^2)-xf(x)$,

$3x^2f(x)-2xf(x)+x^3f'(x)-x^2f'(x)$ [108] $\cos x\sqrt{1+\sin^4 x}$, [109] $-\frac{1}{4}$,

[110] $\frac{y^{2-y^{-1}}}{1-\ln y}, y=x^{x^x}$, [114] $\frac{(-i)^{n-1}(n-1)!}{2(1+ix)^n}+\frac{i^{n-1}(n-1)!}{2(1-ix)^n}$, [115] $n!n^n$, [122] $x^2+2x+1+e^x$,

[123] $(x-1000)e^{-x}$, [124] -512,

[126] $(-1)^{n+1}\left(x^2-x+n(n-1)(-1)^{\frac{n}{2}}\right)\sin(x-1)+(-1)^n(2nx-n)\cos(x-1), (n:even)$,

$(-1)^{n+1}\left[(2nx-n)\sin(x-1)+\left(x^2-x-n(n-1)(-1)^{\frac{n-1}{2}}\right)\cos(x-1)\right], (n:odd)$,

[130] $-\frac{1}{12e^x}(\cos\sqrt{3}x+\sin\sqrt{3}x)+\frac{e^{2x}}{12}$, [132] $45°$, [135] $\frac{1}{2}\left(x-\frac{1}{2}\right)e^x+\frac{1}{4e^x}+1$,

[136] $y=\frac{x\ln x}{2}-\frac{x}{4}+\frac{c}{x}$, [137] $\frac{y}{x}+\sin x=c$,

[138] $y=-\frac{2\cos 2x+3\sin 2x}{13}+c_1e^{-\frac{x}{2}}\cos\frac{\sqrt{3}x}{2}+c_2e^{-\frac{x}{2}}\sin\frac{\sqrt{3}x}{2}$,

[139] $y=\frac{x\sin x}{2}-\sin 2x+c_1\cos x+c_2\sin x$,

[140] $y=-\frac{e^{3x}\sin x}{3}(\sin^2 x\cos 2x+6\cos^2 x+2\cos^4 x)+c_1e^{3x}\cos 2x+c_2e^{3x}\sin 2x$,

[141] $y=\pm\frac{1}{\sqrt{cx^2-2x^3}}$, [142] $\frac{x+1}{2e^{2x}}+c_1e^{-x}\cos x+c_2e^{-x}\sin x$,

[143] $\frac{xe^x\sin 2x}{4}+c_1e^x\cos 2x+c_2e^x\sin 2x$, [144] $x=\frac{3c_1e^{2t}}{2}-\frac{3c_2}{2e^{2t}}$, $y=c_1e^{2t}+c_2e^{-2t}$,

$z=-\frac{c_1e^{2t}}{2}+\frac{c_2}{2e^{2t}}$, [145] e^{-16}, [146] $3-2\sqrt{2}$, [150] $\frac{y^2}{2}-y+\ln(y+1)=\ln x+c$,

[172] $F_{2n}=F_nL_n$, [175] $\frac{\sin 2a+\sin 2b+\sin 2c}{4}$, [180] $ce^{-x}+2x-2$, [181] $\frac{n}{n+1}$, [184] $40°$,

[186] $140°$, [188] $21:3$, [189] $1:2$, [192] $10°$, [195] $y=x\tan(x+c)$,

[202] $5x^4-16x^3+51x^2-100x+101$, [206] $\frac{\pi}{3}$, [208] $y=a\tan^{-1}\frac{x+y}{a}$,

[209] $\left(y-\frac{1}{3}\right)^2-\left(y-\frac{1}{3}\right)\left(x+\frac{1}{3}\right)+\left(x+\frac{1}{3}\right)^2=c$, [210] $x-2y+\ln(x-y+2)=c$, [212] 0,

[213] $x^2y+\sin y=c$, [214] $x^2-y^2=cx$, [215] $\frac{e^{x+c}}{x^2+1}$, [216] $cx=y(xy-1)^2$,

[221] $\frac{3x-1}{2}$, $c=\frac{5}{24}$, [227] $\frac{80x^2+180x}{119}$, [228] $4x$,

[229] $\frac{y-2}{2x+4}-\frac{1}{4}\ln\frac{2y+x-2}{x+2}=\ln(cx+2)$, [234] $y^3=\frac{x^3}{3\sin x+c}$, [235] $\frac{(\ln x)^2}{2}$,

[237] $\sin 2y=2e^x-\frac{4e^x(x-1)}{x^2}+\frac{c}{x^2}$, [238] $x^2-y^2=c_1, xy=c_2$,

[245] $-\frac{\ln(1-x^2-y^2)}{2}=\tan^{-1}\frac{y}{x}+c$, [246] $-\frac{2}{3}, \frac{5}{6}$, [249] $\frac{x-y}{2}+\frac{a-b}{4}\ln[(x+y)^2-ab]=c$,

[250] $\sqrt{x^2+1}+\sqrt{y^2+1}+\frac{1}{2}\ln\frac{\sqrt{x^2+1}-1}{\sqrt{x^2+1}+1}=c$, [251] $\frac{1}{xy}+\frac{y^2}{2x^2}=c$, [252] $y=x\sin^{-1}a+1$,

[254] $\frac{1}{2}\ln\frac{2+\sin x}{2}$, [256] $y=\frac{e^{cx}-1}{x}$, [257] $x^2\ln(xy)^2+y^3=cx^2$,

[258] $\ln\frac{\sqrt{1+x^2}}{(1+y)^2}=\frac{y^2-2y}{2}+c$, [259] $\tan\frac{y}{2x}+\frac{2}{x^2}=c$,

[260] $\frac{y^{\cot x}\operatorname{cosec}^2 x\ln y-(\tan^{-1}x)^y\frac{y}{(1+x^2)\tan^{-1}x}}{\cot x\cdot y^{\cot x-1}+(\tan^{-1}x)^y\ln(\tan^{-1}x)}$, [261] -1, [262] 3, [263] xe^{cx+1},

[265] $x\sin\frac{1}{x}+cx$, [266] 64, [268] $\ln cx=\sin^{-1}\frac{y}{x}$, [269] $x\sin(x+y)=c$, [270] $\frac{1}{xy}+\ln\frac{y}{x}=c$,

[271] $e^{\frac{x}{y}}=y+c$, [272] $\cot x, \cos x$, [273] $\sin^{-1}xy=x+c$, [274] $x\ln y=y\ln x+c$,

[275] $x^3+y^3+y\cos 2x=c$, [276] $xy^2=2y^5+c$, [277] $x^2+(xy)^3=cy$, [278] $x-y=\ln(x+y)+c$,

[279] $\ln(x^2y)=\frac{y}{a}+c$, [280] $x=ce^{-\tan^{-1}y}+\frac{1}{2}e^{\tan^{-1}y}$, [281] $y=cx^{-\ln\sqrt{x}}+e^x x^{-\ln\sqrt{x}}$,

[282] $\left(\frac{A}{2}+\frac{B\pi}{4}+\frac{B}{4}\right)\cos x+\left(\frac{2B+A\pi}{4}\right)\sin x$, [283] $(n+1)f(n)+(n-1)f(n-2)=\frac{n\pi-2}{2n}$,

[284] $\frac{x^3+3x^2}{3}$, [285] $\frac{3}{2}$, [286] $1-\frac{2x}{\sin y}=(cx)^2$, [287] $\frac{y^2}{x}=x-\frac{1}{x}+c$, [288] $xy\sin(xy)=c$,

[289] $x^2+y^2+2\tan^{-1}\frac{y}{x}=c$, [290] $x=\ln\left|\frac{\tan\left(\frac{4(x+y)+\pi}{8}\right)+\sqrt{2}-1}{\tan\left(\frac{4(x+y)+\pi}{8}\right)+\sqrt{2+1}}\right|+c$,

[291] $f(x)=f(f(x))+cx+d$, [292] $\frac{1}{\sqrt{1-x^2}}-\frac{1}{2\sqrt{x-x^2}}$,

[293] $\frac{-1}{\sqrt{1-x^2}}-\frac{1}{3\sqrt[3]{x^2}\sqrt{1-\sqrt[3]{x^2}}}$, [307] $y=\frac{\phi(x)}{x-c}$, [308] $c_1\left(\frac{x^3+3x}{3}\right)+c_2$, [309] $x+c_1+\frac{1}{c_2x}$

[310] $\cos y=\frac{2\sin^2x-2\sin x+1}{4}+ce^{-2\sin x}$, [311] $x+\frac{\sqrt{(x^2+y^2)^3}}{3}=\frac{y^2}{2}+c$,

[312] $x^4-7x^2+3(xy)^2+y^4-8y^2=c$, [323] $1+\frac{2x^2-x}{x+c}$, [340] $y=c_1e^{\frac{x^3}{3y^3}}$,

[341] $\frac{x}{x+y}e^{\frac{y}{x}}=\ln cx$, [342] $x^2\ln y+y^3=c$, [350] x^2, [366] $\frac{6}{\pi}$, [367] $\frac{10x^3+15x^2}{11}$,

[372] $\sqrt{2x^2+y^2}\pm(x+y)=c$, [378] e^{ce^x}, [379] $e^{ce^x+xe^x}$, [380] $c_1\tan\left(c_2+\frac{c_1x}{2}\right)$,

[381] $(2x+1)\left[\cos x\cos(x^2-x)-\sin x\sin(x^2-x)\right]$, [382] $\ln\left(x\pm\sqrt{x^2-2c}\right)$,

[383] $e^y+xy+e^x=c$, [384] $\dfrac{xe^{2x+c}-e^{2x+c}-x-1}{e^{2x+c}-1}$, [385] $\dfrac{1}{2}\tan^{-1}\left(x+\dfrac{\sin 2x}{2}+c\right)$,

[395] $x=y+c_1\ln y+c_2$, [405] $\dfrac{x+\tan c}{1-x\tan c}$, [442] $4+ce^{\frac{1}{4}x^4}$, [447] $75°$, [448] $(-1)^n(n-1)!$,

[453] $3+\dfrac{3\sqrt{2}}{4}$, [466] 50, [467] 54, [468] $\dfrac{1}{16}$, [469] $\sqrt{\dfrac{3\sqrt{2}}{5}}$, [499] $\sqrt{2}$, [500] $-\dfrac{5\pi}{12}$,

[503] $f(x+1)-f(x)-f'(x)$, [504] $\dfrac{1}{\cos 2x}$, [505] $1-x$, [522] $\sqrt{2x+\dfrac{2}{e^2-1}}$, [528] $\dfrac{x-1}{e^x}$,

[538] $c_1e^x+c_2e^{-x}-\dfrac{\sin x}{2}$, [539] $c_1\cos 2t+c_2\sin 2t+\dfrac{2t\cos 2t+\sin 2t}{4}$,

[540] $c_1\cos 2x+c_2\sin 2x+\dfrac{x\sin 2x}{4}$, [574] $-\dfrac{1}{\sqrt{2}},0,\dfrac{1}{\sqrt{2}}$, [580] $\dfrac{2}{3}\sqrt{(1+y)^3}=c_1x+c_2$,

[581] $\cot^{-1}\dfrac{-c_2}{c_1}$, [584] $10°$, [586] $\sqrt{x^2+y^2}=y^3+c$, [589] $x^2+\cos xy+y^3=c$,

[590] $xe^x\cos y-ye^x\sin y-e^x\cos y=c$, [591] $2x^2y-2y^3+3xy-x^3-xy^2=c$, [595] $2x^2$,

[596] $3xe^x$, [602] $\ln\dfrac{2(1+e^2)}{(1+e)^2}$, [603] x, [607] $\ln y=\ln x-\dfrac{1}{x}+c$, [608] $\ln\left(\sin\dfrac{y}{x}\right)=c-\dfrac{1}{x}$,

[609] $e^{2x}(y-3x)^2+e^{2x}=c$, [610] $y=\cos\dfrac{1}{x}+c\sin\dfrac{1}{x}$, [615] $(\ln(2\sin x))^2$, [618] $15,\dfrac{45}{2}$,

[621] $-x$, [624] $2e^{x+y}-e^{2y}+e^{2x}=c$, [631] $\dfrac{1}{3}\left(1+\left(\dfrac{\sqrt{3}i}{2}-\dfrac{1}{2}\right)^n+\left(-\dfrac{\sqrt{3}i}{2}-\dfrac{1}{2}\right)^n\right)$,

[632] $I=\dfrac{81}{32}, f(x)=-\dfrac{1}{4}(x^3+3x^2-5x-3)$, [633] $(2^{37}-2)e^{\frac{\pi}{2}}$, [635] $x\sin^{-1}\dfrac{4x}{3}+\dfrac{1}{4}\sqrt{9-16x^2}$,

[637] $(2x+1)\times\cos x^2$, [638] $ce^{-\frac{1}{x}}-\dfrac{1}{x}$, [640] $\dfrac{\sqrt{\pi^2+4}}{\pi^2}$, [641] $x^2-\dfrac{x^2}{\ln x-1}$,

[642] $\sqrt[3]{x+c}\,e^{-\frac{x^2}{3}}$, [650] $f(x)=\sin x, g(x)=\sin x-1, h(x)=3-\sin x$, [654] $c_2(x+2c_1)^2$,

[659] $\dfrac{yf'(xy)-3x^2}{3y^2-xf'(xy)}$, [660] $\dfrac{2xy}{2f(y)f'(y)-x^2}$, [661] $2^{-\frac{1}{12}}\sqrt[6]{\dfrac{\sin(6x+\pi/4)}{\cos^2(6x+\pi/4)}}$, [663] $-22!, 0, 24!$,

[665] $-\dfrac{6}{x^4}$, [666] $1+\ln x$, [667] $f(0)e^{\frac{x}{2f(0)}}$, [668] $ce^{\frac{x}{1-a}}$, [669] $\csc^2(\sqrt{c}\,x)$, [671] $\sqrt{x}-1$,

[672] $-x$, [673] $\dfrac{1+\sqrt{5}}{2}$, [678] $\dfrac{2}{n}$, [679] $\dfrac{3\cdot 2^{2011}-1}{2^{2011}\cdot 1007}$, [692] $\dfrac{x^{2n-1}}{(2n-1)!}$, [695] $\dfrac{(n+1)^2}{4n}$,

[697] $\dfrac{10!}{5!}$, [698] $\dfrac{16!}{8!}$, [707] $\dfrac{4}{3\sqrt{3}}$, [713] $\dfrac{\cos x+\pi\sin x}{1+\pi^2}$, [716] 1, [718] $\dfrac{\sqrt{e^\pi}}{4}, \dfrac{1}{4}\left(e^{\frac{\pi}{2}}-e^{-\frac{\pi}{2}}\right)$,

[719] $\dfrac{p^2}{q}$, [721] $\sqrt[7]{\dfrac{\sec x+\tan x}{\tan x+2^7}}$, [729] $k\pi\pm\tan^{-1}\sqrt{\dfrac{17}{5}}$, [733] $\left(1+\dfrac{t^3}{6}-\dfrac{t^2}{2}\right)e^{-t}, \left(\dfrac{t^3}{6}-t\right)e^{-t}$,

[734] 1, [737] 10, [738] $-\dfrac{2+\sqrt{3}}{2}$, [741] $(3\cos 3-7\sin 3)\cos(3t)+(3\sin 3+7\cos 3)\sin(3t)$,

$(7\sin 3-3\cos 3)\sin(3t)+(3\sin 3+7\cos 3)\cos(3t)$, [742] π, [743] $\dfrac{\pi}{3}$, [745] 1, [747] $6x+2$,

[748] $\dfrac{8}{3}$, [749] $\dfrac{23\sqrt{3}}{3}$, [750] $\dfrac{1}{16\cdot 3^5}$, [751] $\log_3 7$, [753] -4, [755] $\ln|x^2-y^2|=x^2+c$,

[757] $2+e^x+ce^{e^x}$, [758] $\sqrt{e^{\sqrt{3}}}$, [759] $\sin^2 y=4x^2+cx$, [760] c, [762] 1, [763] $3x-3$,

[765] $a=b=2(e-1)$, [766] $xe^x(1+\ln x)$, [773] $(1+e)\ln\left(\frac{2e}{1+e}\right)-1$, [774] $ax+b$, [775] $ax+b$,

[776] 0, [777] $\frac{8}{3}$, 1, [778] 1, [780] $-2xe^{1-x^2}$, [783] -1, [784] $-1, -1$, [787] $5\sin x+5\cos x$,

[790] $c_1 e^{\frac{1}{2}x^2+cx}$, [791] $\frac{1}{4}+\frac{3}{4}e^{2x}+\frac{5}{2}xe^{2x}$

문제중심 고급영재수학 ❶ 해석학 · 대수학

지은이 곽성은 · 우경수
펴낸이 박문규
펴낸곳 경문사
펴낸날 2014년 7월 7일 1판 1쇄
등 록 1979년 11월 9일 제313-1979-23호
주 소 121-818, 서울특별시 마포구 와우산로 174
전 화 (02)332-2004 팩스 (02)336-5193
이메일 kyungmoon@kyungmoon.com

값 18,000원

ISBN 978-89-6105-809-4